“十三五”江苏省高等学校重点教材（2018-2-196）
新工科建设：中俄双语系列教材

理论力学教程

Учебник по теоретической механике
Китайско-русский двуязычный учебник

中俄双语

主　编　李顺才　乔昂子
副主编　董树亮　田　晶

哈尔滨工业大学出版社
HARBIN INSTITUTE OF TECHNOLOGY PRESS

内容简介

本书内容分为三篇:静力学、运动学和动力学.静力学包括4章,分别为静力学公理和物体的受力分析、平面力系、空间力系、摩擦;运动学包括4章,分别为点的运动学、刚体的简单运动、点的合成运动、刚体的平面运动;动力学包括2章,分别为质点动力学的基本方程,动量定理、动量矩定理、动能定理.本书对基本的概念、公理及主要知识点采用中俄双语的形式,并用中文适当地扩充了俄语内容中不够丰富的知识点及例题.本书以中文为主、俄语为辅.

本书可作为高等学校工科机械、土建、水利、航空、航天等专业理论力学课程的教材及参考书,尤其适用于中俄合作办学高校,也可作为高职高专、成人高校相应专业的自学和函授教材,亦可供相关领域的工程技术人员参考.

图书在版编目(CIP)数据

理论力学教程(中俄双语)/李顺才,乔昂子主编.—
哈尔滨:哈尔滨工业大学出版社,2020.6(2025.1重印)
ISBN 978-7-5603-8550-1

Ⅰ.①理… Ⅱ.①李… ②乔… Ⅲ.①理论力学-教材-汉、俄 Ⅳ.①O31

中国版本图书馆CIP数据核字(2019)第241693号

策划编辑 王桂芝
责任编辑 张 荣 佟雨繁
出版发行 哈尔滨工业大学出版社
社 址 哈尔滨市南岗区复华四道街10号 邮编150006
传 真 0451-86414749
网 址 http://hitpress.hit.edu.cn
印 刷 哈尔滨圣铂印刷有限公司
开 本 787mm×1092mm 1/16 印张19.75 字数490千字
版 次 2020年6月第1版 2025年1月第2次印刷
书 号 ISBN 978-7-5603-8550-1
定 价 58.00元

序

为主动应对新一轮科技革命与产业变革，支撑服务创新驱动发展，响应“中国制造2025”等一系列国家战略，2017年2月以来，教育部积极推进新工科建设，先后形成了“复旦共识”“天大行动”和“北京指南”，构成了新工科建设的“三部曲”，奏响了人才培养主旋律，开拓了工程教育改革新路径．使命重在担当，实干铸就辉煌，教育部先后发布了《关于开展新工科研究与实践的通知》《关于推荐新工科研究与实践项目的通知》《高等学校人工智能创新行动计划》等，要求推进新工科建设，全力探索形成领跑全球工程教育的中国模式、中国经验，助力高等教育强国建设．

关于新工科的内涵特征、新工科建设与发展的路径选择方面达成的共识中，提到：新工科建设需要借鉴国际经验、加强国际合作．新工科的“六问”中也提到：问内外资源创条件，打造工程教育开放融合新生态；问国际前沿立标准，增强工程教育国际竞争力．我国教育部颁发的《国家中长期教育改革和发展规划纲要（2010—2020年）》指出，要加强国际交流与合作，借鉴国际上先进的教育理念和教育经验，适应国家经济社会对外开放的要求，培养大批具有国际视野、通晓国际规则、能够参与国际事务和国际竞争的国际化人才．引进优质教育资源，探索多种方式利用国外优质教育资源．截至2018年12月，全国经批准设立或举办的中外合作办学机构、项目总数为2 389个，在校生约60万人，高等教育机构、项目数约占总数的90%，毕业生累计超过160万人．我国在20世纪80年代开始教育合作，经过20多年的发展，目前中国有44所高校开展对俄合作本科项目，有81个中外合作项目，9个机构．学生总数约3万人，机构学生2 900多人．截至2019年5月，俄罗斯成为与中国高校开展中外合作办学项目的第四大外方国家，位居美、英、澳之后．毕业人数约22 000人，在校生接近12 000人．中俄两国在“一带一路”框架内的合作前景广阔，涉外机构和企业对既精通专业又懂俄语的国际化复合型人才的需求日益强烈．

建设双语教材、实施双语教学是培养具有家国情怀及国际竞争力的工程人才的基本途径之一．教材是教学的基本保证，为了适应高等教育国际化的需要，各高校积极开展双语教学，积累了一些双语教学的经验．对于理论力学、电工学等工科专业重要的专业基础课，国内主要使用中英双语教材及原版的英文教材，并积极探索了课程中英双语教学及全英文教学方法，取得了一定的成果．目前，中俄合作办学高校大部分学生从零起点开始学习俄语，俄语和专业的教学融合问题是中俄合作办学的教学难点，单纯俄语语言的教学及教材难以满足“专业+俄语”人才培养的需要.由于近年来国内缺少针对机械、交通、土木类等工科专业基础课程的中俄双语教材，因此，开发适用于新工科建设的中俄双语专业教材乃是满足中俄合作办学及经济技术合作需要的当务之急.

2019 年 10 月

前　言

中俄两国在“一带一路”框架下的合作前景广阔，涉外机构和企业对既精通专业知识又懂俄语的国际化复合型人才的需求日益强烈. 基础俄语和专业俄语的融合问题是中俄合作办学俄语教学的难点，单纯俄语语言的教学及教材难以满足“专业+俄语”人才培养的需要. 教材是教学的基本保证，由于国内尚无机械、交通、土木等工科专业理论力学课程的中俄双语教材，因此，建设相关专业的双语教材乃是当务之急.

本书参考了多个俄语版本的理论力学教材，同时，借鉴了国内中文版教材的优质内容，在此基础上编写而成. 编写过程中，编者认真研究了中俄双语中相应的专业词汇和表达方法，力求本书中的双语内容意义相符，并且符合两国用语习惯，为后续俄方优质教学资源的进一步引进打下良好的专业基础.

本书对基本的概念、公理及主要知识点采用中俄双语的形式，并用中文适当地扩充了俄语内容中不够丰富的知识点及例题. 本书以中文为主、俄语为辅.

本书内容分为三篇：静力学、运动学和动力学. 静力学包括 4 章，分别为静力学公理和物体的受力分析、平面力系、空间力系、摩擦；运动学包括 4 章，分别为点的运动学、刚体的简单运动、点的合成运动、刚体的平面运动；动力学包括 2 章，分别为质点动力学的基本方程，动量定理、动量矩定理、动能定理.

本书可作为高等学校工科机械、土建、水利、航空、航天等专业理论力学课程的教材及参考书，尤其适合用于中俄合作办学高校，也可作为高职高专、成人高校相应专业的自学和函授教材，亦可供相关领域的工程技术人员参考.

本书各章中文部分知识点由李顺才执笔，全书俄语部分由乔昂子完成；第一篇、第二篇第 1 ~ 8 章的思考题、习题及答案（包括制图）由华北理工大学董树亮博士完成，第三篇第 9 章、第 10 章的思考题、习题及答案（包括制图）由徐州工程学院田晶博士完成. 全书审核及定稿由李顺才负责. 喻秋、梁丽、李大权等学生参与了部分绘图工作.

本教材获得 2018 年度江苏省高等学校重点教材建设立项，本书的编写和出版得到了国家自然科学基金项目（编号：51574228）、江苏省高等教育教改研究重点课题（2019JSJG026）和江苏师范大学教材出版基金（编号：JYJC201803）、江苏师范大学江苏圣理工学院教材出版基金的资助.

本书的出版得到了江苏师范大学、华北理工大学、徐州工程学院、中国矿业大学深部岩土力学与地下工程国家重点实验室等单位的大力支持和协作，在此深表感谢！

本书在编写过程中，参考了众多国内外公开出版的理论力学及工程力学教材、习题指导书、网上发行的相关资料等，特此说明，并向原著者表示衷心感谢！

限于编者水平，书中疏漏及不妥之处在所难免，敬请同行专家和广大读者批评指正.

编　者

2019 年 7 月

目　　录

Часть 2 Кинеология(运动学)

Часть 3 Динамика(动力学)

Введение(绪论)

Возникновение и развитие всех наук тесно связано с развитием общественного производства, как и развитие механики. Механика—одна из древнейших наук. Она развивалась по мере накопления человечеством знаний об окружающем мире, своевременно отвечая на многочисленные запросы практики. Древние люди создали несколько простых инструментов на основе опыта накопления труда и постоянно совершенствовались на практике (一切科学的产生和发展都与社会生产的发展紧密联系,力学的发展也如此. 力学是最古老的科学之一. 它随着人类知识的不断积累而发展,及时满足各种现实需求. 远古人类通过劳动积累经验创造了一些简单工具,并在实践中不断改进).

В Древнем Египте при строительстве пирамид уже пользовались рычагами, наклонными плоскостями, блоками. Эмпирические знания помогли открыть законы механики. В древности не существо вало деления науки по отраслям, поэтому механика, как и философия, естествознание, являлась составной частью учения о природе и обществе. И только в IV в. до н. э. начинается отделение частных наук от общего естествознания(在古埃及建造金字塔时,人们就已经开就始使用杠杆、斜面和滑块,这些经验和知识有助于发现力学的定律. 古代没有将科学划分分支,所以力学、哲学、自然科学,都是自然和社会科学的组成部分. 直到公元前4世纪,社会科学与自然科学才开始区分).

0.1 Краткая история развития теоретической механики (理论力学的发展简史)

1. 理论力学基础建立时期

Основоположником механикикак науки считают Архимеда (287 ~212 до н. э.); он получил точное решение задач о равновесии сил, приложенных к рычагу, об определении центра тяжести тел, он предложил теорию равновесия плавающих тел в жидкостях, а его книга "Об удельном весе" заложила основы статики. Книга "Мо-цзы", написанная Мо Ди(468 ~ 382 до н. э) в Китае, является самой ранней работой над концепцией силы и пониманием принципа баланса рычагов(阿基米德被认为是力学这门科学的奠基人(公元前287 ~212年),他确定了杠杆平衡原理,得到了测量物体重心的方法,提出了液体中浮体的平衡理论,他所著的《论比重》奠定了静力学基础. 我国的墨翟(公元前468 ~382年)所著的《墨经》是最早涉及力的概念及杠杆平衡原理认识的著作).

В эпоху Возрождения (XIV ~ XVI вв.) большой вклад в развитие механики сделал знаменитый итальянский художник, ученый и инженер Леонардо да Винчи (1452 ~ 1519). Он изучал трение скольжения, движение падающего тела, впервые ввел понятие момента силы(在文艺复兴时期(14 ~16世纪),著名的意大利艺术家、科学家和工程师

达·芬奇(1452~1519)为力学的发展做出了巨大贡献.他研究了滑动摩擦、自由落体运动,并首次提出力矩的概念).

Благодаря великому открытию польского Николая Коперника (1473 ~ 1543) был совершен переворот в естествознании: на смену геоцентрической системе Птолемея пришла гелиоцентрическая система мира. На основании гелиоцентрической теории Коперника, Герман Кеплер (1571 ~ 1630) предложил три закона движения планет, а Галилей (1564 ~ 1642) в Италии предложил концепции закона свободного падения, закона инерции и ускорения. На этом основании была завершена книга "Математические основы естественной философии", изданная великим британским ученым Ньютоном (1643 ~ 1727) в 1687 году. Он предложил три основных закона динамики и гравитации, которые привлекли внимание всего мира и способствовали развитию небесных тел. Галилео и Ньютон заложили основу для изучения динамики. (由于波兰哥白尼(1473~1543)的伟大发现,自然科学的革命得以实现,他提出日心说来取代地心说.根据哥白尼的日心说,德国的开普勒(1571~1630)提出了行星运动三大定律,意大利的伽利略(1564~1642)提出自由落体规律、惯性定律及加速度的概念.在此基础上英国伟大科学家牛顿(1643~1727)在1687年出版的《自然哲学的数学原理》一书中总其大成,提出了举世瞩目的动力学的三个基本定律、万有引力定律,推动了天体力学的发展.伽利略和牛顿为动力学研究奠定了基础).

2. 理论力学的发展期

В XVIII в. были сформулированы общие принципы классической механики. К этому же времени относятся исследования в области механики твердого тела, гидродинамики и небесной механики(在18世纪时,又提出了经典力学的一般原理.同时也开始对固体力学、流体动力学和天体力学等领域的研究).

Швейцарский Бернулли (1667 ~ 1748) определил принцип виртуальной работы. Эйлер Швейцарии (1707 ~ 1783) является автором "Механики", которая изучает механику с использованием дифференциальных уравнений. Французский Даламбер (1717 ~ 1855) создал "Монографию по динамике" и предложил знаменитый принцип Даламбера. Французский Лагранж (1736 ~ 1813) предложил второй тип уравнения Лагранжа. Британский Гамильтон (1805 ~ 1865) предложил принцип Гамильтона. (瑞士的伯努利(1667~1748)定义过虚功原理.瑞士的欧拉(1707~1783)著有《力学》,用微分方程研究力学.法国达朗贝尔(1717~1785)著有《动力学专论》,提出著名的达朗贝尔原理.法国拉格朗日(1736~1813)提出第二类拉格朗日方程.英国的哈密顿(1805~1865)提出哈密顿原理).

В России в 1725 г. по инициативе ПетраI была образована Российская академия наук. Большое влияние на развитие механики оказали труды академика М. В. Ломоносова (1711 ~ 1765), а также знаменитого математика, астронома и физика, швейцарца по происхождению, Леонарда Эйлера (1707 ~ 1783), проработавшего в Российской академии наук более 30 лет. Среди его многочисленных работ в области математики, гидромеханики и небесной механики следует отметить исследования по механике твердого и упругого тела. Эйлер заложил основы только зарождающихся дисциплин — сопротивления материалов и теории упругости(1725年,在俄罗斯彼得大帝

的倡议下，俄罗斯科学院成立．力学的发展受到罗蒙诺索夫院士（1711～1765）以及著名数学家、天文学家和物理学家瑞士人欧拉（1707～1783）的影响．欧拉在俄罗斯科学院工作了30多年．他在数学、流体力学和天体力学领域的众多著作中，都提到了对刚体和弹性体的力学研究．欧拉提出了材料的阻力和弹性理论，为新兴学科奠定基础）．

Наиболее крупными зарубежными учеными XVIII и XIX вв. в области механики являются Иоганн Бернулли, Даниил Бернулли, Д′Аламбер, Ж. Лагранж. В работах французских ученых Вариньона и Пуансо наряду с динамикой получила дальнейшее развитие и статика（18世纪和19世纪时，在力学领域中最伟大的外国科学家有约翰·伯努利、丹尼尔·伯努利、达朗贝尔、拉格朗日．其中在法国科学家瓦里尼翁和潘索在著作中写道，随着动力学的发展，静力学也得到进一步发展）．

3．理论力学的现代发展期

Физик Эйнштейн（1879～1955）основал теорию механики относительности, которая внесла эпохальное вклад в развитие дисциплины механики. Огромное значение для дальнейшего развития механики имели работы отечественных ученых XIX и XX вв.：М. В. Остроградского, П. Л. Чебышева, С. В. Ковалевской, А. М. Ляпунова, И. В. Мещерского, К. Э. Циолковского, А. Н. Крылова, Н. Е. Жуковского и др（物理学家爱因斯坦（1879～1955）创立了相对论力学，为力学学科的发展做出了划时代的贡献．力学的进一步发展离不开19世纪和20世纪的俄罗斯科学家，如：奥斯特罗格拉德斯基、切比雪夫、柯瓦列夫斯卡娅、李雅普诺夫、梅谢尔斯基、齐奥尔科夫斯基、克雷洛夫、茹科夫斯基等）．

随着现代科学技术的发展，力学的研究内容已渗入其他科学领域，例如，固体力学和流体力学的理论结合与应用形成了生物力学，流体力学与电磁场理论的结合形成了电磁流体力学．力学学科极其广泛地与数学、物理、化学、天文、地学、生物等基础学科和几乎所有的工程学科相交叉、渗透，形成了大量的新兴交叉学科，使力学学科保持着旺盛的生命力．

0.2 Объект исследования и содержание теоретической механики（理论力学的研究对象和内容）

Теоретическая механика — это наука, которая изучает механическое движение тел и устанавливает общие законы этого движения（理论力学是研究物体机械运动最一般规律的科学）．

物体在空间的位置随时间的改变，称为机械运动，机械运动是人们生活和生产实践中最需见的一种运动．平衡是机械运动的特殊情况．

在客观世界中，存在各种各样的物质运动，物质运动包括宏观物体的机械运动、分子的物理运动、原子的化学运动、蛋白体的生命运动，以及人的社会运动五种基本形式．在物质的各种运动形式中，机械运动是最简单的一种．物质的各种运动形式在一定的条件下可以相互转化，而且在高级和复杂的运动中，往往存在着简单的机械运动．

理论力学的研究对象是速度远小于光速的宏观物体（质点系及刚体），研究内容以伽利略和牛顿总结的基本定律为基础，属于古典力学的范畴．至于速度接近于光速的物体和基本粒子的运动，则必须用相对论和量子力学的观点才能完善并予以解释．宏观物体远小于光速的运动是日常生活及一般工程中最常遇到的，古典力学有着最广泛的应用．理论力学所研究的则是这种运动中最一般、最简单的规律,是各门力学分支的基础.

Теоретическая механика подразделяется на статику, кинематику и инамику(理论力学分为静力学、运动学和动力学).

静力学——主要研究受力物体平衡时作用力所应满足的条件;同时也研究物体受力的分析方法,以及力系简化的方法等.

运动学——只从几何的角度来研究物体的运动(如轨迹、速度和加速度等),而不研究引起物体运动的物理原因.

动力学——研究受力物体的运动与作用力之间的关系.

0.3 Метод исследования теоретической механики (理论力学的研究方法)

理论力学的研究方法是从实践知识经过抽象综合得到公理、规律等,再经过数学演绎及逻辑推理等得到定理及结论,这些结论再反过来指导生活及生产实践.

(1)由抽象化得到质点和刚体等力学模型.

(2)数学推理中应用高数的微积分、微分方程等理论.

0.4 Цель обучения теоретической механике (学习理论力学的目的)

理论力学是一门理论性较强的专业基础课.学习理论力学的目的如下。

(1)学习质点系和刚体机械运动的一般规律,为后续课程打下坚实基础.这些后续课程包括:材料力学、机械原理、机械设计、结构力学、弹塑性力学、流体力学、飞行力学、振动理论、断裂力学等许多专业课程.

(2)能应用所学理论,解决一些较简单的实际问题.

(3)培养辩证唯物主义世界观,提高分析问题与解决问题的能力.

0.5 Пункт для внимания изучения теоретической механики (学习理论力学的几点注意事项)

(1)理论联系实际.

(2)注意培养科学的逻辑思维方法.

(3)注意表达式中各物理量的意义及单位.

(4)认真对待作业.

(5)学习方法:作听课笔记;及时复习,温故而知新.

(6)学习态度:认真、务实.

Часть 1　Статика（静力学）

Вступление（引言）

Статикой называется раздел механики, в котором излагается общее учение о силах, и изучаются условия равновесия материальных тел, находящихся под действием сил（静力学是理论力学的一个分支,研究物体在力作用下的平衡规律）.

Совокупность сил, действующих на тело（или тела）, называется системой сил（力系,是指作用在物体上的力的集合）.

Равновесие означает, что объект остается неподвижным или движется с постоянной скоростью относительно инерциальной системы отсчета（например, поверхность земли）（平衡,是指物体相对于惯性参考系（如地面）保持静止或做匀速直线运动）.

В статике в основном изучаются следующие три вопроса:① Задача о приведении системы сил; ②заключается в замене данной стстемы сил другой, наиболее простой, ей эквивалентной; ③ определение условий равновесия системы сил, действующих на свободное твердое тело（静力学中主要研究以下三个问题:①物体的受力分析; ②力系的等效替换或简化; ③建立各种力系的平衡条件）.

Условие равновесия системы сил имеет большое значение в технике и является основой для статического расчета конструкции элементов, конструкций и механических частей. Поэтому статика играет широкий роль в технике（力系的平衡条件在工程中有着十分重要的意义,是设计构件、结构和机械零件时静力学计算的基础. 因此,静力学在工程中有着广泛的应用）.

Глава 1 Статическая аксиома и анализ силы объектов (静力学公理和物体的受力分析)

Основные понятия статики, аксиомы и анализ силы объектов являются основой для изучения статики. В этой главе сначала представлены основные понятия, такие как твердое тело, свободное тело, сила, система силы, равнодействующая сила, равновесие и статические аксиомы, а затем вводятся общие основные виды связей и представление реакции связей в техники, наконец, ввести анализ сил и диаграмма усилий(静力学的基本概念、公理及物体的受力分析是研究静力学的基础.本章首先介绍刚体、自由体、力、力系、合力、平衡等基本概念及静力学公理,然后介绍工程中常见的约束类型及约束反力的表示,最后介绍受力分析及受力图).

1.1 Основные понятия и исходные положения статики (静力学基本概念与公理)

1.1.1 Общие определения(一般定义)

Статика—это раздел теоретической механики, в котором изучаются законы приведения и условия равновесия сил, действующих на материальные точки. Встречающиеся в природе материальные тела обладают способностью под действием приложенных сил в той или иной мере деформироваться, т. е. менять форму вследствие изменения взаимного расположения образующих их частиц. Однако у большинства твердых тел (изготовленных из металлов) в нормальных условиях эти деформации пренебрежимо малы. Учет их приобретает практическое значение только при рассмотрении вопроса прочности соответствующих конструкций,что является предметом изучения дисциплины "Сопротивление материалов". При рассмотрении же общих условий равновесия деформациями большинства твердых тел в первом приближении можно пренебречь. В связи с этим в механике вводится понятие "абсолютно твердое тело"(静力学是理论力学的一部分,研究质点系受力作用时的平衡规律.自然界中物体在外力作用下会发生一定程度的变形,即由于组成它们的颗粒之间相对位置变化而改变形状.然而,在一般情况下,大多数固体的变形是忽略不计的.只有在考虑相应结构的耐久性问题时,其计算才具有实际意义,这是"材料力学"学科研究的课题.当只考虑一般平衡条件时,可以忽略大多数刚体的变形.因此,力学中引入了"绝对刚体"的概念).

1. Абсолютно твердое тело(绝对刚体)

Абсолютно твердым телом называется такое тело, расстояние между двумя точками которого всегда остается постоянным (绝对刚体是指在力的作用下两个质点之间的距离始终保持不变的物体).

如图 1.1 所示,一个内部任意两点距离始终为 AB =const 的物体可称为刚体.

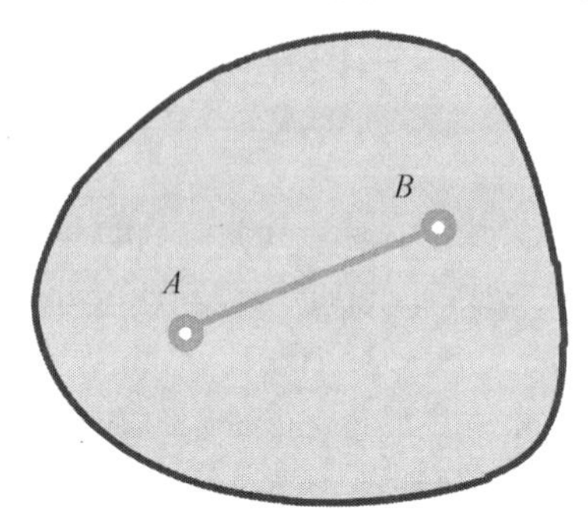

图 1.1 刚体

2. Свободное и несвободное тело(自由体和非自由体)

Тело, которому из данного положения можно сообщить любое перемещение в пространстве, называется свободным, а тело, перемещение которого ограничено другими телами—несвободное (可以从某个特定位置向空间任意方向自由运动的物体称为自由体,而某方向的运动受到限制的物体称为非自由体).

3. Сила (力)

Сила—величина, являющаяся основной мерой механического взаимодействия тел. Сила—векторная величина. Она обозначается: $\vec{F},\vec{P},\vec{Q},\vec{S},\vec{T}$ и т. д[①](力是物体间相互作用的主要度量. 力是矢量. 力可表示为: $\vec{F},\vec{P},\vec{Q},\vec{S},\vec{T}$ 等).

力的这种作用可以使物体的机械运动状态发生变化. 物体间的机械作用大致可分为两类:

第一类是直接接触作用;第二类是间接作用,如"场"对物体的作用即是间接作用,包括地球对物体的引力、电场对电荷的引力或斥力等. 力对物体产生的效应一般分为两个方面:①使物体的运动状态发生改变,也称为运动效应或外效应;②使物体发生变形,也称为变形效应或内效应. 理论力学把物体视为刚体,只研究力的外效应,而材料力学研究物体的内效应.

Действие силы на тело определяется следующими параметрами (рис. 1.2)(力对物体的作用包括以下四个要素(图 1.2)).

(1) Числовое значение (модуль силы) (数值(力的大小)).

(2) Направление силы(力的方向).

① 按我国标准规定,矢量应使用黑斜体,但本书为中俄双语教材,依照俄语习惯统一采用白体上标"→"形式.

(3) Точка приложения силы (на рисунке—точка A (作用点(图 1.2 所示点 A)).

(4) Линия действия силы(作用线).

Линия (СД), вдоль которой действует сила, называется линией действия силы(过力的作用点沿力作用方向的直线称为力的作用线).

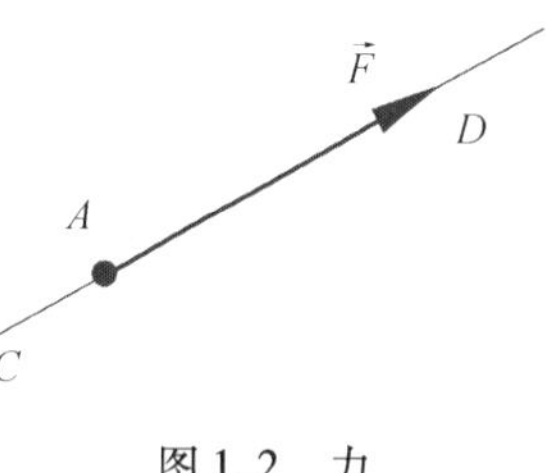

图 1.2 力

Основной единицей измерения силы в Международной системе единиц (СИ) является 1 ньютон (Н) и более крупной единицей—1 килоньютон (1 kН=1 000 Н)(国际单位制(SI)中力的基本测量单位是 1 牛顿(N)和一个较大的单位:1 千牛顿(1 kN=1 000 N)).

4. Внешние и внутренние силы (外力和内力)

(1) Внешняя сила (外力).

Внешними называются силы, которые действуют на тело (на тела системы) со стороны других тел (не входящих в систему тел) (外力指由系统外的物体作用于该系统(系统内物体)上的力(不涉及该系统内物体的相互作用力)).

(2) Внутренняя сила(内力).

Внутренниминазываются силы, с которыми части данного тела (тела данной системы) действуют друг на друга (内力指由物体内各部分的一部分对另一部分的作用力(系统内各物体之间的作用力)).

5. Сосредоточенные и распределенные силы (集中力与分布力)

(1) Сосредоточенная сила (集中力).

Сила, приложенная к телу в какой-нибудь одной его точке, называется сосредоточенной (施加在物体上某一点的力被称为集中力. 如果力的作用面积不大(与整个构件的尺寸相比较),便可以认为它集中地作用在构件的一点而称其为集中力).

(2) Распределённая сила(分布力).

Силы (нагрузки), действующие на все точки данного объема, данной части поверхности тела или линии, называются распределенными(作用力分布在给定物体一定长度、面积或体积上的力(载荷)称为分布力).

Распределенные нагрузки характеризуются интенсивностью q. Размерность q = Н/м (Н/м^2). (分布载荷的集度用 q 表示, q 单位为 N / m(N / m^2)).

Виды распределенной по линии нагрузки (силы) (分布载荷的种类):

①Равномерно распределенная нагрузка (q = const); заменяется сосредоточенной силой $Q = q \cdot l$, приложенной к середине участка распределения (рис. 1.3) (均布载荷(q = const):可使用作用在分布区段正中间的集中力 $Q = q \cdot l$ 代替(图 1.3)).

② Распределенная по линейному закону заменяется сосредоточенной силой $Q = q \cdot l/2$, приложенной на расстоянии $l/3$ от конца участка распределения, где $q=q_{max}$ (рис. 1.4)(线性分布载荷可由集中力 $Q=q \cdot l/2$ 代替,力施加在距离分布区段末端 $l/3$ 处,其中 $q=q_{max}$(图 1.4)).

③ Распределенная по произвольному закону $q(x)$; заменяется сосредоточенной си-

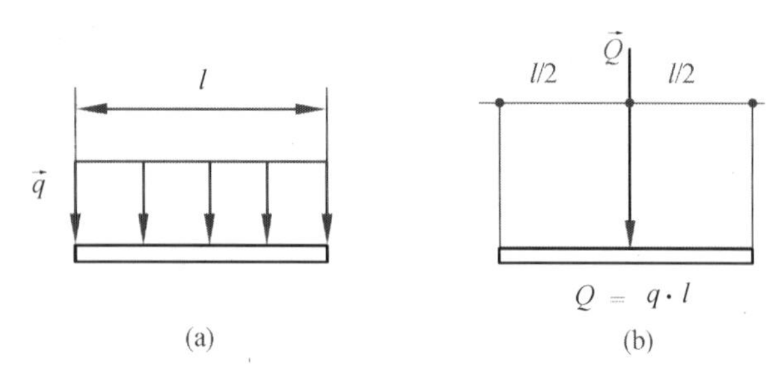

图 1.3　均布载荷

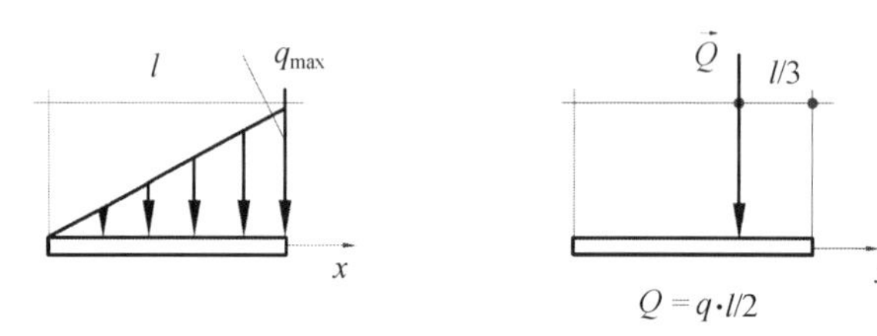

图 1.4　线性分布载荷

лой $Q = \int_0^l q(x)\,\mathrm{d}x$ Сила $\vec{Q}$ приложена в центре тяжести C фигуры, заключенной между осью Ox и $q(x)$(任意分布载荷 $q(x)$:可用集中力 $Q = \int_0^l q(x)\,\mathrm{d}x$ 等效替换. 力 $\vec{Q}$ 作用在轴 Ox 和 $q(x)$所围成图形的重心 C 上(图 1.5)).

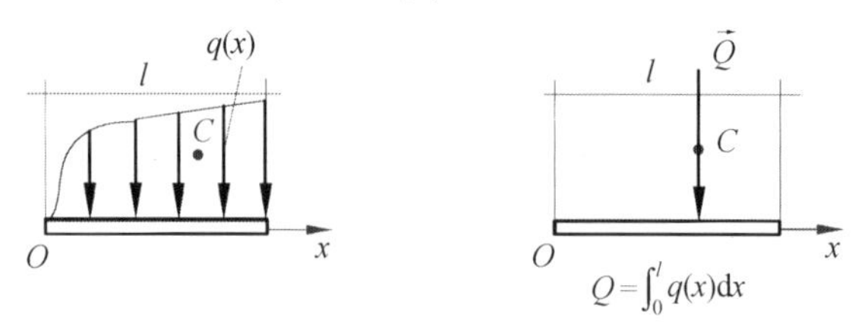

图 1.5　任意分布载荷

6. Системы сил(力系)

Совокупность сил, действующих на тело (или тела), называется системой сил (作用在物体上所有力的集合称为力系).

Виды систем сил (力系的种类):

(1) Если линии действия всех сил лежат в одной плоскости, то система сил называется плоской, а если не лежат в одной плоскости—пространственной (如果所有力的作用线在同一平面上,这一力系称为平面力系;而如果不在同一个平面上,则称为空间力系).

(2) Силы, линии действия которых пересекаются в одной точке, называются сходящимися(如果力的作用线相交于一点,则称为汇交力系).

(3) Силы, линии действия которых параллельны друг другу, называются параллельными(如果力的作用线相互平行,则称为平行力系).

(4) Если одну систему сил, действующих на свободное твердое тело, можно заменить другой системой, не изменяя при этом состояния покоя или движения, в котором находится тело, то такие две системы сил называются эквивалентными(如果作用在自由

刚体上的力系可以被另一个力系代替而不改变其所处的静止或运动状态,那么这两个力系可称为等效力系).

(5) Система сил, под действием которой свободное твердое тело может находиться в покое, называется уравновешенной или эквивалентной нулю(作用于自由刚体并使其保持力学平衡状态的力系称为平衡力系).

7. Равнодействующая и уравновешивающая сила(合力与平衡力)

(1) Если данная система сил эквивалентна одной силе, то эта сила называется равнодействующей данной системы сил(如果某力与该力系等效,则此力为该力系的合力).

(2) Сила, равная равнодействующей по модулю, противоположна ей по направлению и действующая вдоль той же прямой, называется уравновешивающей силой(作用在同一个物体上,大小相等、方向相反、作用线共线的力称为平衡力).

1.1.2 Задачи статики（静力学的研究任务）

Первая задача статики: задача о приведении системы сил: заключается в замене данной стстемы сил другой, наиболее простой, ей эквивалентной(任务一:研究物体的受力分析与力系的等效简化).

Вторая задача статики: определение условий равновесия системы сил, действующих на свободное твердое тело(任务二:研究作用于自由刚体上力系的平衡条件)

1.1.3 Исходные положения（аксиомы или принципы）статики（静力学的基本原理(公理与定理)）

Все теоремы и уравнения статики базируются на нескольких исходных положениях, принимаемых без математических доказательств и называемых аксиомами. Аксиомы статики представляют собой результат знаний, накопленных человечеством, и отражают объективные процессы. Справедливость этих аксиом подтверждается многочисленными опытами и наблюдениями(所有静力学定理和方程都基于不采用数学证明的且被称为公理的几条基本原理. 静力学公理是人类知识积累的成果, 反映了客观过程. 许多实验和观测均证实了这些公理的正确性).

1. Аксиома двух сил（二力平衡公理）

Если на свободное абсолютно твердое тело действуют две силы, то тело может находиться в равновесии тогда и только тогда, когда эти силы равны по модулю ($F_1 = F_2$) и направлены вдоль одной прямой в противоположные стороны (рис. 1.6) (如果两个力作用在一个自由的绝对刚体上,那么当且仅当两个力的大小相等($F_1 = F_2$)、方向相反并且在同一条直线上时,刚体才能处于平衡状态(图1.6),即)

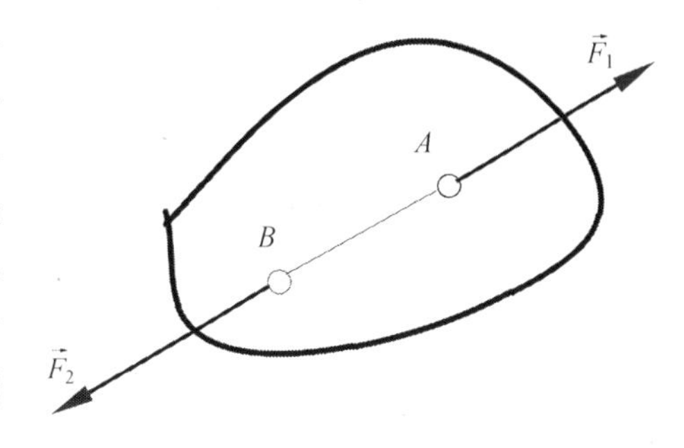

图1.6　二力平衡条件

$$\vec{F}_1 = -\vec{F}_2$$

2. Аксиома присоединения (加减平衡力系公理)

Действие данной системы сил на абсолютно твердое тело не изменится, если к ней прибавить или от нее отнять уравновешенную систему сил(在作用于刚体的任意已知力系中,加上或减去任意的平衡力系,不改变原力系对刚体的作用效果).

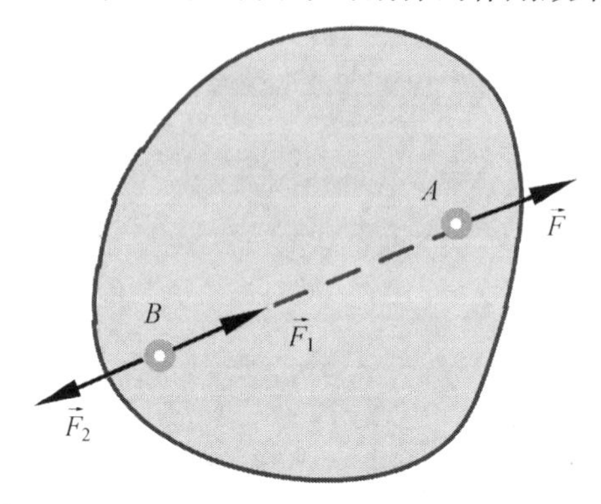

图 1.7 加减平衡力系

根据加减平衡力系原理,图 1.7 中作用在 B 点的一对平衡力可以去掉.

Следствие из первой и второй аксиом(由上述两个公理可导出以下推论):

Действие силы на абсолютно твердое тело не изменится, если перенести точку приложения силы вдоль ее линии действия в любую другую точку, т. е. сила—скользящий вектор (рис 1.8)(作用于刚体上的力在刚体内沿着它的作用线移到任意一点,并不改变该力对刚体的作用效果,即力是滑动矢量(图 1.8)).

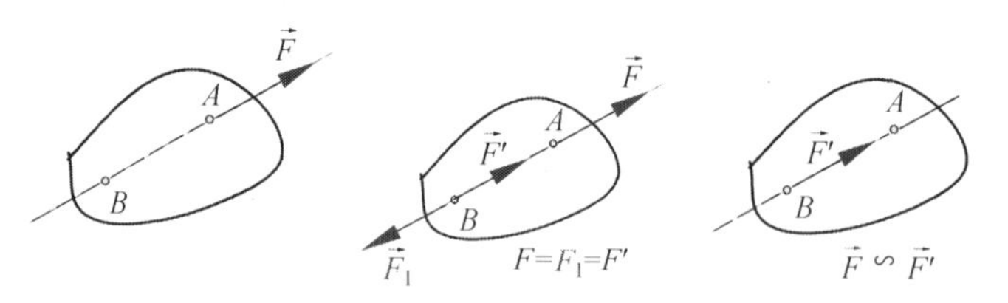

图 1.8 力的可传性原理证明

注意:力的可传性原理仅适用于刚体,对变形体不成立.

3. Аксиома параллелограмма(平行四边形法则)

Две непараллельные силы, приложенные к телу в одной точке, имеют равнодействующую, приложенную в той же точке и изображаемую диагональю параллелограмма, построенного на этих силах, как на сторонах (рис 1.9) (如果两个力作用线汇交于一点,则其合力也作用于同一点,且合力的大小可用这两个力为邻边的平行四边形的对角线来表示(图 1.9)).

$$\vec{F}_R = \vec{F}_1 + \vec{F}_2$$

Вывод:Две непараллельные силы, приложенные к телу в одной точке, имеют равнодействующую, равную геометрической (векторной) сумме этих сил и приложенную в той же точке (рис. 1.10)(三力平衡汇交定理:作用于刚体上三个相互平衡的力,若其中两

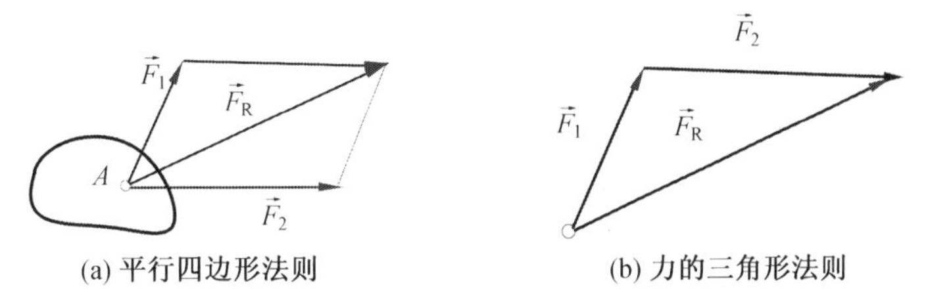

(a) 平行四边形法则　　(b) 力的三角形法则

图 1.9　二个共点力的合成

个力的作用线汇交于一点，则此三力必在同一平面内，且第三个力的作用线通过汇交点（图 1.10））.

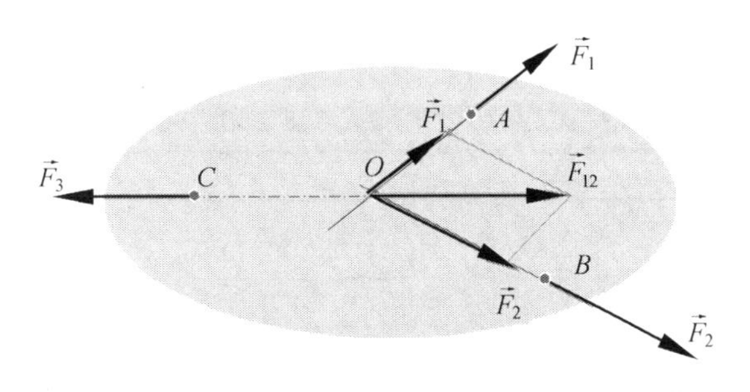

图 1.10　三力平衡汇交定理

4. Аксиома равенства действия и противодействия（作用与反作用定律）

При всяком действии одного материального тела на другое имеет место такое же численно, но противоположное по направлению противодействие（рис. 1.11）, то есть силы $\vec{F}$ и $\vec{F}'$ не образуют уравновешенную систему сил, так как они приложены к разным телам（作用力与反作用力大小相等、方向相反，沿着同一直线作用，但两个力分别作用在两个不同的物体上（图 1.11），因此这两个力不能构成平衡力系）.

$$\vec{F}' = -\vec{F}$$

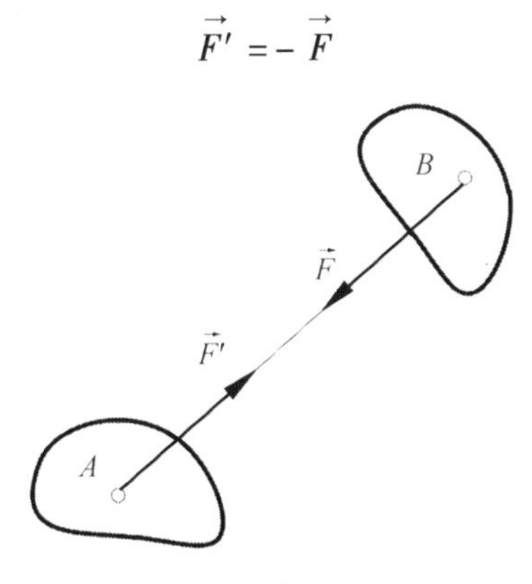

图 1.11　作用与反作用力

Свойство внутренних сил. Из аксиомы следует, что сумма внутренних сил, действующих на абсолютно твердое тело, образует уравновешенную систему сил, которую можно отбросить. То есть, при изучении условий равновесия тела необходимо учитывать только внешние силы（内力的特性：从公理得出，作用于绝对刚体的内力总和构成了一个平

衡力系时,可以将其忽略.也就是说,在研究物体的平衡条件时,只需考虑外力).

5. Аксиома отвердевания (замораживания)(刚化公理)

Равновесие изменяемого (деформируемого) тела, находящегося под действием данной системы сил, не нарушится, если тело считать отвердевшим (абсолютно твердым)(当变形体在已知力系作用下处于平衡时,如将此变形体视为刚体(刚化),则平衡状态保持不变).

Другая формулировка (或者说):

При равновесии силы, действующие на любое изменяемое (деформируемое) тело или изменяемую конструкцию, удовлетворяют тем же условиям, что и для тела абсолютно твердого(在平衡状态下,作用于任何变形体或变形结构的力满足与绝对刚体相同的条件).

6. Аксиома освобождаемости твердых тел от связей (аксиома связей)(解除刚体约束的公理(解除约束公理))

Несвободное твердое тело можно считать свободным, если действие связей заменить их реакциями(如果约束被它们的作用力所取代,那么非自由体可以被认为是自由的.当受约束的物体在某些主动力的作用下处于平衡时,若将其部分或全部约束解除,代之以相应的约束反力,则物体的平衡不受影响).

1.2 Связи и их реакции(约束和约束反力)

1.2.1 Общие определения (一般定义)

1. Определение связи(约束的定义)

Все то, что ограничивает перемещение тела в пространстве, называется связью(所有限制空间内物体运动的条件称为约束).

2. Реакция связи(约束反力)

Сила, с которой данная связь действует на тело, препятствуя тем или иным его перемещениям, называется силой реакции связи или просто реакцией связи(约束对被约束物体运动的阻碍作用,是一种力的作用,这种力称为约束反力).

3. Направление реакции связи (общее правило) (约束反力方向(一般规则))

Реакция связи направлена в сторону, противоположную той, куда связь не дает перемещаться телу(约束反力的方向与约束所能阻止的运动方向相反).

Силы, действующие на тела, будем разделять на заданные, или активные силы, и реакции связей, или пассивные силы(作用在物体上的力被分为给定力(主动力)和约束反力(被动力)).

(1) Активные силы характеризуются тем, что модуль и направление каждой силы наперед известны и не зависят от действия других приложенных к данному телу сил. Примерами активных сил могут служить мускульная сила человека, сила тяжести, сила сжатой пружины(主动力的特点是每个力的大小和方向是预先已知的,并且不取决于施加

在物体上的其他力的作用.例如:人的肌力、重力、弹簧力).

(2)Реакции связи на покоящееся тело возникают лишь в тех случаях, когда это тело под действием активных сил оказывает давление на связь, поэтому они и называются пассивными силами. По аксиоме связи реакция связи направлена в сторону, противоположную той, куда связь не дает перемещаться телу. Следовательно, если известно, в каком направлении связь препятствует перемещению твердого тела, то известно и направление реакции связи(约束体阻碍限制物体的自由运动,改变了物体的运动状态,因此约束体必然承受物体的作用力,同时给予物体以相等、相反的反作用力,这种力称为约束力或反力,属于被动力.约束力是通过约束体与物体间相互接触来阻止物体运动的,其方向与约束体所能阻止的运动方向相反).

1.2.2　Некоторые основные виды связей(一些基本的约束类型)

1. Гладкая плоскость (поверхность) или опора(光滑接触面的约束或支承)

Гладкой называется поверхность, трением о которую можно пренебречь(光滑接触面,其摩擦力可忽略不计).

Реакция гладкой поверхности или опоры (свободное опирание о гладкую поверхность или просто свободное опирание) направлена по общей нормали к поверхности соприкасающихся тел в точке их касания и приложена в этой точке (рис. 1.12, 1.13)(光滑接触面的约束或支承的约束反力通过接触点,方向沿接触面的公法线并指向物体(图1.12,图1.13)).

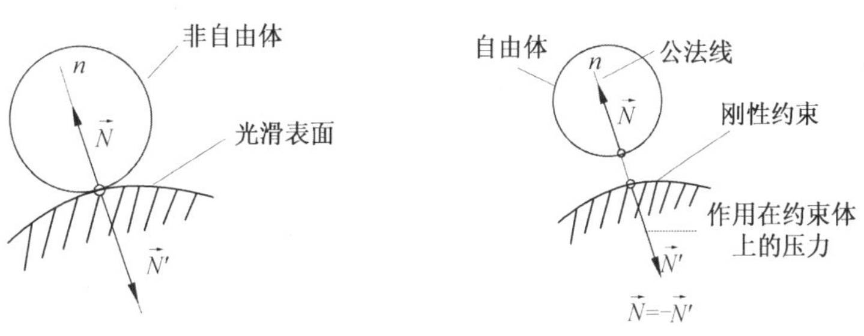

图1.12　接触面为曲面

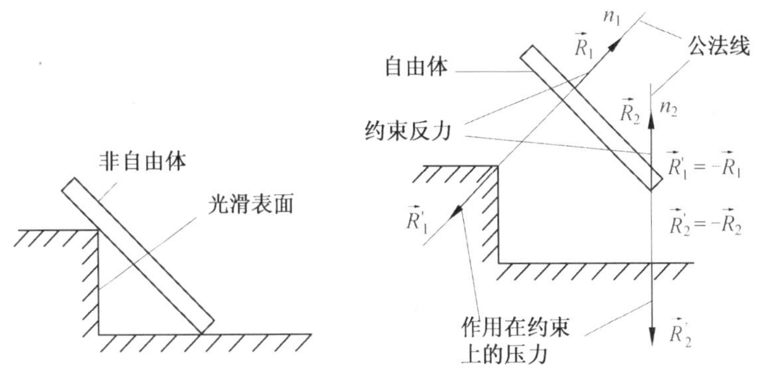

图1.13　接触面为平面

约束特点:只限制物体沿公法线趋向于支承面方向的运动.

约束反力特征:沿接触处的公法线,指向物体(物体受压).

两个相互啮合的齿轮其约束反力为 $\vec{F}_R$,$\vec{F'}_R$,如图 1.14 所示.

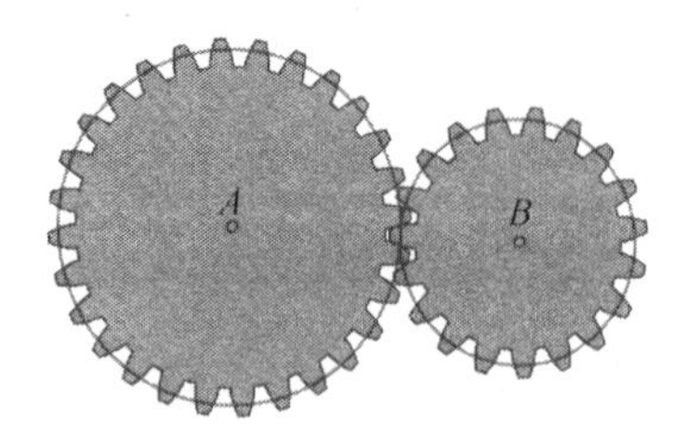

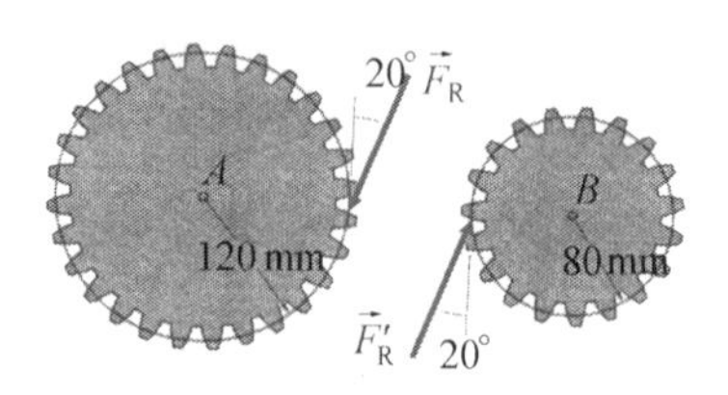

图 1.14　两个相互啮合的齿轮其约束力

下面是一些光滑面约束反力画法的实例(图 1.15 ~ 1.17).

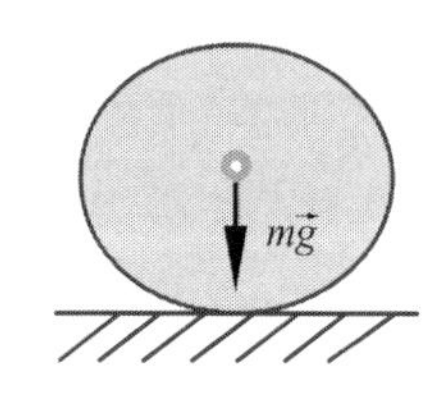

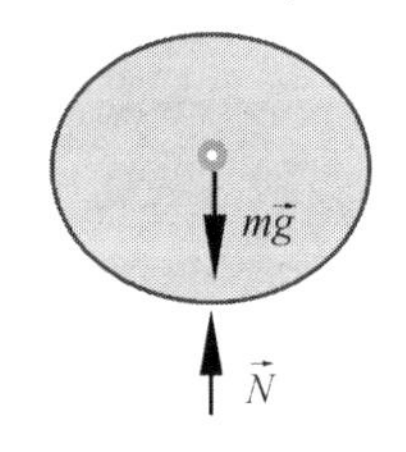

图 1.15　光滑面约束反力画法(1)

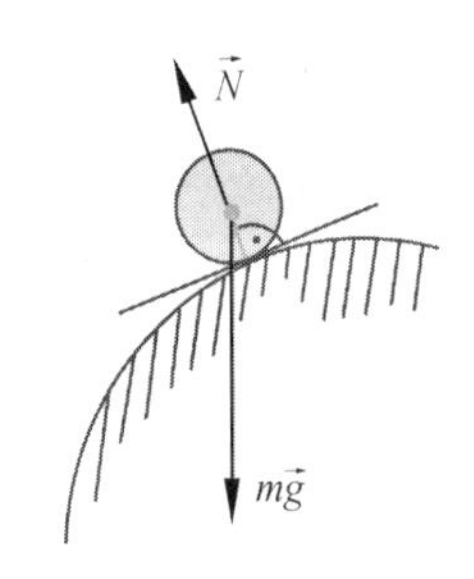

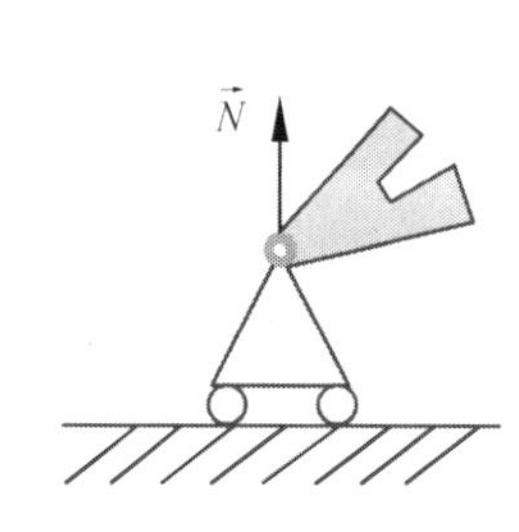

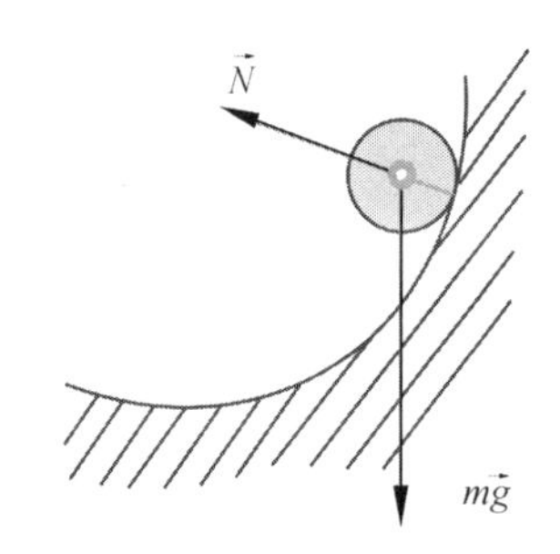

图 1.16　光滑面约束反力画法(2)

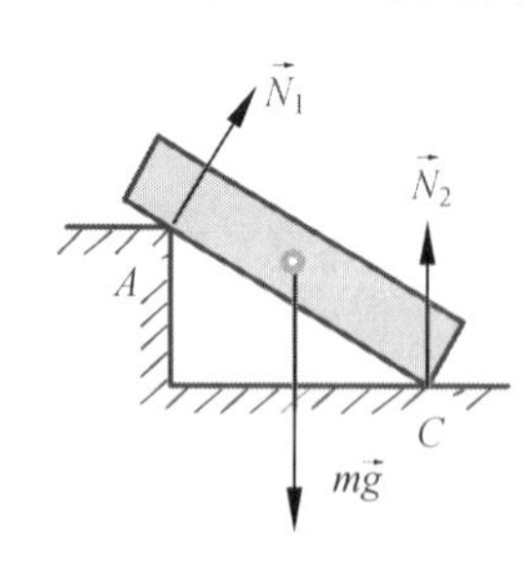

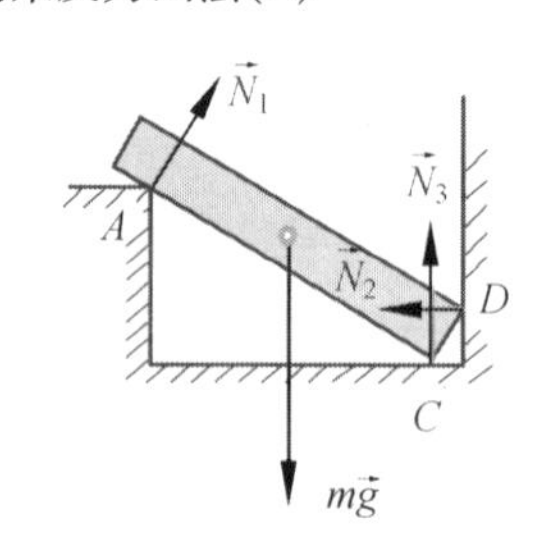

图 1.17　光滑面约束反力画法(3)

2. Нерастяжимая нить(柔性体约束)

Нерастяжимой нитью называется связь, которая не дает телу удалиться от точки подвеса нити (рис. 1.18)(柔性体约束是一种不允许物体从绳索悬挂点移开的约束(图 1.18)).

或者说:由柔性、不可伸长的绳索、皮带及链条等柔性体对刚体所构成的约束,称为柔性约束.

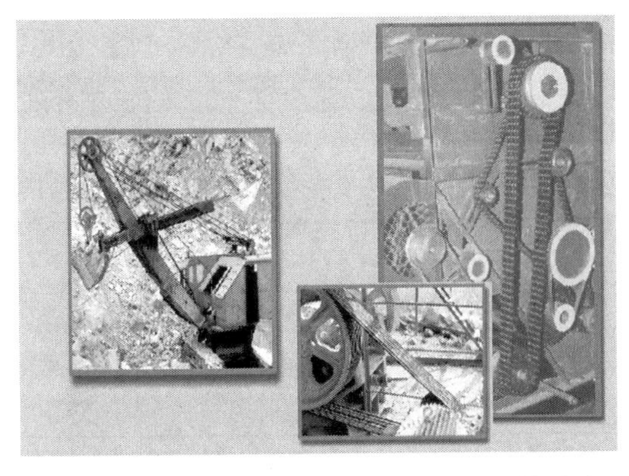

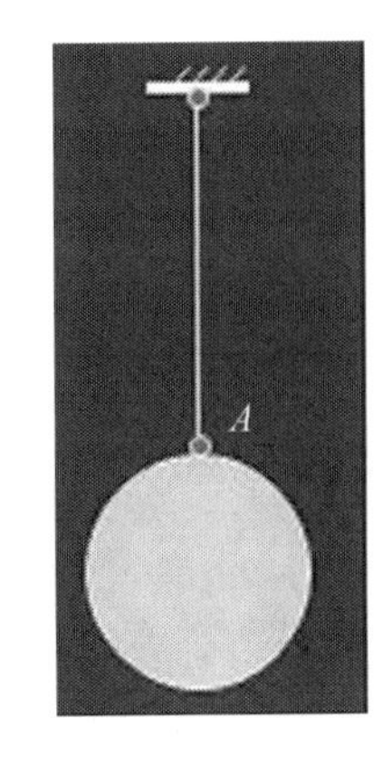

图 1.18 柔性约束

约束特征:只限制物体沿柔性体伸长方向的运动.

约束反力特征:

方位——沿柔性体轴线;指向——背离被约束物体(受拉).

Реакция $\vec{T}$ натянутой нерастяжимой нити направлена вдоль нити к точке подвеса (рис. 1.19)(受拉的不可伸长绳索的约束反力 $\vec{T}$ 的方向为沿着绳索指向悬挂点,如图1.19所示).

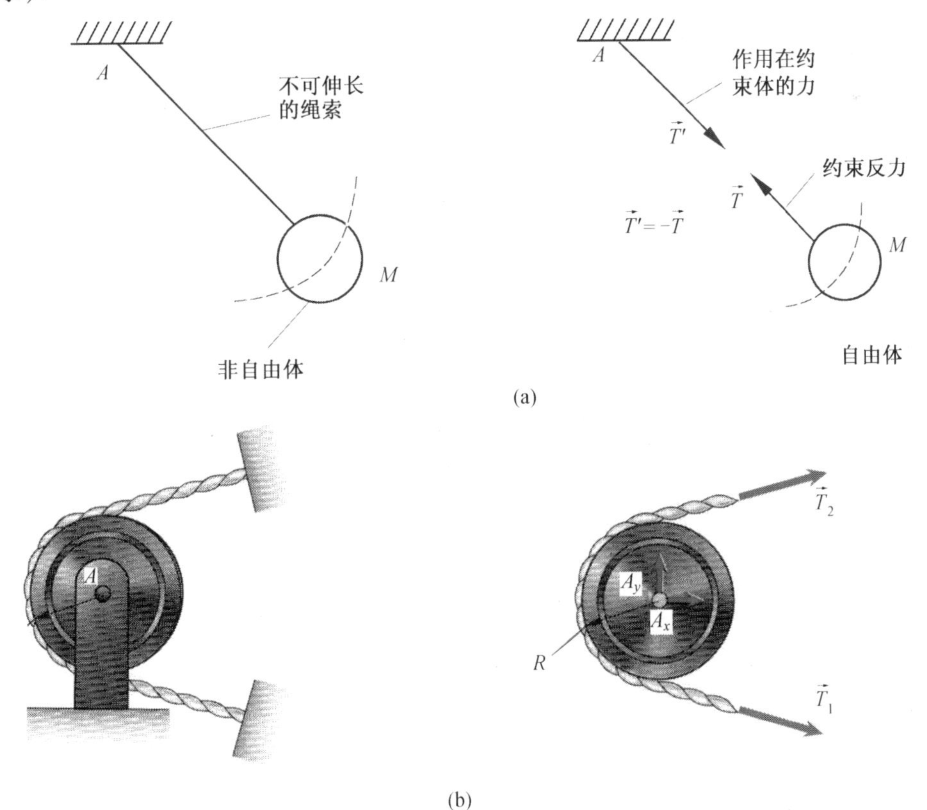

图 1.19 柔性体约束反力

3. Гладкий цилиндрический шарнир(光滑圆柱形铰链约束)

Два объекта соответственно просверлены с цилиндрическими отверстиями одинакового диаметра и соединены цилиндрическим штифтом. Когда трение не учитывается, образуется гладкое цилиндрическое шарнирное ограничение, которое называется шарнирным ограничением, как показано на рис. 1.20(两物体分别钻有直径相同的圆柱形孔,用一个圆柱形销钉连接起来,在不计摩擦时,即构成光滑圆柱形铰链约束,简称铰链约束,如图1.20所示).

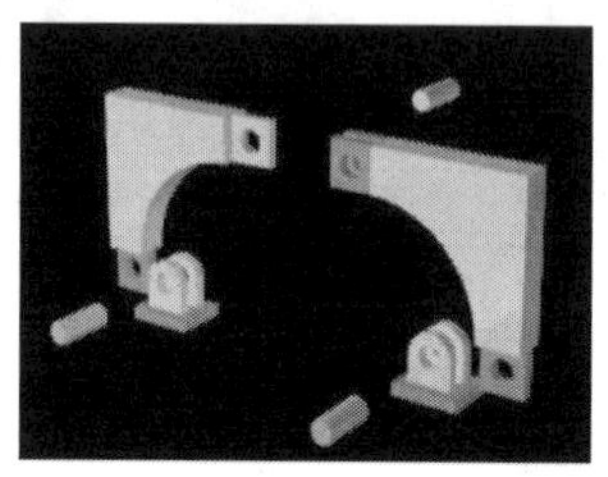

图1.20 铰链约束结构

Цилиндрические шарнирные ограничения обычно делятся на фиксированные шарнирные опоры, промежуточные шарниры и подвижные шарнирные опоры, как показано на рис. 1.21(圆柱形铰链约束一般分为中间铰链、固定铰链支座和可动铰链支座,如图1.21所示).

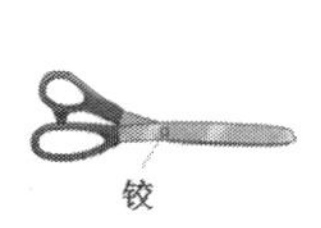

(a) 中间铰链

(b) 固定铰链支座

(c) 可动铰链支座

图1.21 常见的三种铰链约束

中间铰链约束中两构件用圆柱形销钉连接且均不固定. 如果用铰链连接的两个构件中有一个构件与地基或机架相连,便构成固定铰链支座. 在铰链支座的底部安装一排滚轮,可使支座沿固定支承面移动,便构成可动铰链支座约束. 可动铰链支座约束在桥梁、房屋等工程结构中很常见. 这种支座的性质与光滑面约束相似.

(1) Неподвижный цилиндрический шарнир (подшипник)(固定圆柱铰链(轴承)约束).

Неподвижным цилиндрическим шарниром (или просто неподвижным шарниром) называется связь, которая осуществляет такое соединение тел, при котором одно тело может вращаться относительно другому вокруг общей оси, называемой осью шарнира (рис. 1.22)(一个圆柱形固定铰链(或简称固定铰链)是一种约束,该约束可使一个物体绕公共轴线转动,公共轴称为铰链轴(图1.22)).

约束特征:只限制物体沿圆柱形铰链径向的移动. 不限制其沿着铰链轴向移动和绕轴线

的转动.

由于接触面是光滑的,故圆柱形铰链仍属光滑面约束.光滑面约束反力可以用通过接触点、沿着接触面的公法线方向(径向)的一个合力 $\vec{F}_R$ 来表示,如图 1.22 所示.构件在绕铰链轴线的转动过程中,接触点点 K 的位置在变化,故合力 $\vec{F}_R$ 的作用线待定.但无论该力的作用线方位如何,其作用线都要通过销钉横截面的圆心,故合力 $\vec{F}_R$ 可用通过圆心 O 的两个正交分力 $\vec{X}_O$,$\vec{Y}_O$表示,如图 1.22 所示.

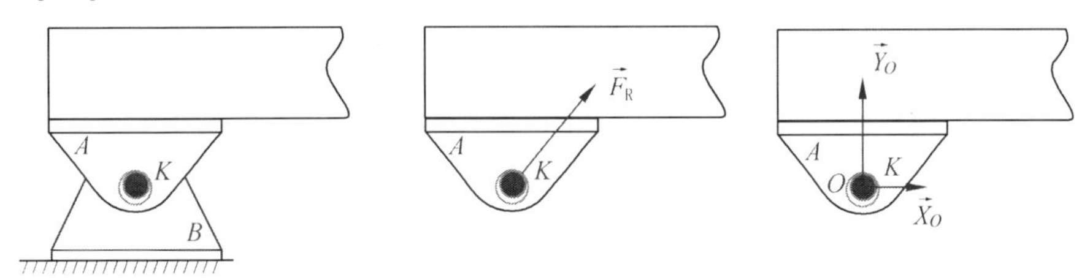

图 1.22　固定铰链约束反力的表示

Реакциями неподвижного цилиндрического шарнир являются две взаимно перпендикулярные силы, направленные по осям координат. Обычно их обозначают $\vec{X}_A$ и $\vec{Y}_A$ (固定圆柱铰链的约束反力可以分解为沿着坐标轴的两个相互垂直的力.通常它们用 $\vec{X}_A$ 与 $\vec{Y}_A$ 表示,如图 1.23 所示).

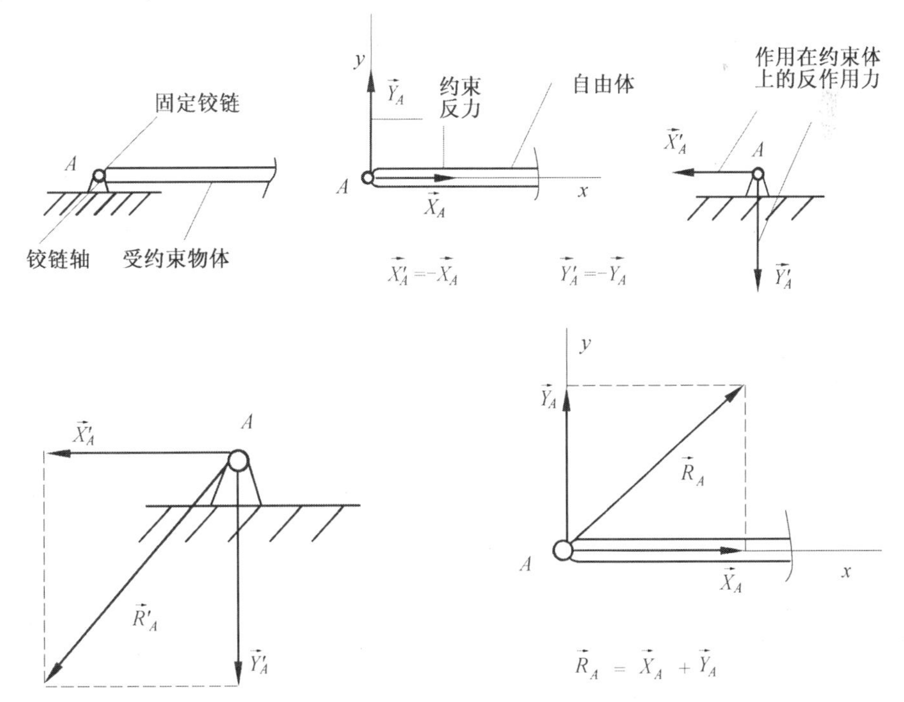

图 1.23　固定圆柱铰链的约束力与约束反作用力

Реакция неподвижного шарнира (рис. 1.23) может быть представлена в виде одной силы—равнодействующей $\vec{R}_A$ реакций $\vec{X}_A$ и $\vec{Y}_A$. Представление реакции подвижного шарнира в виде равнодействующей $\vec{R}_A$ затруднено, так как она неизвестна по направлению (固定铰链的约束反力(图 1.23)可以表示为由反力 $\vec{X}_A$ 和 $\vec{Y}_A$ 所产生的合力 $\vec{R}_A$. 以合力 $\vec{R}_A$ 表示固定铰链的约束反力是困难的,因为它的方向待定).

(2)Промежуточный шарнир (штырь) 中间铰链约束(销钉).

Как показано на рис. 1.24, оба элемента соединения, ограниченного промежуточным шарниром, могут вращаться вокруг оси шарнира, но перемещение элемента в радиальном направлении шарнира ограничено. Сдерживающая реакция шарнира на любой из элементов в отверстии может быть представлена либо радиальной результирующей силой, проходящей через центр круга (указывающей на определение), либо двумя силами ортогональных составляющих(如图 1.24 所示,中间铰链约束连接的两个构件都可以绕铰链轴转动,但构件沿铰链径向的移动被限制. 铰链对其中任何一个构件在开孔处的约束反力既可以用通过圆心的一个径向合力表示(指向待定),也可以用两个正交分力来表示).

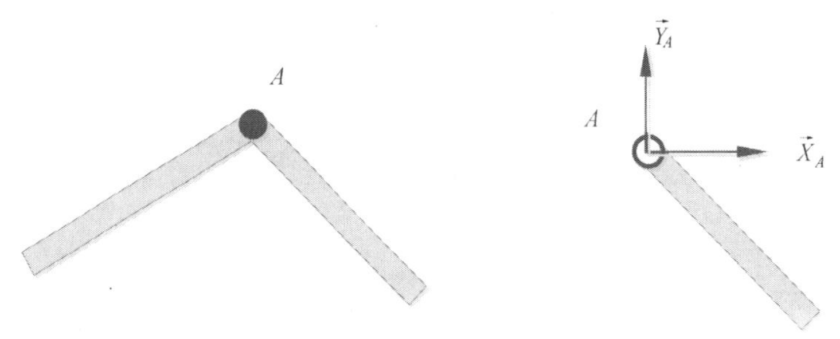

图 1.24　中间铰链约束反力表示

(3)Подвижный цилиндрический шарнир(可动圆柱形铰链约束).

Подвижным цилиндрическим шарниром (или просто подвижным шарниром) называется неподвижный цилиндрический шарнир, допускающий перемещение тела по опорной плоскости (рис. 1.25)(可动圆柱形铰链(或者简单地说是一个可移动的铰链)是指允许物体沿着参考平面移动的圆柱形铰链(图 1.25)).

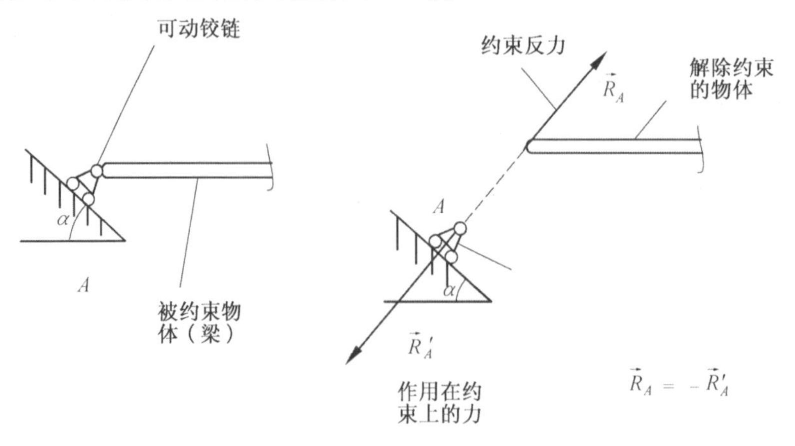

图 1.25　可动圆柱形铰链(活动圆柱铰链)

Линия действия $\vec{R}_A$ реакции шарнирно-подвижной опоры проходит через центр шарнира перпендикулярно опорной плоскости（铰链约束反力作用线 $\vec{R}_A$ 通过销钉中心,垂直于支承面）.

4. Сферический шарнир（球铰链约束）

通过圆球和球窝将两个构件连接在一起的约束称为球铰链,如图 1.26 所示. 球窝对球的约束作用是限制其沿任意方向的平移,而只允许其绕球心转动. 这种作用的实质是光滑面约束. 约束力作用于接触点,方向沿径向指向球心.

Сферическим шарниром называется связь, которая позволяет соединенным телам, как угодно поворачиваться одно относительно другого вокруг центра шарнираРеакция $\vec{R}_A$ сферического шарнира может иметь любое направление в пространстве. Реакцию сферического шарнира раскладывают на три составляющие силы $\vec{X}_A$, $\vec{Y}_A$, $\vec{Z}_A$, направленные по осям координат. Сферический шарнир заменяется тремя реакциями ленными по осям координат（球铰链约束是指允许构件围绕球形链中心旋转的约束. 球铰链约束反力合力 $\vec{R}_A$ 在空间中的方向是任意的. 球铰链约束反力合力可以分解成沿坐标轴方向的三个分力：$\vec{X}_A$, $\vec{Y}_A$, $\vec{Z}_A$. 球铰链约束可被沿坐标轴方向的三个约束反力替代）.

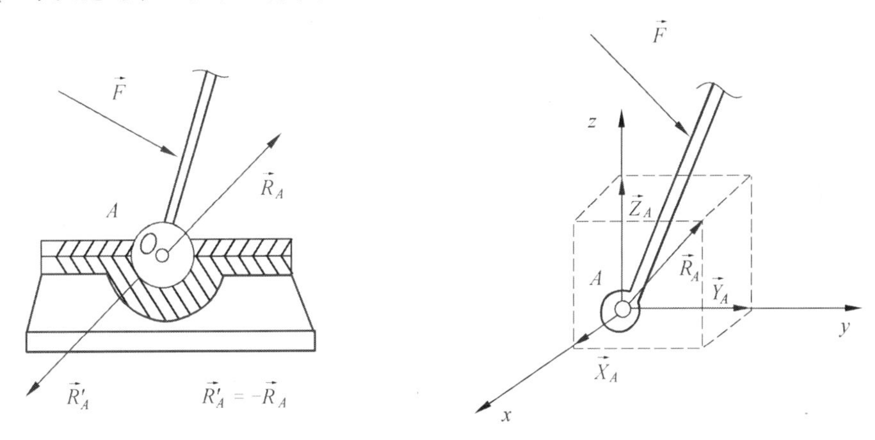

图 1.26　球铰链约束

5. Подпятник（止推轴承约束）

轴承约束是机械中常见的约束. 常用的有向心轴承（径向轴承 подшипник радиальный）及止推轴承（подпятник）. 图 1.27 为径向轴承装置,该约束中轴是被约束体,轴承座是约束体. 轴可在轴承座孔内任意转动,也可以沿孔的中心线移动,即轴承并不限制它的轴向运动和绕轴转动;但是轴承限制了转轴径向向外的平移,相当于铰链支座,其简图及约束反力如图 1.27 所示.

止推轴承如图 1.28 所示,它限制转轴沿径向的平移,又限制它的轴向移动,只允许绕轴转动. 与径向轴承约束相比,止推轴承多了一个沿轴向的约束反力.

Реакция подпятника $\vec{R}_A$（рис. 1.28）может иметь любое направление в пространстве. Реакцию подпятника（как и сферического шарнира）раскладывают на три составля-

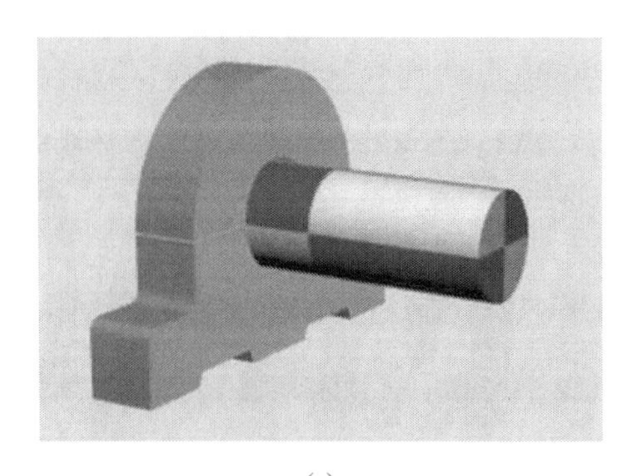

(a)

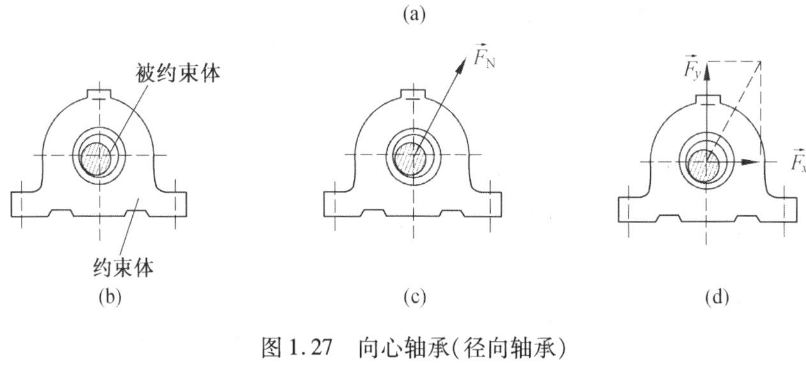

(b) (c) (d)

图 1.27　向心轴承(径向轴承)

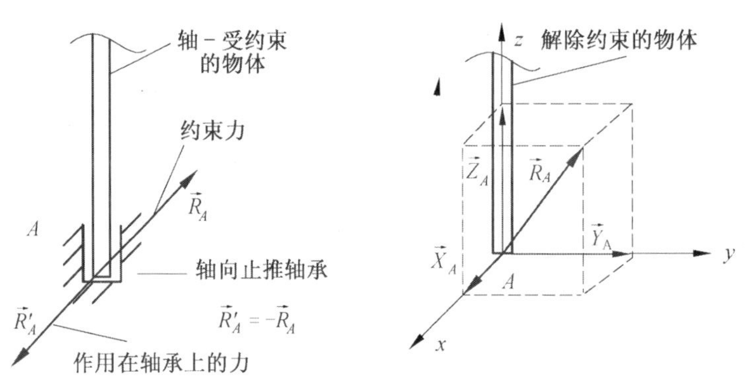

图 1.28　止推轴承

ющие силы координат $\vec{X}_A$, $\vec{Y}_A$, $\vec{Z}_A$, направленные по осям. Сферический шарнир заменяется тремя реакциями $\vec{X}_A$, $\vec{Y}_A$, $\vec{Z}_A$, направленными по осям координат(图 1.28 中轴承约束反力合力 $\vec{R}_A$ 在空间中的方向是任意的. 轴承的约束反力合力(与球铰链约束反力合力一样)可以分解成沿坐标轴方向的三个分力 $\vec{X}_A$, $\vec{Y}_A$, $\vec{Z}_A$,轴承用沿坐标轴方向的三个约束反力替代).

6. Разновидность подвижного цилиндрического шарнира-ползунок
(可动圆柱形铰链的变体——滑块约束)

Линия действия $\vec{R}_A$ реакции ползунка (рис. 1.29) проходит через центр его шарнира перпендикулярно направляющим ползунка(滑块约束反力作用线 $\vec{R}_A$ 通过销钉中心,垂直

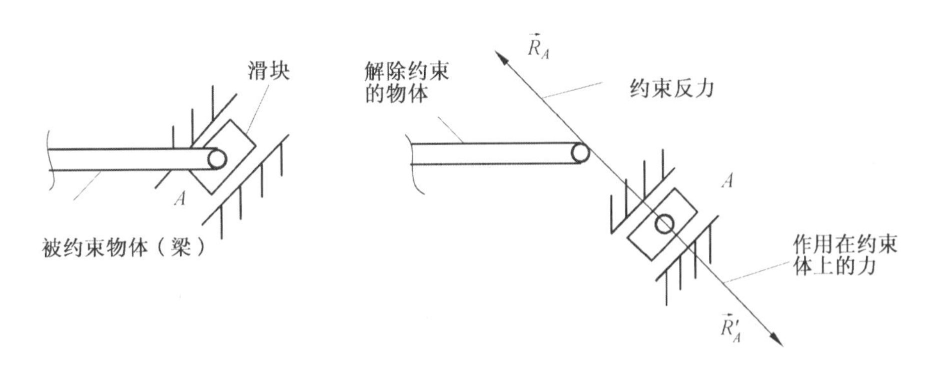

图 1.29 滑块

于支承面,如图 1.29 所示).

7. Жесткая заделка (или неподвижная защемленная опора)

(刚性固定端(或固定支座)约束)

Жесткой заделкой называется связь, которая ограничивает любое перемещение тела (рис. 1.30). (刚性固定端约束是指限制物体任何运动的约束(图 1.30)).

注意:固定支座与固定铰链支座不同,固定支座限制物体在连接处的平移和转动. 而固定铰链不限制转动,可以绕铰链轴转动.

Различают несколько видов жесткой заделки. Основные из них: плоская, пространственная и скользящая (刚性固定端主要包括平面,空间的和滑动的定向支座).

(1) Плоская жесткая заделка(平面固定端)与 пространственная жесткая заделка(空间固定端).

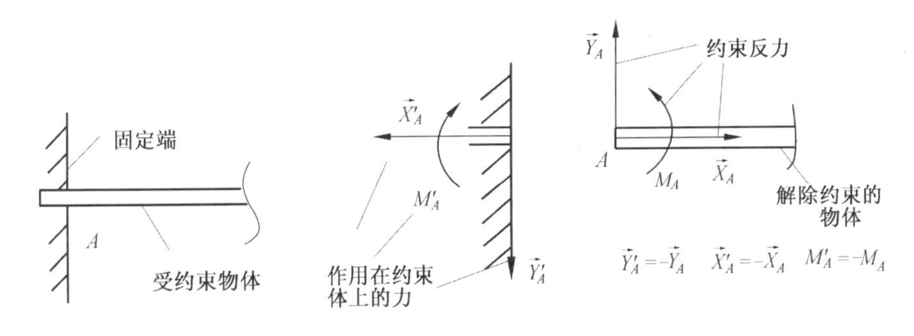

图 1.30 平面固定支座约束

Действие плоской жесткой заделки (рис. 1.30) заменяется наперед неизвестной реакцией $\vec{R}_A$, которая может иметь любое направление в плоскости действия сил, и парой сил, с наперед неизвестным моментом M_A (реактивным моментом)(平面固定支座(图 1.30)的作用可以用一个在该平面内任意方向的未知约束反力 $\vec{R}_A$ 及一个未知力矩 M_A(约束反力矩)代替. 其中,约束反力 $\vec{R}_A$ 限制移动,约束力矩 M_A 限制转动).

Реакцию $\vec{R}_A$ обычно представляют в виде двух неизвестных сил $\vec{X}_A$ и $\vec{Y}_A$, направленных вдоль осей координат. Такиим образом, плоская жесткая заделка заменяется двумя реакциями $\vec{X}_A$ и $\vec{Y}_A$ реактивным моментом M_A（约束反力 $\vec{R}_A$ 通常用两个沿着坐标轴方向的未知力 $\vec{X}_A$ 和 $\vec{Y}_A$ 表示,因此平面固定支座被两种约束反力 $\vec{X}_A$ 和 $\vec{Y}_A$ 及约束反力矩 M_A 所代替).

Действие пространственной жесткой заделки（рис. 1.31）заменяется наперед неизвестной реакцией $\vec{R}_A$, которая может иметь любое направление в пространстве, и парой сил, с наперед неизвестным векторным моментом $\vec{M}_A$（реактивным моментом）(空间固定支座(图 1.31)的作用可以用一个在空间有任意方向的未知反力 $\vec{R}_A$ 及一个未知力矩 $\vec{M}_A$ (约束反力矩)代替).

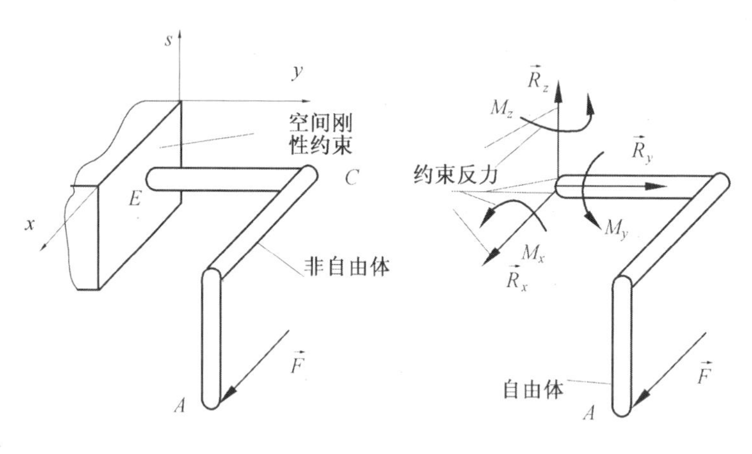

图 1.31　空间固定支座

Примечание: На рисунке не показаны силы давления тела на связь

（注:该图没画出物体对约束体的作用力）

Реакцию $\vec{R}_A$ пространственной жесткой заделки представляют в виде трех составляющих $\vec{R}_x, \vec{R}_y, \vec{R}_z$, направленных по осям координат, а векторный момент $\vec{M}_A$ в виде трех проекций: M_x, M_y и M_z , являющимися моментами реактивных пар сил относительно соответствующих осей координат. Таким образом, пространственная жесткая заделка заменяется тремя реакциями $\vec{R}_x, \vec{R}_y, \vec{R}_z$ и тремя реактивными моментами M_x, M_y, M_z(空间固定支座的约束反力 $\vec{R}_A$ 可以用在三个坐标轴方向的约束反力 $\vec{R}_x, \vec{R}_y, \vec{R}_z$ 和力矩 $\vec{M}_A$ 在三个相应坐标轴方向投影的力矩 M_x, M_y, M_z 来表示. 因此,空间固定支座被三个作用力 $\vec{R}_x, \vec{R}_y$, $\vec{R}_z$ 和三个约束反力力矩 M_x, M_y, M_z 所取代).

(2) Скользящая жесткая заделка（плоская）(刚性滑动支座(平面)约束)

Скользящая заделка это заделка, которая “запрещает” поворот, но не ограничивает поступательное перемещение вдоль направляющих, по которым заделка может скользить（рис. 1.32）. Реакции скользящей заделки: $\vec{R}_A$ — реакция, перпендикулярная направляющим, и реактивный момент — M_A（滑动支座是一种“限制”转动的支座,但其不限制沿

导轨的平移运动,支座可以在导轨上滑动(图 1.32).滑动支座约束反力 $\vec{R}_A$ 垂直于支承面,M_A 为约束力矩).

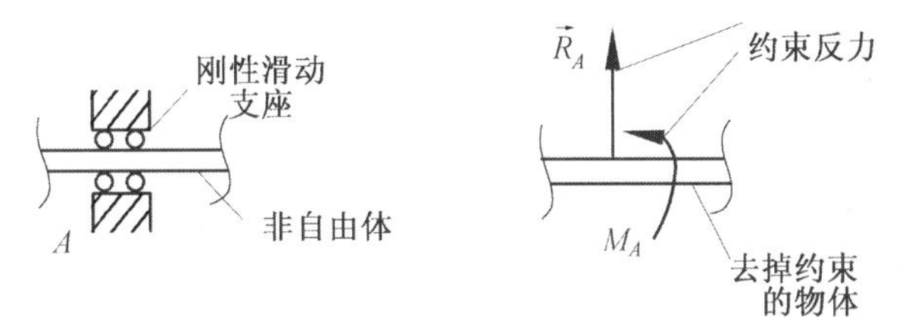

图 1.32 刚性滑动支座(定向支座)

注意:滑动支座(定向支座)与可动铰链支座的区别.前者限制转动,后者不限制转动.

8. Прямолинейный невесомый стержень(直线型无重量杆(二力杆)约束)

Прямолинейным невесомым называется стержень, весом которого по сравнению с воспринимаемой им нагрузкой можно пренебречь и осью которого является прямая линия (рис. 1.33)(直线型无重量杆的轴线为直线且其重量与其感知的载荷相比可忽略不计(图 1.33)).

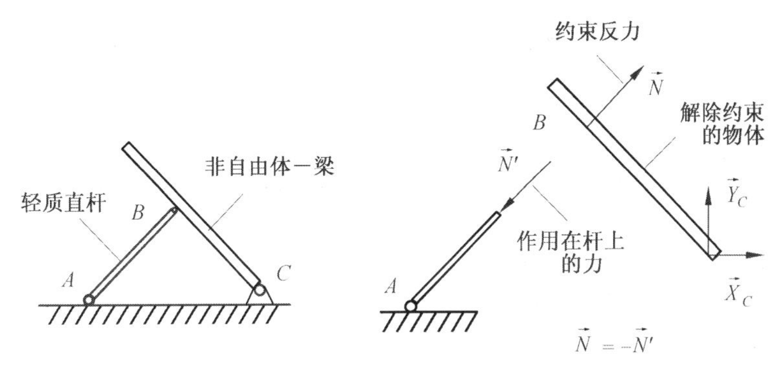

图 1.33 二力杆

Реакция шарнирно прикрепленного прямолинейного стержня направлена вдоль оси стержня(铰接式直线杆的约束反力 $\vec{N}$ 沿杆的轴线作用).

Действие шарнирно прикрепленного прямолинейного стержня на связь может быть заменено усилием в стержне $\vec{S}$. При этом усилие направляется вдоль оси стержня (рис. 1.34) в предположении, что он растянут, то есть усилие предполагается положительным (если стержень растянут, то $\vec{S} > 0$, если сжат — $\vec{S} < 0$). (铰接式直杆在连接处的作用可以用杆中的力 $\vec{S}$ 来代替.在这种情况下,力被假定沿着杆的轴线作用受拉(图 1.34),即力被假定为正(如果杆伸长,则 $\vec{S} > 0$,如果杆压缩,则 $\vec{S} <0$)).

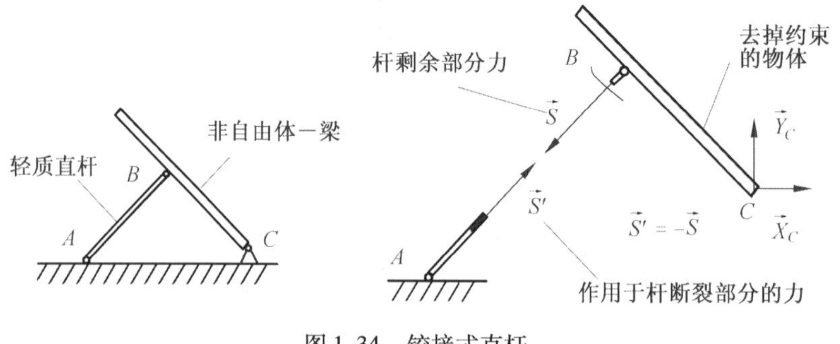

图 1.34　铰接式直杆

1.3　Анализ силы объекта и картина усилия (物体的受力分析和受力图)

在工程实际中,常常需要根据已知力,应用平衡条件求解未知力.为此,首先需要对物体进行受力分析,确定物体受了几个力,每个力的作用位置和作用方向.

Силы, действующие на объект, включают в себя активную силу и пассивную силу (作用在物体上的力包括主动力与被动力).

Активная сила: сила, которая заставляет объект двигаться или имеет тенденцию двигаться, его размер и направление известны. Например сила тяжести, давление воды и т. д. (主动力:使物体运动或有运动趋势的力,其大小和方向都已知.如重力、水压力等).

Пассивная сила: сила, вызванная главной силой и изменяющаяся вместе с ней, ее размер и направление часто неизвестны. Например реакция связи(被动力:由主动力引起并随其变化的力,其大小和方向往往未知.如约束反力).

Чтобы четко указать силу объекта, мы отделяем объект, который должен быть изучен (тело силы), от окружающего объекта (тело, приложения силы). Этот этап называется выбором объекта исследования или выбором тела разделения. Затем сила, приложенная к исследуемому объекту (включая основную мощность и сдерживающую силу реакции), рисуется, и диаграмма сил силового тела рисуется отдельно(为了清晰地表示物体的受力情况,我们把需要研究的物体(受力体)从周围的物体(施力体)中分离出来,这个步骤称为选取研究对象或选取分离体.然后把施力体对研究对象的作用力(包括主动力及约束反力)全部画出来,单独画出受力体的受力简图).

Диаграмма усилий представляет собой упрощенную диаграмму всех сил, оказываемых силой, действующей на объект(受力图即是研究对象所受全部作用力的简图).

画分离体的受力图时要注意把作用在其上的约束去掉,用相应的约束反力替换;画受力图时应遵循先易后难的原则,先画主动力后画被动力,只画物体所受的力.

1.3.1　Шаги и замечания при составлении диаграмма усилий（画受力图的步骤和注意事项）

1. 步骤

(1)确定研究对象.

(2)画主动力.

(3)根据约束类型,正确地画上相应的约束反力.

(4)检查受力图是否完整.

2. 注意事项

(1)不要漏画约束反力,不能凭主观臆想推测约束反力的方向.

(2)不要多画力,对于画出的每一个力应明确其施力体.

(3)当分析两物体间的相互作用力时,要注意检查这些力的箭头是否符合作用力与反作用力的关系.

(4)当研究系统平衡时,在受力图上只画出外部物体对研究对象的作用力(外力),不画成对出现的内力.

1.3.2　Пример(例题)

例题1　一个重为 $\vec{P}$ 的物体在绳子作用下靠在光滑的墙上,如图1.35(a)所示,画出重物的受力图.

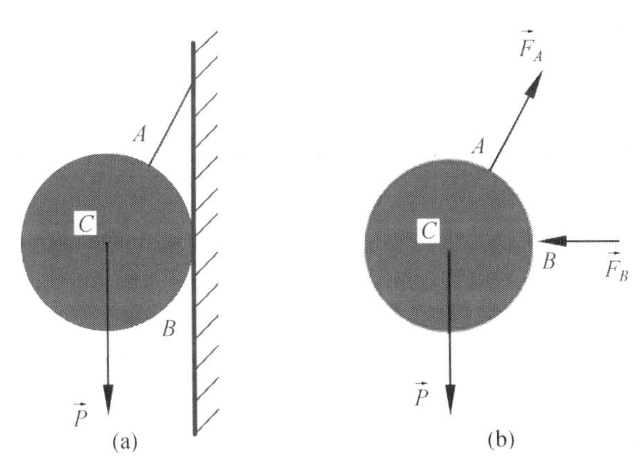

图1.35　小球挂在光滑的墙上

解:(1)取重物为研究对象,并单独画出其简图,即取分离体.

(2)画主动力. 有物体本身自重 $\vec{P}$.

(3)画约束力. 物体在 A 点受到绳子对物体的柔性体约束,故在 A 点受到沿着绳索的方向背离物体的拉力 $\vec{F}_A$. 物体在 B 点受到墙面对物体的光滑接触约束,故在 B 点受到墙面法向反力 $\vec{F}_B$ 的作用,沿着物体和墙面的接触点的公法线方向指向圆心.

物体受力如图1.35(b)所示.

例题2　画出图1.36(a)中梁的受力图,其中梁 AB 不计自重.

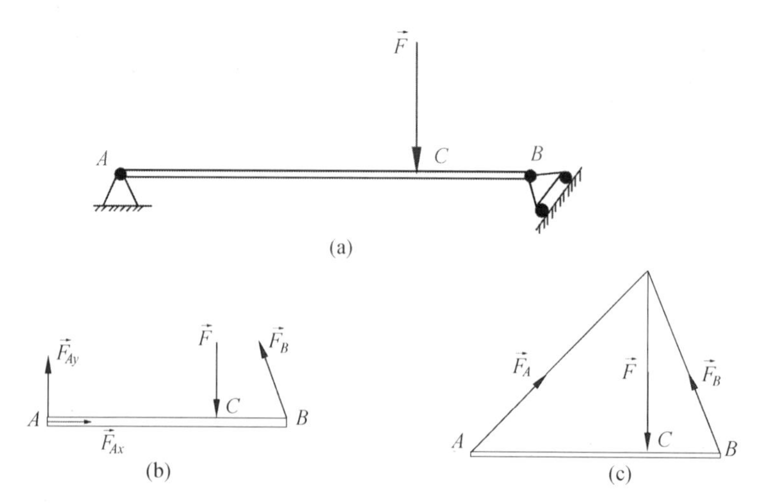

图 1.36　简支梁受集中力作用

解:(1)取梁 AB 为研究对象,并单独画出其简图.

(2)画主动力. 因 AB 不计自重,仅在 C 点受到外力 $\vec{F}$.

(3)画约束力. A 处为固定铰链约束,其约束力可用两个大小未知的正交分力 $\vec{F}_{Ax}$ 和 $\vec{F}_{Ay}$ 表示. B 处为可动铰链约束,其约束力垂直于接触面,用 $\vec{F}_B$ 表示.

梁的受力如图 1.36(b)所示.

再进一步分析可知,由于梁 AB 上仅有 A,B,C 三点受力,并保持平衡,根据三力平衡汇交定理,可确定 A 点的受力 $\vec{F}_A$ 的方向. $\vec{F}$ 和 $\vec{F}_B$ 的作用线相交于一点,梁 AB 平衡时,$\vec{F}_A$ 的作用线必过 $\vec{F}$ 和 $\vec{F}_B$ 的交点,如图 1.36(c)所示;至于 $\vec{F}_A$ 的指向,暂定如图,以后由平衡条件确定.

例题 3　图 1.37 所示三铰拱桥,由左、右两拱铰接而成(图 1.37(a)). 设各拱自重不计,在左拱上作用有载荷 $\vec{P}$. 试分别画出左、右拱及整体的受力图.

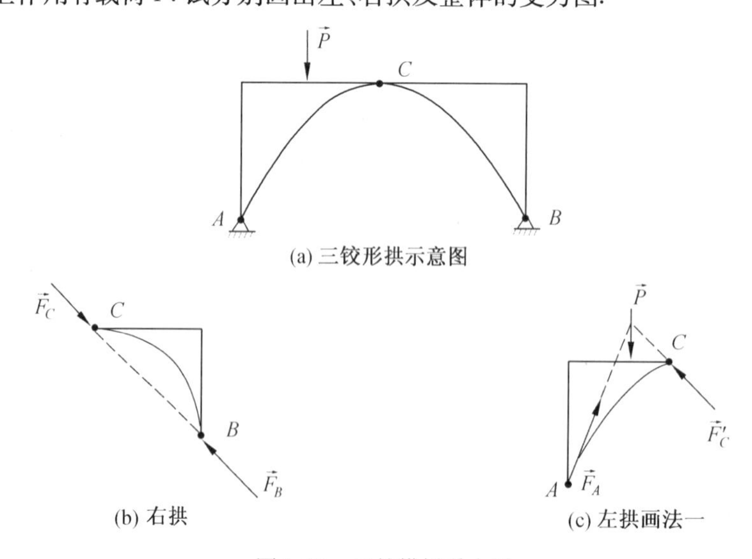

图 1.37　三铰拱桥受力图

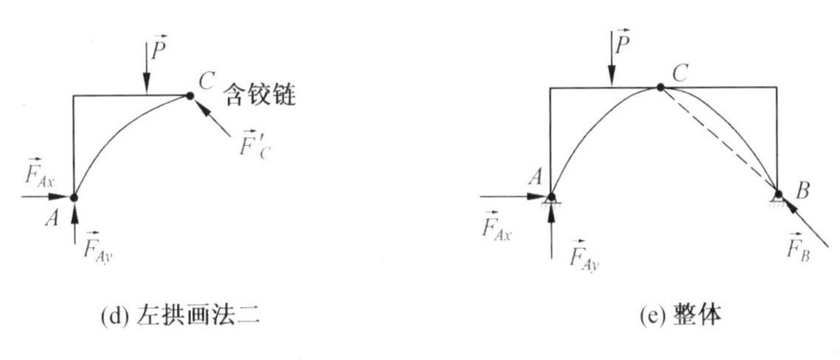

(d) 左拱画法二　　　　(e) 整体

续图 1.37

解:(1)先分析拱 BC 的受力,由于拱 BC 自重不计,且只在 B、C 两处受到铰链约束,因此拱 BC 为二力构件. 在 B,C 处分别受 $\vec{F}_B$和 $\vec{F}_C$的作用,且 $\vec{F}_B=-\vec{F}_C$,这两个力等值、反向、共线,如图 1.37(b)所示.

(2)取拱 AC 为研究对象. 由于不计自重,主动力仅有载荷 $\vec{P}$. 拱 AC 在铰链 C 处,有拱 BC 给它的约束力$\vec{F}'_C$,根据作用和反作用定律,$\vec{F}'_C=-\vec{F}_C$. 拱 AC 在 A 处有固定铰链约束给它的约束力 $\vec{F}_A$的作用. 由于拱 AC 在 $\vec{F}_A$,$\vec{P}$,$\vec{F}'_C$ 三个力作用下平衡,根据三力平衡汇交定理,可确定 A 点的受力 $\vec{F}_A$的方向. $\vec{P}$ 和$\vec{F}'_C$ 的作用线相交于一点,拱 AC 平衡时,$\vec{F}_A$的作用线必过 $\vec{P}$ 和$\vec{F}'_C$ 的交点,如图 1.37(c)所示;至于 $\vec{F}_A$的指向,暂定如图,以后由平衡条件确定.

由于 A 点为固定铰链约束,也可以将 A 点的受力 $\vec{F}_A$分解为两个大小未知的正交分力 $\vec{F}_{Ax}$和 $\vec{F}_{Ay}$,如图 1.37(d)所示.

(3)整个系统受力分析. 当选整个系统为研究对象时,可把平衡的整体结构刚化为刚体. 由于铰链 C 处满足$\vec{F}'_C=-\vec{F}_C$,这两个力成对出现在整个系统内,称为内力. 内力对系统的作用效应相互抵消,因此可以消除而不影响整个系统的平衡. 故内力在整体系统受力分析的时候不必画出. 在整体受力图中只需画出系统以外的物体对系统的作用力,这种力称为外力,如 $\vec{P}$,$\vec{F}_{Ax}$,$\vec{F}_{Ay}$和 $\vec{F}_B$.

整个系统受力如图 1.37(e)所示.

例题 4　试分别画出图 1.38(a)中每个物体及整体的受力图. 各构件自重不计.

解:(1)绳子 DE 的受力分析. 绳子两端 D、E 分别受到梯子对它的拉力 $\vec{F}_D$和 $\vec{F}_E$的作用,两个力等值、反向、共线,作用线为 DE 连线,且两个力沿着作用线的方向背离绳子 DE,如图 1.38(b)所示.

(2)梯子 AB 部分的受力分析. AB 在 H 处受到载荷 $\vec{P}$ 的作用,在铰链 A 处受到 AC 部分给它的约束力$\vec{F}'_{Ax}$和$\vec{F}'_{Ay}$. 在 D 点受绳子 DE 对它的拉力$\vec{F}'_D$,$\vec{F}'_D$ 是 $\vec{F}_D$的反作用力. 在点 B 受光滑体面对它的法向反力 $\vec{F}_B$.

梯子 AB 部分的受力如图 1.38(c)所示.

(3)梯子 AC 部分的受力分析. 在铰链 A 处受 AB 部分对它的约束力 $\vec{F}_{Ax}$和 $\vec{F}_{Ay}$,$\vec{F}'_{Ax}$和

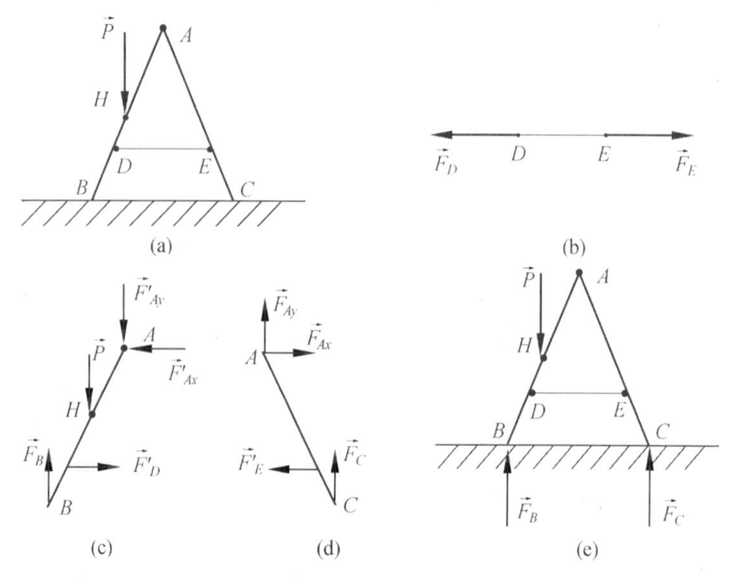

图 1.38　梯子受力图

$\vec{F}'_{Ay}$分别是 $\vec{F}_{Ax}$和 $\vec{F}_{Ay}$的反作用力. 在点 E 处受绳子 DE 对它的拉力$\vec{F}'_E$,$\vec{F}'_E$ 是 $\vec{F}_E$的反作用力. 在 C 处受光滑地面对它的法向反力 $\vec{F}_C$.

梯子 AC 部分的受力如图 1.38(d)所示.

(4)整个系统的受力分析. 当选整个系统为研究对象时,可把平衡的整个结构刚化为刚体. 由于铰链 A 处所受的力满足 $\vec{F}_{Ax}=-\vec{F}'_{Ax}$,$\vec{F}_{Ay}=-\vec{F}'_{Ay}$;绳子与梯子连接点 D 和 E 所受的力也分别满足 $\vec{F}_D=-\vec{F}'_D$,$\vec{F}_E=-\vec{F}'_E$,这些力均为系统的内力可以消除. 故整个系统受力如图 1.38(e)所示.

应该指出,内力与外力的区别不是绝对的. 例如,当我们把梯子 AC 作为研究对象时,$\vec{F}_{Ax}$,$\vec{F}_{Ay}$和$\vec{F}'_E$ 均属于外力,但取整体为研究对象时,$\vec{F}_{Ax}$,$\vec{F}_{Ay}$和$\vec{F}'_E$ 又成为内力. 可见内力与外力的区别只有相对于某一确定的研究对象才有意义.

例题 5　图 1.39(a)机构中,当销钉 C 附于 BC 杆时,试分别画出各杆及整体的受力图. 各构件自重不计.

解:(1)先研究杆 AC 的受力. 杆两端 A,C 分别受到铰链约束的作用,因此杆 AC 为二力构件. 在 A,C 处分别受 $\vec{F}_A$ 和 $\vec{F}_C$ 的作用,且 $\vec{F}_A=-\vec{F}_C$,这两个力等值、反向、共线,如图 1.39(b)所示.

(2)杆 BC 的受力分析. BC 受到载荷 $\vec{P}$ 的作用,在铰链 C 处受到杆 AC 给它的约束力 F'_C. 由于销钉 C 附于 BC 上,销钉受杆 CD 给它的约束力 $\vec{F}_{Cx}$和 $\vec{F}_{Cy}$. B 处为铰链约束,在 B 点受杆 AB 对它的约束力 $\vec{F}_{Bx}$和 $\vec{F}_{By}$.

杆 BC 的受力如图 1.39(c)所示.

(3)杆 CD 的受力分析. CD 受载荷 $\vec{Q}$ 的作用,在铰链 C 处受销钉 C 对它的约束力$\vec{F}'_{Cx}$和

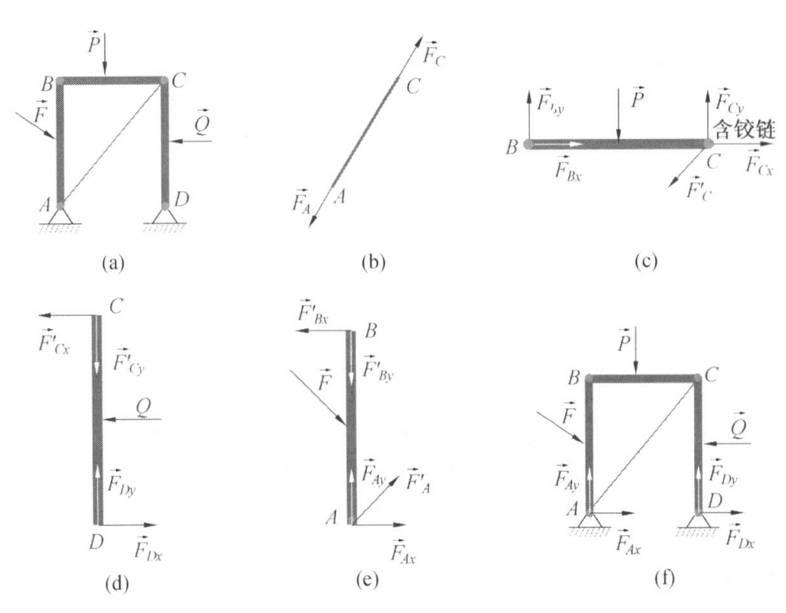

图 1.39 各杆及整体受力图

$\vec{F}'_{Cy}$, $\vec{F}'_{Cx}$和$\vec{F}'_{Cy}$分别是 $\vec{F}_{Cx}$和 $\vec{F}_{Cy}$的反作用力. *D* 处为固定铰链约束,其约束力可用两个大小未知的正交分力 $\vec{F}_{Dx}$和 $\vec{F}_{Dy}$表示.

杆 *CD* 的受力如图 1.39(d)所示.

(4)杆 *AB* 的受力分析. *AB* 受载荷$\vec{F}$的作用,在铰链 *B* 处受 *BC* 杆对它的约束力$\vec{F}'_{Bx}$和$\vec{F}'_{By}$, $\vec{F}'_{Bx}$和$\vec{F}'_{By}$分别为 $\vec{F}_{Bx}$和 $\vec{F}_{By}$的反作用力. *A* 处为固定铰链约束,其约束力可用两个大小未知的正交分力 $\vec{F}_{Ax}$和 $\vec{F}_{Ay}$表示. *A* 处还受 *AC* 杆给它的约束力$\vec{F}'_A$ 的作用,$\vec{F}'_A$ 是 $\vec{F}_A$的反作用力.

杆 *AB* 的受力如图 1.39(e)所示.

(5)整个系统的受力分析. $\vec{F}_A$, $\vec{F}'_A$, $\vec{F}_C$, $\vec{F}'_C$, $\vec{F}_{Bx}$, $\vec{F}'_{Bx}$, $\vec{F}_{By}$, $\vec{F}'_{By}$, $\vec{F}_{Cx}$, $\vec{F}'_{Cx}$, $\vec{F}_{Cy}$, $\vec{F}'_{Cy}$均为成对出现的系统的内力,可以互相抵消. 故整个系统受力如图 1.39(f)所示.

1.3.3 Выводы и обсуждение этой главы(本章结论与讨论)

(1)静力学研究作用于物体上力系的平衡条件及应用. 包括以下几点:

① 物体的受力分析.

② 力系的等效替换(或简化).

③ 建立各种力系的平衡条件.

(2)力是物体间相互的机械作用,这种作用使物体的机械运动状态发生变化(包括变形).

(3)静力学公理是力学的最基本、最普遍的客观规律.

公理 1 力的平行四边形规则.

公理 2 二力平衡条件.

以上两个公理,阐明了作用在一个物体上最简单的力系的合成规则及平衡条件.

公理 3 加减平衡力系原理.

这个公理是研究力系等效变换的依据.

公理 4 作用与反作用定律.

这个公理阐明了两个物体相互作用的关系.

公理 5 刚化原理.

(4)约束与约束反力.

约束:限制非自由体某些位移的周围物体.

约束反力:约束对非自由体施加的力.

(5)物体的受力分析和受力图是研究物体平衡和运动的前提.

1.4 Подумать(思考题)

1. 说明下列式子与文字的意义和区别.

(1)$\vec{F}_1=\vec{F}_2$. (2)$F_1=F_2$. (3)力 $\vec{F}_1$ 等效于力 $\vec{F}_2$.

2. 试区别 $\vec{F}_R=\vec{F}_1+\vec{F}_2$ 和 $F_R=F_1+F_2$ 两个等式代表的意义.

3. 下列说法是否正确?为什么?

(1)二力构件与构件的形状有关.

(2)凡两端用铰链链接的杆都是二力杆.

(3)凡不计重量的杆都是二力杆.

(4)分力的大小一定小于合力.

4. 图 1.40 ~ 1.44 中各物体的受力图是否有错误?如何改正?

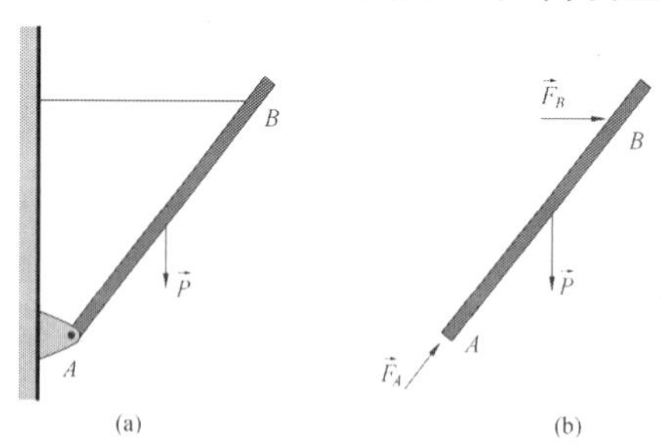

图 1.40

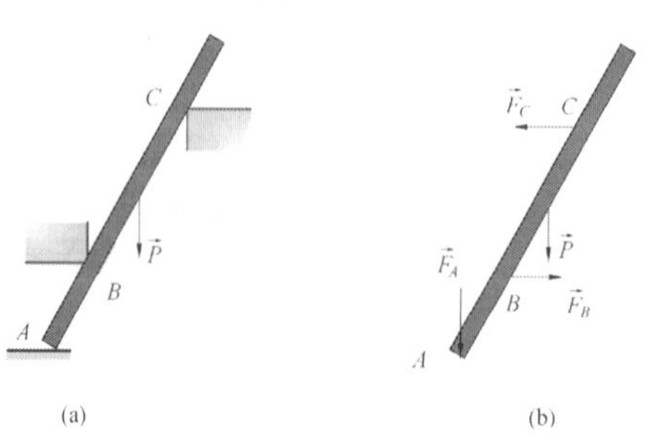

图 1.41

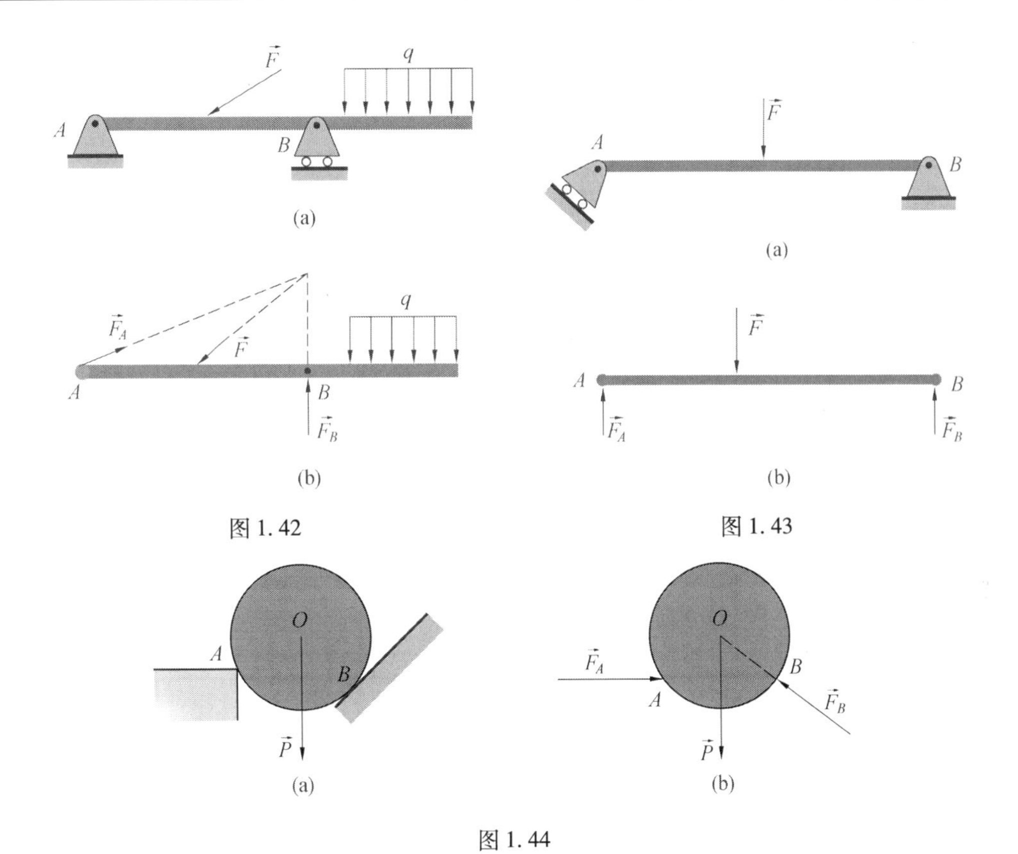

图 1.42

图 1.43

图 1.44

5. 刚体上点 A 受力 $\vec{F}$ 作用，如图 1.45 所示，问能否在点 B 加一个力使刚体平衡？为什么？

6. 如图 1.46 所示结构，找出图(a)、(b)中的二力构件.

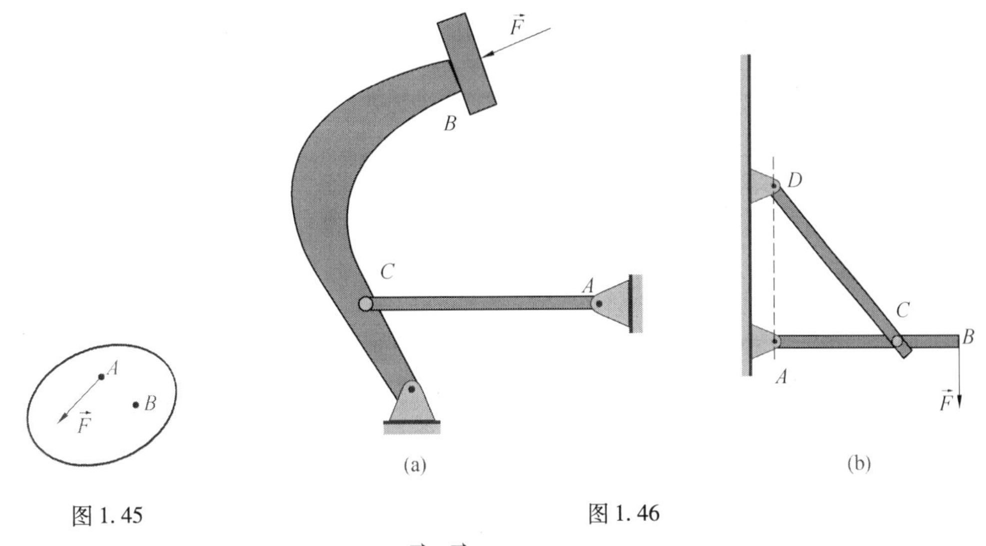

图 1.45

图 1.46

7. 图 1.47 中，A、B 两物体分别受 $\vec{F}_1$、$\vec{F}_2$ 作用，问 A、B 两物体何时保持平衡？为什么？

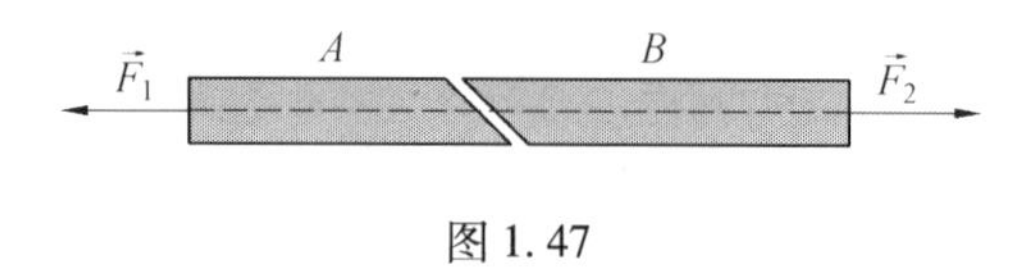

图 1.47

1.5 Упражнение(习题)

1. 画出图 1.48 中各受力构件的受力图. 未画重力的构件自重不计,所有接触均为光滑接触.

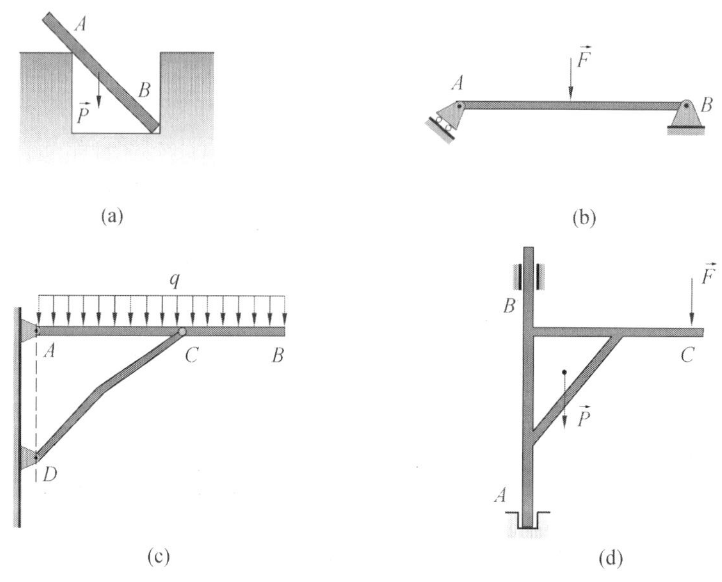

图 1.48

2. 画出图 1.49 中每个标注字符的物体(不包含销钉、支座、基础)的受力图以及系统整体受力图. 未画重力的构件自重不计,所有接触均为光滑接触.

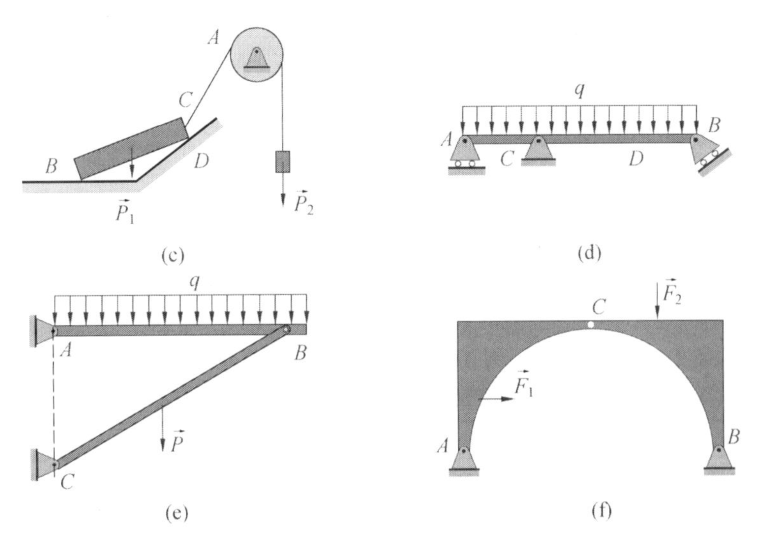

图 1.49

3. 画出图 1.50 中每个标注字符的物体(不包含销钉、支座、基础)的受力图,以及各小题的整体受力图和销钉 A(销钉 A 穿透各构件)的受力图. 未画重力的构件自重不计,所有接触均为光滑接触.

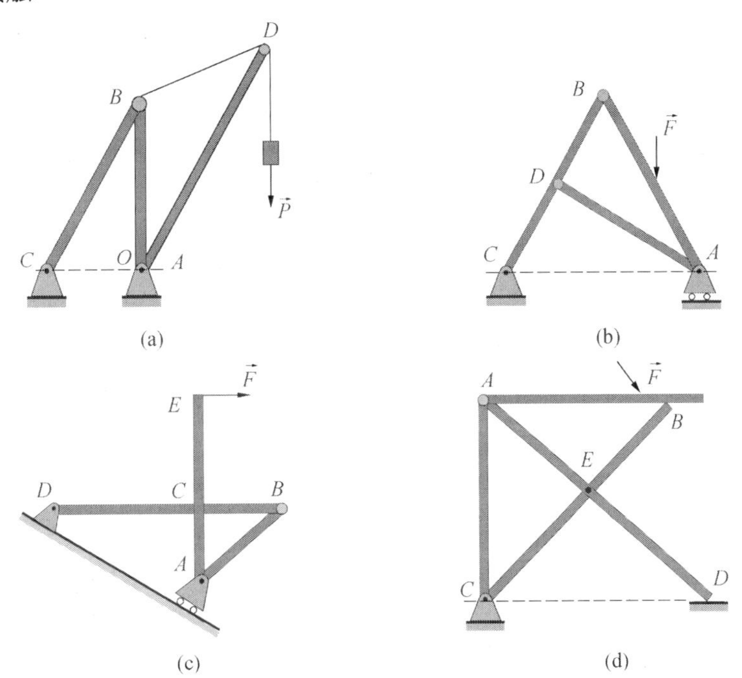

图 1.50

Глава 2　Плоская система сил (平面力系)

Система сил, линии действия которых лежат в одной плоскости, называется плоской. Плоскую систему могут образовывать произвольно расположенные силы, пары сил и силы, сходящиеся в одной точке (各力作用线在同一平面内的力系称为平面力系.平面力系包括平面汇交力系、平面力偶系和平面任意力系).

2.1　Сложение и разложение сил (力的合成与分解)

2.1.1　Сложение сил (力的合成)

1. Сложение 2-х сил (二力合成)

Геометрическая сумма $\vec{F}_R$ двух сил $\vec{F}_1$ и $\vec{F}_2$ по аксиоме находится по правилу параллелограмма(рис. 2.1) или построением силового треугольника (рис. 2.2) (根据力的平行四边形法则(图 2.1)和三角形法则(图 2.2),两个力 $\vec{F}_1$ 和 $\vec{F}_2$ 合成得到了合力 $\vec{F}_R$).

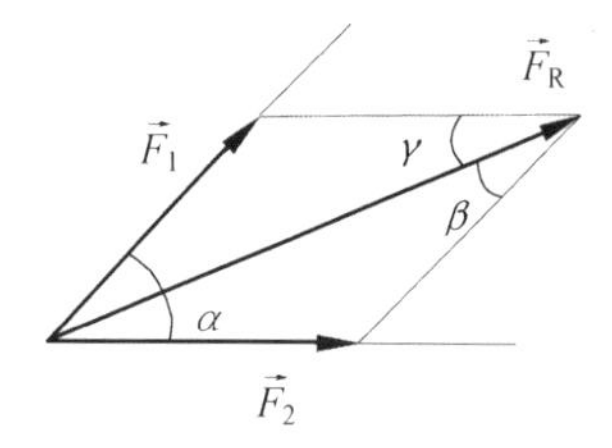

图 2.1　力的平行四边形法则

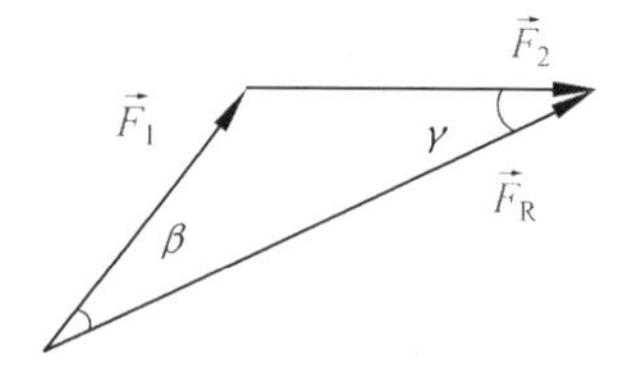

图 2.2　力的三角形法则

Модуль силы $\vec{F}_R$ определяется по формуле(力的大小用公式表示为)

$$|\vec{F}_R| = \sqrt{F_1^2 + F_2^2 + 2 \cdot F_1 \cdot F_2 \cos \alpha}$$

Углы β,γ —по формулам(夹角表示为):

$$F_1/\sin \gamma = F_2/\sin \beta = F_R/\sin \alpha$$

2. Сложение 3-х сил, не лежащих в одной плоскости(不在同一平面内的三力合成)

Геометрическая сумма $\vec{F}_R$ трех сил, $\vec{F}_1$, $\vec{F}_2$ и $\vec{F}_3$, не лежащих в одной плоскости, определяется посредством последовательного применения правила параллелограмма (рис. 2.3) и изображается диагональю параллелепипеда, построенного на этих силах (правило параллелепипеда)(三个作用力 $\vec{F}_1$, $\vec{F}_2$ 和 $\vec{F}_3$ 不在同一平面上,合力 $\vec{F}_R$ 通过连续运

用平行四边形法则来确定(图 2.3),并由这些力(按平行六面体规则)构造的平行六面体的对角线表示).

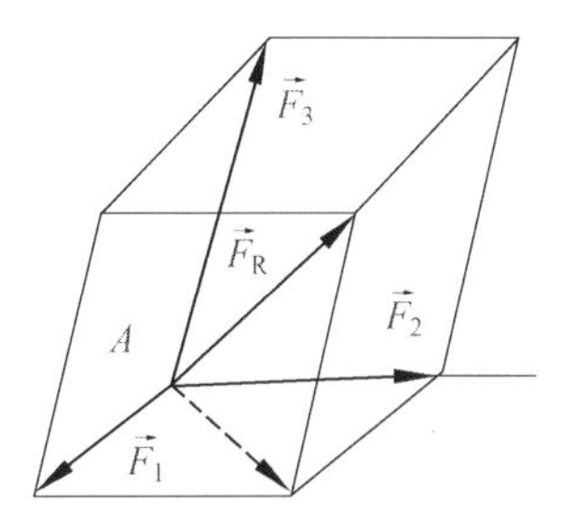

图 2.3 平行六面体法则

2.1.2 Разложение сил(力的分解)

1. Разложение силы по двум заданным направлениям(力在两个指定方向上的分解)

Для разложения силы $\vec{F}_R$ по двум заданным направлениям *AB* и *AD* необходимо построить параллелограмм (рис. 2.4), у которого разлагаемая сила является диагональю, а стороны параллельны заданным направлениям. Силы $\vec{F}_1$ и $\vec{F}_2$, направленные по сторонам параллелограмма будут составляющими силами(若要在两个给定方向 *AB* 和 *AD* 上分解力 $\vec{F}_R$,需构造平行四边形(图 2.4),力 $\vec{F}_R$ 为对角线,其分力方向与给定方向平行. 沿着平行四边形的两边进行分解可得到力 $\vec{F}_1$ 和 $\vec{F}_2$).

2. Разложение силы по трем заданным направлениям(力在三个指定方向上的分解)

Для разложения силы $\vec{F}_R$ по трем заданным направлениям, не лежащим в одной плоскости необходимо построить параллелепипед, у которого диагональ изображает заданную силу. Тогда составляющие силы $\vec{F}_1$, $\vec{F}_2$ и $\vec{F}_3$ будут направлены вдоль ребер этого параллелепипеда (рис. 2.5) (若要将力 $\vec{F}_R$ 沿空间不在同一平面上的三个方向进行分解,则需要构造一个平行六面体,其中对角线表示给定的力. 然后,分力 $\vec{F}_1$, $\vec{F}_2$ 和 $\vec{F}_3$ 将沿着这个平行六面体的棱边来表示,如图 2.5 所示).

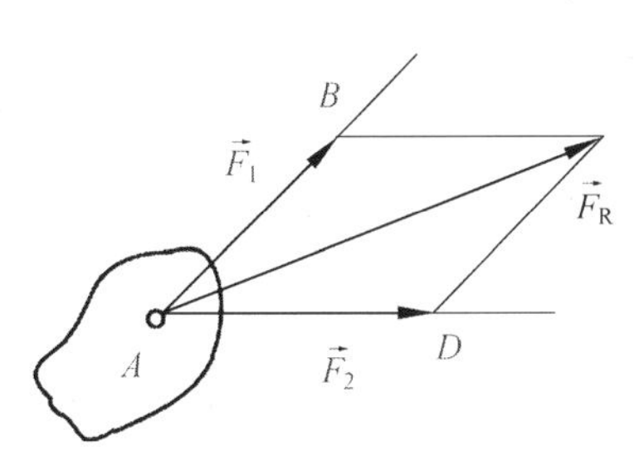

图 2.4 力沿两个方向的分解

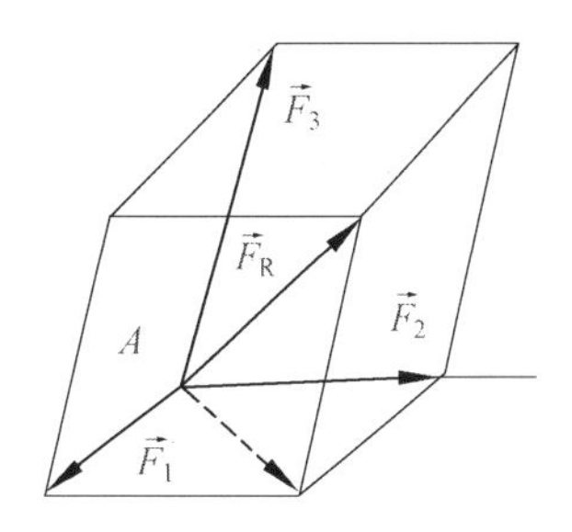

图 2.5 力在空间三个方向的分解

2.1.3 Проекция силы на ось и на плоскость(力在轴和平面上的投影)

1. Проекция силы на ось(力在轴上的投影)

Проекцией силы (или любого другого вектора) на ось называется алгебраическая величина, равная произведению модуля силы на косинус угла между силой и положительным направлением оси (рис. 2.6)(力(或任何其他矢量)在轴上的投影是一个代数量,它等于力与轴的正方向之间夹角的余弦与力的乘积(图 2.6)).

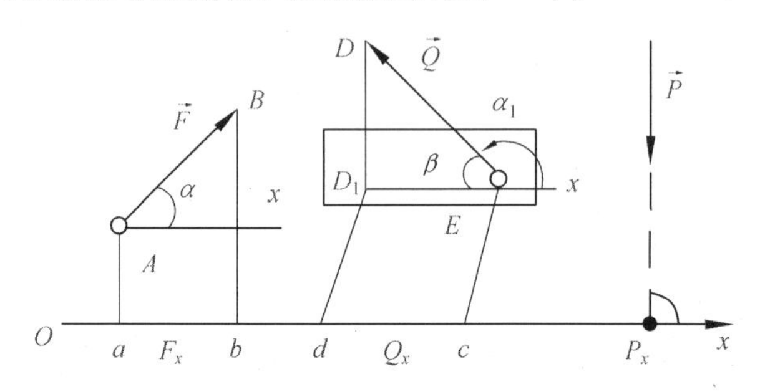

图 2.6　直接投影

$$F_x = F \cdot \cos\alpha = ab$$

$$Q_x = Q \cdot \cos\alpha_1 = -Q \cdot \cos\beta = -dc$$

$$P_x = 0$$

2. Проекция силы на плоскость (двойное проектирование) (力在平面上的投影(二次投影))

Проекция силы $\vec{F}$ на плоскость Oxy—вектор $\vec{F}_{xy} = \overrightarrow{OB_1}$, заключенный между проекциями начала и конца силы $\vec{F}$ на эту плоскость (рис. 2.7)(力 $\vec{F}$ 在 Oxy 平面上的投影 $\vec{F}_{xy}$ 为矢量,$\vec{F}_{xy} = \overrightarrow{OB_1}$,即力 $\vec{F}$ 在该平面上起点投影到终点投影之间的有向线段(图 2.7)).

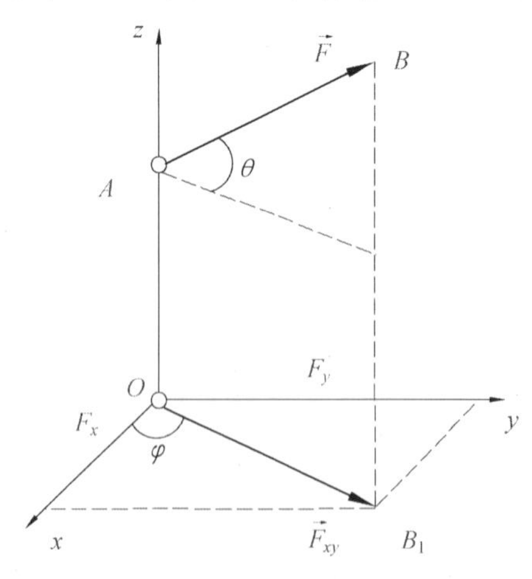

图 2.7　二次投影

$$\text{Модуль(模)}\ |\vec{F}_{xy}| = F \cdot \cos\theta$$

В некоторых случаях для нахождения проекции силы на ось удобно найти сначала ее проекцию на плоскость, а затем найденную проекцию на плоскость спроектировать на данную ось (рис. 2.7)(在某些情况下,为了便于找到力在轴上的投影,可以首先找到它在平面上的投影,然后将力在平面上的投影再投影到该轴上(图2.7)),即

$$F_x = F_{xy} \cdot \cos\varphi = F\cos\theta\cos\varphi$$
$$F_y = F_{xy} \cdot \sin\varphi = F\cos\theta\sin\varphi$$

Иногда для нахождения проекции силы на ось удобно применять прямое проектирование (рис. 2.8) (有时,为了找到力在轴上的投影,使用直接投影法更方便(图2.8)),则

$$F_x = F\cos\alpha$$
$$F_y = F\cos\beta$$
$$F_z = F\cos\gamma$$

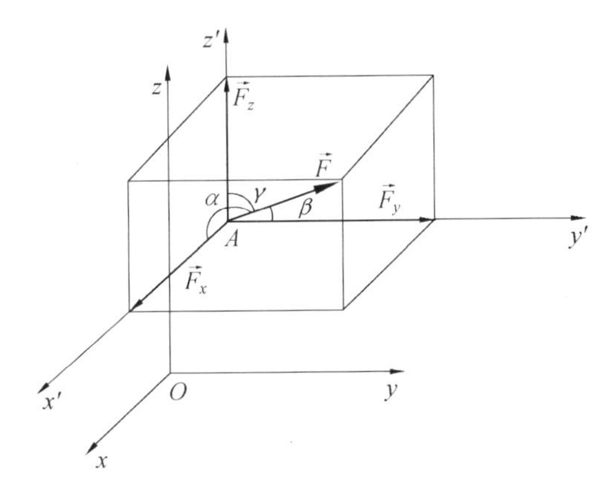

图2.8　直接投影法

2.1.4　Аналитический способ задания силы(解析法)

Для того чтобы задать силу аналитически достаточно задать ее проекции на оси системы координат(为了用解析法确定力的投影,只需将其投影到坐标轴上即可).

1. Пространственная система координат(空间坐标系)

Если заданы проекции F_x, F_y, F_z, то модуль силы определится по формуле (рис. 2.8)(如果给出投影 F_x, F_y, F_z,那么力的大小由以下公式确定)

$$|F| = \sqrt{F_x^{\ 2} + F_y^{\ 2} + F_z^{\ 2}}$$

а направление силы находится через вычисление углов(углы, которые составляет сила с осями координат) с помощью направляющих косинусов(而力的方向是借助于方向余弦角度计算(力与坐标轴的夹角)来确定的)

$$\cos\alpha = F_x/F,\ \cos\beta = F_y/F,\ \cos\gamma = F_z/F$$
$$\alpha = \arccos(F_x/F),\quad \beta = \arccos(F_y/F),\quad \gamma = \arccos(F_z/F)$$

2. Плоская система координат(平面坐标系)

Если заданы проекции F_x и F_y, то модуль и направление силы определятся по формулам (рис. 2.9) (如果给出投影 F_x 和 F_y,则力的大小和方向由以下公式确定(图2.9))

$$|F| = \sqrt{F_x^{\ 2} + F_y^{\ 2}},\ \cos\alpha = F_x/F,\ \cos\beta = F_y/F$$

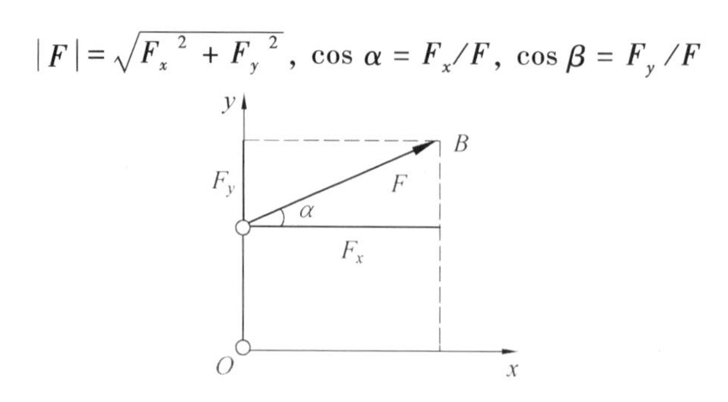

图 2.9　平面坐标系下的解析法

2.1.5　Аналитический способ сложения сил (力合成的解析法)

Аналитический способ сложения сил базируется на теореме геометрии: проекция вектора суммы на какую-нибудь ось равна алгебраической сумме проекций слагаемых векторов на ту же ось (力合成的解析法基于合矢量投影定理:合矢量在任意轴上的投影等于各分矢量在同一轴上投影的代数和).

投影定理常被应用于空间或平面力系合成的合力矢量的计算.

1. Сложение пространственной системы сил(空间力系的合成)

Пусть силы $\vec{F}_1, \vec{F}_2, \ldots, \vec{F}_n$ заданы аналитически, т. е. известны проекции сил на оси координат(对力 $\vec{F}_1, \vec{F}_2, \ldots, \vec{F}_n$ 进行解析,则可得到各力在已知坐标轴上的投影):

$$F_{1x}, F_{2x}, \ldots, F_{nx};\ F_{1y}, F_{2y}, \ldots, F_{ny};\ F_{1z}, F_{2z}, \ldots, F_{nz}$$

Согласно теореме из геометрии, если $\vec{F}_R$ есть сумма векторов $\vec{F}_1, \vec{F}_2, \ldots, \vec{F}_n$, т. е. $\vec{F}_R = \sum \vec{F}_k$ (根据投影定理,如果 $\vec{F}_R$ 是 $\vec{F}_1, \vec{F}_2, \ldots, \vec{F}_n$ 的矢量和,也就是 $\vec{F}_R = \sum \vec{F}_k$)则

$$F_{Rx} = \sum F_{kx},\ F_{Ry} = \sum F_{ky},\ F_{Rz} = \sum F_{kz}$$

Вычислив F_{Rx}, F_{Ry}, F_{Rz}, найдем модуль равнодействующей (главного вектора) силы $\vec{F}_R$ (计算 F_{Rx}, F_{Ry}, F_{Rz},我们可以得到合力 $\vec{F}_R$ (合矢量)的大小)

$$|\vec{F}_R| = \sqrt{F_{Rx}^{\ 2} + F_{Ry}^{\ 2} + F_{Rz}^{\ 2}}$$

Направление равнодействующей силы $\vec{F}_R$ находится через вычисление углов α, β, γ (углы, которые составляет равнодействующая с осями координат) с помощью направляющих косинусов(合力 $\vec{F}_R$ 的方向可以通过角 α, β, γ(合力与坐标轴的夹角)的余弦计算得出)

$$\cos\alpha = F_{Rx}/F_R,\ \cos\beta = F_{Ry}/F_R,\ \cos\gamma = F_{Rz}/F_R$$

$$\alpha = \arccos(F_{Rx}/F_R),\ \beta = \arccos(F_{Ry}/F_R),\ \gamma = \arccos(F_{Rz}/F_R)$$

2. Сложение плоской системы сил(平面力系的合成)

Пусть силы $\vec{F}_1, \vec{F}_2, \ldots, \vec{F}_n$ лежат в одной плоскости и заданы аналитически, т. е. заданы проекции сил на оси координат: $F_{1x}, F_{2x}, \ldots, F_{nx}$; $F_{1y}, F_{2y}, \ldots, F_{ny}$ (对在同一平面

上的力 $\vec{F}_1, \vec{F}_2, \ldots, \vec{F}_n$，进行解析，即力在给定坐标轴上的投影为：$F_{1x}, F_{2x}, \ldots, F_{nx}$；$F_{1y}$，$F_{2y}, \ldots, F_{ny}$).

Согласно теореме из геометрии(根据投影定理)

$$F_{Rx} = \sum F_{kx},\ F_{Ry} = \sum F_{ky}$$

Модуль и направление(力 $\vec{F}_R$ 的大小和方向)：

$$|F_R| = \sqrt{F_{Rx}^2 + F_{Ry}^2},\ \cos\alpha = F_{Rx}/F_R,\ \alpha = \arccos(F_{Rx}/F_R)$$

2.2 Плоская сходящаяся система сил (平面汇交力系)

Сходящимися называются силы, линии действия которых пересекаются в одной точке (рис. 2.10(a)). Существуют два способа сложения сходящихся сил: геометрический (рис. 2.10(b)) и аналитический (рис. 2.10(c))(力的作用线相交于一点的平面力系称为平面汇交力系(图 2.10(a)). 研究平面力系有两种方法：几何法(图 2.10(b))和解析法(图 2.10(c))).

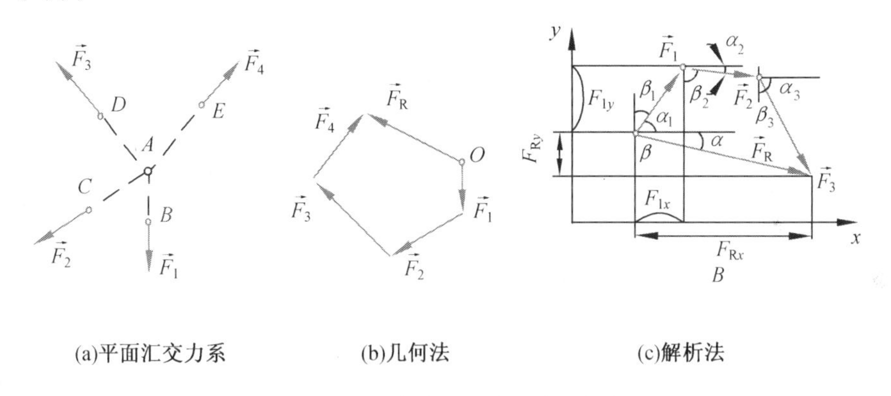

图 2.10 平面汇交力系及其两种研究方法

2.2.1 Геометрический способ сложения сходящихся сил. (汇交力合成的几何法)

Сложение системы сил сводится к нахождению ее главного вектора. Главным вектором любой системы сил называется геометрическая сумма всех сил, входящих в систему (力系合成的实质在于获得它的主矢量. 任何力系的主矢量是力系中所有作用力的矢量和).

$$\vec{F}_R = \vec{F}_1 + \vec{F}_2 + \cdots + \vec{F}_n = \sum \vec{F}_k \tag{2.1}$$

Главный вектор находится двумя способами(求主矢量有两种方法)：

(1) Последовательным сложением системы сил по правилу параллелограмма (рис. 2.11)(连续利用平行四边形法则)或者三角形法则，如图 2.11 所示).

(2) Построением многоугольника сил (рис. 2.12), который строится посредством параллельного переноса сил. При этом каждая последующая сила откладывается в масш-

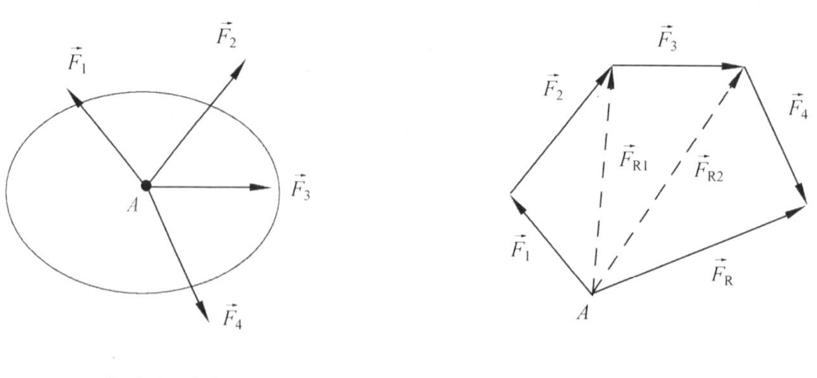

(a) 4个平面汇交力　　(b) 连续多次利用三角形法则

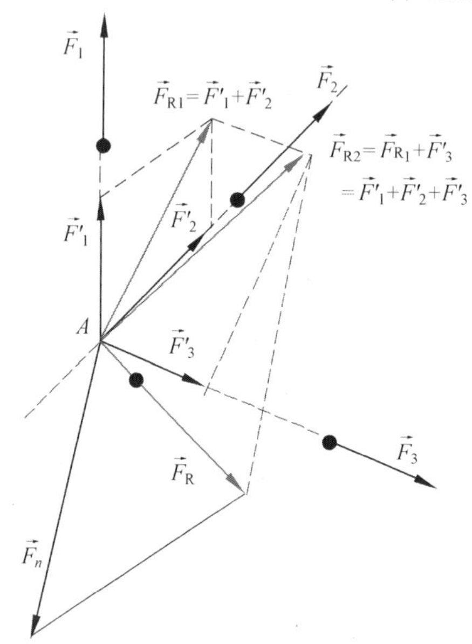

(c)连续多次利用四边形法则

图 2.11　几何法

табе от конца предыдущей силы. Замыкающая сторона многоугольника—главный вектор $\vec{F}_R$ (通过力的平移构造力的多边形(图 2. 12). 在这种情况下,每个后续的力都从前一个力的末尾处添加. 多边形的封闭边是主矢量 $\vec{F}_R$).

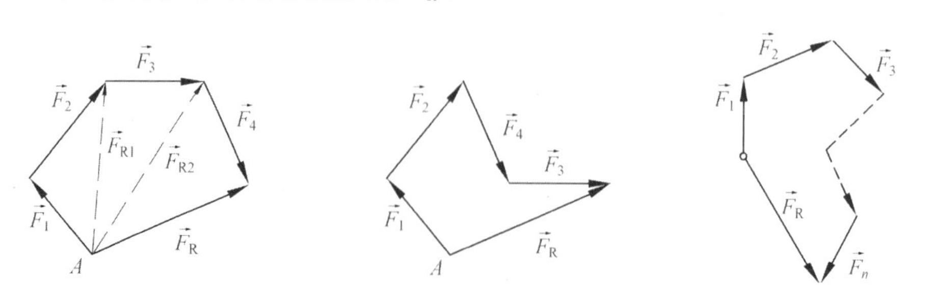

图 2.12　力的多边形法则

Вывод: Плоская сходящаяся система сил может быть упрощена в польную силу. Величина и направление польной силы равны векторной сумме составляющих сил. Линия действия результирующей силы проходит через точку соединения, а ее размер представлен закрытым краем многоугольника силы(结论:平面汇交力系可简化为一合力,其合力的大小与方向等于各分力的矢量和,合力的作用线通过汇交点,其大小用力多边形的封闭边表示).

$$\vec{F}_R = \vec{F}_1 + \vec{F}_2 + \cdots + \vec{F}_n = \sum \vec{F}_i \quad \text{矢量和——力多边形}$$

2.2.2　Геометрические условия равновесия сходящейся системы сил (汇交力系平衡的几何法)

Сходящаяся система сил $\vec{F}_1, \vec{F}_2, \ldots, \vec{F}_n$ эквивалентна одной силе $\vec{F}_R$, которая называется равнодействующей силой $\vec{F}_R$ (汇交力系 $\vec{F}_1, \vec{F}_2, \ldots, \vec{F}_n$ 相当于一个合力 $\vec{F}_R$,称为等效力 $\vec{F}_R$).

Равнодействующая $\vec{F}_R$ (также как и главный вектор) равна геометрической сумме всех сил, т. е. $\vec{F}_R = \sum \vec{F}_k$. То есть для сходящейся системы сил (только для нее) равнодействующая и главный вектор совпадают. Таким образом, при равновесии(等效力 $\vec{F}_R$ (以及主矢量)等于所有力的几何求和,即 $\vec{F}_R = \sum \vec{F}_k$,也就是说,对于一个汇交力系(仅限于此力系),其结果等同于主矢量. 因此,平衡条件为)

$$\vec{F}_R = \sum \vec{F}_k = 0 \tag{2.2}$$

Так как $\vec{F}_R = 0$, то многоугольник сил $\vec{F}_1, \vec{F}_2, \ldots, \vec{F}_n$ замкнут (рис. 2.13), то есть конец последней силы $\vec{F}_n$ совпадает с началом первой $\vec{F}_1$. Эти условия (равенство нулю равнодействующей и замкнутость многоугольника сил) являются геометрическими условиями равновесия сходящейся системы. (因为 $\vec{F}_R = 0$,多边形 $\vec{F}_1, \vec{F}_2, \ldots, \vec{F}_n$ 封闭(图 2.13),即最后一个力 $\vec{F}_n$ 的终点与第一个力 $\vec{F}_1$ 的起点重合. 这些条件(力的多边形封闭即力系的合力等于零)是汇交力系平衡的几何条件).

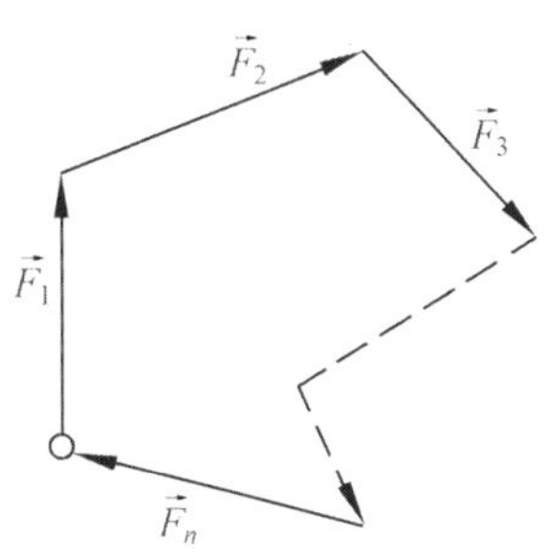

图 2.13　力多边形自行封闭

Следовательно, для равновесия системы сходящихся сил необходимо и достаточно, чтобы сумма всех сил равна нулю(因此,平面汇交力系平衡的必要和充分条件是:该力系的合力等于零),则

$$\vec{F}_R = \sum \vec{F}_k = 0$$

Заключение. Необходимым и достаточным условием баланса силы сходимости плоскости является то, что силовой многоугольник силовой системы сам по себе закрыт(结论:平面汇交力系几何法平衡的必要和充分条件是:该力系的力多边形自行封闭).

请注意图 2.14 中(a)、(b)两个图的区别.

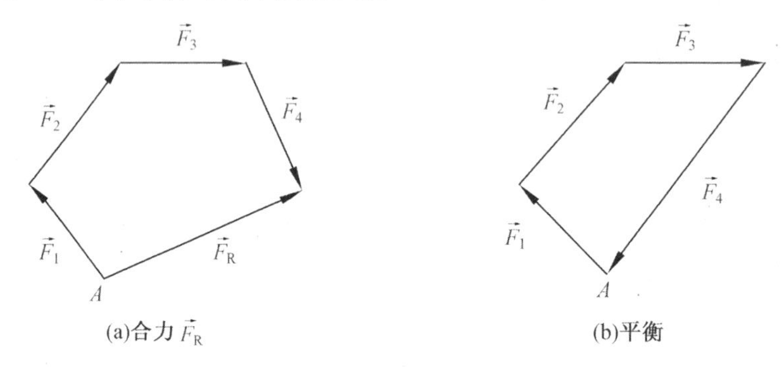

图 2.14　平面汇交力系几何法的合力与平衡

例题 1　Известен: $\vec{P}$, a. Запрос: A и B привязаны к обратной силе　(已知:$\vec{P}$,a. 求:A、B 处约束反力).

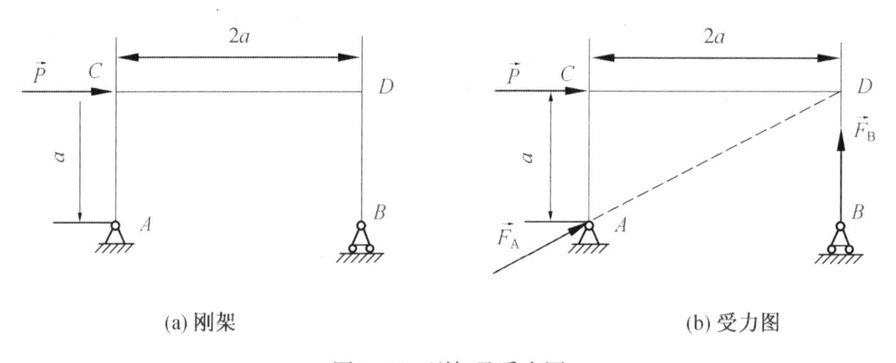

图 2.15　刚架及受力图

解:(1) Возьмите жесткую рамку в качестве объекта исследования(取刚架为研究对象).

(2) Живопись усилием(рис. 2.15(b))(画受力图,如图 2.15(b)).

(3) Пропорциональное решение для рисования(按比例作图求解).

Из геометрического соотношения на рисунке2.16(由图 2.16 中的几何关系得)

$$F_B = P\tan\alpha = 0.5P$$

$$F_A = \sqrt{P^2 + F_B^2} = \frac{\sqrt{5}}{2}P$$

由图 2.16(b)可知:平衡时支座 A 处约束反力的真实方向与图 2.15(b)中假设的方向

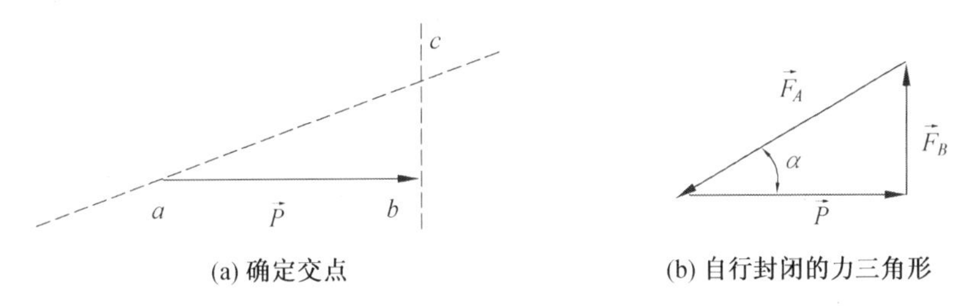

(a) 确定交点　　(b) 自行封闭的力三角形

图 2.16　刚架几何关系

相反.

2.2.3　Аналитический метод синтеза системы сходящихся сил (汇交力系合成的解析法)

Проецируя векторное равенство $\vec{F}_R = \vec{F}_1 + \vec{F}_2 + \cdots + \vec{F}_n$ на оси координат (см. рис. 2.10(c)), получим два алгебраических равенства(根据 $\vec{F}_R = \vec{F}_1 + \vec{F}_2 + \cdots + \vec{F}_n$ 推导汇交力系的解析方法:合矢量在坐标轴上的投影等于各分力在同一投影轴上投影的代数和(图 2.10(c)),我们得到两个代数式)

$$\left.\begin{aligned} F_{Rx} &= F_{1x} + F_{2x} + \cdots + F_{nx} = \sum_{i=1}^{n} F_{ix} \\ F_{Ry} &= F_{1y} + F_{2y} + \cdots + F_{ny} = \sum_{i=1}^{n} F_{iy} \end{aligned}\right\} \tag{2.3}$$

$$\left.\begin{aligned} F_R &= \sqrt{F_{Rx}{}^2 + F_{Ry}{}^2} = \sqrt{\left(\sum F_{ix}\right)^2 + \left(\sum F_{iy}\right)^2} \\ \cos\langle \vec{F}_R, \vec{i}\rangle &= \frac{F_{Rx}}{F_R},\ \cos\langle \vec{F}_R, \vec{j}\rangle = \frac{F_{Ry}}{F_R} \end{aligned}\right\} \tag{2.4}$$

Отсюда определим значение равнодействующей всех сходящихся сил(因此,我们确定所有汇交力的合力的大小)

$$|\vec{F}_R| = \sqrt{F_{Rx}{}^2 + F_{Ry}{}^2}$$

и направление вектора $\vec{F}_R$(和矢量 $\vec{F}_R$ 的方向为)

$$\cos\alpha = F_x/F_R,\quad \cos\beta = F_y/F_R$$

例题 2　已知 $F_1 = 200$ N, $F_2 = 300$ N, $F_3 = 100$ N, $F_4 = 250$ N, 求图 2.17 所示平面汇交力系的合力.

解:

$$F_{Rx} = \sum_{i=1}^{4} F_{ix} = F_{1x} + F_{2x} + F_{3x} + F_{4x}$$
$$= F_1\cos 30° - F_2\cos 60° - F_3\cos 45° + F_4\cos 45° = 129.3\ \text{N}$$

$$F_{Ry} = \sum_{i=1}^{4} F_{iy} = F_{1y} + F_{2y} + F_{3y} + F_{4y}$$
$$= F_1\cos 60° + F_2\cos 30° - F_3\cos 45° - F_4\cos 45° = 112.3\ \text{N}$$

$$F_R = \sqrt{F_{Rx}{}^2 + F_{Ry}{}^2} = \sqrt{129.3^2 + 112.3^2} = 171.3\ \text{N}$$

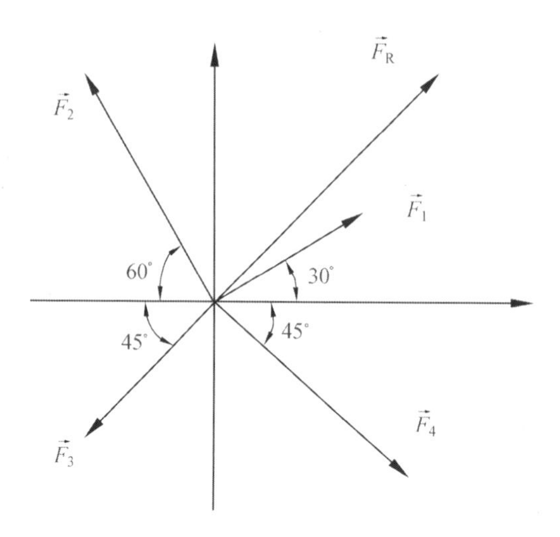

图 2.17 例题 2 平面汇交力系

$$\cos\langle \vec{F}_R, \vec{i} \rangle = \frac{F_{Rx}}{F_R} = \frac{129.3}{171.3} = 0.754\ 8$$

$$\cos\langle \vec{F}_R, \vec{j} \rangle = \frac{F_{Ry}}{F_R} = \frac{112.3}{171.3} = 0.655\ 6$$

2.2.4 Аналитические условия равновесия сходящейся системы си (汇交力系平衡的解析法)

1. Плоская система сходящихся сил(平面汇交力系)

Условием равновесия системы сходящихся сил является равенство нулю модуля равнодействующей $\vec{F}_R$, т. е. силовой многоугольник должен быть замкнут (при геометрическом способе сложения) или проекции равнодействующей силы на оси координат должны быть равны нулю ($F_{Rx} = F_{Ry} = 0$) (при аналитическом способе) (平面汇交力系平衡的条件是所得 $\vec{F}_R$ 的大小等于零,即力多边形必须封闭(使用几何法) 或者在坐标轴上合力的投影必须等于零($F_{Rx} = F_{Ry} = 0$) (使用解析方法).

Отсюда для плоской системы сходящихся сил получим два уравнения равновесия(因此,对于平面汇交力系,我们得到两个平衡方程)

$$\sum F_{ix} = 0,\ \sum F_{iy} = 0 \tag{2.5}$$

Для равновесия плоской сходящейся системы сил необходимо и достаточно, чтобы сумма проекций этих сил на каждую из двух координатных осей была равна нулю(平面汇交力系平衡的充要条件为该力系中各力在这两个坐标轴上的投影之和等于零)

$$\sum F_{ix} = 0,\ \sum F_{iy} = 0$$

2. Теорема о трех силах(三力平衡汇交定理)

Теорема. Если твердое тело находится в равновесии под действием трех непараллельных сил, лежащих в одной плоскости, то линии действия этих сил пересекаются в одной точке (рис. 2.18)(**定理:**如果作用于刚体上的三个力是相互平衡的力,那么其中任意两个力的合力一定与第三个力满足二力平衡条件,同时此三力必在同一平面内,且三个力的作用线一定汇交于一点(图 2.18)).

例题 3　试用解析法求例题 1 中 A、B 处约束反力,已知:P,a,如图 2.19 所示.

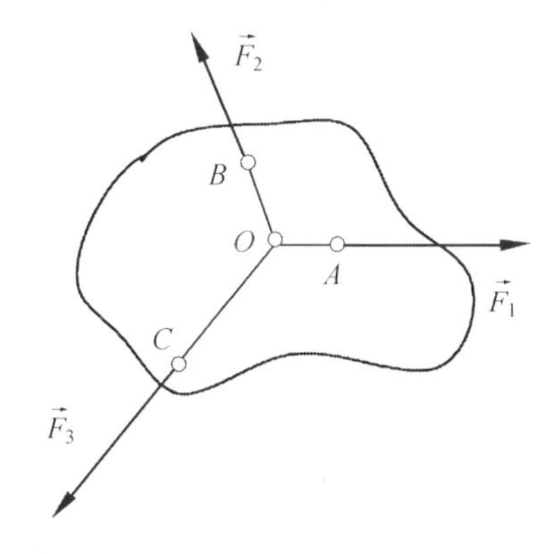

图 2.18　三力平衡汇交

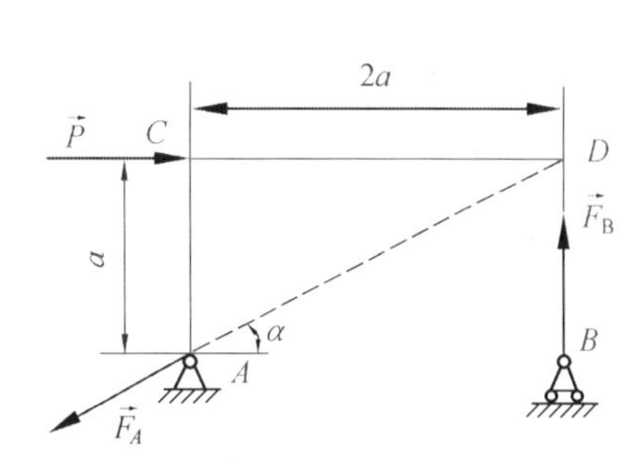

图 2.19　解析法求 A、B 处约束力

解:(1)取刚架为研究对象.

(2)画受力图.

(3)建立坐标系,列方程求解.

$$\sum F_{ix} = 0,\ P - F_A\cos\alpha = 0$$

$$\sum F_{iy} = 0,\ F_B - F_A\sin\alpha = 0$$

解上述方程,得

$$F_A = \frac{\sqrt{5}}{2}P,\quad F_B = \frac{1}{2}P$$

例题 4　如图 2.20 所示为一压榨机压榨的简易示意图,已知:F,α. 求:物块 M 的压力.

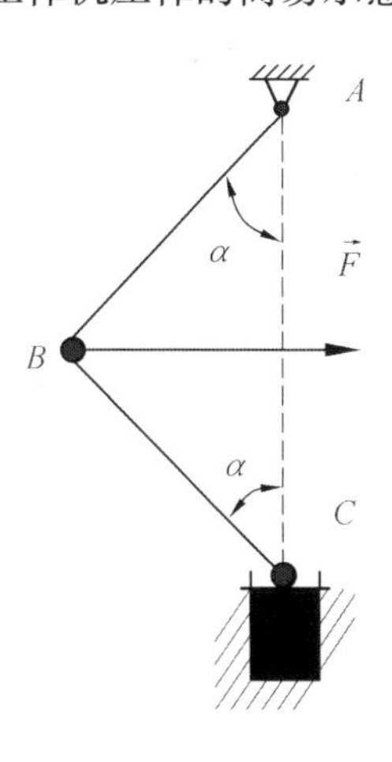

图 2.20　压榨机压榨的简易示意图

解:(1)由已知可知,AB 及 BC 杆均为二力杆,可先画受力图如图 2.21(a) 所示. 取销钉 B 为研究对象,其受力图如图 2.21(b) 所示.

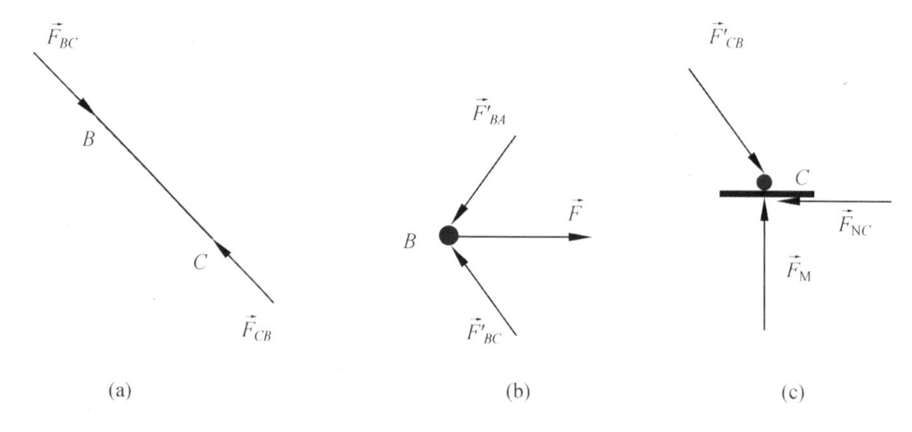

图 2.21　受力图

$$\sum F_{ix} = 0,\ F - (F_{BA} + F_{BC}) \sin \alpha = 0$$

$$\sum F_{iy} = 0,\ F_{BC}\cos \alpha - F_{BA}\cos \alpha = 0$$

解得:

$$F_{BC} = F_{BA} = \frac{F}{2\sin \alpha}$$

(2)取挡板 C 为研究对象,其受力图如图 2.21(c)所示.

$$\sum F_{iy} = 0,\ F_{M} - F_{CB}\cos \alpha = 0$$

解得

$$F_{M} = F_{CB}\cos \alpha = \frac{F}{2}\cot \alpha$$

例题 5　Определить натяжение нитей, удерживающих тело весом 5 Н в равновесии (рис. 2.22(a))(确定体重为 5 N 的物体保持平衡时绳索的张力(图 2.22(a))).

解: При решении задач статики следует придерживаться определенной последовательности. В данном примере подробно изложен порядок решения задач такого типа.(在解决静力学问题时,应遵循一定的顺序.本例题详细介绍如何解决此类型的问题).

Сделать схематический чертеж конструкции. Выбрать объект (узел, стержень или твердое тело), равновесие которого следует рассмотреть, причем искомые и заданные величины должны быть с ним связаны. В данной задаче исходные данные (вес, углы α и β) и искомые величины (натяжение нитей) связаны с телом весом 5 Н, т. е. оно является объектом равновесия(绘制结构示意图,选择应考虑其平衡的对象(节点、杆或刚体),并且其必须与所需求解的和已知的条件相关联.在此例题中,源数据(质量、角度 α 和 β) 和所需的值(张力) 连接到体重 5 N 的物体,该物体即为平衡的对象).

Освободиться от связей и приложить к рассматриваемому объекту равновесия все активные и пассивные силы. К этому этапу решения задачи следует отнестись особенно внимательно. Уравнения равновесия, изучаемые в статике, приводятся только для свободных тел, поэтому следует хорошо обдумать, какие реакции связей при освобождении от последних нужно проставить на чертеже. В данном случае связями являются нити AB

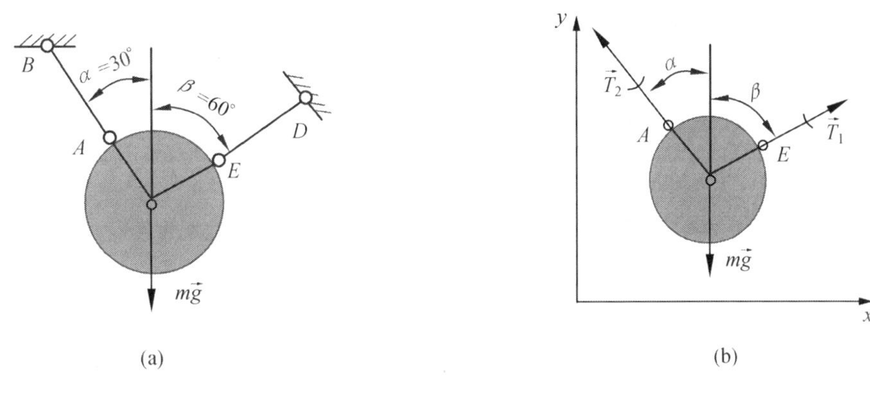

图 2.22 体重为 5 N 的物体受力情况及分析图

и *ED*. При освобождении от связей заменяем их соответственно натяжениями нитей T_2 и T_1 (рис. 2.22(b))(去掉约束,将所有作用力和反作用力应用于所考虑的平衡对象. 在求解时应当特别细心. 静力学中研究的平衡方程仅适用于自由体,因此应仔细考虑在解除约束过程中哪些约束力应反映在受力图中. 在本例题中,物体连接的是绳索 *AB* 和 *ED*. 当去掉约束时,我们分别用绳索的张力 $\vec{T}_2$ 和 $\vec{T}_1$ 替换它们(图 2.22b)).

Проанализировать полученную систему сил. Тело находится в равновесии под действием плоской системы сходящихся сил (линии их действия пересекаются в центре шара). Для такой системы сил можно записать два уравнения равновесия. Число неизвестных в этих уравнениях также равно двум, следовательно, задача статически определима (分析所得到的力系. 物体在平面汇交力系的作用下处于平衡状态（它们的作用线在球的中心相交). 对于这种力系, 可以列出两个平衡方程. 这些等式中的未知数也是两个, 因此, 确定是静定问题).

Записать условия равновесия в векторной (графической) или аналитической форме. Найти неизвестные величины. В данной задаче используем аналитический метод решения. Записываем уравнения равновесия плоской системы сходящихся сил(列出几何法或解析法的平衡条件. 找到未知值. 使用解析法求解该问题. 我们列出平面汇交力系的平衡方程)

$$\sum F_{ix} = 0; \ \sum F_{iy} = 0$$

$$-T_2\cos 60° + T_1\cos 30° = 0$$

$$T_2\cos 30° + T_1\cos 60° - mg = 0$$

Решив полученную систему уравнений, вычислим натяжение нитей(求解完所得的方程组后,我们计算出绳索的张力)

$$T_1 = 2.5 \text{ N}, \ T_2 = 4.34 \text{ N}$$

2.3 Момент плоскости силы к точке. Пара сил в плоскости (平面力对点之矩.平面力偶)

2.3.1 Понятие момента силы(力矩的概念)

1. Виды моментов силы(力矩的种类)

Различают следующие виды момента силы(有以下类型的力矩):

(1) Алгебраический момент силы относительно центра(相对于中心的代数矩).

(2) Векторный момент силы относительно центра(相对于中心的矢量力矩).

(3) Момент силы относительно оси(相对于轴的力矩).

2. Алгебраический момент силы(代数力矩)

Сила, действующая на тело, может не только поступательно смещать его, но и поворачивать вокруг какой-нибудь точки. Пусть сила $\vec{F}$, приложенная в точке A, стремится повернуть тело вокруг точки O (рис. 2.23). Поскольку силу можно переносить по линии ее действия, то вращательный эффект этой силы не зависит от того, в какой точке эта сила приложена, а определяется расстоянием h от точки O до линии действия силы(作用在物体上的力不仅可以使物体移动,而且还能围绕某一点转动.设力 $\vec{F}$ 作用在点 A,物体围绕点 O 转动(图 2.23).由于力可以沿其作用线移动,此力的转动效果不取决于施加此力的作用点,而是由从点 O 到力的作用线的垂直距离 h 确定).

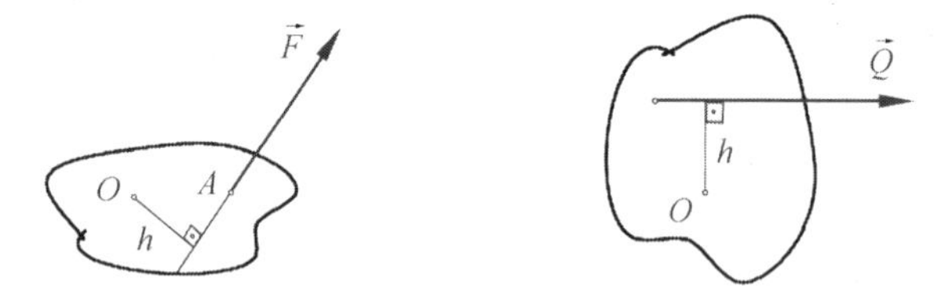

图 2.23 绕点 O 转动的物体

Алгебраическим моментом силы относительно центра O называется взятая с соответствующим знаком скалярная величина равная произведению модуля силы на ее плечо (рис. 2.23)(力相对于中心 O 的代数矩是标量,等于力乘以力臂的标量值(图 2.23).公式为)

$$M_O(\vec{F}) = \pm F \cdot h \tag{2.6}$$

Центр O, относительно которого вычисляется алгебраический момент, называется моментной точкой(计算代数矩的中心点 O 称为力矩中心).

Кратчайшее расстояние от моментной точки до линии действия силы называется плечом силы h (рис. 2.23)(从力矩中心到力的作用线的垂直距离称为力臂 h (图 2.23).

Если сила поворачивает тело вокруг моментной точки против хода часовой стрелки, то знак момента "+", если по часовой стрелке—то " - " (рис. 2.23)(当力使物体绕矩心的转向或力矩的转向为逆时针时,取正号"+";如果为顺时针,则取负号" -"(图 2.23)).

Алгебраический момент силы характеризует ее вращательный эффект（физический смысл алгебраического момента силы）(力的代数矩体现了它的转动效应(力的代数矩的物理意义)).

3. Случаи равенства нулю алгебраического момента силы(力的代数矩等于零的情况)

Алгебраический момент силы относительно центра равен нулю в следующих случаях（рис. 2.24）(在下列情况下,力相对于中心的代数矩为零,如图 2.24 所示)：

(1) Модуль силы равен нулю(力的大小等于零).

(2) Линия действия силы проходит через моментную точку（плечо $h = 0$）(力的作用线通过矩心(力臂 $h=0$)).

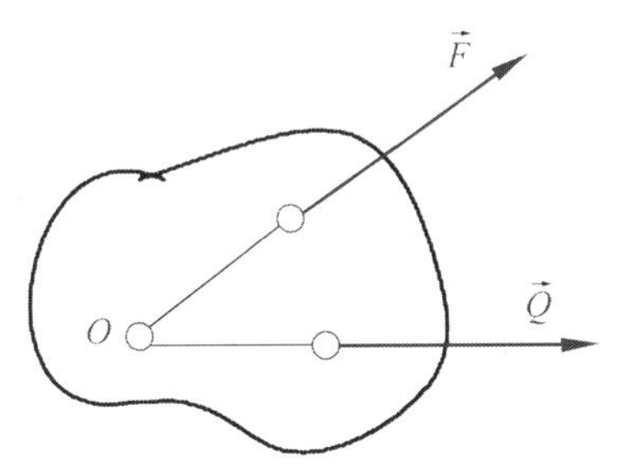

图 2.24　力的代数矩等于零的情况

2.3.2　Теорема Вариньона о моменте равнодействующей (плоская система сил)(伐里农合力矩定理(平面力系)

Различают следующие виды теорема Вариньона(伐里农合力矩定理有以下几种类型)：

(1) Для плоской системы сил(平面力系).

(2) Для пространственной системы сил(空间力系).

1. Теорема Вариньона для плоской системы сил(平面力系中合力矩定理)

Если данная система сил имеет равнодействующую, то ее момент относительно любого центра O равен алгебраической сумме моментов сил системы относительно того же центра(如果给定的力系有一个合力,则它对于任一点 O 的力矩等于各分力相对于同一点力矩的代数和. 公式为)

$$M_O(\vec{F}_R) = \sum M_O(\vec{F}) \tag{2.7}$$

2. Теорема Вариньона для плоской системы сил（случай двух сил）(平面力系中合力矩定理(两个力的情况))

Если равнодействующая двух сил $\vec{F}_R = \vec{F}' + \vec{F}''$，то $M_O(\vec{F}_R) = M_O(\vec{F}') + M_O(\vec{F}'')$. Обычно $\vec{F}'$ и $\vec{F}''$ направляют параллельно декартовым осям координат（рис. 2.25）(如果二力的合力 $\vec{F}_R = \vec{F}' + \vec{F}''$,那么合力 $\vec{F}_R$ 对于任一点 O 之矩 $M_o(\vec{F}_R)$ 等于分力$\vec{F}'$与$\vec{F}''$对于同一点之矩的代数和,即 $M_O(\vec{F}_R) = M_O(\vec{F}') + M_O(\vec{F}'')$. 通常情况下 $\vec{F}'$ 与 $\vec{F}''$ 平行于笛卡尔坐标系(图 2.25)).

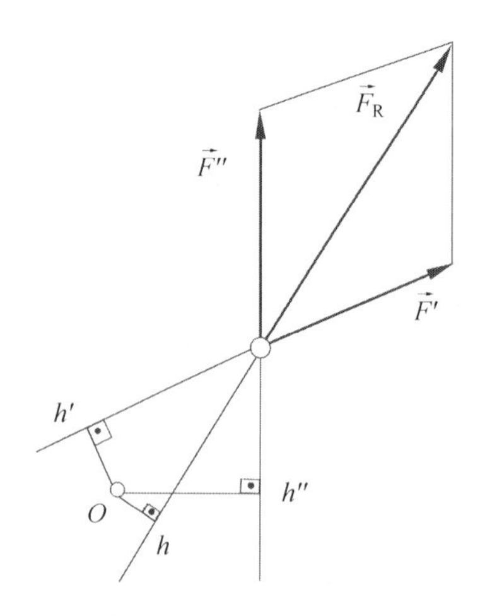

图 2.25　平面力系合力矩

例题 6　如图 2.26 所示,已知: $\vec{F}_N,\alpha,r$. 求:力 $\vec{F}_N$ 对轮心 O 的力矩.

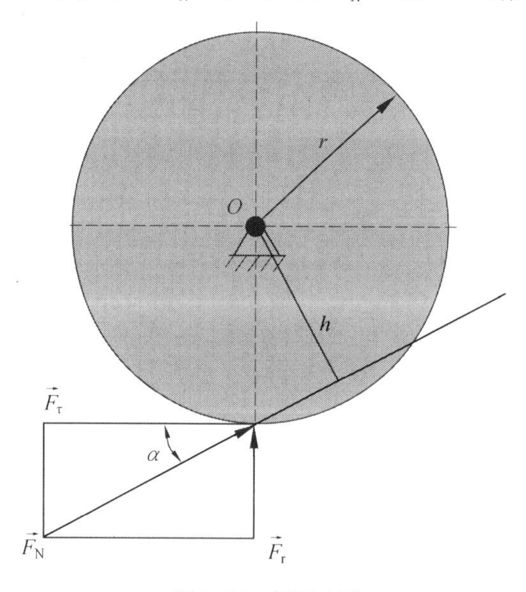

图 2.26　例题 6 图

解:(1)直接计算

$$M_O(\vec{F}_N)=F_N h=F_N r\cos\alpha$$

(2)利用合力之矩定理计算

$$\begin{aligned}M_O(\vec{F}_N)&=M_O(\vec{F}_r)+M_O(\vec{F}_\tau)\\&=M_O(\vec{F}_\tau)\\&=F_N r\cos\alpha\end{aligned}$$

2.3.3 Пара сил. Плоская система пар(力偶. 平面力偶系)

Парой сил называется система двух ($\vec{F},\vec{F'}$) равных по модулю, параллельных и направленных в противоположные стороны сил, действующих на абсолютно твердое тело (рис. 2.27)(作用在同一刚体上的两个大小相等、方向相反且不共线的平行力($\vec{F}$, $\vec{F'}$)称为力偶(图 2.27)).

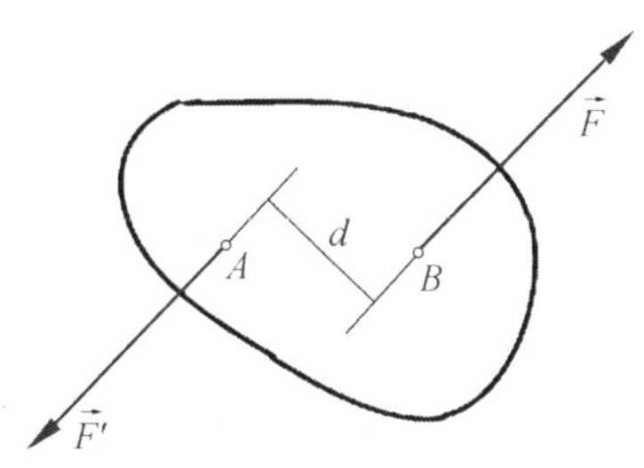

图 2.27 力偶

Плоскость, в которой действует пара сил, называется плоскостью действия пары(两力作用线所决定的平面称为力偶的作用面).

Плечом пары h (см. рис. 2.28(a)) называется кратчайшее расстояние между линиями действия сил, составляющих пару. Моментом пары сил называется взятое со знаком "+" или "−" произведение модуля одной из сил на плечо пары(数值相等、方向相反的两个力的作用线之间的垂直距离称作力偶臂 h(图 2.28(a)). 两个相等的平行力的合力矩等于平行力中的一个力 $\vec{F}$ 与平行力之间距离 d(称力偶臂)的乘积,称作"力偶矩",用"+" 或 "−"表示).

Сумма проекций на любую ось сил, образующих пару, равняется нулю (рис. 2.28(b))(力偶在任何轴上投影的代数和为零(图 2.28(b))).

证明如下:

$$F'\cos\alpha - F\cos\alpha = 0$$

根据图 2.28(c),力偶对任一点取矩为

$$M_O(\vec{F},\vec{F'}) = M_O(\vec{F}) + M_O(\vec{F'}) = -F(x+d) + F'x = -Fd \text{ (顺时针)}$$

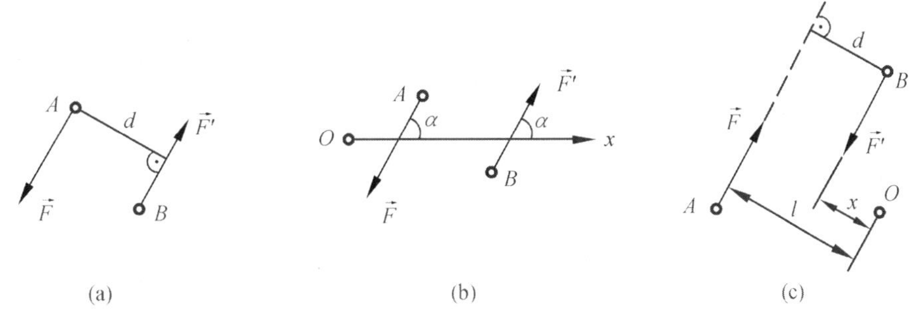

图 2.28 力偶矩

1. Виды моментов пары сил(力偶矩的类型)

Различают следующие два вида моментов пары сил(力偶矩的两种类型):

(1) Векторный момент(矢量矩).

(2) Алгебраический момент(代数矩).

2. Алгебраический момент пары сил(代数力偶矩)

Алгебраическим моментом пары называется взятое с соответствующим знаком произведение модуля одной из сил пары на плечо пары $M = \pm F \cdot d$(力偶矩作为力偶使物体转动效应的度量,等于力偶中任一力的大小与力偶臂长度的乘积再冠以相应的正负号,即 $M = \pm F \cdot d$).

Знак момента пары определяется также как и знак момента силы ("+"—вращение против хода часовой стрелки; "-"—по ходу часовой стрелки)(力偶矩的正负号规定与力矩相同,即力偶使物体的转向逆时针时取正号,反之取负号).

图 2.29 中 $M(\vec{F},\vec{F'}) > 0$, $M(\vec{P},\vec{P'}) < 0$.

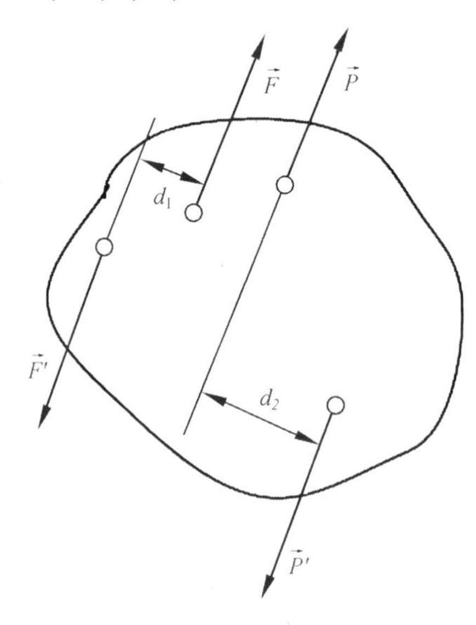

图 2.29　力偶矩的符号

3. Свойства пары сил(力偶的性质)

(1) Пару, не изменяя оказываемого ею на твердое тело действия, можно переносить куда угодно в плоскости действия пары(力偶可以在其作用面内任意移动和转动,而不影响它对刚体的效应).

(2) Пару, не изменяя оказываемого ею на твердое тело действия, можно переносить из данной плоскости в любую другую плоскость(在不影响其对刚体效应的情况下,可将力偶从该平面转移至体内任何其他平面).

(3) Действие пары сил на твердое тело полностью характеризуется ее моментом, модуль которого равен $M = F \cdot d$, где d — плечо пары (кротчайшее расстояние между линиями действия сил пары)(力偶对刚体的作用完全以其力矩为特征,其力偶矩为 $M = F \cdot d$,其中 d 是力偶臂(力偶作用线之间的最短距离)).

(4) Пара сил не имеет равнодействующей(力偶没有合力).

4. Изображение пары сил в виде дуговой стрелки(用带箭头的弧线表示力偶)

Действие пары сил полностью характеризуется ее моментом, поэтому ее изображают в виде дуговой стрелкой, показывающей направление поворота пары (рис. 2.30). При этом момент пары может быть приложен к любой части абсолютно твердого тела(力偶的作用完全以其力矩为特征,因此它以带箭头的弧线来表示,箭头表示力偶的转向(图 2.30). 在这种情况下,力偶等效变换的性质可以应用于绝对刚体的任何部分).

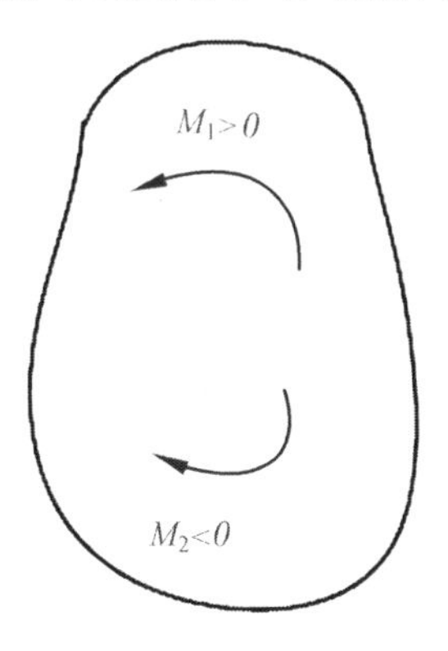

图 2.30 用带箭头的弧线表示力偶

5. Теорема о сложении пар, лежащих в одной плоскости(平面力偶系合成定理)

Система пар, лежащих в одной плоскости и действующих на абсолютно твердое тело, эквивалентна одной паре с моментом, равным алгебраической сумме моментов складываемых пар, то есть(在同一平面上且作用于绝对刚体的力偶系合成结果为一个力偶,其力偶矩等于各分力偶矩的代数和. 若作用在同一平面内有 n 个力偶,则)

$$M = M_1 + M_2 + \cdots + M_n = \sum M_к \tag{2.8}$$

6. Условие равновесия системы пар, лежащих в одной плоскости
(同一平面内力偶系平衡的必要与充分条件为)

Система пар, лежащих в одной плоскости и действующих на абсолютно твердое тело, эквивалентна нулю (находится в равновесии), если алгебраическая сумма моментов пар равна нулю (рис. 2.31) (如果力偶系中各力偶矩的代数和为零(图 2.31),则在一个平面上对绝对刚体起作用的力偶系等效于零(处于平衡状态),即)

$$\sum M_к = 0 \tag{2.9}$$

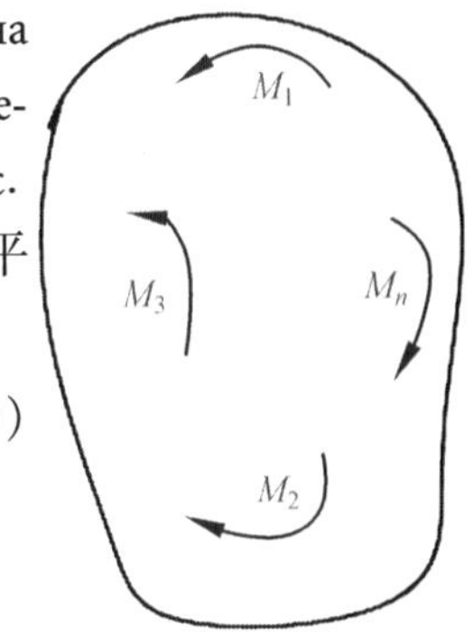

图 2.31 平面力偶系

例题 7 图 2.32 中,已知: a, M. 求:A、C 处约束反力.

解:(1)取 AB 为研究对象,其受力图如图 2.32(b)所示.

$$\sum M = 0, \quad M - F_A\sqrt{2}a = 0$$

$$F_A = F'_B = \frac{\sqrt{2}}{2a}M$$

(2)取 BC 为研究对象,其受力图如图 2.32(c)所示.

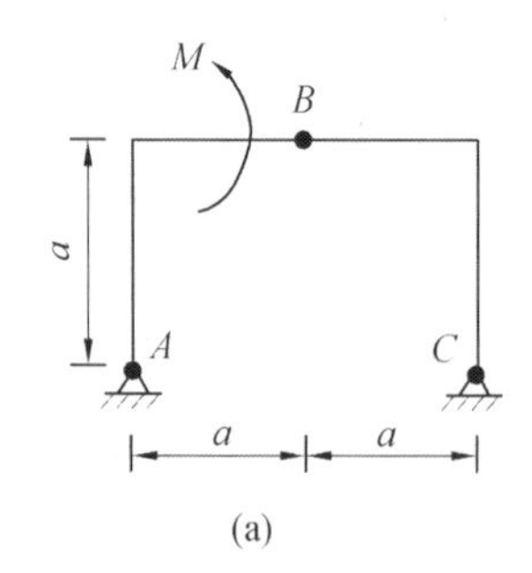

(a)

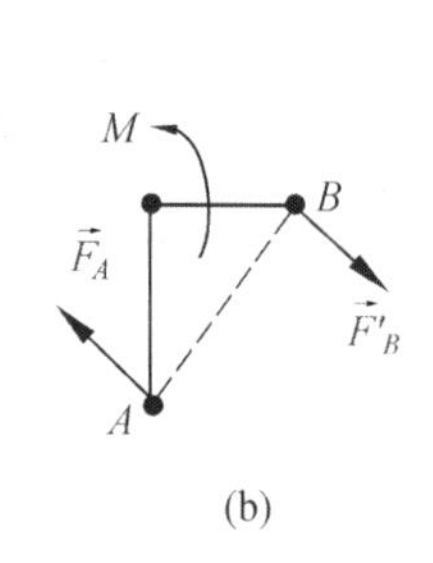

(b)

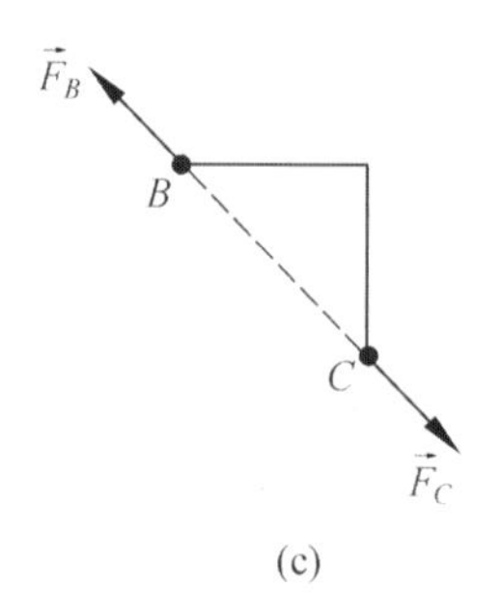

(c)

图 2.32　例题 7 图

$$F_C = F_B = F'_B = \frac{\sqrt{2}}{2a}M$$

若将此力偶移至 BC 构件上,再求 A,C 处约束反力. 在此种情况下,力偶能否在其作用面内移动? 力偶对任意点之矩是否还等于力偶矩?

例题 8　如图 2.33,已知:$AB=CD=a$, $\angle BCD=30°$. 求:平衡时 M_1,M_2之间的关系.

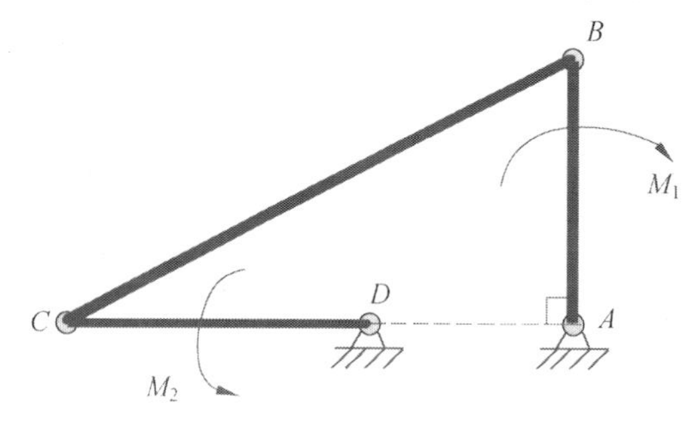

图 2.33　例题 8 图

解:(1) 取 AB 为研究对象,其受力图如图 2.34 所示.

$$\sum M = 0,\quad F_B a\cos 30° - M_1 = 0$$

解得

$$M_1 = \frac{\sqrt{3}}{2}F_B a$$

(2)取 CD 为研究对象,其受力图如图 2.34 所示.

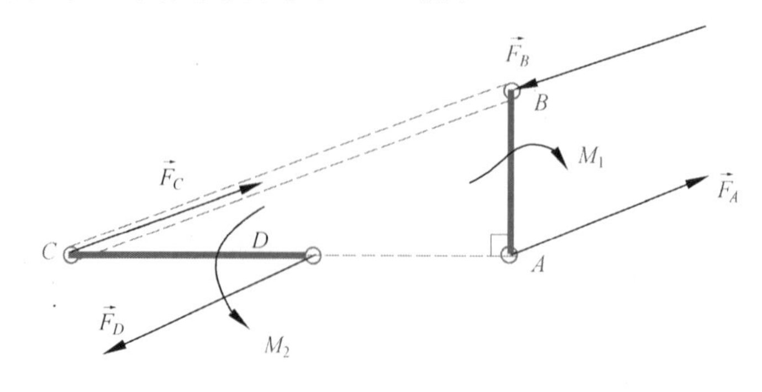

图 2.34　AB 与 CD 受力图

$$\sum M = 0,\quad M_2 - F_C a\sin 30° = 0$$

解得　　　　　　　　　　$M_2 = \frac{1}{2}F_C a$

因为 $F_B = F_C$，有 $\frac{M_1}{M_2} = \sqrt{3}$.

2.4　Приведение произвольной плоской системы сил（平面任意力系的简化）

Различают следующие основные случаи приведения системы сил（力系简化主要分为以下两种情况）：

（1）Приведение произвольной пространственной системы сил（空间任意力系简化）.

（2）Приведение произвольной плоской системы сил（平面任意力系简化）.

为对平面任意力系简化，需引入一个定理：力的平移定理.

Теорема о перемещении силы（力的平移定理）：

Сила $\vec{F}$, действующая на любую точку A твердого тела, может перемещаться параллельно любой точке B, но одновременно необходимо приложить пару сил. Момент этой дополнительной пары сил равен моменту исходной силы $\vec{F}$ новой точке действия B, как показано на рис. 2.35（可以把作用于刚体上任意点 A 的力 $\vec{F}$ 平行移到任一点 B，但必须同时附加一个力偶，这个附加力偶的矩等于原来的力 $\vec{F}$ 对新作用点 B 的矩，如图 2.35 所示）.

其中

$$M = F \cdot d = M_B(\vec{F})$$

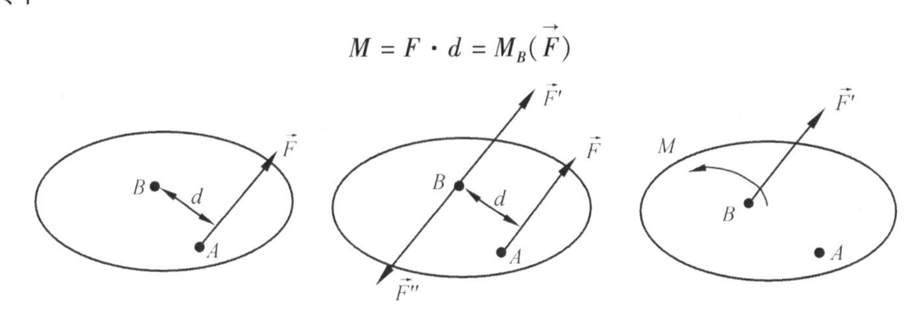

图 2.35　力的平行移动

思考：图 2.36 中，为什么钉子有时会折弯？

1. Теорема о приведении плоской системы сил（平面力系的简化定理）

图 2.37（a）中平面任意力系向 O 点简化，根据力的平移定理得到一个平面汇交力系和一个附加的平面力偶系，如图 2.37（b）所示. 其中

$$F_1 = F'_1,\ F_2 = F'_2,\ F_3 = F'_3$$

$$M_1 = M_O(\vec{F}_1),\ M_2 = M_0(\vec{F}_2),\ M_3 = M_O(\vec{F}_3)$$

$$\vec{F}'_R = \vec{F}'_1 + \vec{F}'_2 + \vec{F}'_3 = \vec{F}_1 + \vec{F}_2 + \vec{F}_3 = \sum \vec{F}_i$$

$$M_O = M_1 + M_2 + M_3 = M_O(\vec{F}_1) + M_O(\vec{F}_2) + M_O(\vec{F}_3) = \sum M_O(\vec{F}_i)$$

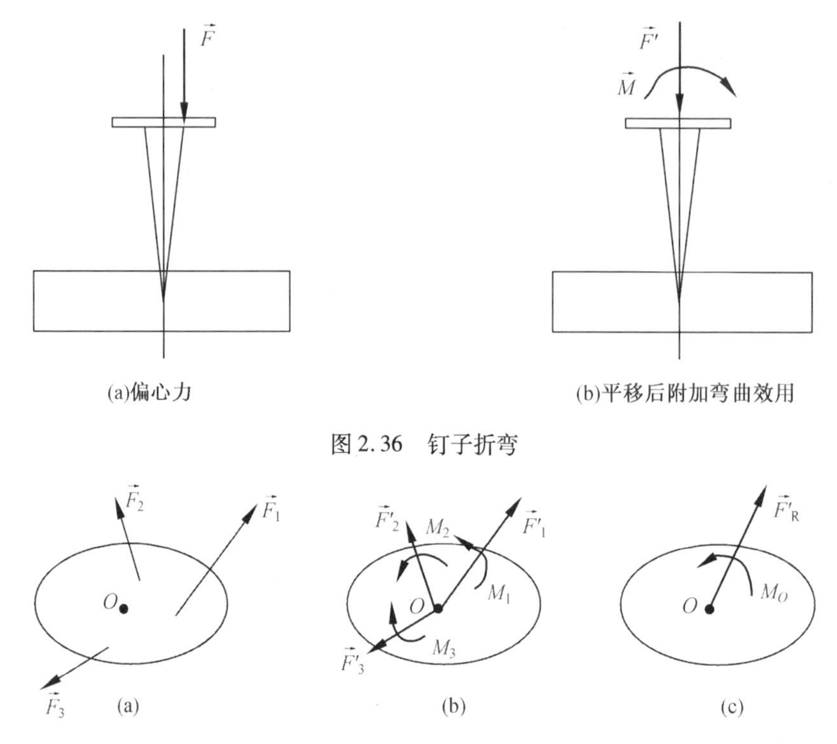

图 2.36 钉子折弯

图 2.37 平面任意力系的简化

即

$$\left.\begin{aligned}\vec{F'}_R &= \sum \vec{F}_i \\ M_O &= \sum M_O(\vec{F}_i)\end{aligned}\right\} \tag{2.10}$$

Любая произвольная плоская система сил, действующих на твердое тело, при приг-ведении к произвольно выбранному центру O заменяется одной силой $\vec{F'}_R$, равной главному вектору системы сил и приложенной к центру O, и одной парой сил с моментом M_O, равным главному моменту системы сил относительно центра O(平面汇交力系可合成为一个合力 $\vec{F'}_R$,该合力等于原来力系中各力的矢量和,作用在简化中心 O 点;平面力偶系可合成为一个合力偶,该合力偶矩的大小与 O 点的位置有关,因此记为 M_O,其大小等于原来的平面任意力系中的各力对简化中心 O 点力矩的代数和).

Примечание: понятие главного вектора системы сил введено выше(注:前面介绍了力系中主矢量的概念).

Вектор $\vec{F'}_R$, равный геометрической сумме всех сил, является главным вектором. Его значение не зависит от выбора центра приведения, т. е. $\vec{F'}_R$ — инвариантная величина(等于所有力矢量和的矢量 $\vec{F'}_R$,是主矢量.主矢量的大小与方向和简化中心 O 点无关,也就是说 $\vec{F'}_R$ 是不变量).

主矢量 $\vec{F'}_R$ 的计算用解析法比较方便.如图 2.38 所示,建立直角坐标系,可得到主矢量

$$F'_{Rx} = \sum F_x,\ F'_{Ry} = \sum F_y$$
$$F'_R = \sqrt{\left(\sum F_x\right)^2 + \left(\sum F_y\right)^2} \tag{2.11}$$
$$\cos < \vec{F'}_R, \vec{i} > = \frac{\sum F_x}{F'_R},\ \cos < \vec{F'}_R, \vec{j} > = \frac{\sum F_y}{F'_R}$$

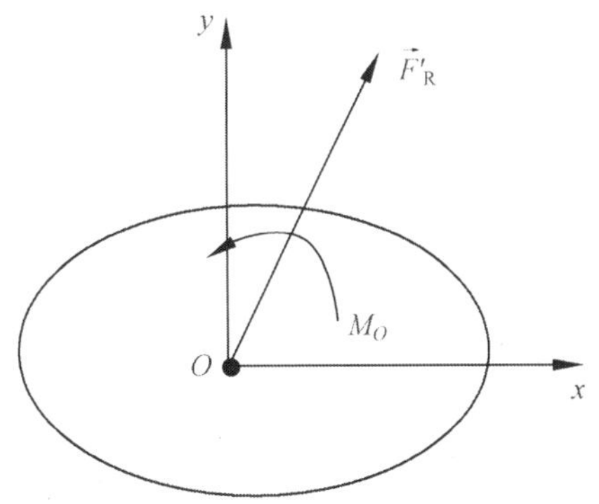

图 2.38 解析法计算主矢量$\vec{F'}_R$

2. Понятие главного момента произвольной плоской системы сил
(平面任意力系主矩的概念)

Величина M_O, равная алгебраической сумме моментов всех сил относительно неподвижного центра O , называется главным моментом произвольной плоской системы сил относительно данного центра(M_O大小等于各力对于简化中心 O 点力矩的代数和,称为平面任意平面力系对于简化中心 O 的主矩).

$$M_O = \sum M_O(\vec{F}_i)$$

Выводы: Любая произвольная плоская система сил, действующих на твердое тело, при при ведении к произвольно выбранному центру O заменяется одной силой $\vec{F'}_R$, равной главному вектору системы сил и приложенной к центру O, и одной парой сил с моментом M_O, равным главному моменту системы сил относительно центра O (рис. 2.38). (**结论:**作用在刚体上的平面任意力系,当对于任意中心 O 点进行简化时,可用一个力$\vec{F'}_R$ 进行替换,$\vec{F'}_R$ 为力系的主矢量且作用于 O 点,以及一个力矩为 M_0 的力偶,M_O 为平面力系对于简化中心 O 的主矩(图 2.38)).

主矢量和主矩的计算公式为

$$\left.\begin{aligned} & F'_{Rx} = \sum F_x,\ F'_{Ry} = \sum F_y \\ & F'_R = \sqrt{\left(\sum F_x\right)^2 + \left(\sum F_y\right)^2} \\ & \cos\langle \vec{F'}_R, \vec{i} \rangle = \frac{\sum F_x}{F'_R},\ \cos\langle \vec{F'}_R, \vec{j} \rangle = \frac{\sum F_y}{F'_R} \\ & M_O = \sum M_O(\vec{F}_i) \end{aligned}\right\} \tag{2.12}$$

3. Частные случаи приведения(特殊情况)

(1) $F'_{\mathrm{R}}=0, M_O \neq 0$—система сил приводится к паре с моментом, равным алгебраической сумме моментов всех сил относительно центра приведения. В этом случае главный момент не зависит от центра приведения(原力系向 O 点简化后,附加力偶系与原力系等效. 原力系简化为一合力偶,该力偶的矩等于所有力偶矩的代数和. 因此,主矩与简化中心的位置无关).

(2) $F'_{\mathrm{R}} \neq 0, M_O=0$—система приводится к одной равнодействующей силе, приложенной в точке O; главный вектор в этом случае является равнодействующей, так как он один заменяет совокупность действующих сил (原力系简化为一个作用在 O 点的合力;此时主矢是合力,因为主矢量可代替所有力之和).

(3) $F'_{\mathrm{R}} \neq 0, M_O \neq 0$—рис. 2.39, такая система сил может быть заменена одной равнодействующей силой, приложенной в новом центре приведения, расположенном от прежнего на расстоянии $d=M_O/R$ (如图 2.39 所示,该力系可用一个作用于新的简化中心的合力 $\vec{F}_{\mathrm{R}}$ 来代替,该简化中心与前者相距 $d=M_O/\mathrm{R}$).

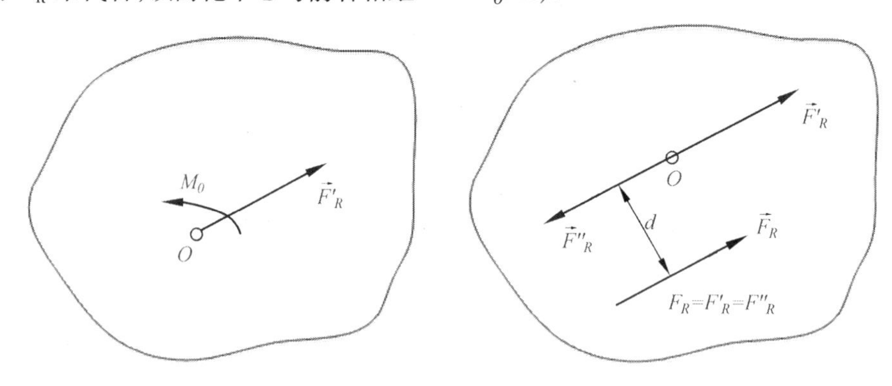

图 2.39　$F'_{\mathrm{R}} \neq 0, M_O \neq 0$ 简化

(4) $F'_{\mathrm{R}}=0, M_O=0$—плоская система сил находится в равновесии(平面力系处于平衡状态).

例题 9　如图 2.40 所示,平面任意力系中 $F_1=150\ \mathrm{N}, F_2=200\ \mathrm{N}, F_3=300\ \mathrm{N}, F=F'=200\ \mathrm{N}$,图中尺寸单位为 mm. 求:力系向 O 点简化的结果,并求力系合力的大小及其与原点 O 的距离 d.

解:主矢的计算为

$$F'_{\mathrm{R}x}=\sum F_x=-437.64\ \mathrm{N},\ F'_{\mathrm{R}y}=\sum F_y=-161.639\ \mathrm{N}$$

$$F'_{\mathrm{R}}=\sqrt{\left(\sum F_x\right)^2+\left(\sum F_y\right)^2}=466.5\ \mathrm{N}$$

$$\cos\langle \vec{F}'_{\mathrm{R}}, i\rangle=\frac{\sum F_x}{F'_{\mathrm{R}}}=\frac{-437.64}{466.5}=-0.938$$

主矩的计算为

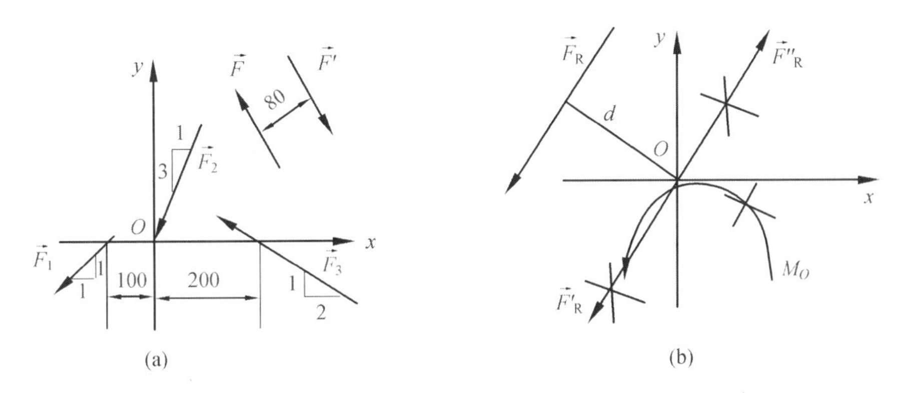

图 2.40 例题 9 图

$$M_O = \sum_{i=1}^{n} M_O(\vec{F}_i) = 21.44 \text{ N} \cdot \text{m},$$

$$d = \frac{M_O}{F_R} = 45.96 \text{ mm}$$

2.5 Условия равновесия и уравнения равновесия для произвольных плоских систем (平面任意力系的平衡条件和平衡方程)

1. Геометрические условия равновесия(几何平衡条件)

Для равновесия произвольной плоской системы сил необходимо и достаточно, чтобы главный вектор этой системы сил и ее главный момент относительно любого центра были равны нулю, то есть, чтобы выполнялись условия(平面任意力系平衡的必要和充分条件是:力系的主矢和力系的主矩对于任意点都等于零,即)

$$\vec{F'}_R = 0,\ M_O(\vec{F}_R) = \sum M_O(\vec{F}_i) = 0$$

2. Основная форма аналитических условий равновесия произвольной плоской системы сил(平面任意力系的平衡解析条件的基本形式)

Для равновесия произвольной плоской системы сил необходимо и достаточно, чтобы сумма всех сил на каждую из двух координатных осей и сумма их моментов относительно любого центра, лежащего в плоскости действия сил, были равны нулю(平面任意力系平衡的必要与充分条件是:力系中所有力在作用面内两个坐标轴中每一个上的投影的代数和均等于零,以及各力对于平面内任意点力矩的和等于零).

$$\sum F_x = 0,\ \sum F_y = 0,\ \sum M_O(\vec{F}_i) = 0 \tag{2.13}$$

Часто эти уравнения называют основными уравнениями равновесия. В зависимости от расположения сил иногда целесообразно составлять условия равновесия в виде двух уравнений моментов и одного уравнения проекций(这些方程通常称为基本平衡方程. 根据力的位置,有时建议以两个力矩方程和一个投影方程的形式建立平衡条件).

说明如下:

(1)三个方程只能求解三个未知量.

(2)两个投影坐标轴不一定互相垂直,只要不平行即可.

(3)投影坐标轴尽可能与多个未知力平行或垂直.

(4)力矩方程中,矩心尽可能选多个未知力的交点.

平面任意力系平衡方程除上述基本形式外,还有其他两种辅助形式,即二力矩式及三力矩式的平衡方程.

3. Первая вспомогательная форма аналитических условий равновесия произвольной плоской системы сил(平面任意力系平衡解析条件的第一种辅助形式)

二力矩式的平衡方程:

Для равновесия произвольной плоской системы сил необходимо и достаточно, чтобы сумма моментов всех этих сил относительно каких - нибудь центров A и B и сумма их проекций на ось Ox, не перпендикулярную прямой AB, были равны нулю(对于平面任意力系平衡的必要与充分条件是:所有这些力相对于某些中心 A 和 B 的力矩之和以及它们在不垂直于线段 AB 的 Ox 轴上的投影之和为零,则)

$$\sum F_x = 0, \ \sum M_A(\vec{F}_k) = 0, \ \sum M_B(\vec{F}_k) = 0 \tag{2.14}$$

运用二矩式时注意所选择的投影轴 x 轴不得与选定的两个矩心 A,B 的连线垂直,如图 2.41 所示.

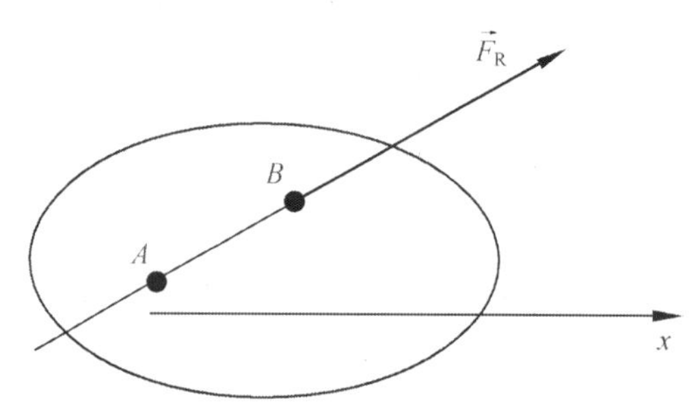

图 2.41　运用二矩式时的投影轴选择

4. Вторая вспомогательная форма аналитических условий равновесия произвольной плоской системы сил(平面任意力系平衡解析条件的第二种辅助形式)

三力矩式的平衡方程:

Для равновесия произвольной плоской системы сил необходимо и достаточно, чтобы сумма моментов всех этих сил относительно любых трех центров A, B и C, не лежащих на одной прямой, были равны нулю(对于平面任意力系平衡的必要与充分条件是:所有这些力相对于不在同一直线上的任意三个中心 A,B 和 C 的力矩之和为零).

$$\sum M_A(\vec{F}_k) = 0, \ \sum M_B(\vec{F}_k) = 0, \ \sum M_C(\vec{F}_k) = 0 \tag{2.15}$$

注意:应用三矩式时,矩心 A,B,C 三点不能共线.

5. Аналитические условия равновесия плоской системы параллельных сил (平面平行力系平衡的解析条件)

Если все силы параллельны какой-нибудь оси (рис. 2.42), то аналитические условия равновесия системы сил имеют вид(如果所有力都平行于轴,如图 2.42 所示),则力系平衡的解析条件为)

$$\sum F_{ky} = 0,\ \sum M_O(\vec{F}_k) = 0 \tag{2.16}$$

Или(或)

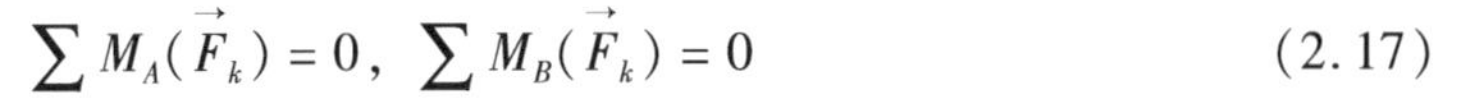

$$\sum M_A(\vec{F}_k) = 0,\ \sum M_B(\vec{F}_k) = 0 \tag{2.17}$$

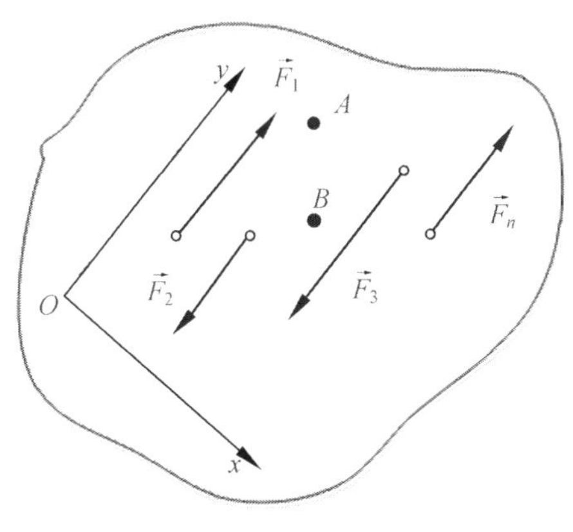

图 2.42　平面平行力系

2.6　Баланс системы материи. Статические и статические проблемы (物体系的平衡. 静定和超静定的问题)

1. Внешние и внутренние связи(外部和内部约束)

Связи, соединяющие части конструкции называются внутренними связями, а связи, присоединяющие ее к другим телам—внешними (рис. 2.43)(连接系统内部各物体间相互作用的约束称为内部约束. 而外界物体作用于系统的约束称为该系统的外部约束(图 2.43)).

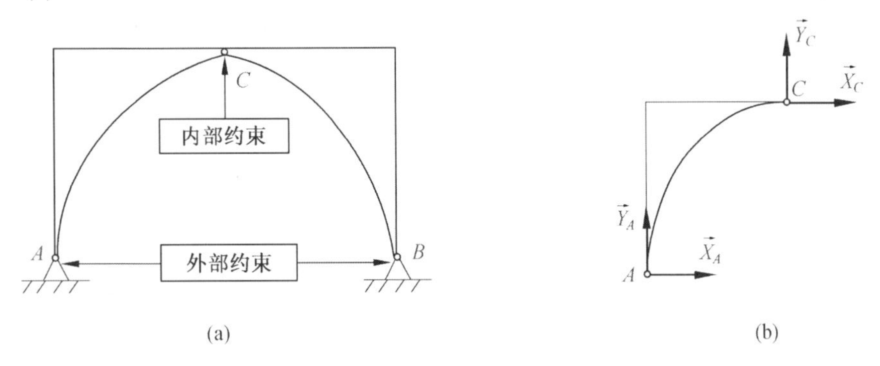

图 2.43　外部和内部约束

2. Метод замораживания(整体法)

При определении реакций внешних связей составляют одну из форм условий равновесия для《замороженной》конструкции *ABC*(在确定约束反力时,形成了 *ABC* 的整体结

构的平衡条件之一)

$$\sum F_{kx}=0,\ \sum F_{ky}=0,\ \sum M_B(\vec{F}_k)=0$$

Однако этих условий равновесия не достаточно для определения всех реакций внешних связей (4-е реакции невозможно определить из 3-х уравнений). Такие системы называются статически неопределимые(然而,这些平衡条件不足以确定所有的约束反力(4个反力不能由 3 个方程完全确定).这种系统被称为静不定系统).

Такую статическую неопределимость раскрывают составлением дополнительного уравнения(ий) равновесия для одной из частей конструкции (AC или BC), расчленяя ее на части по внутренней связи (рис. 2.43(b)). При этом, как правило, необходимо составить уравнение моментов, принимая за моментную точку ту точку, где тела соединяются связью (здесь точку C)(通过内部约束将结构分成几部分,通过选取其中一个部件(AC 或 BC)得到一个补充的平衡方程,可以求解出这种静不定问题(图 2.43(b)).在这种情况下,一般来说,有必要取一个点,即铰链链接的地方(这里是 C 点)来建立力矩方程)

$$\sum M_C(\vec{F}_k)=0$$

3. Метод разбиения(拆分法)

При определении реакций внешних связей и внутренних связей конструкцию расчленяют по внутреннему шарниру, и для каждой части (рис. 2.44) составляют уравнения равновесия (в одной из трех форм)(在确定外力和内力的情况时,在内部铰链连接处被拆分,并且对于每个部分(图 2.44),建立平衡方程(以三种平衡方程形式之一)).

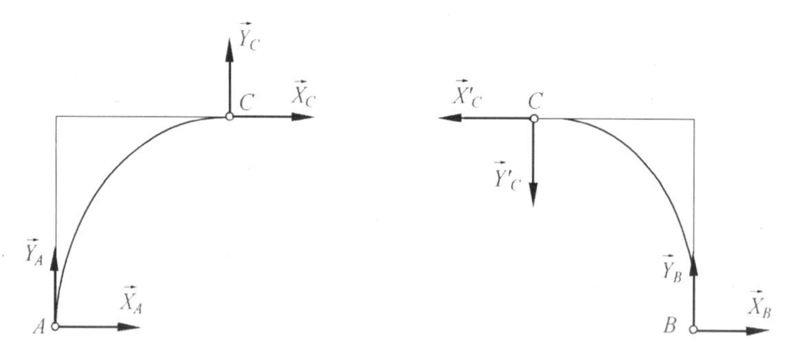

图 2.44 拆分法

Для части AC

$$\sum F_{kx}=0,\ \sum F_{ky}=0,\ \sum M_A(\vec{F}_k)=0$$

Для части BC

$$\sum F_{kx}=0,\ \sum M_B(\vec{F}_k)=0,\ \sum M_C(\vec{F}_k)=0$$

С учетом того, что $\vec{X}_C=-\vec{X}'_C, \vec{Y}_C=-\vec{Y}'_C$ а модули $X_C=X'_C, Y_C=Y'_C$ в систему шести уравнений будет входить 6 неизвестных реакций $X_A, Y_A, X_B, Y_B, X_C, Y_C$. То есть система является статически определимой(考虑到 $\vec{X}_C=-\vec{X}'_C, \vec{Y}_C=-\vec{Y}'_C$ 而模 $X_C=X'_C, Y_C=Y'_C$ 在六个方程组中,将有六个未知反力 $X_A, Y_A, X_B, Y_B, X_C, Y_C$. 也就是说,系统是静定问题).

Для проверки правильности решения могут быть составлены уравнения равновесия для《замороженной》конструкции（为了验证解的正确性，可以用整体法编写平衡方程来检验）.

总结：平面任意力系的平衡方程的形式有以下三种.

（1）基本形式为

$$\sum F_x = 0,\quad \sum F_y = 0,\quad \sum M_A(\vec{F}) = 0$$

（2）二力矩式为

$$\sum F_x = 0,\quad \sum M_A(\vec{F}) = 0,\quad \sum M_B(\vec{F}) = 0$$

（x 轴不得垂直于 A，B 两点的连线）

（3）三力矩式为

$$\sum M_A(\vec{F}) = 0,\quad \sum M_B(\vec{F}) = 0,\quad \sum M_C(\vec{F}) = 0$$

（A，B，C 三点不得共线）

请思考：是否存在三投影式？

$$\left.\begin{aligned} \sum F_{x1} &= 0 \\ \sum F_{x2} &= 0 \\ \sum F_{x3} &= 0 \end{aligned}\right\}$$

例题 10　如图 2.45，已知：$M=Pa$　求：A，B 处约束反力.

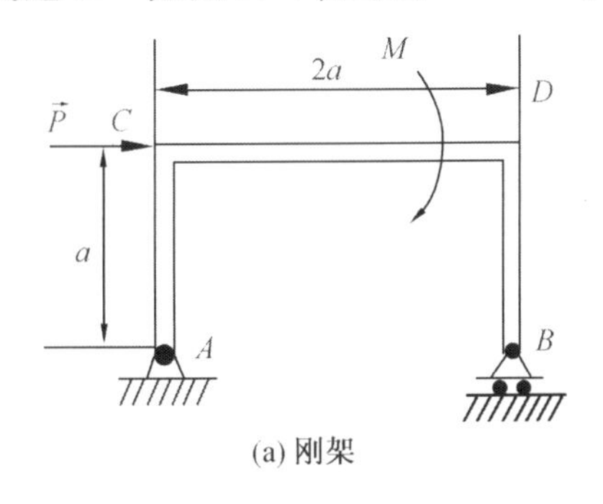

(a) 刚架

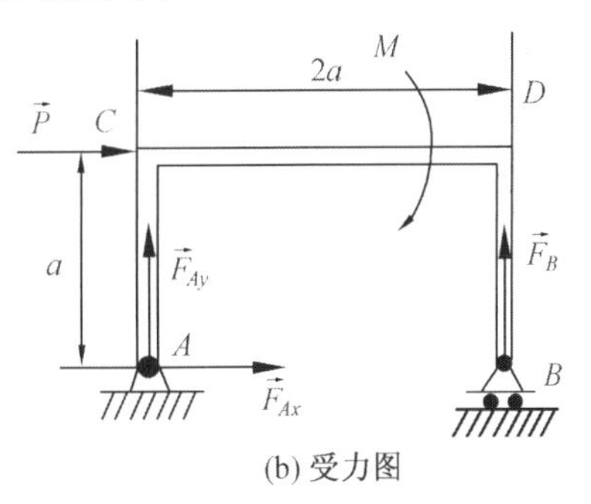

(b) 受力图

图 2.45　刚架及受力图

解法 1：选取平衡方程的基本形式.

（1）取刚架为研究对象；

（2）画受力图，如图 2.45（b）所示；

（3）建立坐标系，列方程求解

$$\sum F_x = 0,\qquad F_{Ax} + P = 0$$

$$\sum F_y = 0,\qquad F_{Ay} + F_B = 0$$

$$\sum M_A(\vec{F}) = 0,\quad F_B 2a - M - Pa = 0$$

解上述方程，得到

$$F_{Ax}=-P,\quad F_{Ay}=-P,\quad F_B=P$$

解法 2:平衡方程的二矩式为

$$\sum F_x=0,\qquad F_{Ax}+P=0$$

$$\sum M_A(\vec{F})=0,\quad F_B 2a-M-Pa=0$$

$$\sum M_B(\vec{F})=0,\quad -F_{Ay}2a-Pa-M=0$$

解上述方程,得

$$F_{Ax}=-P,\ F_{Ay}=-P,\ F_B=P$$

解法 3:**平衡方程的三矩式为**

$$\sum M_A(F)=0,\quad F_B 2a-M-Pa=0$$

$$\sum M_B(F)=0,\quad -F_{Ay}2a-Pa-M=0$$

$$\sum M_C(F)=0,\quad F_{Ax}a+F_B 2a-M=0$$

解上述方程,得

$$F_{Ax}=-P,\ F_{Ay}=-P,\ F_B=P$$

例题 11 求图 2.46(a)中 A 处的约束反力.

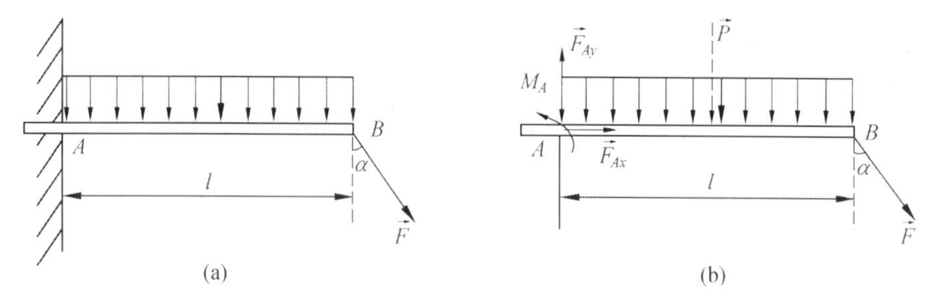

图 2.46 例题 11 图

解:图中 A 处为一个平面固定端约束或固定端支座,梁上作用有分布载荷及集中力.第 1 章已经介绍过固定端支座反力的表示,下面再对其反力表示及分布载荷的简化做些补充说明.

(1)固定端支座.

固定端支座既不能移动,又不能转动的约束,也称为固定端(插入端)约束,其简图如图 2.47(a)所示.构件在平面固定端里的受力比较复杂,可看成一个平面任意力系的作用,如图 2.47(b)所示.把平面任意力系向端点 A 简化,得到一个力 $\vec{F}_A$ 和一个力偶 M_A,其中力 $\vec{F}_A$ 限制构件的移动,力偶 M_A 限制构件的转动.由于力 $\vec{F}_A$ 的作用线不能确定,一般将其分解为两个正交分力 $\vec{F}_{Ax}$,$\vec{F}_{Ay}$,如图 2.47(c)所示.

(2)分布载荷(图 2.48).

图 2.48 中 $q(x)$ 为分布载荷的集度,在一个微段 $\mathrm{d}x$ 上的集中力为 $\mathrm{d}P=q(x)\mathrm{d}x$,则整个构件上的合力为

$$P=\sum \mathrm{d}P=\int_0^l q(x)\mathrm{d}x$$

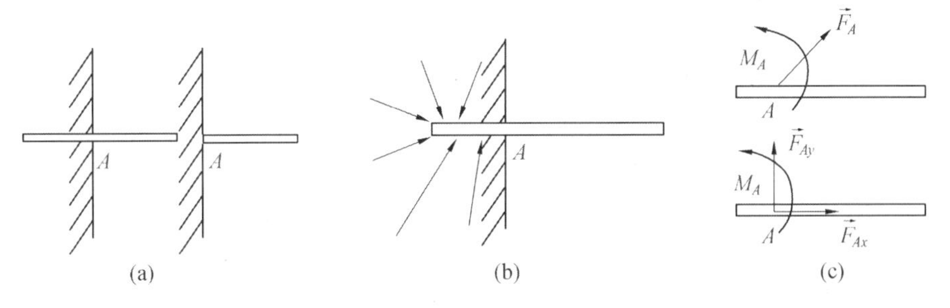

图 2.47　平面图定端约束简图及约束反力分解

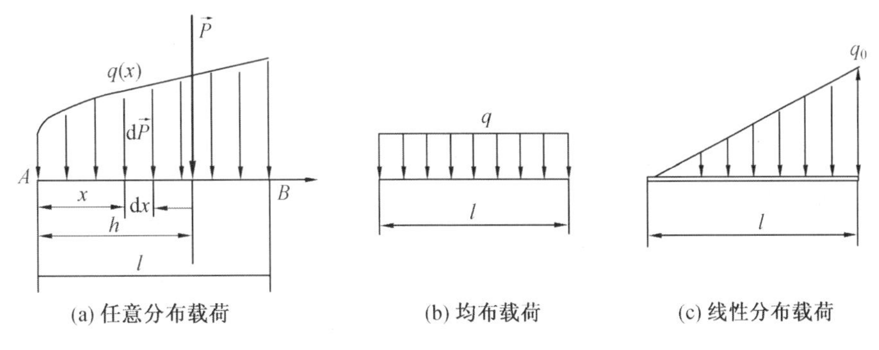

图 2.48　分布载荷

合力作用线与分布载荷方向平行，合力作用线位置可由合力矩定理来确定. 设合力 $\vec{P}$ 到左端 A 的距离为 h，则由合力矩定理得到

$$Ph = \sum dP \cdot x = \int_0^l q(x)x\mathrm{d}x$$

合力作用线位置为

$$h = \frac{\int_0^l q(x)x\mathrm{d}x}{\int_0^l q(x)\mathrm{d}x}$$

对于常见的两个特例：

①均布载荷（图 2.48（b））.

$$P = \int_0^l q(x)\mathrm{d}x = ql \ , \ h = \frac{\int_0^l q(x)x\mathrm{d}x}{\int_0^l q(x)\mathrm{d}x} = \frac{l}{2}$$

②线性分布载荷（图 2.48（c））.

$$q(x) = \frac{q_0}{l}x \ ,$$

$$P = \int_0^l q(x)\mathrm{d}x = \int_0^l \frac{q_0}{l}x\mathrm{d}x = \frac{1}{2}q_0 l \ , \quad h = \frac{\int_0^l q(x)x\mathrm{d}x}{\int_0^l q(x)\mathrm{d}x} = \frac{2l}{3}$$

取 AB 梁为研究对象，其受力分析如图 2.46（b）所示. 通过平衡条件基本形式列出平衡

方程

$$\sum F_x = 0,\ F_{Ax} + F\sin\alpha = 0$$

$$\sum F_y = 0,\ F_{Ay} - ql - F\cos\alpha = 0$$

$$\sum M_A(\vec{F}) = 0,\ M_A - ql\frac{l}{2} - Fl\cos\alpha = 0$$

解上述方程,得到

$$F_{Ax} = -F\sin\alpha,\ F_{Ay} = ql + F\cos\alpha,\ M_A = Pl\cos\alpha + \frac{1}{2}ql^2$$

例题 12 На ферму весом 100 кН действует ветер с силой F=20 кН. Определить реакции опор(如图 2.49 所示,风力 F= 20 kN,作用于重为 100 kN 的桁架. 求支反力).

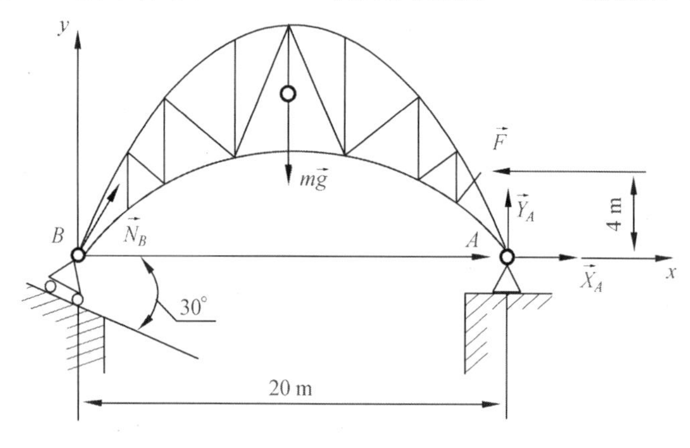

图 2.49 桁架

解:(1)За объект равновесия выбираем ферму(选择桁架作为平衡对象).

(2)Освобождаемся от связей и заменяем их действие реакциями (рис. 2.49)(解除支承,用反力代替约束(图 2.49)).

(3)В результате анализа полученной системы сил устанавливаем, что ферма находится в равновесии под действием произвольной плоской системы сил. Следовательно, существуют три уравнения равновесия. Сопоставив число неизвестных искомых величин N_B, X_A и Y_A с числом уравнений, делаем заключение, что система статически определимая (通过受力分析,列出三个平衡方程. 将未知量 N_B,X_A 和 Y_A 的数量与方程的数量进行比较,我们得出结论,该系统是静定的).

(4)Записываем уравнения равновесия для конкретной задачи(针对具体问题写出平衡方程)

$$\sum F_x = 0,\quad N_B\cos 60° + X_A - 20 = 0$$

$$\sum F_y = 0,\quad N_B\cos 30° + Y_A - 100 = 0$$

$$\sum M_A(\vec{F}) = 0,\quad -100\cdot 10 + Y_A\cdot 20 + 20\cdot 4 = 0$$

(5) Решая полученную систему уравнений, определяем(求解平衡方程组,可得)

$$Y_A = 46\ \text{kN},\ N_B = 62.4\ \text{kN},\ X_A = -11.2\ \text{kN}$$

注意:反力 X_A 为负值意味着其真实方向与图示假设方向相反.

例题 13　如图 2.50 所示,已知 $P=0.4$ kN, $Q=1.5$ kN, $\sin\alpha=4/5$, $AB=BC=l$,求:支座 A,C 的约束反力.

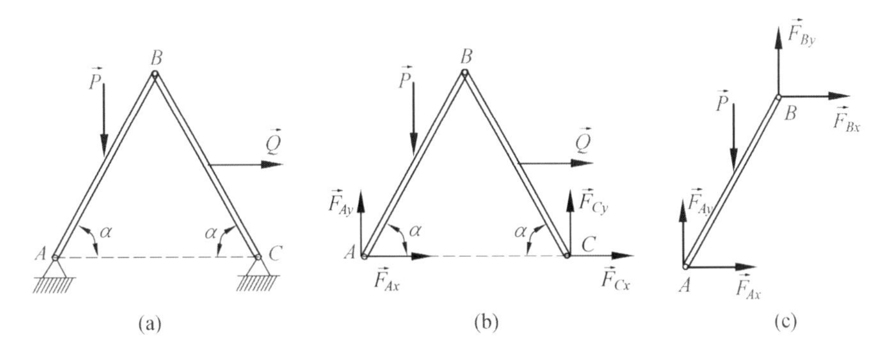

图 2.50　例题 13 图

解:(1)取整体为研究对象,受力图如图 2.50(b)所示,列出平衡方程

$$\sum M_A(\vec{F})=0,\ F_{Cy}2l\cos\alpha-P\frac{l}{2}\cos\alpha-Q\frac{l}{2}\sin\alpha=0 \tag{1}$$

$$\sum F_y=0,\quad F_{Ay}+F_{Cy}-P=0 \tag{2}$$

$$\sum F_x=0,\quad F_{Ax}+F_{Cx}+Q=0 \tag{3}$$

解上述方程,得到

$$F_{Ay}=-0.2\ \text{kN},\quad F_{Cy}=0.6\ \text{kN}$$

(2)取 AB 为研究对象,受力图如图 2.50(c)所示,列出平衡方程

$$\sum M_B(\vec{F})=0,\ F_{Ax}l\sin\alpha+P\frac{l}{2}\cos\alpha-F_{Ay}l\cos\alpha=0 \tag{4}$$

解得

$$F_{Ax}=-0.3\ \text{kN}$$

代入(3)式,得到

$$F_{Cx}=-1.2\ \text{kN}$$

例题 14　如图 2.51(a)所示,已知: $M=10$ kN·m, $q=2$ kN/m,求:支座 A,C 的约束反力.

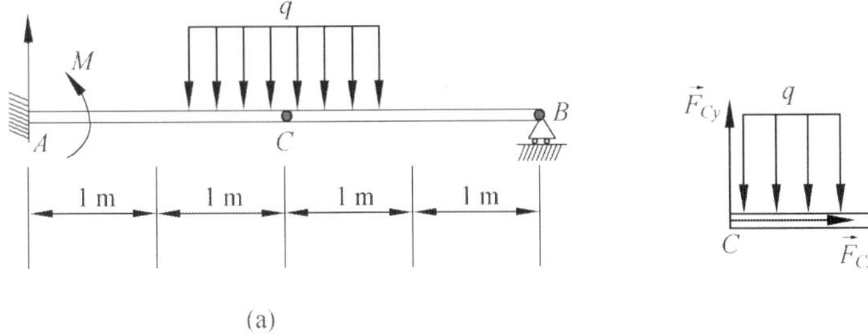

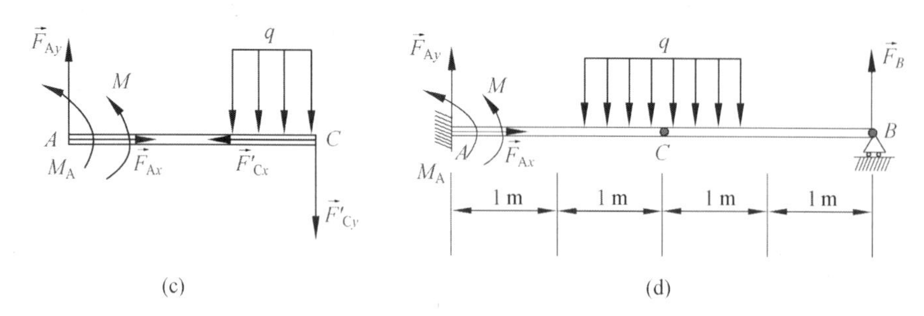

图 2.51　例题 14 图

解:(1) 取 BC 为研究对象,受力图如图 2.51(b)所示.

$$\sum F_x = 0,\quad F_{Cx} = 0$$

$$\sum M_C(\vec{F}) = 0,\quad F_B \cdot 2 - q \cdot 1 \cdot 0.5 = 0$$

$$\sum F_y = 0,\quad F_{Cy} + F_B - q \cdot 1 = 0$$

解得

$$F_B = 0.5\ \text{kN},\ F_{Cx} = 0,\ F_{Cy} = 1.5\ \text{kN}$$

(2)取 AC 或整体为研究对象可以求解其他的未知力,受力图如图 2.51(c)、(d)所示.下面的求解以 AC 为例,列出平衡方程为

$$\sum F_x = 0,\quad F_{Ax} - F'_{Cx} = 0$$

$$\sum F_y = 0,\quad F_{Ay} - F'_{Cy} - q \cdot 1 = 0$$

$$\sum M_A(\vec{F}) = 0, M_A + M - q \cdot 1 \cdot 1.5 - F'_{Cy} \cdot 2 = 0$$

解得

$$F_{Ax} = 0,\quad F_{Ay} = 3.5\ \text{kN},\quad M_A = -4\ \text{kN} \cdot \text{m}$$

2.7　Расчет внутренней силы плоской простой фермы (平面简单桁架的内力计算)

在工程领域,房屋建筑、桥梁、起重机、电视塔等结构中常用桁架结构(ферменная конструкция).

桁架是一种将杆件两端用铰链相互连接而成的结构,它在受力后几何形状不变.桁架中杆件的铰链接头称为节点(узловая точка).

桁架的优点为:杆件主要承受拉力或压力,可以充分发挥材料的作用、节约材料、减轻结构的质量.为了简化桁架的计算,工程实际中常采用以下几条假设:

(1)桁架的杆件均为直的.

(2)杆件用光滑的铰链连接.

(3)载荷均作用在节点上.

(4)质量平均分配在节点上.

这样的桁架称为理想桁架.当然,实际的桁架与上述假设有一定差别.但上述假设能够

简化计算,而且所得结果符合工程实际需要. 根据这些假设,桁架的杆件都可看成二力杆(бар двух силы).

本节只研究桁架中的静定桁架,如果从桁架中任意去掉一根杆件,桁架就会活动变形,则这种桁架称为无余杆桁架,可以证明只有无余杆桁架才是静定桁架,如图 2.52 所示. 如果去掉几根杆件仍然不会使桁架活动变形,则这种桁架称为有余杆桁架,如图 2.53 所示. 图 2.52 所示的无余杆桁架是以三角形框架为基础,每增加一个节点需要增加两根杆件,这样构成的桁架又称为平面简单桁架,可以证明这种桁架是静定桁架.

求桁架杆件内力有两种方法:节点法(способ узлов)、截面法(способ сечения).

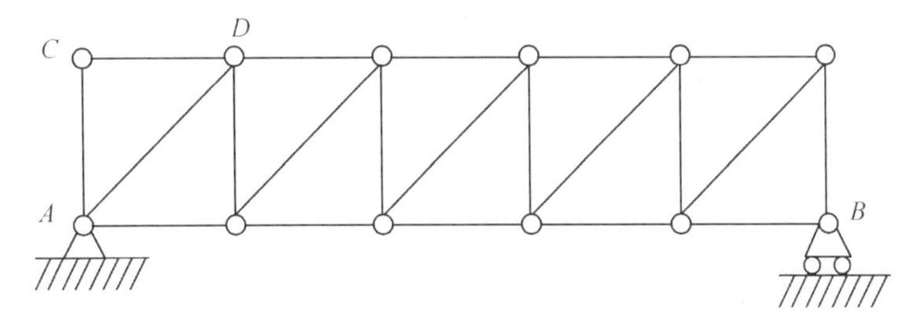

图 2.52　无余杆桁架

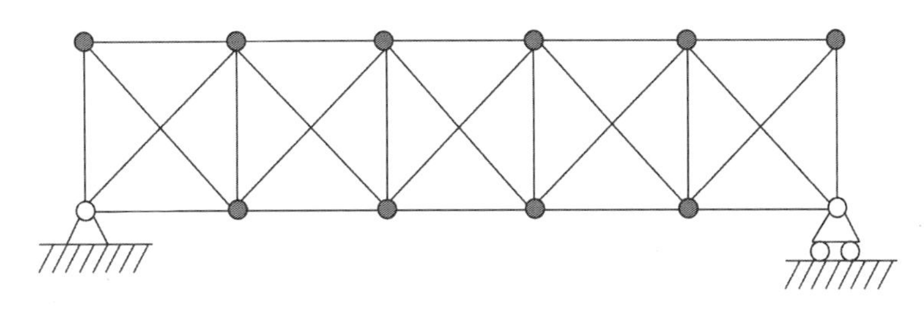

图 2.53　有余杆桁架

例题 15　求:图示 2.54 中桁架各杆的力.

解:(1)取整体为研究对象,其受力图如图 2.54(b)所示,列出平面任意力系平衡方程

$$\sum F_x = 0,\ F_{Ax} + 20 = 0$$

$$\sum F_y = 0,\ F_{Ay} + F_{By} - 40 = 0$$

$$\sum M_A(\vec{F}) = 0,\quad F_{By} \cdot 5 - 120 = 0$$

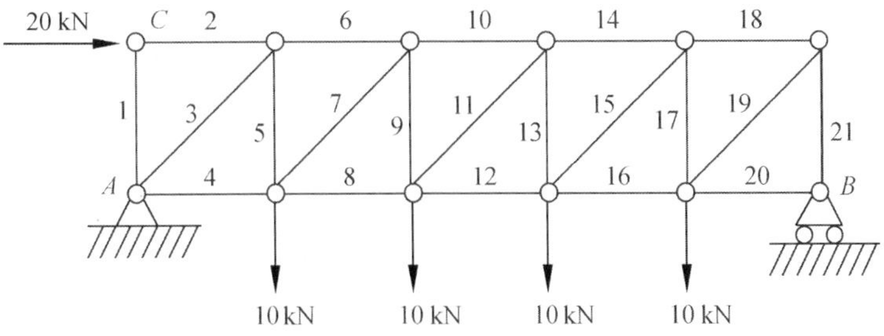

(a)

图 2.54　例题 15 桁架

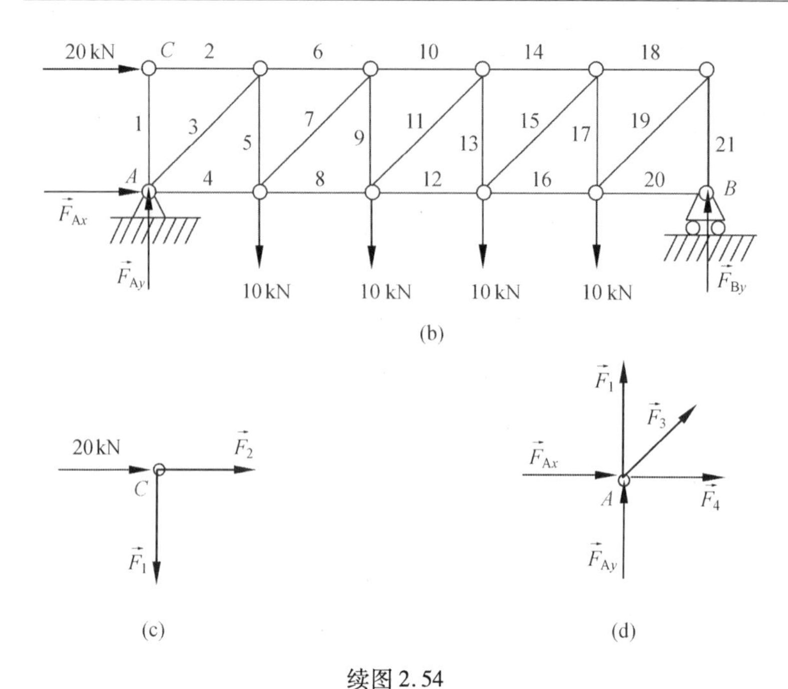

续图 2.54

得到

$$F_{Ax} = -20\ \text{kN},\ F_{Ay} = 16\ \text{kN},\ F_B = 24\ \text{kN}$$

(2)取节点 C 为研究对象,受力图如图 2.54(c)所示,列出平面任意力系平衡方程

$$\sum F_x = 0,\quad F_2 + 20 = 0$$

$$\sum F_y = 0,\quad F_1 = 0$$

解得

$$F_1 = 0,\ F_2 = -20\ \text{kN}$$

(3)取节点 A 为研究对象,受力图如图 2.54(d)所示,列出平面任意力系平衡方程

$$\sum F_x = 0,\quad F_{Ax} + F_4 + F_3\cos 45° = 0$$

$$\sum F_y = 0,\quad F_{Ay} + F_1 + F_3\sin 45° = 0$$

解得

$$F_3 = -16\sqrt{2}\ \text{kN},\ F_4 = 36\ \text{kN}$$

例题 16　用截面法求图 2.54(a)中桁架 6、7、8 各杆的力.

解:(1)参照上例,以整体为研究对象,求得外部约束反力, $F_{Ax} = -20$ kN, $F_{Ay} = 16$ kN, $F_B = 24$ kN.

(2)根据解题的需要,假想用一截面截断体系. 取某一部分为研究对象,计算所求杆件内力.

如图 2.55 所示,假想沿一截面 mm 截断 6、7、8 三杆,保留受力简单的左边部分为研究对象,画受力图,列平衡方程

$$\sum F_y = 0,\ F_{Ay} + F_7 \sin 45° - 10 = 0$$

$$\sum M_D(\vec{F}) = 0,\ F_6 \cdot 1 + F_{Ay} \cdot 1 + 20 \cdot 1 = 0$$

$$\sum M_C(\vec{F}) = 0,\ F_8 \cdot 1 + F_7 \cdot \sqrt{2} + F_{Ax} \cdot 1 - 10 \cdot 1 = 0$$

求解得到

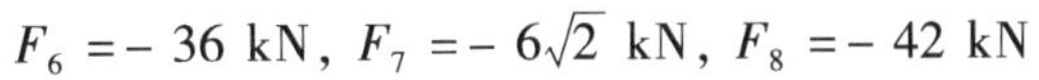

$$F_6 = -36\ \text{kN},\ F_7 = -6\sqrt{2}\ \text{kN},\ F_8 = -42\ \text{kN}$$

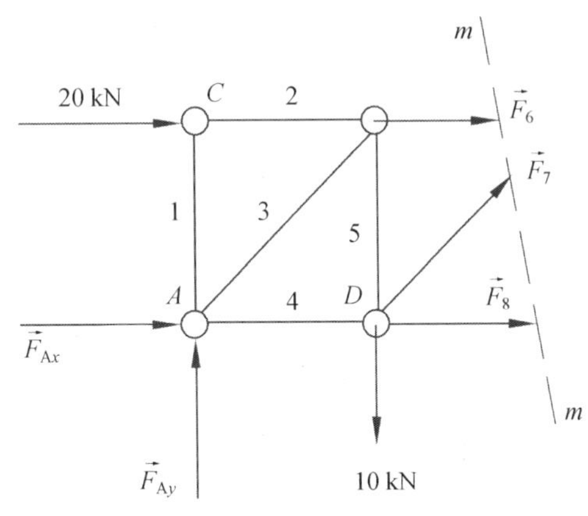

图 2.55　例题 16 图

2.8　Подумать(思考题)

1. 合力是否一定比分力大？三力汇交于一点，但不同面，是平衡力系吗？

2. 力偶能和力等效或平衡吗？两个力偶等效的条件是什么？

3. 输电线跨度相同时，是电线下垂量小，电线易于拉断，还是下垂量大，电线易于拉断，为什么？

4. 简述平面任意力系简化结果的四种情况.

5. 在图 2.56 各图中，力或力偶对点 A 的矩都相等，它们引起的支座约束力是否相同？

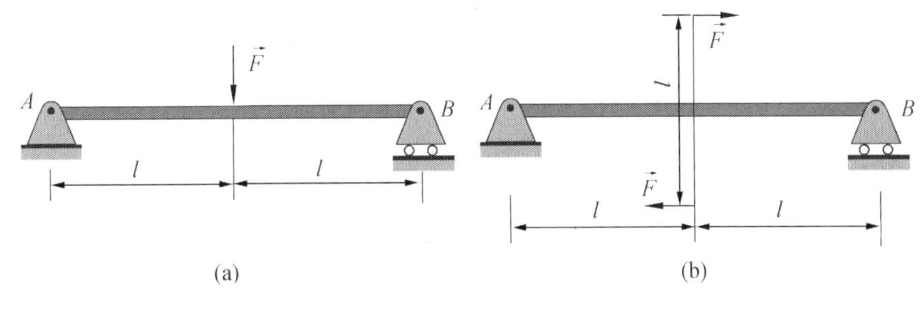

图 2.56

6. 对于双柱墩设计与单柱墩设计之分，如图 2.57 所示. 若不考虑桥梁自重，只考虑车辆载荷 $\vec{P}_1$，当载荷超过设计极限时，将产生什么情况？在桥同宽的情况下，若只考虑桥是否侧翻，哪种设计方案更合理？而若考虑桥梁自重 $\vec{P}_2$，在桥同宽的情况下，只考虑桥是否侧翻，哪种设计方案更合理?

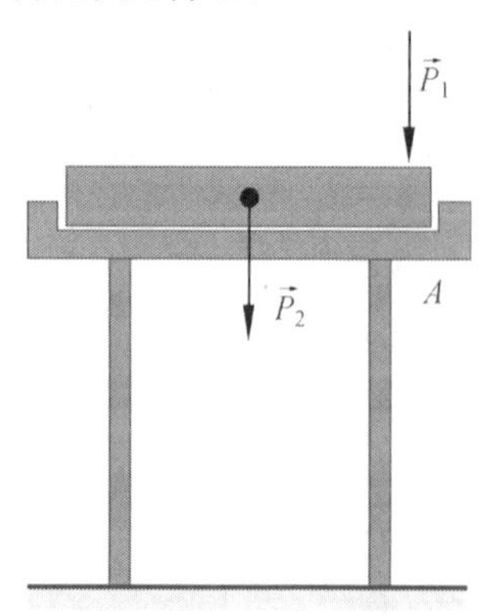

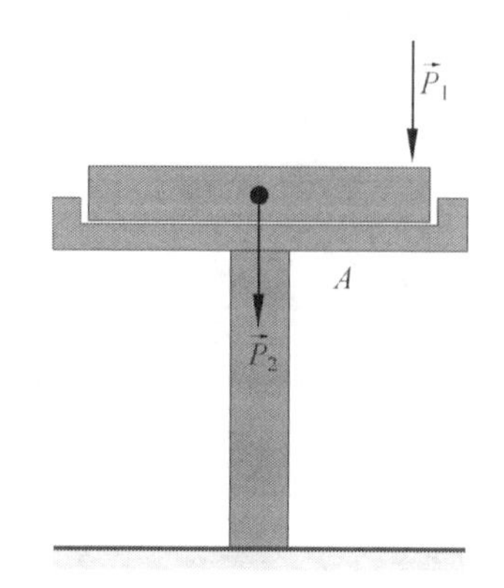

图 2.57

7. 简述平面任意力系和平面力偶系平衡的充分必要条件.

8. 某平面任意力系向点 A 简化得一个力 $\vec{F}'_{RA}$ ($F'_{RA}\neq 0$)与一个力矩为 $M_A\neq 0$ 的力偶, B 为平面内另一点,问:

①向点 B 简化仅得一力偶,是否可能?

②向点 B 简化仅得一力,是否可能?

③向点 B 简化得 $\vec{F}'_{RA}=\vec{F}'_{RB}$, $M_A\neq M_B$ 是否可能?

④向点 B 简化得 $\vec{F}'_{RA}=\vec{F}'_{RB}$, $M_A=M_B$ 是否可能?

⑤向点 B 简化得 $\vec{F}'_{RA}\neq\vec{F}'_{RB}$, $M_A=M_B$ 是否可能?

⑥向点 B 简化得 $\vec{F}'_{RA}\neq\vec{F}'_{RB}$, $M_A\neq M_B$ 是否可能?

9. 图 2.58 中 $OABC$ 为一边长为 a 的正方形,已知某平面力系向点 A 简化得一大小为 F'_{RA} 的主矢与一主矩,主矩大小、方向未知. 又已知该力系向点 B 简化得一合力,合力指向点 O. 给出该力系向点 C 简化的主矢(大小和方向)和主矩(大小与转向).

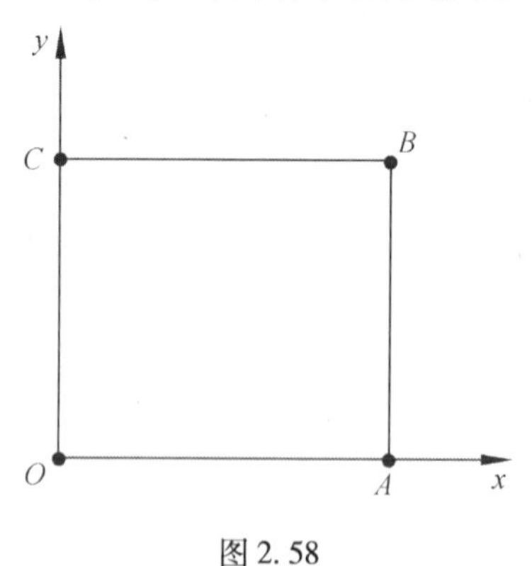

图 2.58

10. 怎么判断静定和超静定问题? 图 2.59 所示的三种情形中哪些是超静定问题?

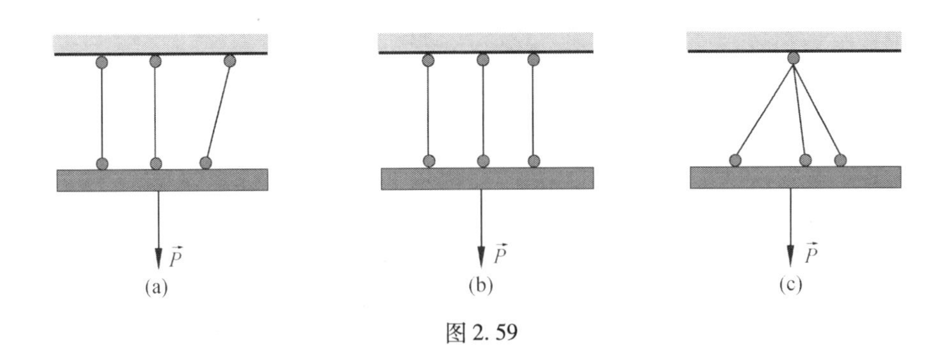

图 2.59

2.9　Упражнение(习题)

1. 图 2.60 钢架的点 B 作用一水平力 $\vec{F}$,钢架的质量略去不计. 求支座 A,D 处的约束力 $\vec{F}_A$ 和 $\vec{F}_D$.

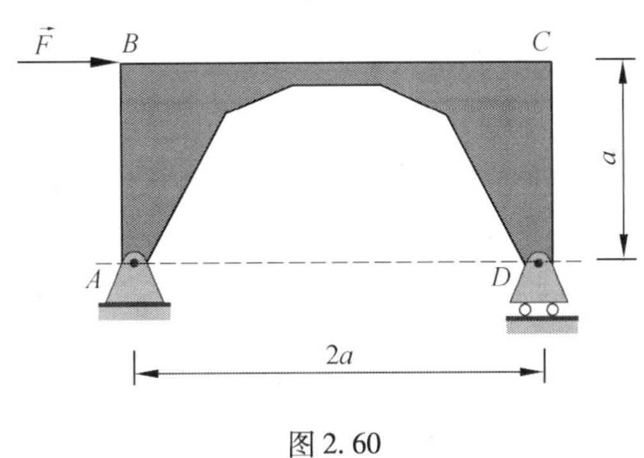

图 2.60

2. 齿轮箱两个外伸轴上作用的力偶如图 2.61 所示. 为保持齿轮箱平衡,试求螺栓 A,B 处所提供的约束力的垂直分力.

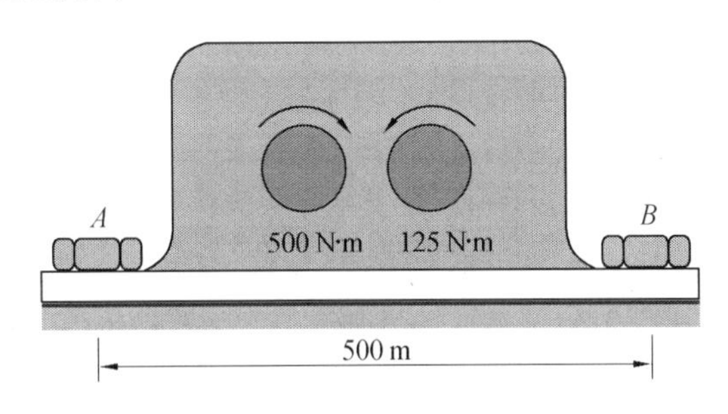

图 2.61

3. 重物 $P=20$ kN,用绳子挂在支架的滑轮 B 上,绳子的另一端接在绞车 D 上,如图 2.62 所示. 转动绞车,物体便能升起. 该滑轮的大小、杆 AB 与 BC 自重及滑轮轴承处摩擦略去不计,A,B,C 三处均为铰链连接. 当物体处于平衡状态时,求杆 AB 与 BC 所受的力.

4. 图 2.63 中,在杆 AB 的两端用光滑铰链与两轮中心 A,B 连接,并将它们置于两光滑斜面上. 两轮重量均为 $\vec{P}$,杆 AB 的重量不计,求平衡时角 θ 之值. 如轮 A 重量 $P_A=300$ N,欲

使平衡时杆 AB 在水平位置($\theta=0°$),轮 B 重量 $\vec{P}_B$ 应为多少?

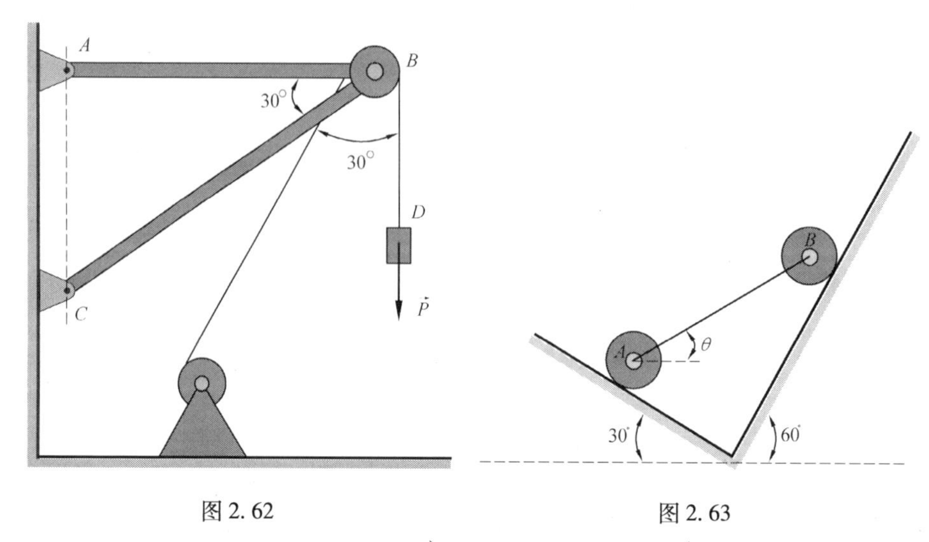

图 2.62　　　　图 2.63

5. 图 2.64 所示各杆件上只有主动力 $\vec{F}$ 作用,计算各图中力 $\vec{F}$ 对点 O 的力矩.

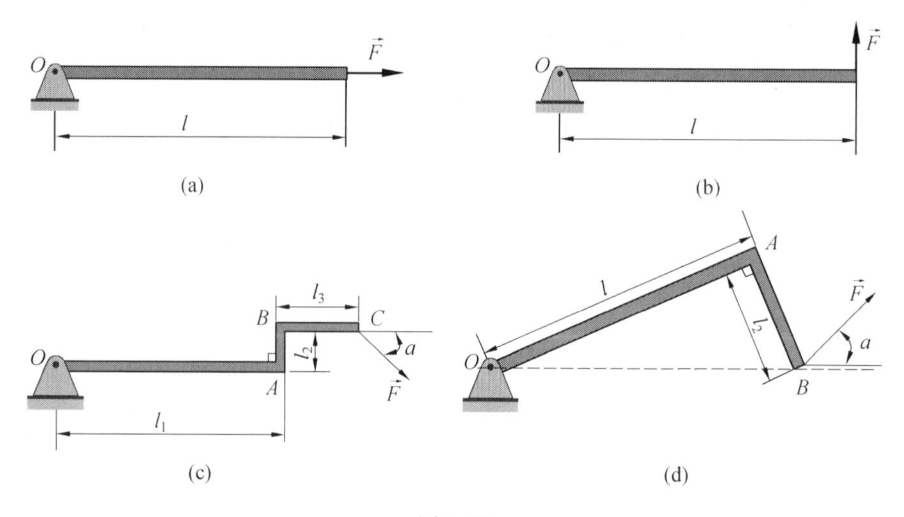

图 2.64

6. 在如图 2.65 所示的平面任意力系中,$\vec{F}_1=40\sqrt{2}$ N,$\vec{F}_2=80$ N,$\vec{F}_3=40$ N,$\vec{F}_4=110$ N,$M=2\ 000$ N·mm. 各力作用位置及方向如图所示,图中尺寸的单位为 mm. 求(1)力系向点 O 简化结果;(2)合力的大小、方向及合力的作用线方程.

7. 四连杆机构 O_1ABO_2 在图 2.66 所示位置平衡,$O_1A=0.4$ m,$O_2B=0.6$ m,作用在杆 O_1A 上的力偶矩 $M_1=100$ N·m,各杆的重量不计. 求力偶矩 M_2 的大小和杆 AB 所受的力.

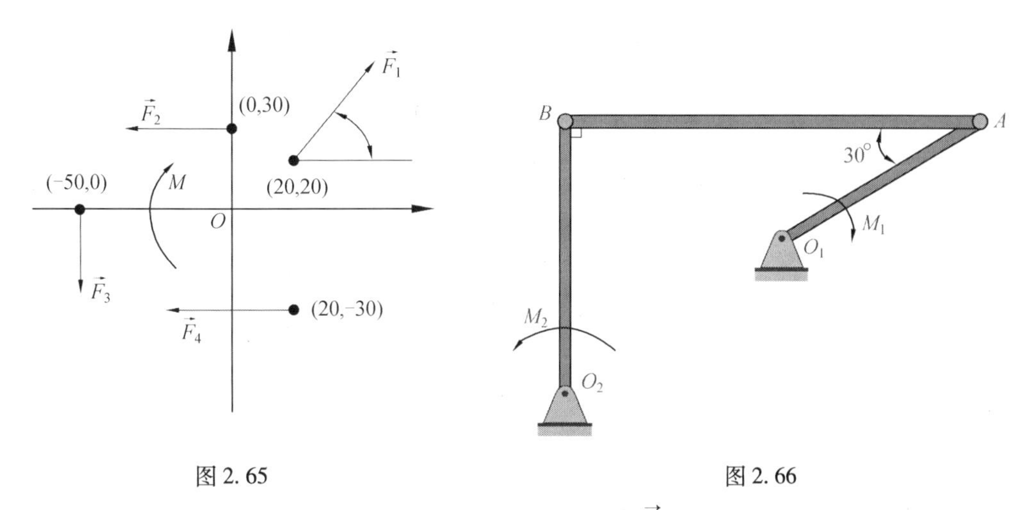

图 2.65　　图 2.66

8. 无重水平梁的支撑和载荷如图 2.67 所示. 已知力 $\vec{F}$、力偶矩为 M 和强度为 q 的均布载荷. 求支座 A 和 B 处的约束力.

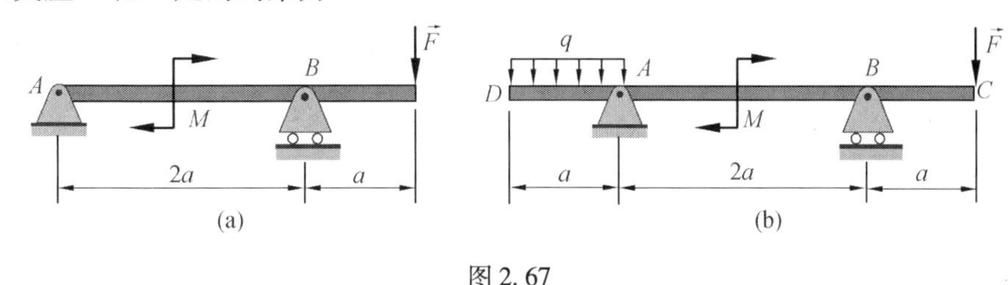

图 2.67

9. 在图 2.68 所示的(a)、(b)两连续梁中,已知 q,M,a 与 θ,不计梁的自重,求连续梁在 A,C 处的约束力.

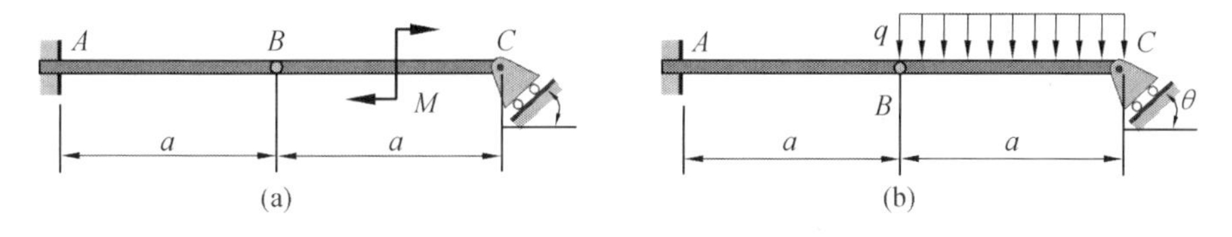

图 2.68

10. 三铰拱的顶部受集度为 q 的均布载荷作用,结构尺寸如图 2.69 所示,不计构件的自重,试求 A,B 两处的约束反力.

11. 如图 2.70 所示的水平梁,A 端为固定铰链支座,B 端为滚动支座. 梁长为 $4a$,梁重 P,作用在梁的中点 C. 梁的 AC 段上受均布载荷 q 作用,力偶矩 $M=Pa$. 试求 A 和 B 处的支座反力.

12. 构件由不计自重的杆 AB,AC 和 DF 铰接而成,如图 2.71 所示,在杆 DF 上作用为 $\vec{M}$ 的力偶矩. 求杆在 A,D 和 B 处所受的力.

13. 图 2.72 示构架中,重物 P 为 1 200 N,由细绳跨过滑轮 E 而水平系于墙上,尺寸如图所示. 不计杆和滑轮的重量,求支撑 A 和 B 处的约束力,以及杆 BC 的内力 $\vec{F}_{BC}$.

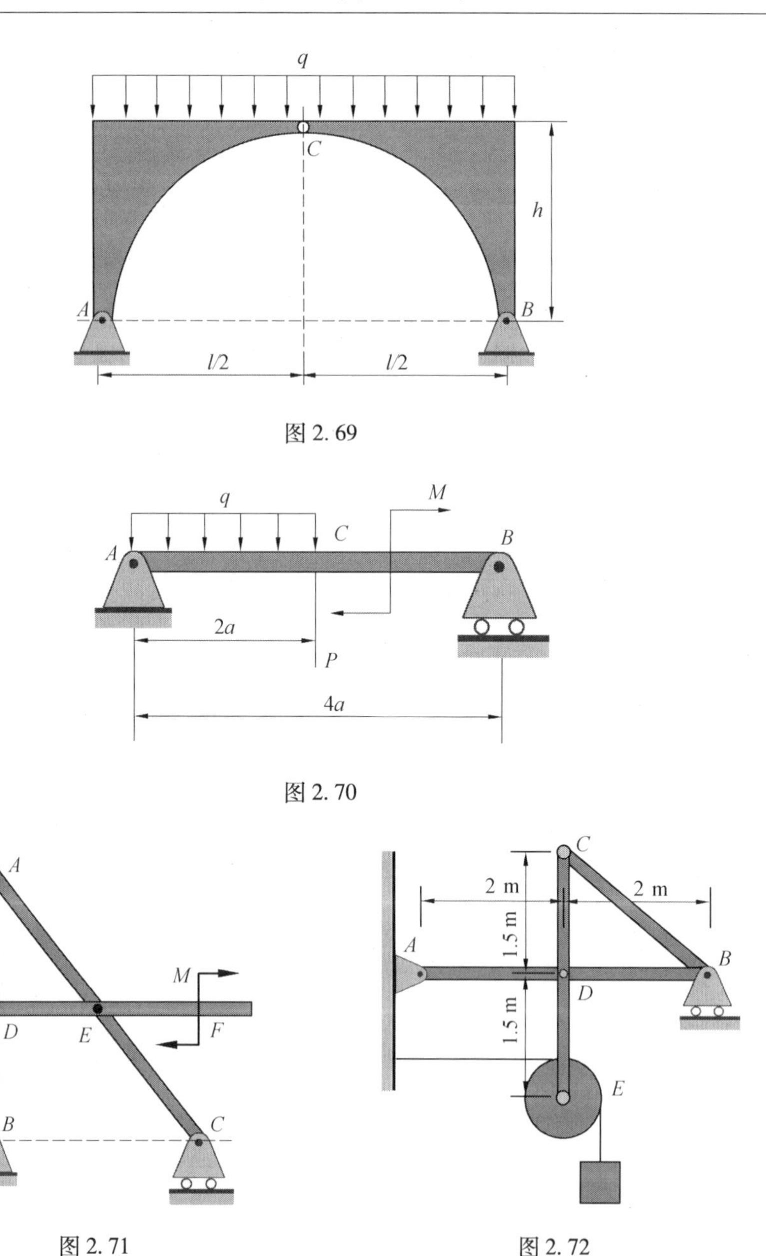

图 2.69

图 2.70

图 2.71

图 2.72

14. 图 2.73 的构架中,各杆单位长度的重量为 300 N/m,载荷 $P=10$ kN,求固定端 A 处与 B,C 铰链处的约束.

15. 图 2.74 结构由直角弯杆 DAB 和直杆 BC,CD 铰链而成,杆 DC 受均布载荷 q 作用,杆 BC 受 $M=qa^2$ 的力偶矩作用. 不计构件自重. 求铰链 D 所受的力.

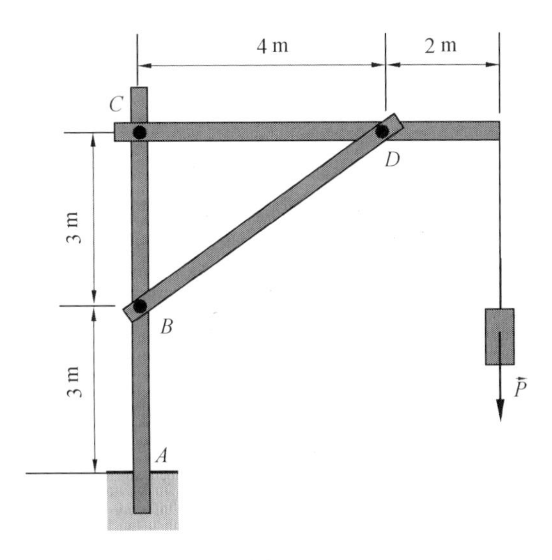

图 2.73

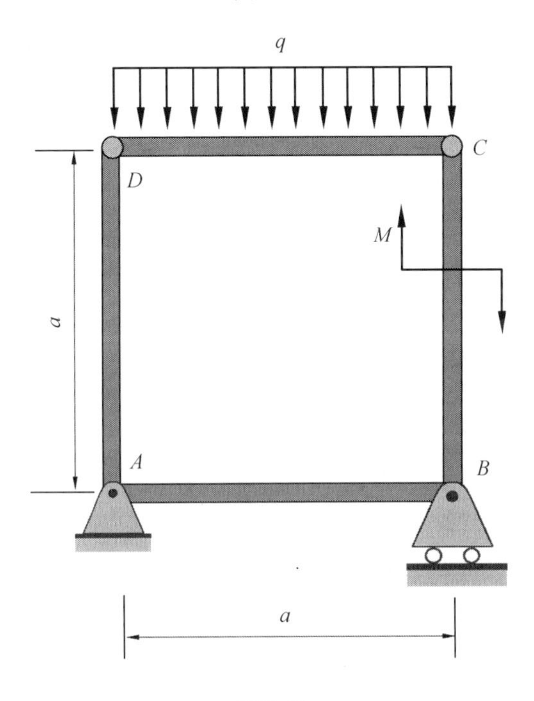

图 2.74

Глава 3　Пространственная система сил (空间力系)

Пространственная система сил: система сил называется пространственной, если линии их действия расположены в пространстве произвольным образом. Она включает в себя: пространственная сходящаяся система сил, пара сил в пространстве, произвольная пространственная система сил, пространственная система параллельных сил(力作用线在空间任意分布的力系称为空间力系,包括:空间汇交力系、空间力偶系、空间任意力系、空间平行力系).

本章主要内容包括:

Сложение и разложение пространственной сходящейся системы сил(空间汇交力系的合成与平衡), момент силы относительно центра и момент силы относительно оси(空间力对点的矩和力对轴的矩), пара сил в пространстве (空间力偶理论), упрощение произвольной пространственной системы сил (空间任意力系的简化), равновесное уравнение произвольной системы сил в пространстве(空间任意力系的平衡方程), центр тяжести объекта (重心).

3.1　Пространственная сходящаяся система сил (空间汇交力系)

3.1.1　Проекция и разложение силы в пространстве (空间力的投影和分解)

在第2章里我们已经介绍过力沿空间坐标轴的分解与投影,空间力的投影可分为直接投影法和间接投影法. 直接投影法也称为一次投影法,间接投影法也称为二次投影法.

1. Прямой метод проекции (直接投影法)

如图3.1所示,已知力$\vec{F}$与三个坐标轴正向的夹角α,β,γ,可得到该力在坐标轴上的投影F_x,F_y,F_z分别为

$$\left.\begin{aligned} F_x &= F\cos\alpha \\ F_y &= F\cos\beta \\ F_z &= F\cos\gamma \end{aligned}\right\} \tag{3.1}$$

2. Косвенный метод проекции (间接投影法)

若力$\vec{F}$与坐标轴Ox,Oy的夹角不好确定时,可以先将力$\vec{F}$向平面xOy投影,得到$\vec{F}_{xy}$,再将这个力$\vec{F}_{xy}$向x,y轴投影,这种方法称为间接投影法. 如图3.2所示. 已知角度γ,φ,则力

$\vec{F}$ 在坐标轴上的投影 F_x, F_y, F_z 分别为

$$\begin{cases} F_{xy} = F\sin\gamma \begin{cases} F_x = F_{xy}\cos\varphi = F\sin\gamma\cos\varphi \\ F_y = F_{xy}\sin\varphi = F\sin\gamma\sin\varphi \end{cases} \\ F_z = F\cos\gamma \end{cases}$$

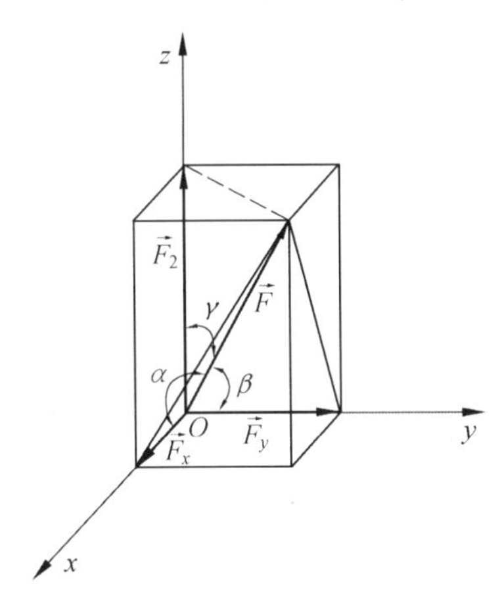

图 3.1　直接投影法

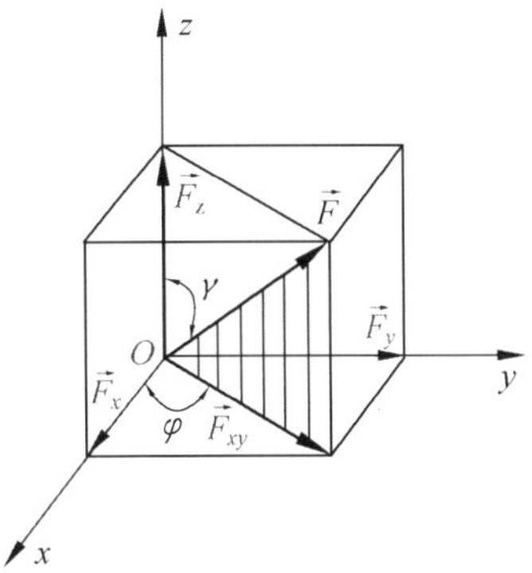

图 3.2　间接投影法

即

$$\left.\begin{aligned} F_x &= F\sin\gamma\cos\varphi \\ F_y &= F\sin\gamma\sin\varphi \\ F_z &= F\cos\gamma \end{aligned}\right\} \tag{3.2}$$

当已知力 $\vec{F}$ 在坐标轴上的投影 F_x, F_y, F_z 时，力 $\vec{F}$ 的大小及方向余弦分别为

$$\left.\begin{aligned} & F = \sqrt{F_x^{\ 2} + F_y^{\ 2} + F_z^{\ 2}} \\ & \cos\langle\vec{F},\vec{i}\rangle = \frac{F_x}{F},\ \cos\langle\vec{F},\vec{j}\rangle = \frac{F_y}{F},\ \cos\langle\vec{F},\vec{k}\rangle = \frac{F_z}{F} \end{aligned}\right\} \tag{3.3}$$

则力 $\vec{F}$ 在三个坐标轴上的分力 $\vec{F}_x, \vec{F}_y, \vec{F}_z$ 可以用投影表示为

$$\vec{F} = \vec{F}_x + \vec{F}_y + \vec{F}_z = F_x\vec{i} + F_y\vec{j} + F_z\vec{k} \tag{3.4}$$

式(3.4)称为力的解析表达式.

3.1.2　空间汇交力系的合成与平衡条件（Сложение и разложение пространственной сходящейся системы сил）

空间汇交力系的合力等于各分力的矢量和，合力的作用线通过汇交点.

几何法为

$$\vec{F}_R = \vec{F}_1 + \vec{F}_2 + \cdots\vec{F}_n = \sum_{i=1}^{n}\vec{F}_i = \sum F_x\vec{i} + \sum F_y\vec{j} + \sum F_z\vec{k} \tag{3.5}$$

可用力多边形的封闭边来表示合力的大小和方向.

解析法为

$$\left.\begin{aligned}
&F_{Rx}=\sum F_x,\ F_{Ry}=\sum F_y,\ F_{Rz}=\sum F_z,\\
&F_R=\sqrt{\left(\sum F_x\right)^2+\left(\sum F_y\right)^2+\left(\sum F_z\right)^2}\\
&\cos\langle\vec{F}_R,\vec{i}\rangle=\frac{\sum F_x}{F_R},\cos\langle\vec{F}_R,\vec{j}\rangle=\frac{\sum F_y}{F_R},\ \cos\langle\vec{F}_R,\vec{k}\rangle=\frac{\sum F_z}{F_R}
\end{aligned}\right\}\tag{3.6}$$

平衡条件为 $\vec{F}_R=\sum\limits_{i=1}^{n}\vec{F}_i=0$.

(1)平衡时的几何条件:封闭边的长度为零,力多边形自行封闭.

(2)平衡时的解析条件:

Для равновесия пространственной системы сходящихся сил необходимо и достаточно, чтобы сумма проекций этих сил на каждую из трех координатных осей была равна нулю(空间汇交力系平衡的充要条件是该力系中所有力在三个坐标轴上投影的代数和均等于零).

$$\left.\begin{aligned}
\sum F_x&=0\\
\sum F_y&=0\\
\sum F_z&=0
\end{aligned}\right\}\tag{3.7}$$

Эти условия называются аналитические условия равновесия пространственной сходящейся системы сил(这些条件被称为空间汇交力系平衡的解析条件).

3.2 Векторный момент силы относительно центра (力对于点之矩的矢量表示)

Векторным моментом силы $\vec{F}$ относительно центра O называется приложенный в центре O вектор $\vec{M}_O(\vec{F})$, модуль которого равен произведению модуля силы на ее плечо h и который направлен перпендикулярно плоскости, проходящей через центр O и силу, в ту сторону,откуда сила вид на стремящейся повернуть тело вокруг центра O против хода часовой(рис. 3.3)(力 $\vec{F}$ 对于点之矩可以用一个矢量表示,称为力矩矢,用 $\vec{M}_O(\vec{F})$ 表示,力臂用 h 表示,该力矩矢量通过矩心 O,垂直于力矩作用面;矢量的长度表示力矩大小(图 3.3),即)

$$|\vec{M}_O(\vec{F})|=|\vec{F}|h$$

Вектором момента силы относительно некоторого центра называется векторное произведение радиуса–вектора точки приложения силы, проведенного из этого центра, на вектор силы(рис. 3.3)(相对于某个中心的力矩矢量被称为通过该中心的径向矢量与作用力的矢量积(图3.3)).

В соответствии с определением(按照定义)

$$\vec{M}_O(\vec{F})=\vec{r}\times\vec{F}\tag{3.8}$$

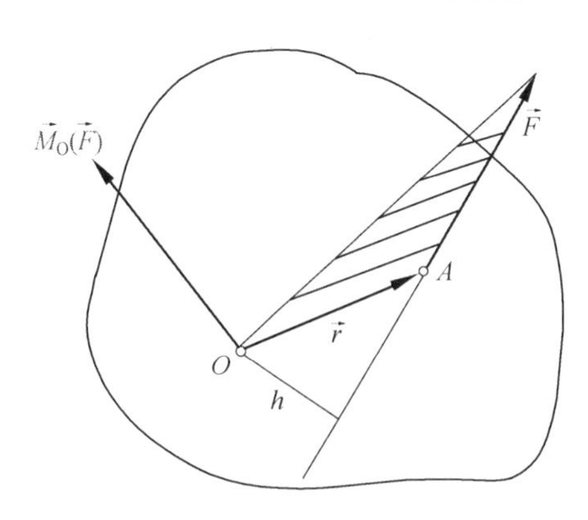

图 3.3　空间力对点之矩

Известно, что всякий вектор можно разложить по осям координат（众所周知，任何矢量都可以根据坐标轴进行分解）

$$\vec{M}_O(\vec{F}) = M_x\vec{i} + M_y\vec{j} + M_z\vec{k} \tag{3.9}$$

так же можно разложить по осям координат радиус-вектор $\vec{r}$—точки приложения силы и силу $\vec{F}$（同样，可以把矢径 $\vec{r}$ 及力 $\vec{F}$ 沿坐标轴分解）

$$\vec{r} = x\vec{i} + y\vec{j} + z\vec{k}\ ,\ \vec{F} = F_x\vec{i} + F_y\vec{j} + F_z\vec{k} \tag{3.10}$$

Выполнив действие（执行）$\vec{r} \times \vec{F}$, получим（得到）

$$\vec{M}_O(\vec{F}) = \vec{r} \times \vec{F} = \begin{vmatrix} \vec{i} & \vec{j} & \vec{k} \\ x & y & z \\ F_x & F_y & F_z \end{vmatrix}$$

$$= (yF_z - zF_y)\vec{i} + (zF_x - xF_z)\vec{j} + (xF_y - yF_x)\vec{k} \tag{3.11}$$

Таким образом, проекции вектора момента силы на оси координат будут следующие（这样，力矩矢量在坐标轴上的投影将是）

$$\left.\begin{aligned} [\vec{M}_O(\vec{F})]_x = M_x = (yF_z - zF_y) \\ [\vec{M}_O(\vec{F})]_y = M_y = (zF_x - xF_z) \\ [\vec{M}_O(\vec{F})]_z = M_z = (xF_y - yF_x) \end{aligned}\right\} \tag{3.12}$$

力矩矢量的大小 M_O 为

$$M_O = |\vec{M}_O(\vec{F})| = \sqrt{M_x{}^2 + M_y{}^2 + M_z{}^2} \tag{3.13}$$

Направляющие косинусы вектора момента силы определяют его направление в пространстве（力矩矢量的方向余弦决定着它在空间的方向）

$$\cos\langle\vec{M}_O, \vec{i}\rangle = \frac{M_x}{M_O},\ \cos\langle\vec{M}_O, \vec{j}\rangle = \frac{M_y}{M_O},\ \cos\langle\vec{M}_O, \vec{k}\rangle = \frac{M_z}{M_O} \tag{3.14}$$

3.3 Момент силы относительно оси(力对于轴的矩)

Проекция вектора $\vec{M}_O(\vec{F})$, т. е. момента силы $\vec{F}$ относительно центра O, на какую-нибудь ось z, проходящую через этот центр, называется моментом силы $\vec{F}$ относительно оси z (рис. 3.4)(矢量 $\vec{M}_O(\vec{F})$,即力 $\vec{F}$ 相对于中心 O 的矩,在经过该中心的 z 轴上的投影,被称为力 $\vec{F}$ 相对于 z 轴的矩(图 3.4)).

力对轴之矩用来度量力使刚体绕某轴的转动效应. 若力 $\vec{F}$ 作用可使物体绕 z 轴转动,取一平面 xy 垂直于 z 轴,并与 z 轴交于 O_1 点. $\vec{F}_{xy}$ 表示力 $\vec{F}$ 在该平面上的投影,h 表示 O_1 点至力 $\vec{F}_{xy}$ 作用线的垂直距离,则力 $\vec{F}$ 对于 z 轴的矩为

$$M_z(\vec{F}) = M_{O_1}(\vec{F}_{xy}) = \pm |\vec{F}_{xy}| \cdot h \tag{3.15}$$

Момент силы $\vec{F}$ относительно оси z равен алгебраическому моменту проекции этой силы на плоскость, перпендикулярно оси z, взятому относительно точки O_1 пересечения оси с этой плоскостью(力 $\vec{F}$ 对轴的矩等于力在垂直于该轴的平面上的投影对 z 轴与平面交点 O_1 的代数矩).

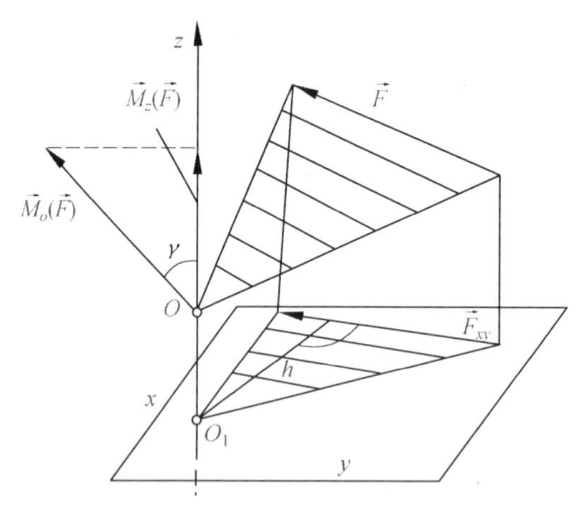

图 3.4 力对轴的矩

Знак момента силы относительно оси z определяется также как и знак алгебраического момента силы(力相对于 z 轴的力矩是代数值,其符号也被定义为力的代数矩的符号).

1. Практическое правило определения момента силы относительно оси
(应用力对于轴之矩的步骤)

(1) Проведем плоскость, перпендикулярную к оси(绘制垂直于轴的平面).

(2) Спроектируем силу на проведенную плоскость(将力在平面上进行投影).

(3) Найдем алгебраический момент проекции относительно точки пересечения оси с плоскостью(找到力在平面上的投影相对于轴线与平面交点的代数矩).

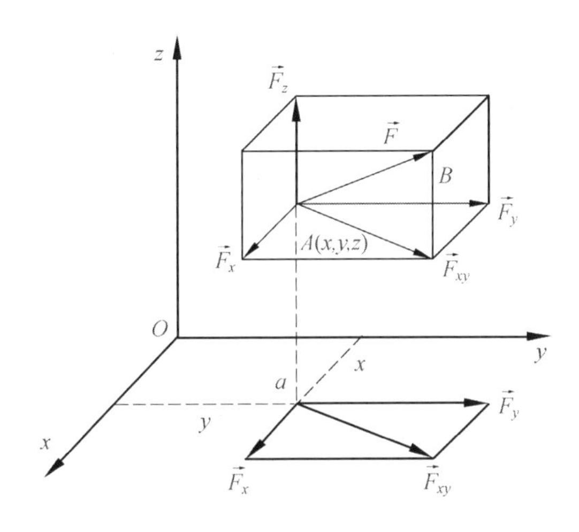

图 3.5　根据合力矩定理计算力对轴之距

还可以进一步根据合力矩定理,计算力对轴的矩,如图 3.5 所示,得到

$$M_z(\vec{F}) = M_O(\vec{F}_{xy}) = M_O(\vec{F}_x) + M_O(\vec{F}_y) = xF_y - yF_x$$

同理,得到

$$\left.\begin{aligned} M_x(\vec{F}) &= yF_z - zF_y \\ M_y(\vec{F}) &= zF_x - xF_z \\ M_z(\vec{F}) &= xF_y - yF_x \end{aligned}\right\} \qquad (3.16)$$

x, y, z 为力作用点的三个坐标.

比较式(3.12)与式(3.16),得到

$$\left.\begin{aligned} [\vec{M}_O(\vec{F})]_x &= M_x = (yF_z - zF_y) = M_x(\vec{F}) \\ [\vec{M}_O(\vec{F})]_y &= M_y = (zF_x - xF_z) = M_y(\vec{F}) \\ [\vec{M}_O(\vec{F})]_z &= M_z = (xF_y - yF_x) = M_z(\vec{F}) \end{aligned}\right\}$$

即

$$\left.\begin{aligned} [\vec{M}_O(\vec{F})]_x &= M_x(\vec{F}) \\ [\vec{M}_O(\vec{F})]_y &= M_y(\vec{F}) \\ [\vec{M}_O(\vec{F})]_z &= M_z(\vec{F}) \end{aligned}\right\} \qquad (3.17)$$

Проекции вектора момента силы на ось численно равны моменту силы относительно оси(力矩矢量在某轴上的投影在数值上等于力对该轴的矩).

2. Случаи равенства нулю момента силы относительно оси(力对于轴的矩为零的情况)

Момент силы относительно оси равен 0, если сила лежит в одной плоскости с осью (рис. 3.6)(当力的作用线与轴平行或相交时,力对于该轴的矩等于零(图 3.6)).

例题 1　Определить моменты сил $\vec{Q}$, $\vec{T}$ и $\vec{P}$ относительно осей координат, если изве-

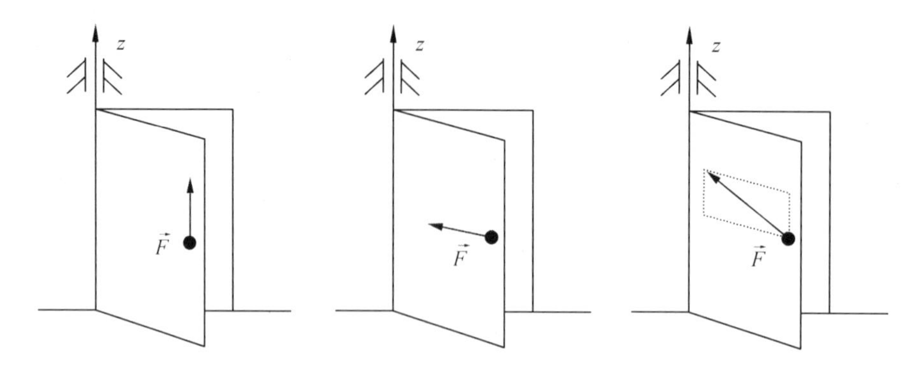

图 3.6　力对轴的矩为零

стны точки приложения этих сил(рис. 3.7)(如果已知 $\vec{Q}$,$\vec{T}$ 和 $\vec{P}$ 这些力的作用点,确定这些力对坐标轴的矩(图 3.7)).

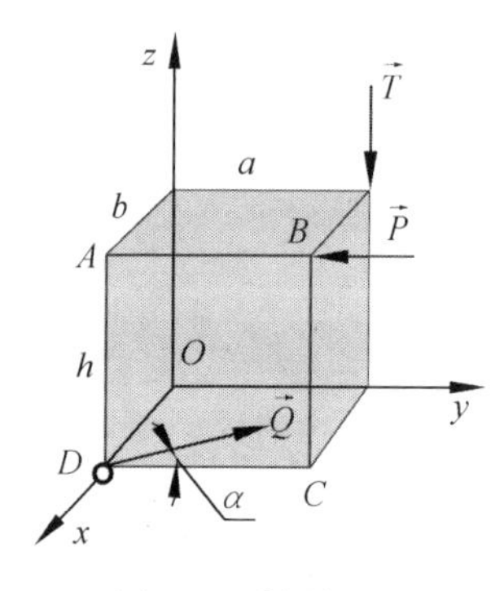

图 3.7　例题 1 图

解:Определяем моменты силы $\vec{T}$ относительно осей координат(确定力 $\vec{T}$ 对轴的力矩)

$$M_x(\vec{T}) = -Ta$$

$$M_y(\vec{T}) = 0(\text{因为力 } \vec{T} \text{ 与轴 } Oy \text{ 相交})$$

$$M_z(\vec{T}) = 0(\text{因为力 } \vec{T} \text{ 与轴 } Oz \text{ 平行})$$

Определяем моменты силы $\vec{P}$ относительно осей координат(确定力 $\vec{P}$ 相对于坐标轴的力矩)

$$M_x(\vec{P}) = +Ph$$

$$M_y(\vec{P}) = 0(\text{因为力 } \vec{P} \text{ 与轴 } Oy \text{ 平行})$$

$$M_z(\vec{P}) = -Pb$$

Вычисляем моменты силы $\vec{Q}$ относительно осей координат(计算力 $\vec{Q}$ 相对于坐标轴的力矩)

$$M_x(\vec{Q}) = 0(\text{因为力与轴 } Ox \text{ 相交})$$

$$M_y(\vec{Q}) = -(Q\sin\alpha)b$$

$$M_z(\vec{Q}) = +\ (Q\cos\alpha)b$$

例题 2　如图 3.8(a)所示,已知:$\vec{F}$, a, b, α, β,求:$M_O(\vec{F})$

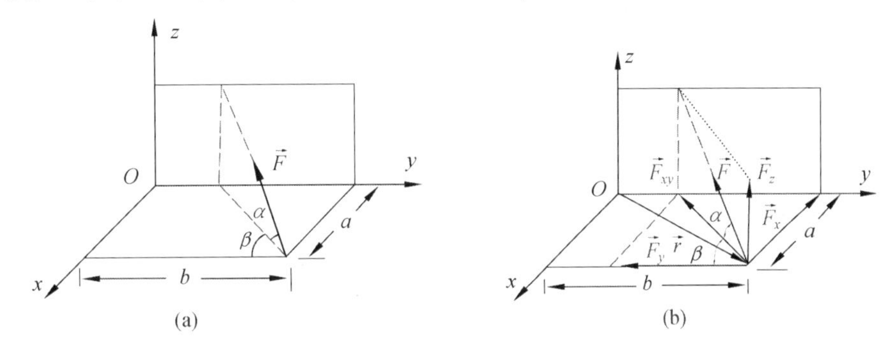

图 3.8　例题 2 图

解:(1)直接计算.

根据:$\vec{r} = x\vec{i} + y\vec{j} + z\vec{k}$, $M_O(\vec{F}) = \vec{r} \times \vec{F} = \begin{vmatrix} \vec{i} & \vec{j} & \vec{k} \\ x & y & z \\ F_x & F_y & F_z \end{vmatrix}$

$x = a$, $F_x = -F\cos\alpha\sin\beta$

其中 $y = b$, $F_y = -F\cos\alpha\cos\beta$

$z = 0$, $F_z = F\sin\alpha$

得到

$$\vec{M}_O(\vec{F}) = Fb\sin\alpha\vec{i} - Fa\sin\alpha\vec{j} + (Fb\sin\alpha\sin\beta - Fa\sin\alpha\cos\beta)\vec{k}$$

(2)利用力矩关系,如图 3.9 所示,先计算力对轴之矩,得到

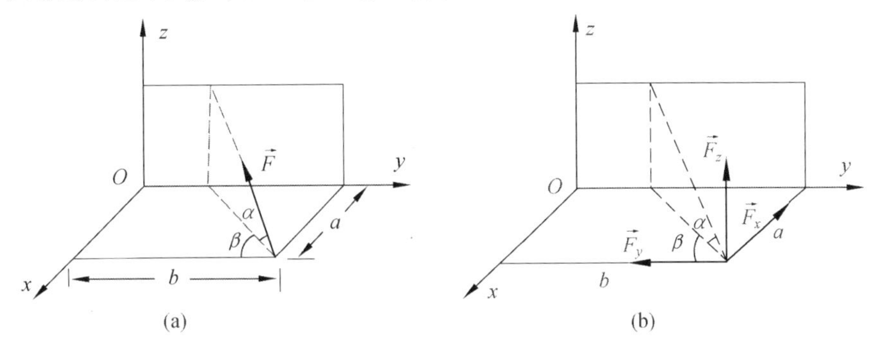

图 3.9　用力对轴之矩与力对点之矩关系求解例题 2

$$M_x(\vec{F}) = yF_z - zF_y = F_z b = Fb\sin\alpha$$

$$M_y(\vec{F}) = zF_x - xF_z = -F_z a = -Fa\sin\alpha$$

$$M_z(\vec{F}) = xF_y - yF_x = aF_y - F_x b = Fb\sin\alpha\sin\beta - Fa\sin\alpha\cos\beta$$

$$M_O(\vec{F}) = M_x(\vec{F})\vec{i} + M_y(\vec{F})\vec{j} + M_z(\vec{F})\vec{k}$$

$$= Fb\sin\alpha\vec{i} - Fa\sin\alpha\vec{j} + (Fb\sin\alpha\sin\beta - Fa\sin\alpha\cos\beta)\vec{k}$$

3.4 Векторный момент пары сил(力偶矩矢)

1. Определение векторного момента пары сил(力偶矩矢的定义)

Векторным моментом пары сил называется вектор $\vec{M}$, модуль которого равен произведению модуля одной из сил пары на ее плечо $M = F \cdot d$, и который направлен перпендикулярно плоскости действия пары в ту сторону, откуда пара видна стремящейся повернуть тело против хода часовой стрелки (рис. 3.10)(力偶矩矢用矢量 $\vec{M}$ 表示,其大小等于力 F 与力臂 d 的乘积,并且垂直于该力偶的作用面,从矢量的末端沿矢量看去,力偶的转向是逆时针的为正(图3.10).

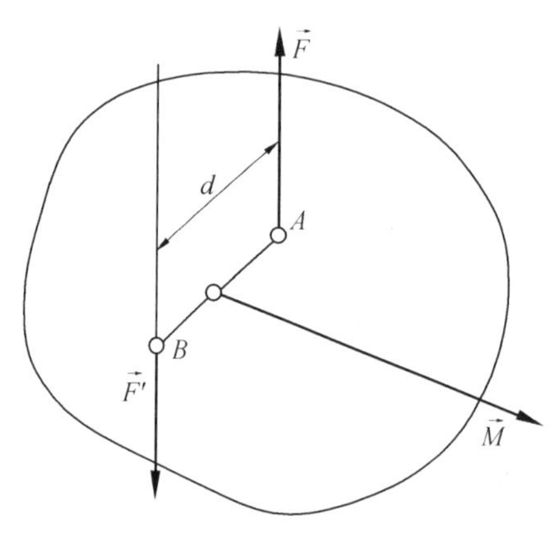

图3.10　空间力偶矩矢

2. Свойства векторного момента пары сил(力偶矩矢的性质)

(1)Действие пары сил на твердое тело полностью характеризуется ее векторным моментом(作用在刚体上的力偶的转动效果完全以其矩矢来表现).

(2)Две пары сил, имеющие одинаковые векторные моменты эквивалентны(矩矢相等的力偶为等效力偶).

(3)Векторный момент можно приложить в любой точке, то есть это вектор свободный(力偶矩矢的始端可在空间内任意移动,力偶矩矢是一自由矢量).

3. Теоремы о сложении пар сил, не лежащих в одной плоскости(不在同一平面上的力偶合成定理)

Теорема 1　Действие на твердое тело двух пар с моментами $\vec{M}_1$ и $\vec{M}_2$ можно заменить одной парой сил с моментом $\vec{M}$ равным геометрической сумме моментов складываемых пар $\vec{M} = \vec{M}_1 + \vec{M}_2$ (рис. 3.11)(**定理1**　作用在刚体上的两个力偶 $\vec{M}_1$ 和 $\vec{M}_2$,可以由一合力偶 $\vec{M}$ 替代,合力偶矩矢等于力偶系中所有各力偶矩矢的矢量和,即 $\vec{M} = \vec{M}_1 + \vec{M}_2$(图3.11)).

Теорема 2　Система пар, действующих на тело, эквивалентна одной паре с момен-

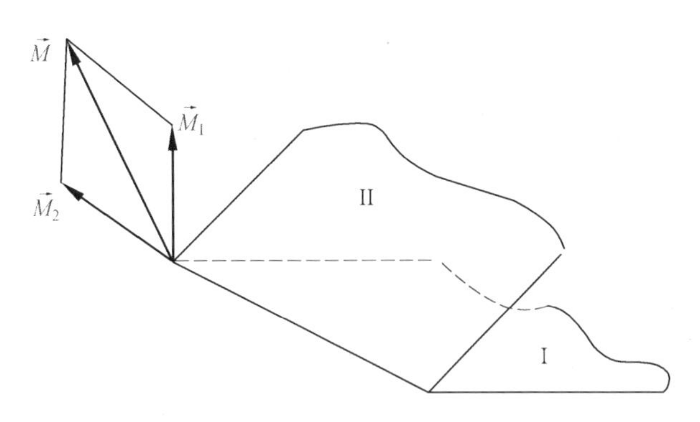

图3.11 不在同一平面上的力偶合成

том, равным геометрической сумме моментов складываемых пар, то есть(**定理2** 空间力偶系可合成一合力偶,合力偶矩矢等于力偶系中所有各力偶矩矢的矢量和,即)

$$\vec{M} = \vec{M}_1 + \vec{M}_2 + \cdots + \vec{M}_n = \sum \vec{M}_k \tag{3.18}$$

Где $\vec{M}_1$, $\vec{M}_2$,..., $\vec{M}_n$ — моменты складываемых пар, а $\vec{M}$ — момент равнодействующей пары(其中,$\vec{M}_1$,$\vec{M}_2$,…,$\vec{M}_n$ 为各分力偶矩,而 $\vec{M}$ 为合力偶矩).

3.5 Условие равновесия пространственной системы пар сил (空间力偶系的平衡条件)

1. Геометрическое условие равновесия системы пар(力偶系平衡的几何条件)

При равновесии системы пар момент равнодействующей пары будет равен нулю, то есть(空间力偶系平衡时,该力偶系中所有各力偶矩矢的矢量和等于零).

$$\vec{M} = \sum \vec{M}_k = 0 \tag{3.19}$$

Это геометрическое условие равновесия пространственной системы пар.(这是空间力偶系平衡的几何条件)

Аналитические условия равновесия системы пар(力偶系平衡的解析条件(投影形式)):в проекциях на оси координат векторное равенство $\vec{M} = \sum \vec{M}_k = 0$ имеет вид(将两边矢量向同一轴上投影,得到)

$$M_x = \sum M_{kx} = 0, \quad M_y = \sum M_{ky} = 0, \quad M_z = \sum M_{kz} = 0 \tag{3.20}$$

Где(其中)

M_x, M_y, M_z —— проекции векторного момента равнодействующей пары сил на оси координат(M_x, M_y, M_z ——该力偶系中各力偶矩矢分别在三个坐标轴上投影的代数和);

M_{kx}, M_{ky}, M_{kz} —— проекции векторных моментов составляющих пар на оси координат(M_{kx}, M_{ky}, M_{kz} ——该力偶系中各力偶矩矢分别在三个坐标轴上的投影).

Это аналитические условия равновесия пространственной системы пар(这是空间力偶系的解析条件).

3.6 Теорема о приведении произвольной пространственной системы сил относительно произвольного центра (空间任意力系向任一点的简化定理)

对于图3.12(a)所示的空间任意力系,参照平面任意力系的简化方法,选取 O 点作为简化中心,可将力系中各力向 O 点平移,根据力的平移定理,可得到一个作用在 O 点的空间汇交力系及一个附加力偶系.

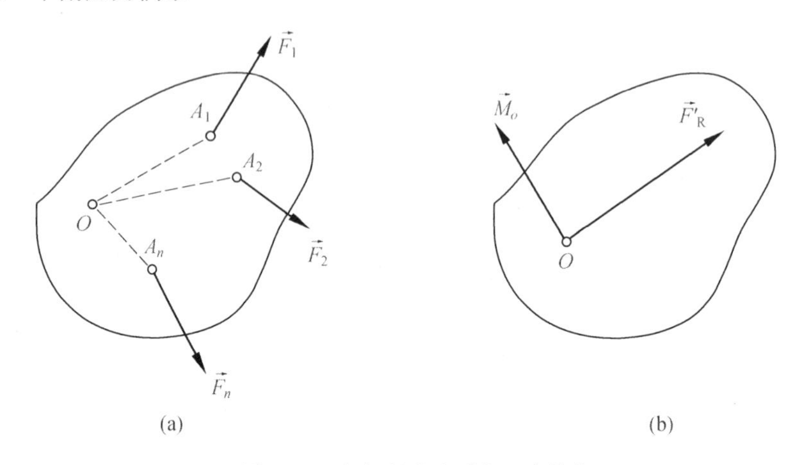

图3.12 空间任意力系向一点简化

Теорема Любая система сил, действующих на абсолютно твердое тело, при приведении к произвольно выбранному центру O заменяется одной силой $\vec{F}'_R$ приложенной в центре приведения O, равной главному вектору, и одной парой с моментом $\vec{M}_O$ равным главному моменту системы сил относительно центра O (рис. 3.12)(**定理** 任何作用在刚体上 O 点的空间汇交力系可合成为作用于 O 点的一个力 $\vec{F}'_R$,它等于原力系中各力的矢量和,称为原力系的主矢.空间附加力偶系可合成为一力偶,其力偶矩矢为 $\vec{M}_O$(图3.12)).

Векторная величина $\vec{M}_O$ равная геометрической сумме моментов всех сил относительно центра O, называется главным моментом системы сил, то есть(矢量 $\vec{M}_O$ 等于原力系中各力对于简化中心 O 之矩的矢量和,称为原力系对于 O 点的主矩)

$$\vec{M}_O = \sum \vec{M}_k \tag{3.21}$$

Следствие. Две системы сил, имеющие одинаковые главные векторы и главные моменты относительно одного и того же центра, эквивалентны(结论:相对同一中心具有同样主矢和主矩的两个力系等效).

Вычисление модулей главного вектора и главного момента(计算主矢和主矩大小):
Пусть силы $\vec{F}_1, \vec{F}_2, \ldots, \vec{F}_n$ заданы аналитически, т. е. известны проекции сил на оси координат: F_{1x}, F_{2x}, $\cdots$, F_{nx}; F_{1y}, F_{2y}, $\cdots$, F_{ny}; F_{1z}, F_{2z}, $\cdots$, F_{nz}. Тогда проекции главного

вектора на оси координат(对力 $\vec{F}_1, \vec{F}_2, \ldots, \vec{F}_n$ 进行投影,即已知力在坐标轴上的投影 F_{1x}, $F_{2x}, \cdots, F_{nx}; F_{1y}, F_{2y}, \cdots, F_{ny}; F_{1z}, F_{2z}, \cdots, F_{nz}$. 则主矢量在矢标轴上的投影为)

$$F_{Rx} = \sum F_{kx},\ F_{Ry} = \sum F_{ky},\ F_{Rz} = \sum F_{kz} \tag{3.22}$$

Проекции главного момента по формулам(主矩在三个坐标轴投影)

$$M_{Ox} = \sum M_{Ox}(\vec{F}_k),\ M_{Oy} = \sum M_{Oy}(\vec{F}_k),\ M_{Oz} = \sum M_{Oz}(\vec{F}_k) \tag{3.23}$$

Модули главного вектора и главного момента(主矢与主矩的大小)

$$|\vec{F}_R| = \sqrt{F_{Rx}^2 + F_{Ry}^2 + F_{Rz}^2},\ |\vec{M}_O| = \sqrt{M_{Ox}^2 + M_{Oy}^2 + M_{Oz}^2} \tag{3.24}$$

3.7 Частные случаи приведения системы сил к центру (空间任意力系向任一点简化的特殊情况)

Любая произвольная пространственная система сил может быть заменена главным вектором и главным моментом. Рассмотрим возможные частные случаи(任何空间任意力系都可以用主矢和主矩来代替. 接下来我们研究一下可能出现几种特殊情况).

(1) $F'_R = 0$; $M_O = 0$—случай равновесия(力系平衡情况).

(2) $F'_R = 0$; $M_O \neq 0$—система сил приводится к паре (твердое тело вращается)(力系简化为等效的合力偶 (刚体转动)).

(3) $F'_R \neq 0$; $M_O = 0$—система сил приводится к равнодействующей, которая проходит через центр приведения (точку O).(力系简化为等效的合力,合力的作用线通过简化中心 O).

(4) $F'_R \neq 0$; $M_O \neq 0$ — результирующая сила и результирующая пара сил лежат в одной плоскости, т. е. $F'_R \perp M_0$. Это частный случай плоской системы сил. Ранее было показано, что такой случай может иметь равнодействующую, приложенную не в центре приведения, а в другой точке, отстоящей от него на расстоянии, равном M_O/F'_R . Таким образом, пространственная система сил заменена одной равнодействующей, не проходящей через центр приведения(рис. 3.13)(力和力偶矩矢的力偶在同一平面内,且 $\vec{F'}_R \perp \vec{M}_0$ 即这是平面力系的一个特殊情况. 之前已经讲过,这种情况合力不作用在简化中心,而是在距离为 M_O/F'_R 的另一点(如图 3.13 所示)).

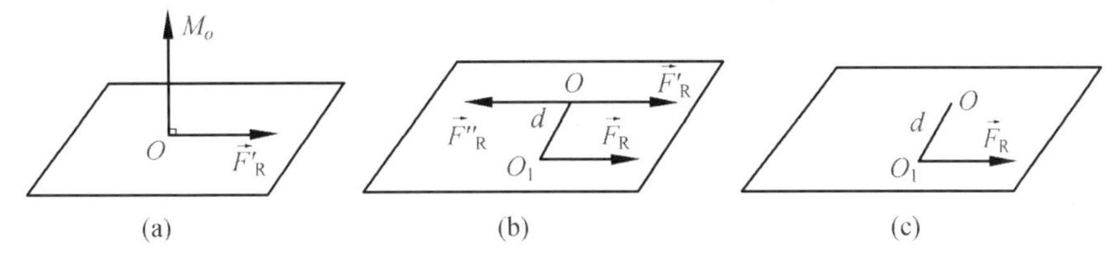

图 3.13 力和力偶在同一平面内

$$F_R d = M_O$$

(5) $F'_R \neq 0$; $M_O \neq 0$ и $F'_R \not\perp M_O$ —система сводится к динамическому винту(空间任

意力系被简化为力螺旋).

① $F'_R \neq 0, M_O \neq 0$ 且 $\vec{F}'_R // \vec{M}_O$ (图3.14(a)).

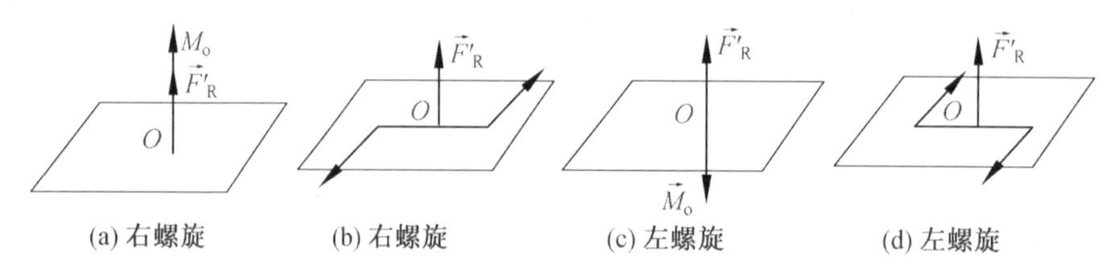

图3.14 力螺旋

此时,即使把力偶矩矢量还原为垂直于主矢量的两个力,如图3.14(b)所示,但不在同一平面内的这三个力已不能再简化.这种情况称为力螺旋.当主矢量与主矩同向时为右螺旋,反向时为左螺旋.

② $F'_R \neq 0, M_O \neq 0$,夹角 α 为一般状态,如图3.15(a)所示.可以将主矩矢量进行分解,如图3.15(b)所示,得到

$$|\vec{M}'_O| = |\vec{M}_O|\cos\alpha, \quad |\vec{M}''_O| = |\vec{M}_O|\sin\alpha$$

再将 $\vec{M}''_O$ 还原为与主矢量大小相等的两个力 $\vec{F}''_R$ 与 $\vec{F}_R$,如图3.15(c)所示.最后去掉位于 O 点的一对平衡力,平移力矩矢量 $\vec{M}'_O$ 到新作用点 O_1,得到一个在作用点 O_1 的力螺旋.距离 d 由下式确定,即

$$d = \frac{|\vec{M}''_O|}{|\vec{F}'_R|} = \frac{|\vec{M}_O|\sin\alpha}{|\vec{F}'_R|}$$

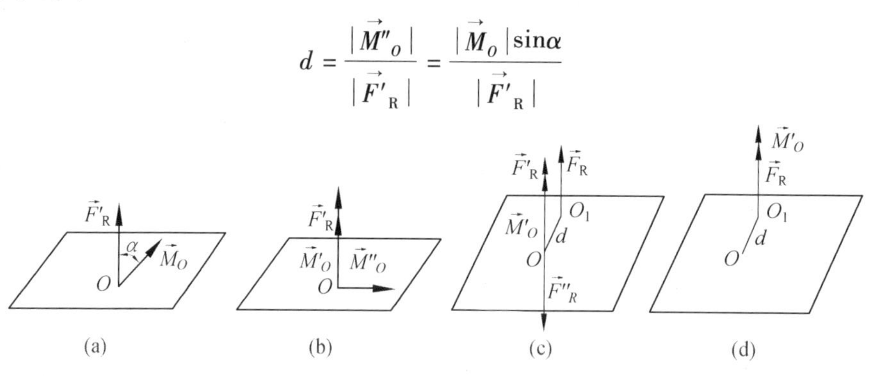

图3.15 $\vec{F}'_R$ 与 $\vec{M}_O$ 夹角处于一般状态时

结论:一般情形下空间任意力系可简化为力螺旋.

3.8 Условия равновесия произвольной пространственной системы сил(空间任意力系的平衡条件)

1. Геометрические условия равновесия произвольной пространственной системы сил(空间任意力系平衡的几何条件)

Для равновесия любой системы сил необходимо и достаточно, чтобы главный вектор этой системы сил и ее главный момент относительно любого центра были равны нулю, т. е. чтобы выполнялись условия(空间任意力系平衡的必要与充分条件是:力系的主

矢和力系对于任一点的主矩都等于零,即要满足条件）

$$\vec{F}_R = 0, \quad \vec{M}_O = 0$$

平衡时力矢量多边形自行封闭,力矩矢量也多边形自行封闭.

2. Аналитические условия равновесия произвольной пространственной системы сил(空间任意力系平衡的解析条件)

В случае равновесия произвольной пространственной системы сил главный вектор и главный момент равны нули, то есть(空间任意力系平衡时,主矢和主矩均等于零,即)

$$|\vec{F}_R| = \sqrt{F_{Rx}^2 + F_{Ry}^2 + F_{Rz}^2}, \quad |\vec{M}_O| = \sqrt{M_{Ox}^2 + M_{Oy}^2 + M_{Oz}^2} = 0$$

Следовательно(因此),

$$\begin{aligned} &F_{Rx} = \sum F_{kx} = 0,\ F_{Ry} = \sum F_{ky} = 0,\ F_{Rz} = \sum F_{kz} = 0 \\ &M_{Ox} = \sum M_{Ox}(\vec{F}_k) = 0,\ M_{Oy} = \sum M_{Oy}(\vec{F}_k) = 0,\ M_{Oz} = \sum M_{Oz}(\vec{F}_k) = 0 \end{aligned} \tag{3.25}$$

Вывод: для равновесия произвольной пространственной системы сил необходимо и достаточно, чтобы суммы проекций всех сил на каждую из трех координатных осей и суммы их моментов относительно этих осей были равны нулю(结论:空间任意力系平衡的必要与充分条件为力系中所有力在任意相互垂直的三个坐标轴的每一个轴上投影的代数和等于零,以及力系对于这三个坐标轴之矩的代数和分别等于零).

Это аналитические условия равновесия произвольной пространственной системы сил (这是空间任意力系平衡的解析条件).

3. теорема о равнодействующем моменте пространственной системы сил (空间力系的合力矩定理)

Если данная система сил имеет равнодействующую (рис. 3.16), то момент равнодействующей относительно любого центра O равен сумме моментов сил системы относительно того же центра, т. е. (若空间任意力系(图3.16)可以合成为一个合力时,则其合力对于任一点之矩等于力系中各个力对于同一点之矩的矢量和,即)

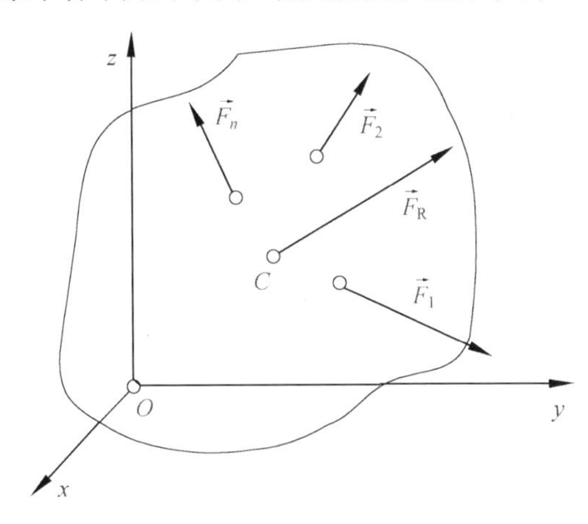

图3.16　空间力系的合力矩定理

$$\vec{M}_O(\vec{F}_R) = \sum \vec{M}_O(\vec{F}_k) \tag{3.26}$$

4. Равновесие пространственной системы параллельных сил(空间平行力系)

Если все действующие силы параллельны друг другу, то можно выбрать оси координат так, что ось Oz будет параллельна силам (рис. 3.14)(如果所有作用力彼此平行,则可以选择坐标轴,使得 Oz 轴与力平行(图3.17)).

Тогда из шести уравнений равновесия останутся только три(那么六个空间平行力系的平衡方程则只剩下三个)

$$\sum F_{kz} = 0, \quad \sum M_{Ox}(\vec{F}_k) = 0, \quad \sum M_{Oy}(\vec{F}_k) = 0 \tag{3.27}$$

Это условия равновесия пространственной системы параллельных сил(这是空间平行力系平衡的条件).

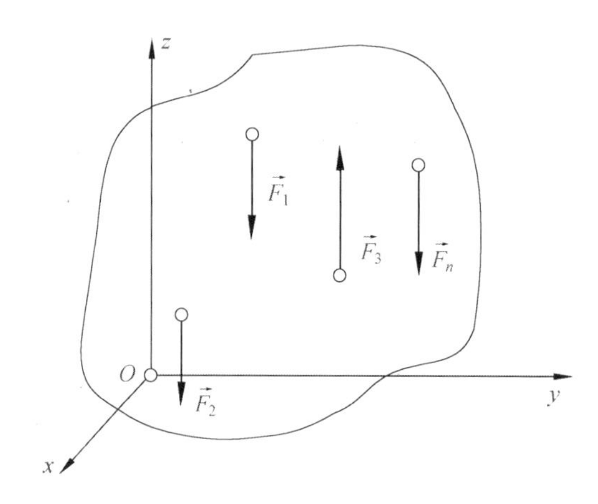

图3.17　空间平行力系

例题3　Определить, какой груз сможет поднять человек, прикладывая усилие к веревке $P = 60$ Н (рис. 3.18), определить также реакции опор(已知作用在绳索上的力为 $P=60$ N (图3.18),计算可以提起多少载重,并计算轴承的反力).

解:(1) За объект равновесия выбираем вал OB(选择轴 OB 作为研究对象).

(2) Освобождаем вал от связей и заменяем их действие реакциями. Опоры O и B представляют собой цилиндрические шарниры, которые препятствуют перемещению только в радиальном направлении, поэтому в точках A и B прикладываем в радиальных направлениях реакции $\vec{X}_O$, $\vec{Z}_O$, $\vec{X}_B$ и $\vec{Z}_B$. Веревку《обрываем》чуть выше ролика C и заменяем натяжением нити $\vec{T}$(解除轴的约束,并将其替换为约束反力.轴承 O 和 B 是圆柱形铰链,它仅在径向方向上防止移动,因此在点 O 和 B 在径向方向上有反力 $\vec{X}_O$, $\vec{Z}_O$, $\vec{X}_B$和 $\vec{Z}_B$. 在轴 C 处将绳子“切”断,并用 $\vec{T}$ 表示绳索张力).

(3) Теперь можно рассматривать равновесие свободного тела под действием активных и пассивных сил. Из шести уравнений равновесия произвольной системы пространственных сил остается только пять, так как сумма проекций сил на ось Oy тождественно равна нулю. Задача представляется статически определимой, так как неизвестных вели-

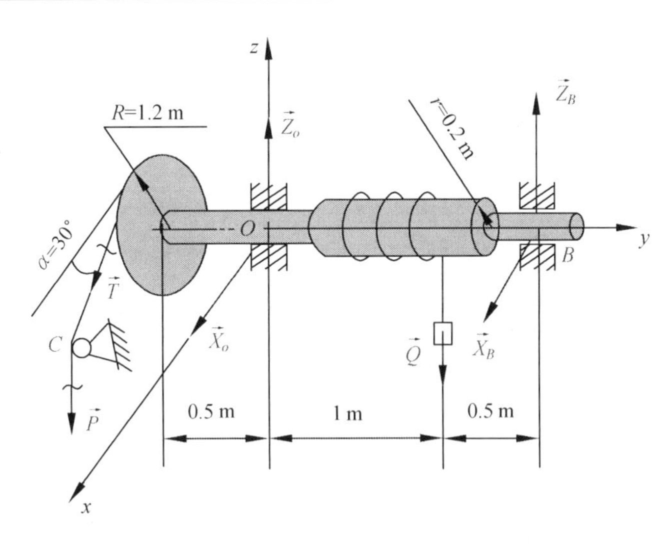

图 3.18 例题 3 图

чин тоже пять(现在我们可以在主动力和被动力的作用下考虑自由体的平衡. 因为各力在 Oy 轴上的投影总和等于零,因此,空间任意力系的六个平衡方程只剩下五个. 因为未知值也是五个: $\vec{X}_O$, $\vec{X}_B$, $\vec{Q}$, $\vec{Z}_O$和 $\vec{Z}_B$,故问题是静定的).

(4) Составляем уравнения равновесия пространственной системы сил(构建空间力系的平衡方程)

$$\sum F_x = X_O + X_B + T\cos 30° = 0$$

$$\sum F_z = - Q + Z_O + Z_B - T\cos 60° = 0$$

$$\sum M_x = + Z_B \cdot 1.5 - Q \cdot 1 + T\cos 60° \cdot 0.5 = 0$$

$$\sum M_y = - Q \cdot r + T \cdot R = 0$$

$$\sum M_z = - X_B \cdot 1.5 + T\cos 30° \cdot 0.5 = 0$$

(5) Подставив в предпоследнее уравнение r = 0,2 м, R = 1,2 м и T = 60 Н, получим, что вес груза Q = 360 Н(将 r = 0.2 m, R = 1.2 m 及 T = 60 N 代入倒数第二个方程,得出载荷质量 Q=360 N).

Из последнего уравнения определим реакцию $\vec{X}_B$(由最后一个方程得出反力 $\vec{X}_B$)

$$X_B = \frac{60 \cdot \cos 30° \cdot 0.5}{1.5} = 17 \text{ N}$$

Подставляя полученные значения Q = 360 Н, X_B = 17 Н в оставшиеся уравнения, найдем $\vec{Z}_B$, $\vec{Z}_O$ и $\vec{X}_O$(将得到的 Q = 360 N, X_B = 17 N 代入剩下的方程中,得出 $\vec{Z}_B$, $\vec{Z}_O$和 $\vec{X}_O$).

$$Z_B = \frac{360 \cdot 1 - 60 \cdot 0.5 \cdot 0.5}{1.5} = 230 \text{ N}$$

$$Z_O = 360 - 230 + 60 \cdot 0.5 = 160 \text{ N}$$

$$X_O = - (17 + 60 \cdot 0.85) = - 68 \text{ N}$$

Отрицательный знак реакции $\vec{X}_O$ означает, что она направлена в противоположную указанной на рисунке сторону(反力 $\vec{X}_O$的负号代表它与图中指定的方向相反).

例题4 如图3.19(a)所示,已知力偶矩 M_2和 M_3,求:平衡时 M_1和支座 A,D 的反力.

解:取曲杆为研究对象,画其受力图如图3.19(b)所示,列平衡方程

$$\sum F_x = 0,\ F_{Dx} = 0$$

$$\sum F_y = 0,\ F_{Ay} + F_{Dy} = 0$$

$$\sum F_z = 0,\ F_{Az} + F_{Dz} = 0$$

$$\sum M_x(F) = 0,\ M_1 - bF_{Az} - cF_{Ay} = 0$$

$$\sum M_y(F) = 0,\ aF_{Az} - M_2 = 0$$

$$\sum M_z(F) = 0,\ M_3 - aF_{Ay} = 0$$

$$F_{Dx} = 0,\ F_{Az} = -F_{Dz} = \frac{M_2}{a},\ F_{Ay} = -F_{Dy} = \frac{M_3}{a},\ M_1 = \frac{bM_2 + cM_3}{a}$$

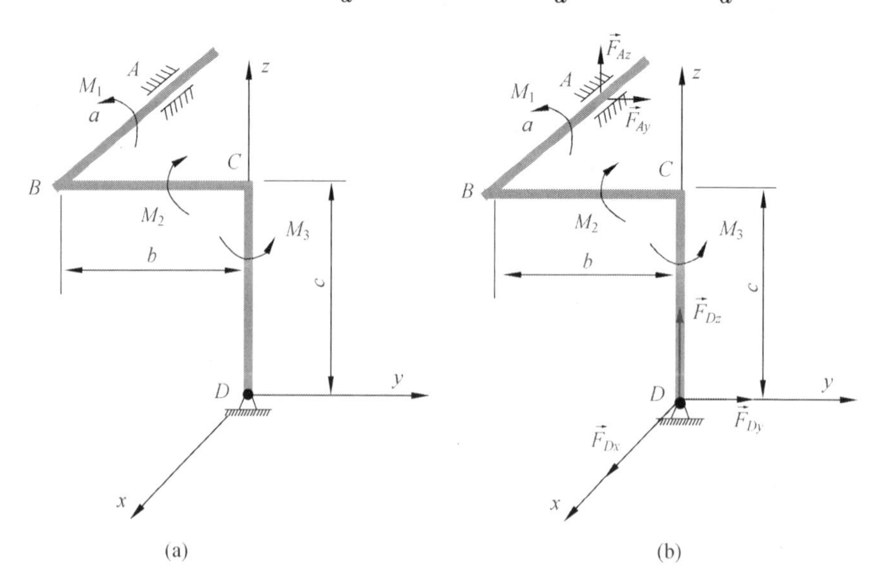

图3.19 例题4图

3.9 Центр тяжести (重心)

3.9.1 Определение центра тяжести (重心的定义)

Центром тяжести твердого тела называется неизменно связанная с этим телом точка C, через которую проходит линия действия равнодействующей сил тяжести, действующих на частицы данного тела, при любом положении тела (рис. 3.20)(刚体的重心是始终与该物相连接的一点 C,不论物体如何放置,作用于刚体所有质点上的重力的合力作用线总是通过 C 点(图3.20)).

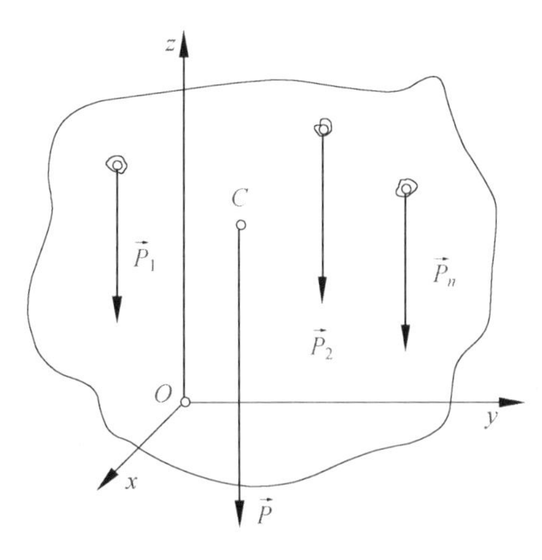

图 3.20　重心 C

Координаты центра тяжести неоднородного тела(不均匀体的重心坐标)определяются по формулам(由以下公式决定)

$$X_C = \frac{\sum P_k x_k}{P},\quad Y_C = \frac{\sum P_k y_k}{P},\quad Z_C = \frac{\sum P_k z_k}{P} \tag{3.28}$$

Где(其中)

$\vec{P}_k$—— модули сил тяжести частиц тела (物体各微小部分的重力);

$\vec{P}$—— модуль силы тяжести тела (整个物体所受的重力);

x_k, y_k, z_k—— координаты частиц тела(各微小部分的重心坐标).

3.9.2　Координаты центров тяжести однородных тел(均质体重心坐标)

1. Понятие однородного тела(均质体的概念)

Однородным называется тело, когда вес $\vec{P}_k$ любой его части пропорционален объему V_k этой части: $P_k = \gamma \cdot V_k$,а вес $\vec{P}$ всего тела пропорционален объему V, т. е. $P = \gamma \cdot V$, где γ—— вес единицы объема(如果物体是均质的,则其任何部分的重量 $\vec{P}_K$ 与该部分的体积 V_k 成比例:$P_k = \gamma \cdot V_k$, 而整个物体的重量 $\vec{P}$ 与体积 V 成比例,即 $P = \gamma \cdot V$,γ 为每单位体积的重量).

2. Центр тяжести объема V (体积 V 的重心)

Координаты центра тяжести объема V определяются по формулам(体积 V 的重心坐标按以下公式确定)

$$X_C = \frac{\sum V_k x_k}{V},\quad Y_C = \frac{\sum V_k y_k}{V},\quad Z_C = \frac{\sum V_k z_k}{V} \tag{3.29}$$

Где(其中)

V_k——обьемы частиц тела(物体各部分的体积);

V——объем тела(整个物体的体积);

x_k, y_k, z_k——координаты объемов частиц тела(物体各部分的重心坐标).

3. Центр тяжести площади S (面积 S 的重心)

Координаты центра тяжести площади S определяются по формулам(面积 S 重心坐标按以下公式确定)

$$X_C = \frac{\sum S_k x_k}{S}, \quad Y_C = \frac{\sum S_k y_k}{S} \tag{3.30}$$

Где(其中)

S_k——площади частиц тела(各部分物体面积);

S——площадь тела (物体总面积);

x_k, y_k——координаты площадей частиц тела(各部分物体重心坐标).

4. Центр тяжести линии L(线 L 的重心)

Координаты центра тяжести линии L определяются по формулам(线 L 的重心坐标用以下公式确定)

$$X_C = \frac{\sum l_k x_k}{L}, \quad Y_C = \frac{\sum l_k y_k}{L}, \quad Z_C = \frac{\sum l_k z_k}{L}$$

Где(其中)

l_k——длины частиц линии (各部分长度);

L—— длина линии(物体总长度);

x_k, y_k, z_k——координаты частиц линии(各部分重心坐标).

3.9.3 Способы определения координат центров тяжести однородных тел(确定均质体重心坐标的方法)

1. Способ симметрии(对称法)

Если однородное тело имеет плоскость, ось или центр симметрии, то его центр тяжести лежит соответственно или в плоскости симметрии, или на оси симметрии, или в центре симметрии(凡具有对称面、对称轴或对称中心的简单形状的均质体,其重心一定在它的对称面、对称轴或对称中心上).

Из свойств симметрии следует, что центр тяжести однородного кольца, круглой или прямоугольной пластины, прямоугольного параллелепипеда, шара и других однородных тел, имеющих центр симметрии, лежит в геометрическом центре (центре симметрии) этих тел(根据其对称性可以看出,圆环形、矩形或平行六面体,球和其他具有对称中心的均质体的重心位于这些形体的几何中心上(对称中心)).

2. Способ разбиения(组合法)

Суть метода разбиения заключается в том, что если тело можно разбить на конечное число таких частей, для каждой из которых положение центра тяжести известно, то координаты центра тяжести можно вычислить по формулам(组合法的本质是如果一个物体可以被分成有限数量的部分,对于每个部分来说,其重心的位置是已知的,那么总重心的坐标可以用以下公式计算出来)

$$X_C = \frac{\sum P_k x_k}{P}, \quad Y_C = \frac{\sum P_k y_k}{P}, \quad Z_C = \frac{\sum P_k z_k}{P}$$

3. Способ дополнения (отрицательных площадей) (叠加法(负面积法))

Этот способ является частным случаем способа разбиения. Он применяется к телам, имеющим вырезы, если центры тяжести тел без выреза и вырезанной части известны. При этом площади (объемы) вырезанных частей принимаются отрицательными(该方法是组合法的特殊情况.它适用于有切口的物体,如果已知没有切割和切割部分物体的重心.在这种情况下,切出部分的面积(体积)被视为负面积(体积)).

4. Способ интегрирования(积分法)

Способ заключается в том, что суммы в приведенных выше формулах заменяют соответствующими интегралами(在该方法中,上述公式中的求和被相应的积分代替).

Тогда(这时):

(1) Координаты центра тяжести объема V определяются по формулам(体积 V 的重心坐标由以下公式确定)

$$X_C = \frac{\int_{(V)} x\mathrm{d}V}{V}, \quad Y_C = \frac{\int_{(V)} y\mathrm{d}V}{V}, \quad Z_C = \frac{\int_{(V)} z\mathrm{d}V}{V}$$

Где(其中)

$\mathrm{d}V$——бесконечно малый объем частицы тела(微小部分的体积);

V——объем тела(整个物体体积);

x, y, z——координаты бесконечно малых объемов частиц тела(微小部分体积的重心坐标).

(2) Координаты центра тяжести площади S определяются по формулам(面积 S 的重心坐标由以下公式确定)

$$X_C = \frac{\int_{(S)} x\mathrm{d}S}{S}, \quad Y_C = \frac{\int_{(S)} y\mathrm{d}S}{S}$$

Где(其中)

$\mathrm{d}S$——бесконечно малая площадь частицы тела(微小部分的面积);

S——площадь тела(整个物体面积);

x, y——координаты бесконечно малых площадей частиц тела(微小部分面积的重心坐标).

(3) Координаты центра тяжести линии L определяются по формулам(线 L 重心坐标用以下公式确定)

$$X_C = \frac{\int_{(L)} x\mathrm{d}l}{L}, \quad Y_C = \frac{\int_{(L)} y\mathrm{d}l}{L}, \quad Z_C = \frac{\int_{(L)} z\mathrm{d}l}{L}$$

Где(其中)

$\mathrm{d}L$——бесконечно малая часть линии(线的微小部分);

L——длина линии(线的整体长度);

x, y, z——координаты бесконечно малых частей линии(线的微小部分重心坐标).

5. Экспериментальный способ(实验法)

Различают два основных экспериментальных способа определения положения центра тяжести однородных и неоднородных тел произвольной формы(确定任意形状的均匀和不均匀物体的重心位置有两种主要的实验方法):

(1) Метод подвешивания(悬挂法).

Заключается в том, что тело подвешивают на нити или тросе за различные его точки. Направление нити, на которой подвешено тело, будет каждый раз давать направление силы тяжести. Точка пересечения этих линий даст положение центра тяжести тела (рис. 3.21)(悬挂法是指使用线或电缆从物体上的不同点将其悬挂起来,根据二力平衡条件,重心必在过悬挂点的铅垂线上,再将物体悬挂在另一任一点,标出铅垂线,这两条铅垂线的交点即为该物体的重心(图3.21)).

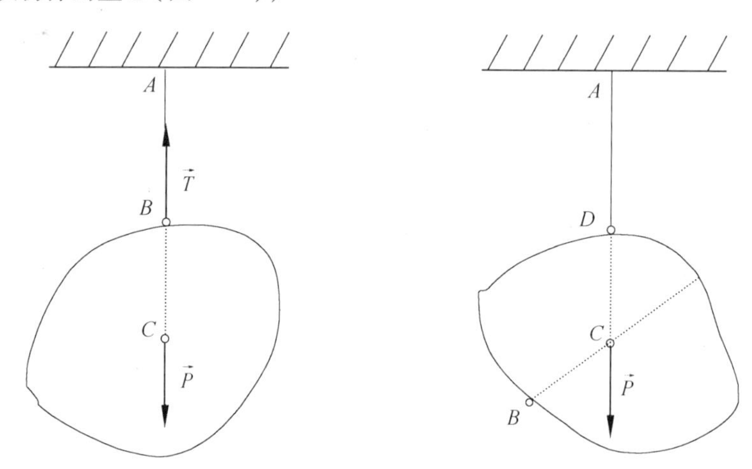

图3.21 悬挂法确定重心

(2) Метод взвешивания(称重法).

Заключается в том, что одну из реакций опор тяжелого неоднородного тела произвольной конфигурации (паровоз, самолет и т. д.) определяют посредством взвешивания на специальных весах, а другую реакцию находят из уравнений равновесия(对于形状复杂或体积较大的不均质体(机车、飞机等),其支撑反力之一可以通过特殊秤称重来确定,其他反力从平衡方程中得出).

3.9.4 Центры тяжести некоторых однородных тел(一些简单形状均质体的重心)

1. Центр тяжести дуги окружности(圆弧的重心)

Центр тяжести дуги окружности (рис. 3.22), радиусом R опирающейся на угол 2α имеет координаты(半径为R、圆心角为2α的圆弧的重心坐标为)

$$x_C = (R \cdot \sin\alpha)/\alpha, \quad y_C = 0$$

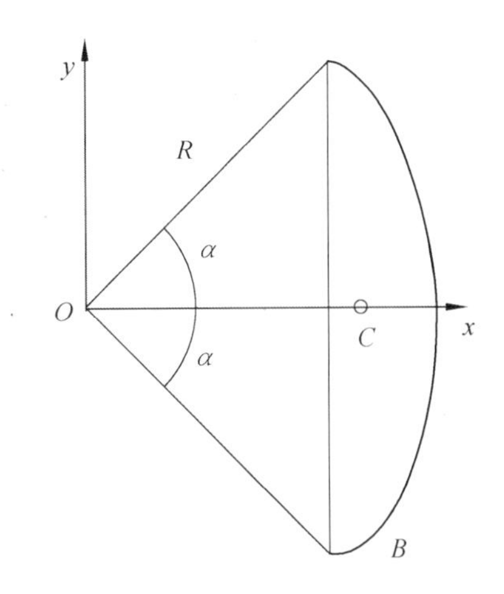

图 3.22 圆弧的重心

2. Центр тяжести площади треугольника(三角形的重心)

Центр тяжести треугольника лежит на пересечении его медиан (рис. 3.23)(三角形的重心位于其中线的交叉点(图 3.23)).

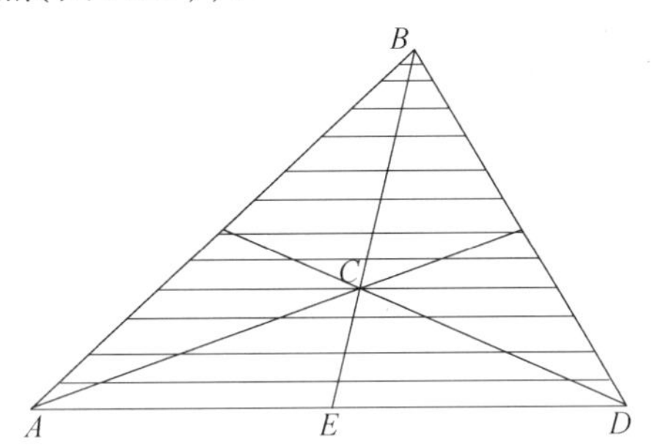

图 3.23 三角形的重心

3. Центр тяжести кругового сектора(扇形的重心)

Центр тяжести кругового сектора (рис. 3.24) лежит на его оси симметрии на расстоянии от центра O равном(扇形的重心(图 3.24)位于其对称轴上,与中心 O 的距离为)

$$x_C = (2 \cdot R \cdot \sin\alpha)/(3 \cdot \alpha)$$

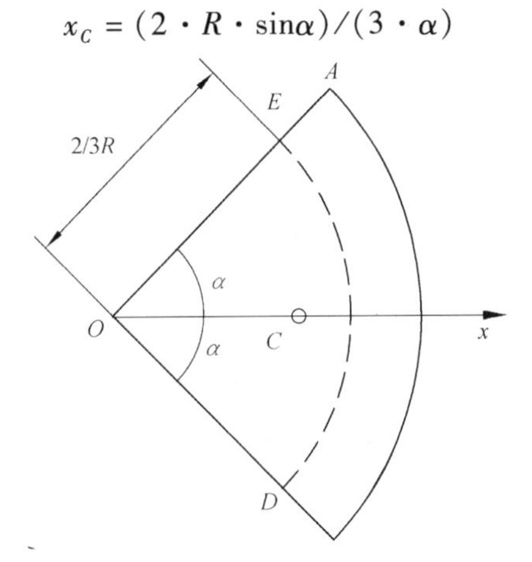

图 3.24 扇形的重心

4. Центр тяжести объема пирамиды(锥体的重心)

Центр тяжести пирамиды C лежит на прямой C_1E, где E—вершина, а C_1—центр тяжести площади основания пирамиды (рис. 3.25),при этом(锥体重心 C 位于线 C_1E 上,其中 E 是顶点,C_1 是锥体底面的重心(图 3.25),此时)

$$CC_1 = C_1E / 4.$$

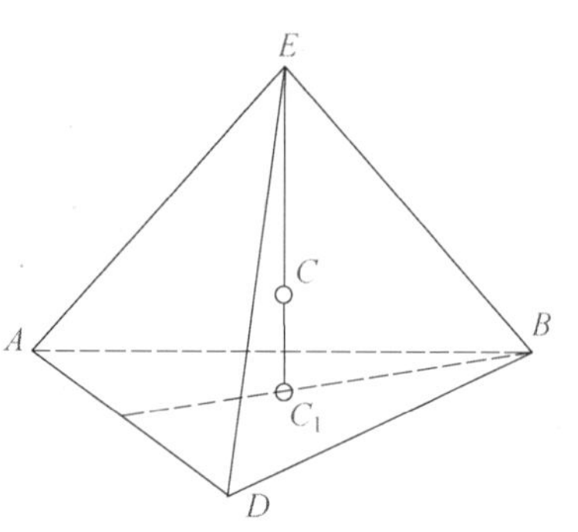

图 3.25 锥体的重心

例题 5 Найти координаты центра тяжести однородной пластины, изображенной на рис. 3.26(a). Толщина пластины постоянная(求图 3.26(a)中均质板的重心坐标,已知板厚度固定).

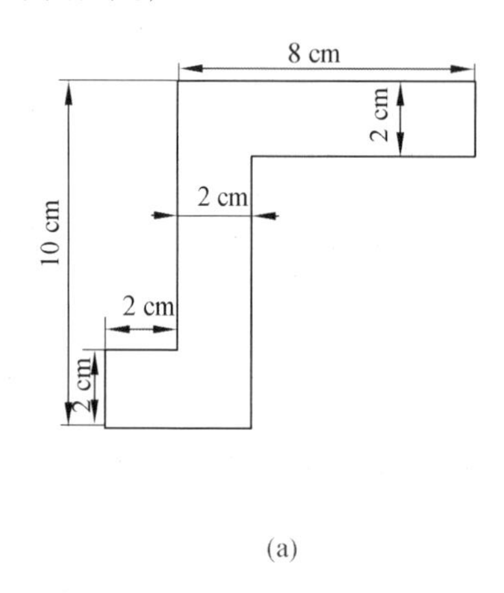

(a)

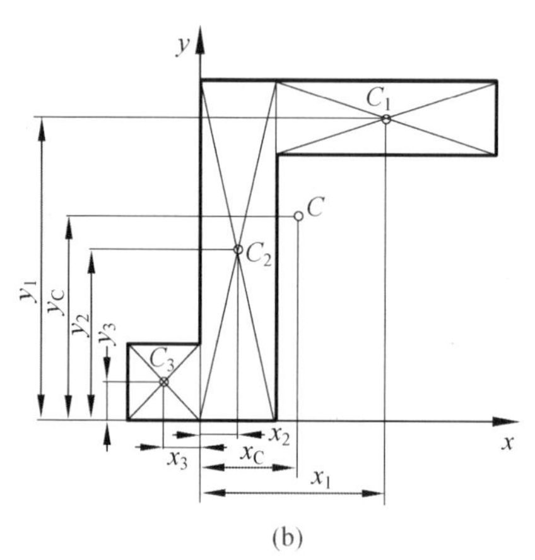

(b)

图 3.26 例题 5 图

解:(1) Поскольку однородная пластина имеет постоянную толщину, то можно воспользоваться формулами для определения положения центра тяжести плоской фигуры (由于均匀板有固定厚度,所以可以使用公式来确定平面图的重心位置).

(2) Разбиваем пластину на три простейшие геометрические фигуры (рис. 3.26(b)), координаты центров тяжести которых известны(把板分成三个最简单的几何图形(图 3.26(b)),其重心位置已知).

(3)Выбираем систему координат, как указано на чертеже(选择如图所示坐标系).

(4) Заносим в табл. 3.1 результаты вычислений; каждому прямоугольнику соответствует строка таблицы(计算结果填入表 3.1,每个矩形对应于表格中的一行).

表 3.1

序号	S_i/cm^2	x_i/cm	y_i/cm	S_ix_i/cm	S_iy_i/cm^3
1	12	5	9	60	108
2	20	1	5	20	100
3	4	−1	1	−4	4
Σ	36	—	—	76	212

(5) Суммируем значения S_i, $S_i x_i$, $S_i y_i$ и записываем результаты в нижней строке(求和得出 $S_i, x_i, S_i x_i, y_i, S_i y_i$ 的值,并将结果写在最后一行).

(6) Вычисляем координаты центра тяжести пластины(得出板的重心坐标为)

$$x_C = \frac{\sum S_i x_i}{S} = \frac{76}{36} = 2\frac{1}{9}\ \text{cm},\quad y_C = \frac{\sum S_i y_i}{S} = \frac{112}{36} = 5\frac{8}{9}\ \text{cm}$$

(7) По вычисленным координатам строим центр тяжести C пластины(根据计算出的坐标,可以确定板的重心 C).

5. Способы определения положения центров тяжести(确定重心位置的方法)

(1) Способ разбиения на фигуры, положение центров тяжести которых известно, применяется в случаях, когда тело можно разбить на конечное число простых элементов(对于重心位置已知的图形,分割法适用于可以将刚体分成有限数量简单物体的情况).

(2) Способ дополнения является частным случаем способа разбиения. Применяется, когда тело можно разбить на простейшие фигуры, положения центров тяжести которых известны, но некоторые из геометрических фигур представляют собой пустоты(叠加法是分割法的特例. 当物体可以被分成简单的形状,其重心的位置已知,但是一些几何形状空缺时使用该方法).

例题 6　Найти положение центра тяжести поперечного сечения вала диаметром 12 см, в котором высверлено отверстие диаметром 2 см (рис. 3.27)(确定一个直径为 12 cm 的圆形截面的重心位置,其中钻孔直径为 2 cm(图 3.27)).

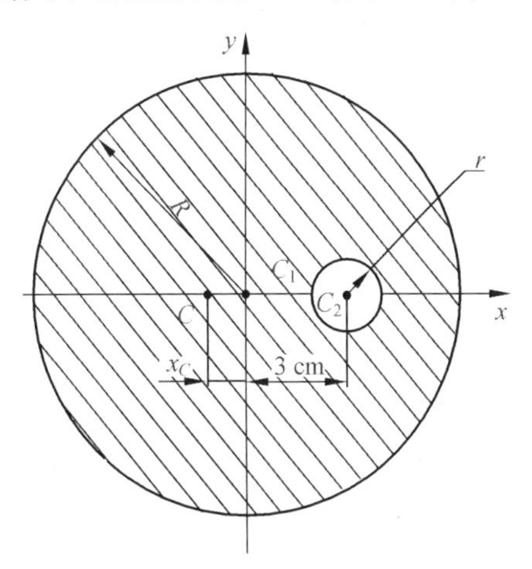

图 3.27　例题 6 图

解: (1) Поскольку нужно найти центр тяжести поперечного сечения, то воспользуемся формулами для определения центра тяжести плоской фигуры(由于需要找到横截面的重心,可使用确定平面图形重心的公式).

(2) Дополняем площадь поперечного сечения площадью высверленного отверстия (так как в действительности этот элемент отсутствует, в формуле площадь отверстия берется с отрицательным знаком)(叠加钻孔区域的横截面面积(因为实际上这个部分不存在,在公式中,孔区面积为负号))

$$S_2 = -\pi r^2 = -\pi \cdot 1^2 = -\pi\ \text{cm}^2$$

(3) Начало системы координат расположим в центре окружности радиуса R, т. е. в точке C_1(坐标系的原点位于半径为 R 的圆的中心,即在点 C_1处).

(4) Заполняем табл. 3.2. (填写表 3.2).

表 3.2

序号	S_i/cm^2	x_i/cm	y_i/cm	S_ix_i/cm^3	S_iy_i/cm^3
1	36π	0	0	0	0
2	$-\pi$	3	0	-3π	0
Σ	35π	—	—	-3π	0

(5) Суммируем S_i и S_ix_i, после чего записываем результаты в нижней строке (求和得出 S_i, $S_i x_i$,之后将结果写在最后一行).

(6) Вычисляем координаты центра тяжести поперечного сечения(计算横截面重心的坐标为)

$$x_C = \frac{\sum S_ix_i}{S} = \frac{-3\pi}{35\pi} = -\frac{3}{35}\ \text{cm}$$

а $y_C = 0$, так как ось C_1x является осью симметрии этого сечения(且 $y_C = 0$,因为轴 C_1x 是该部分的对称轴).

(7) По вычисленным координатам поперечного сечения строим его центр тяжести C (根据计算出的横截面坐标,确定重心 C).

Способ интегрирования применяется в случаях, когда для определения положения центра тяжести не могут быть применены первые два способа(在前两种方法不能确定重心位置的情况下,可采用积分法).

Экспериментальный способосуществляется двумя методами —подвешивания и взвешивания(实验通过两种方法进行——悬挂和称重).

Метод подвешивания заключается в том, что плоское тело, которое нельзя разбить на простейшие фигуры с известным положением центров тяжести, подвешивают на нити. Вдоль этой нити на плоскости тела прочерчивают линию. Затем эту плоскую фигуру подвешивают за другую точку, после чего вновь проводят вертикальную линию (вдоль линии подвеса). В точке пересечения этих двух линий и находится центр тяжести. (悬挂法是指将不能被分解为重心已知的最简单图形的平面体悬挂在绳子上. 沿着绳子在物体的表面上画一条线. 然后将该平面体从另一点悬挂,之后再次(沿着悬挂线)绘制垂直线. 重心便在这两条线的交叉点处).

Метод взвешивания обычно применяется для крупных изделий: самолетов, вертолетов и других машин. Если известна масса, например, самолета, то на весы ставят задние колеса (рис. 3.28) и по показанию весов определяют реакцию $\vec{N}_B$. Затем записывают одно из уравнений равновесия; удобнее пользоваться уравнением суммы моментов относительно точки A(称重法通常用于大型物品:飞机、直升机和其他机器. 如果质量已知,例如

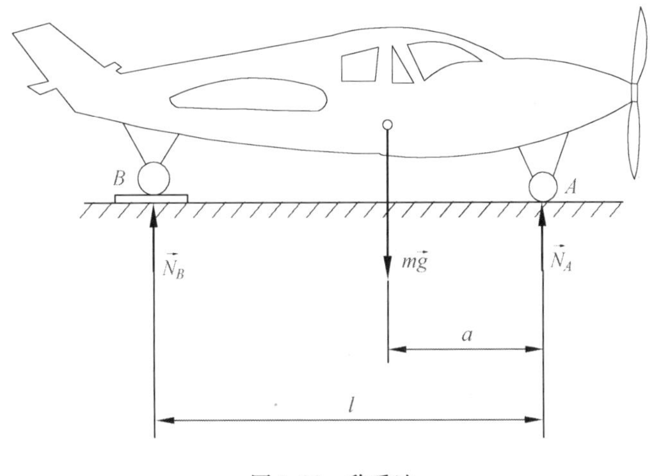

图 3.28　称重法

飞机，则将后轮放在秤上（图 3.28），并根据秤的指示确定反力 $\vec{N}_B$. 然后写一个平衡方程；使用关于点 A 合力矩等式更方便）

$$\sum_{i=1}^{3} M_A(\vec{F}_i) = 0, \quad mga - N_B l = 0$$

Отсюда находят искомую величину a, т. е. положение центра тяжести самолета（由此可以找到所需的值 a，即飞机重心的位置）

$$a = \frac{N_B l}{mg}$$

3.10　Подумать（思考题）

1. 用矢量积 $\vec{r}_A \times \vec{F}$ 计算力 $\vec{F}$ 对点 O 之矩，当力沿其作用线移动，改变了力作用点的坐标 x, y, z 时（图 3.29），其计算结果有何变化？

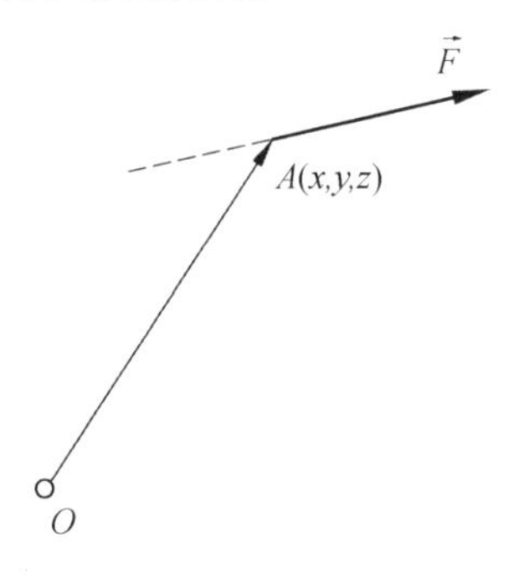

图 3.29

2. 轴 AB 上作用一主动力偶矩为 $\vec{M}_1$，齿轮的啮合半径 $R_2 = 2R_1$，如图 3.30 所示. 当研究轴 AB 和 CD 的平衡问题时：(1) 能否以力偶矩是自由矢量为由，将作用在轴 AB 上的力偶搬移到轴 CD 上？(2) 若在轴 CD 上作用矩为 $\vec{M}_2$ 的力偶，使两轴平衡，问两力偶的矩的大小是否相等？转向是否应相反？

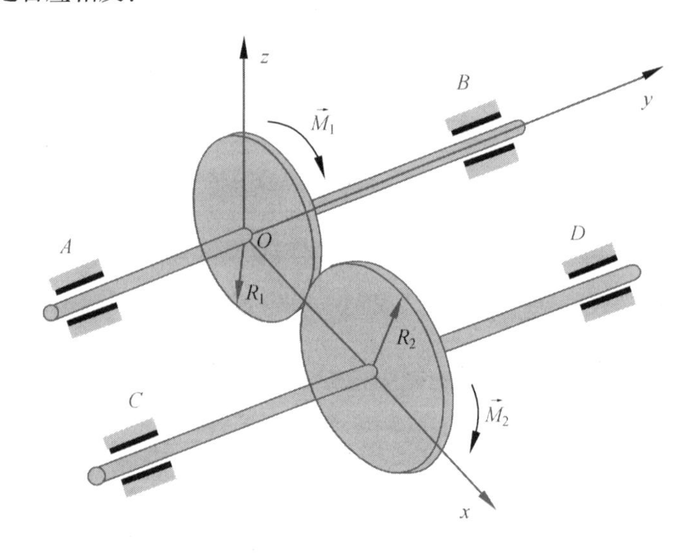

图 3.30

3. 空间平衡力系的最终结果是什么？可能合成为力螺旋吗？

4. (1)空间力系中各力的作用线都平行于某一固定平面.(2)空间力系中各力的作用线分别汇交于两个固定点.这两种力系最多各有几个独立平衡方程？

5. 空间任意力系向任一点 O 简化,是否可以得到一个合力和一个合力偶？这个合力的大小和方向与该力系主矢的关系是什么？这个合力偶矩与该力系对简化中心主矩的关系是什么？

6 空间任意力系的简化结果又分哪几种情况？

7 图 3.31 所示为边长为 a 的正方体,沿对角线 BH 作用一个力 $\vec{F}$,则该力在 x,y,z 轴上的投影 F_x , F_y , F_z 是多少？

8 图 3.32 所示为一个边长为 a 的正方体,已知某力系向点 B 简化得到一合力,向点 C' 简化也得到一合力.问:

(1)力系向点 A 和点 A' 简化所得主矩是否相等？

(2)力系向点 A 和点 O' 简化所得主矩是否相等？

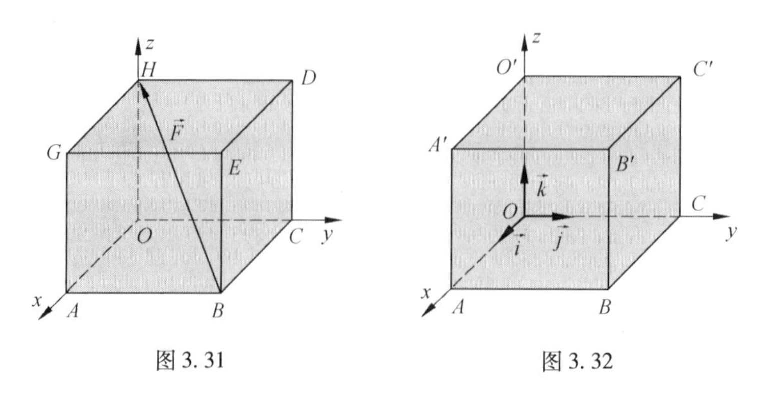

图 3.31　　　　图 3.32

3.11　Упражнение(习题)

1. 挂物架如图 3.33 所示,三杆的质量不计,用球铰链连接于点 O,平面 BOC 是水平面,且 $OB=OC$,角度如图. 在点 O 挂一重 $P=10$ kN 的重物 G,求三根杆所受的力.

2. 图 3.34 所示为边长为 a 的正方体,在其顶角 A 和 B 处分别作用力 $\vec{F}_1$ 和 $\vec{F}_2$,求此两力在 x,y,z 轴上的投影和对 x,y,z 轴的矩.

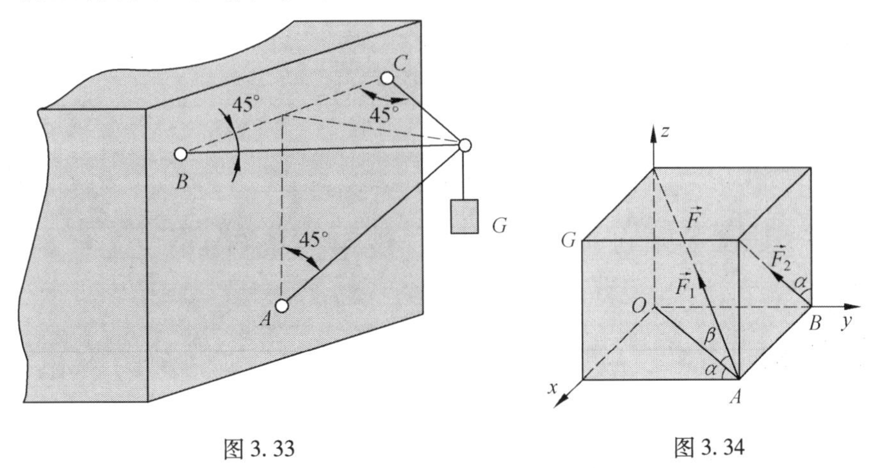

图 3.33　　　　图 3.34

3. 托架 A 套在转轴 z 上,在点 C 作用一力 $\vec{F}=2\ 000$ N. 图中点 C 在 Oxy 平面内,$\vec{F}$ 与 Oxy 面夹角为 45°,Cy 平行于 Oy,且 $\vec{F}$ 在 Oxy 面的投影与 Cy' 夹角为 60°. 尺寸如图 3.35 所示,试求力 $\vec{F}$ 对 x,y,z 轴之矩.

4. 图 3.36 中轴 AB 与铅垂线成 β 角,悬臂 CD 垂直地固定在轴上,其长为 a,并与铅垂面 zAB 成 θ 角,在点 D 作用一垂直向下的力 $\vec{F}$,求此力对轴 AB 的矩.

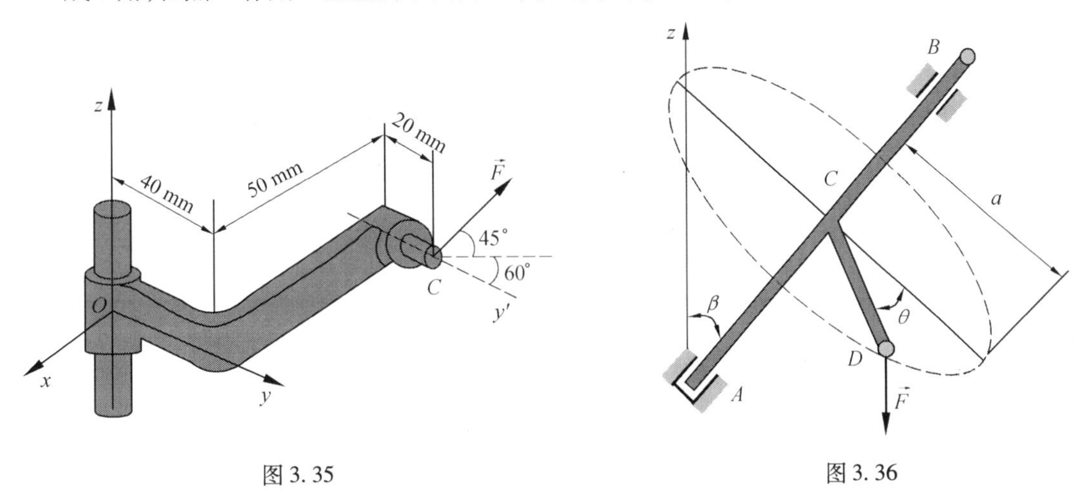

图 3.35　　　　图 3.36

5. 水平圆盘的半径为 r,外缘 C 处作用有力 $\vec{F}$,力 $\vec{F}$ 位于圆盘 C 处的切平面内,且与 C 处圆盘切线夹角为 60°,其他尺寸如图 3.37 所示. 求力 $\vec{F}$ 对 x,y,z 轴之矩.

6. 截面为工字形的立柱受力如图 3. 38 所示,求此力向截面形心简化的结果.

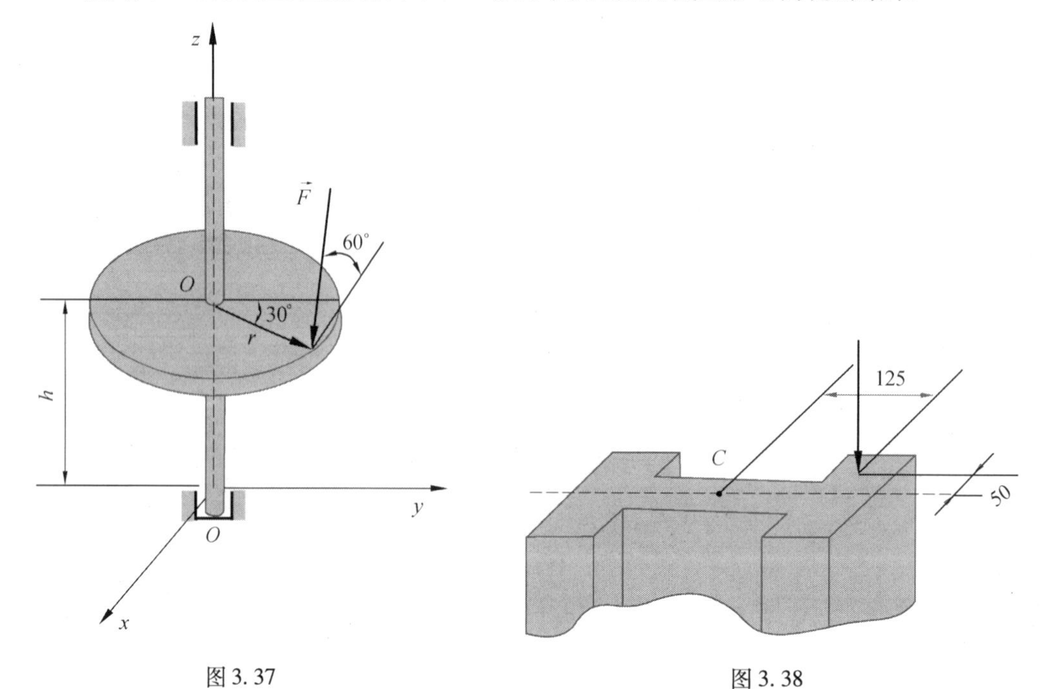

图 3. 37　　　　图 3. 38

7. 正方形板 $ABCD$ 由六根直杆支撑,各杆尺寸如图 3. 39 所示. 板和各杆的重量都不计. 求各杆的内力.

8. 在三棱柱的顶点 A,B,C 上作用有六个力,方向如图 3. 40 所示. $AB=300$ mm, $BC=400$ mm, $AC=500$ mm. 向点 A 简化此力系.

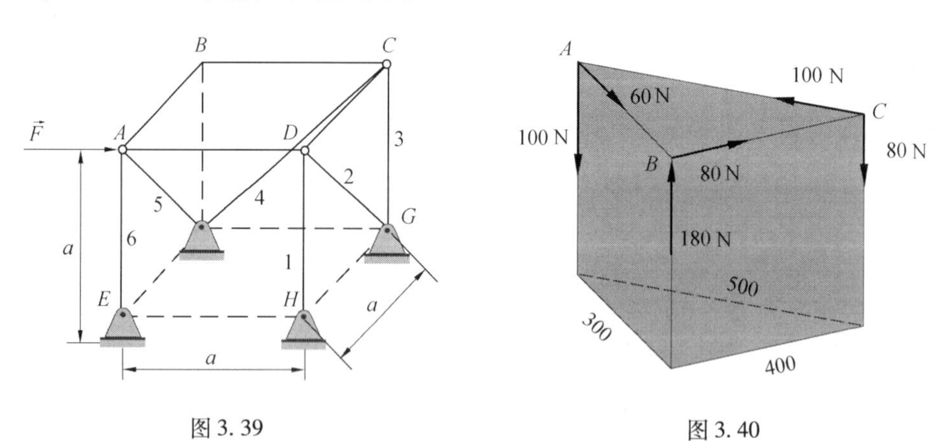

图 3. 39　　　　图 3. 40

9. 工字钢截面尺寸如图 3. 41 所示,求此截面的重心(几何中心).

10. 求物体的重心,尺寸如图 3. 42 所示,图中单位为 mm.

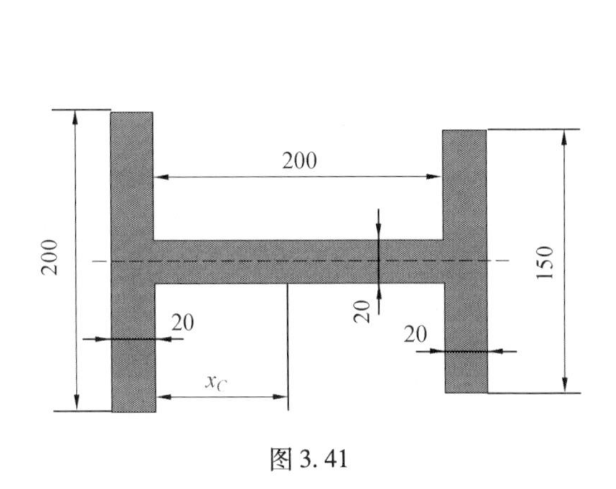

图 3.41

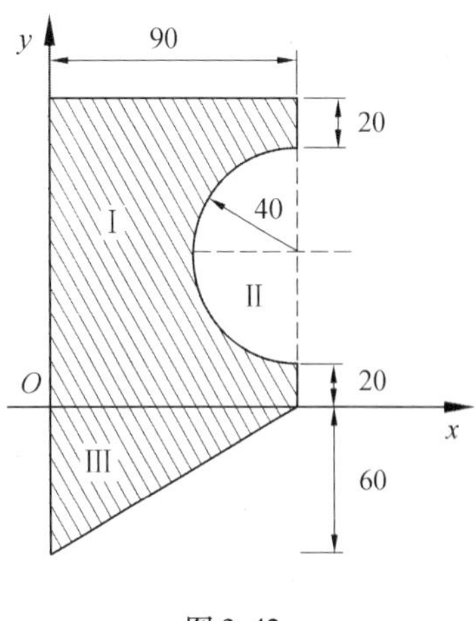

图 3.42

Глава 4 Трение (摩擦)

В первых трех главах мы игнорируем эффекты трения, когда анализируем силу объекта, и рассматриваем поверхность контакта между объектами как гладкую. Однако в инженерной практике трение иногда играет очень важную роль и должно приниматься во внимание. В будущем эффекты трения следует учитывать, когда нет особого объяснения(在前面3章中,我们在对物体进行受力分析时,忽略了摩擦的影响,均把物体之间的接触表面看作是光滑的.但在实际工程中,摩擦有时起到很重要的作用,必须计入其影响.今后,在没有特别说明的情况,都要考虑摩擦的影响).

В соответствии с формой относительного движения, которая может возникнуть между двумя объектами, трение можно разделить на трение скольжения и трение качения(根据两物体间可能会发生的相对运动形式,摩擦可分为滑动摩擦和滚动摩擦).

В соответствии с условиями смазки между двумя объектами трение можно разделить на сухое трение и жидкое трение(根据两物体间的润滑条件,摩擦又可分为干摩擦和湿摩擦).

В этой главе рассматривается только проблема равновесия объектов во время сухого трения, а также рассматривается представление реакции трения скольжения и ограничения трения качения и решение связанных с этим проблем баланса(本章只考虑干摩擦时物体的平衡问题,学习滑动摩擦与滚动摩擦反力的表示及相关平衡问题的求解).

4.1 Трение скольжения и сила трения скольжения (滑动摩擦和滑动摩擦力)

两个表面粗糙的物体,当其接触表面之间有相对滑动趋势或相对滑动时,彼此作用有阻碍相对滑动或相对滑动趋势的阻力——滑动摩擦力.

1. Статическое трение скольжения(静滑动摩擦)

При стремлении сдвинуть одно тело по поверхности другого в плоскости соприкосновения тел возникает сила трения(или сила сцепления)(一个物体在另一个物体表面上有相对滑动趋势时产生的摩擦力(或内聚力)).

图4.1中,$\vec{F}_s$ 为静滑动摩擦力,$\vec{F}_N$ 为法向约束反力或正压力. $\vec{F}_s$ 的大小必须由平衡方程确定

$$\sum F_x = 0, \quad F_s = F \tag{4.1}$$

由式(4.1)可知:静摩擦力的大小随着外力的增加而增加,但是不能无限制地增加,增加到一定程度时,物体相对滑动,此时摩擦力就不再是静摩擦力了.因此,静摩擦力存在着一

个极限值 $\vec{F}_{max}$,这个极限值称作最大静摩擦力.

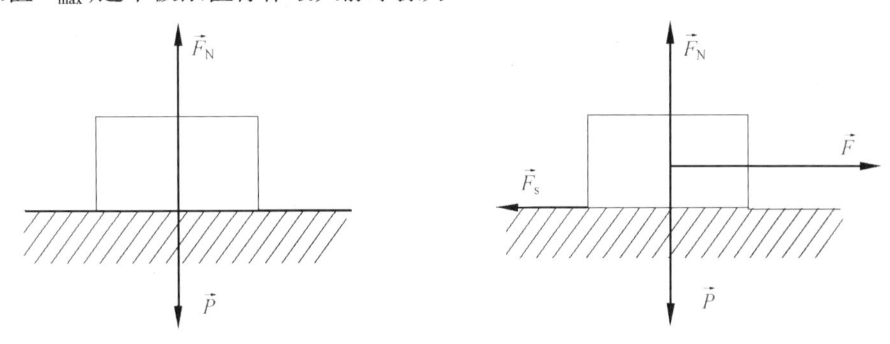

图 4.1　静滑动摩擦力

F_s, которая может принимать любые значения от нуля до значения F_{max}(F_s可以取从零到 F_{max}值的任何值).

$\vec{F}_{max}$, называемого предельной силой трения ($\vec{F}_{max}$称为最大静摩擦力).

$$0 \leqslant F_s \leqslant F_{max}$$

Сила трения, приложенная к телу, направлена в сторону противопо ложную той, куда действующие на тело силы стремятся его сдвинуть(作用在物体上的静摩擦力方向与物体滑动趋势的方向相反).

2. Законы трения скольжения(滑动摩擦定律)

Предельная сила трения численно равна произведению статического коэффициента трения на нормальное давление или нормальную реакцию (рис. 4.2)(最大静摩擦力在数值上等于静摩擦系数与两个相互接触物体间的正压力(或法向反力)的乘积(图 4.2))

$$F_{max} = f_s F_N \tag{4.2}$$

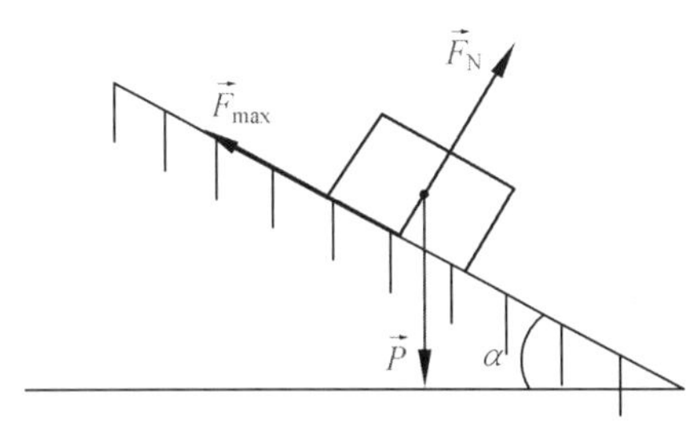

图 4.2　临界滑动状态

Статический коэффициент трения f_s—величина безразмерная; он определяется опытным путем и зависит от материала соприкасающихся тел и состояния поверхностей(无量纲比例因素 f_s称为静摩擦因数,经实验确定,该因数主要取决于物体相互接触表面的材料性质和表面状况).

表 4.1 列出了部分常见的静摩擦系数.

表4.1 常用材料的摩擦系数

材料名称	静摩擦因数		动摩擦因素	
	无润滑	有润滑	无润滑	有润滑
钢-钢	0.15	0.1~0.2	0.15	0.05~0.1
钢-软钢			0.2	0.1~0.2
钢-铸铁	0.3		0.18	0.05~0.15
钢-青铜	0.15	0.1~0.15	0.15	0.1~0.15
软钢-铸铁	0.2		0.18	0.05~0.15
软钢-青铜	0.2		0.18	0.07~0.15
铸铁-铸铁		0.18	0.15	0.07~0.12
铸铁-青铜			0.15~0.2	0.07~0.15
青铜-青铜		0.1	0.2	0.07~0.1
皮革-铸铁	0.3~0.5	0.15	0.6	0.15
橡皮-铸铁			0.8	0.5
木材-木材	0.4~0.6	0.1	0.2~0.5	0.07~0.15

Значение предельной силы трения $\vec{F}_{max}$ в довольно широких пределах не зависит от размеров соприкасающихся при трении поверхностей(最大摩擦力 $\vec{F}_{max}$的大小在相当宽的范围内不取决于摩擦接触表面的大小).

При равновесии сила трения $0 \leqslant F_s \leqslant F_{max}$. Равновесие, имеющее место, когда сила трения равна $\vec{F}_{max}$, называется предельным равновесием(在平衡时,摩擦力 $0 \leqslant F_s \leqslant F_{max}$. 当摩擦力为 $\vec{F}_{max}$时发生的平衡称为极限平衡).

3. Трение скольжения при движении(动滑动摩擦)

Силой трения скольжения называется сила сопротивления относительному скольжению при стремлении двигать одно тело по поверхности другого в плоскости соприкосновения тел(滑动摩擦力是两个有相对滑动的物体间在接触面上产生的阻碍它们相对滑动的力,通俗来说就是一个物体在另一个物体表面上滑动时产生的摩擦力).

При движении сила трения скольжения направлена в сторону, противоположную движению, и равна произведению динамического коэффициента трения на нормальное давление (реакцию)(动摩擦力的大小等于两个相互接触物体间的正压力(或法向反力)与动摩擦系数的乘积).

$$F_d = fF_N \tag{4.3}$$

其中:F_d 为动摩擦力,f 为动摩擦系数,且 $f < f_s$.

Динамический коэффициент трения скольжения f также как и статический коэффициент трения f_0 является безразмерной величиной и определяется опытным путем(动摩擦因数 f 与静摩擦因数 f_s是无量纲比例因数,且都是通过实验确定的).

4. Типы задач на равновесие тел с учетом трения скольжения
(考虑到滑动摩擦的物体平衡问题类型)

Различают два типа задач(有两种类型的问题):

(1) Предельное равновесие, когда сила трения равна $F_{max} = f_s F_N$(当摩擦力等于 $F_{max} = f_s F_N$时的极限平衡问题).

Задачи этого типа решают обычным путем. К действующим силам добавляется предельная сила трения $\vec{F}_{max}$, величина которой выражается через реакцию $\vec{F}_N$. То есть новых неизвестных сил при рассмотрении предельного равновесия не возникает(这种问题以一般方法解决.对作用力施加临界摩擦力 $\vec{F}_{max}$,其值由反力 $\vec{F}_N$表示.也就是说,在考虑极限平衡时没有新的未知力).

(2) Равновесие не является предельным $F_s < F_{max}$. (非极限平衡问题,$F_s < F_{max}$)

В этом случае сила трения скольжения $\vec{F}_s$ является неизвестной величиной, и определяется наряду с другими неизвестными силами из уравнений равновесия(在这种情况下,静摩擦力 $\vec{F}_s$是未知量,并且通过平衡方程与其他未知力一起确定).

4.2　Угол трения и самоблокировка(摩擦角和自锁)

1. Угол трения (摩擦角)

Наибольший угол, который полная реакция шероховатой связи образует с нормалью к поверхности (рис. 4.3), называется углом трения(图4.3 中,法向的约束力和切向的静摩擦力的合力称为支承面的全约束反力.它与支承面法线间的最大夹角称为摩擦角).

$\vec{F}_{RA} = \vec{F}_N + \vec{F}_s$, $\vec{F}_{RA}$ 为全约束反力, $\vec{F}_{RA}$ 与接触面法线的夹角 α 满足

$$\tan\alpha = \frac{F_s}{F_N}$$

摩擦角 φ:全约束反力与法线间夹角的最大值.

$$\tan\varphi = \frac{F_{max}}{F_N} = \frac{f_s F_N}{F_N} = f_s \tag{4.4}$$

即摩擦角的正切等于静摩擦因数.

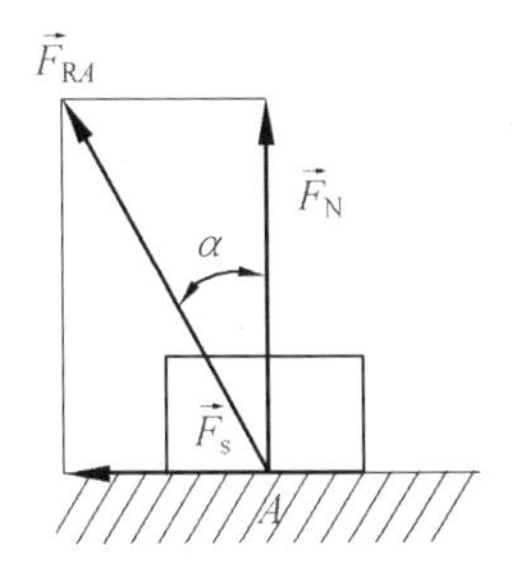

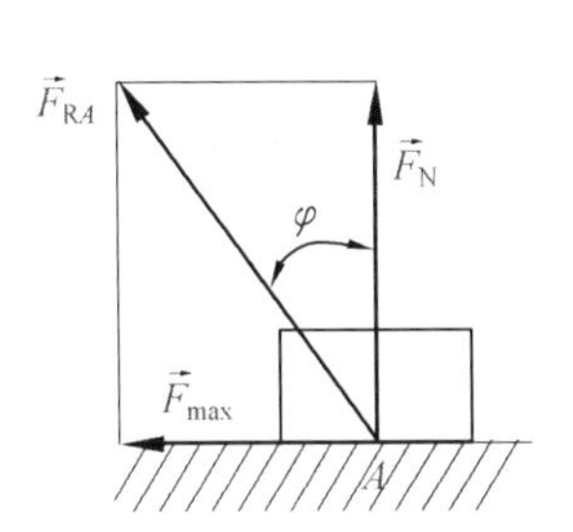

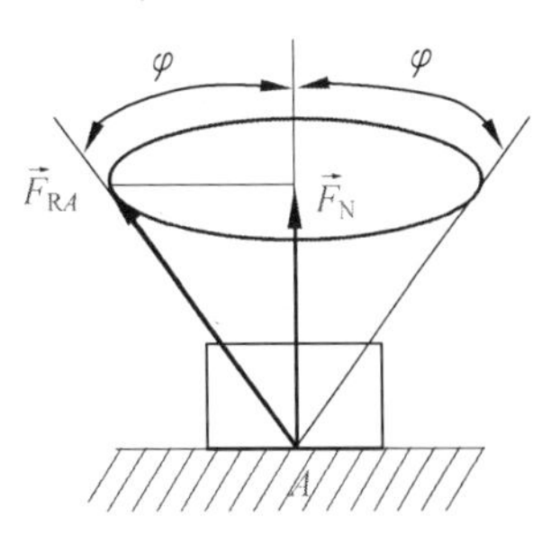

图4.3　摩擦角

2. Явление заклинивания(自锁现象)

当物块平衡时,$0 \leqslant F_S \leqslant F_{max}$,因此:$0 \leqslant \alpha \leqslant \varphi$. 如图 4.4(a)所示,如果作用于物块的全部主动力 $\vec{F}_R$的合力的作用线(合力与法线的夹角)在摩擦角之内,则无论这个力怎样大,物块必保持平衡. 这种现象称为自锁.

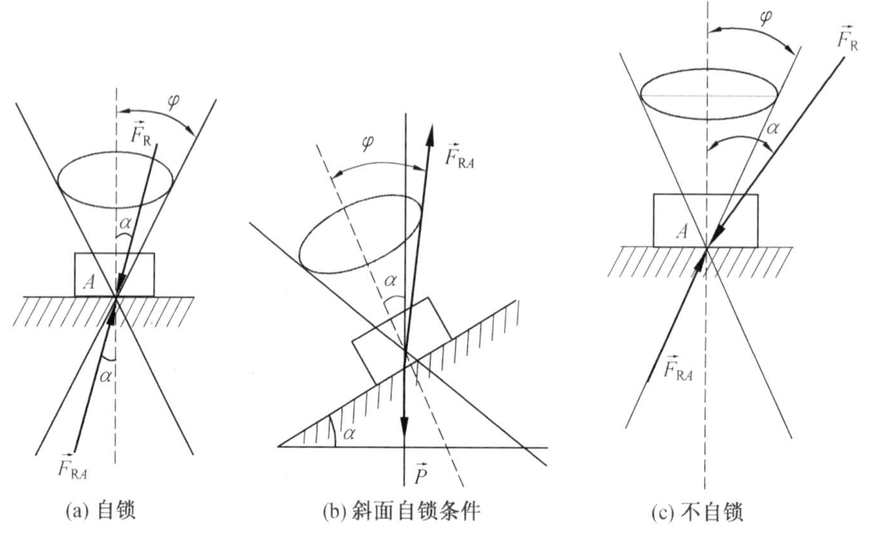

图 4.4　自锁与非自锁

Никакой силой, образующей с нормалью угол (рис. 4.4(a)), меньший угла трения φ, тело вдоль данной поверхности сдвинуть нельзя (явление заклинивания)(当主动力的合力与法线夹角小于摩擦角 φ 时, 物体沿此表面不能滑动 (自锁现象), 如图 4.4(a)所示).

根据自锁的定义及性质,可以得到:图 4.4(b)中斜面上只受重力作用的物体其自锁条件为斜面倾角小于摩擦角,即

$$\alpha \leqslant \varphi \rightarrow \tan\alpha \leqslant \tan \varphi = f_s$$

$$\tan \alpha \leqslant f_s$$

3. Явление незаклинивания(非自锁现象)

如图 4.4(c)所示,如果作用于物块的全部主动力的合力的作用线在摩擦角之外,则无论这个力怎样小,物块一定会滑动.

思考题　如图 4.5 所示,已知摩擦角 $\varphi = 20°$,$F=P$,问物块动不动? 为什么?

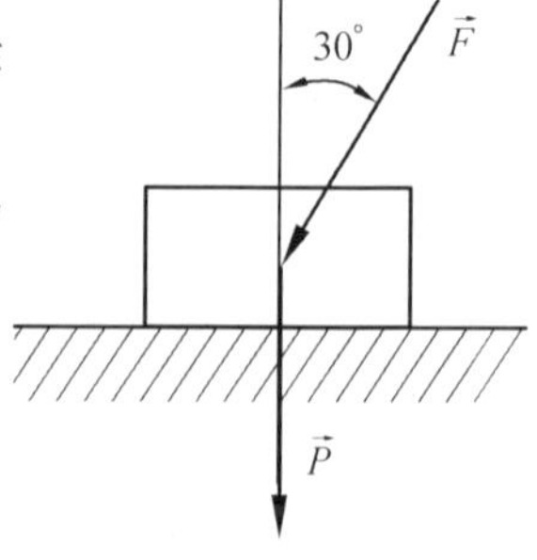

图 4.5　自锁条件应用

4.3　Трение качения(滚动摩擦)

Трением качения называется сопротивление, возникающее при качении одного тела по поверхности другого(滚动摩擦是指一物体沿另一物体表面作相对滚动或具有滚动趋势时的摩擦).

Трение качения возникает из-за деформации соприкасающихся тел, в результате которой катящееся тело фактически опирается на неподвижную поверхность не в точке, а по некоторой площадке AB(рис. 4.6)(滚动摩擦是由接触物体的变形引起的,结果导致滚动物体实际上不是停留在固定表面的某一点上,而是在某一区域 AB 上,如图 4.6 所示).

1. 存在滚动趋势时

如图 4.6 所示,当滚子相对于接触面有向右的滚动趋势时,此时实际的接触点不在 C 点,而是在右侧 AB 区域. 作用在 AB 区域上的分布力向 A 点简化得到一个力 $\vec{F}_R$ 和一个力偶 M,力 $\vec{F}_R$ 分解为一个切向的静摩擦力 $\vec{F}_s$ 和一个法向的约束力 $\vec{F}_N$. 其中力限制物体的移动,力偶限制物体的转动. 这个力偶 M 称为滚动摩擦阻力偶.

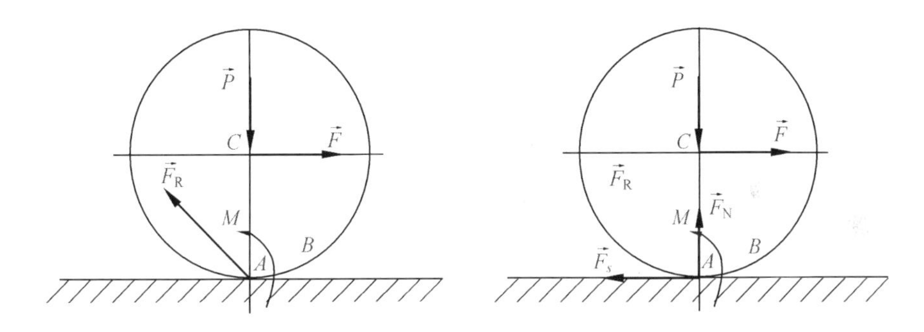

图 4.6　存在滚动趋势

根据转动平衡方程得到

$$\Sigma M_A(\vec{F}) = 0, \quad M - F \cdot R = 0 \tag{4.5}$$

由上式可知:力偶 M 的大小随着外力的增加而增加,但是不能无限制地增加,增加到一定程度时,物体相对滚动. 因此,滚动摩擦阻力偶 M 存在着一个极限值 M_{max},这个极限值称作最大滚动摩擦阻力偶. 因此,

$$0 \leqslant M \leqslant M_{max}$$

2. 滚动临界状态时

$$M_{max} = f_k F_N \tag{4.6}$$

其中,f_k 称为滚动摩阻系数,具有长度的量纲,一般用 mm 表示. 表 4.2 是几种材料的滚动摩阻系数.

表 4.2　滚动摩阻系数

材料名称	f_k/mm	材料名称	f_k/mm
铸铁与铸铁	0.5	软钢与钢	0.5
钢质车轮与钢轨	0.05	有滚珠轴承的料车与钢轨	0.09
木与钢	0.3～0.4	无滚珠轴承的料车与钢轨	0.21
木与木	0.5～0.8	钢质木轮与木面	1.5～2.5
软木与软木	1.5	轮胎与路面	2～10
淬火钢珠与钢	0.01		

3. 滚动状态时

$$M = M_{max}$$

滚动摩阻系数的物理意义：根据将滚未滚临界状态的受力图进行等效变换，如图 4.7 所示. 将力偶 M 还原为两个大小等于 F_N 的力，进一步得到如图 4.7(c)所示的受力图.

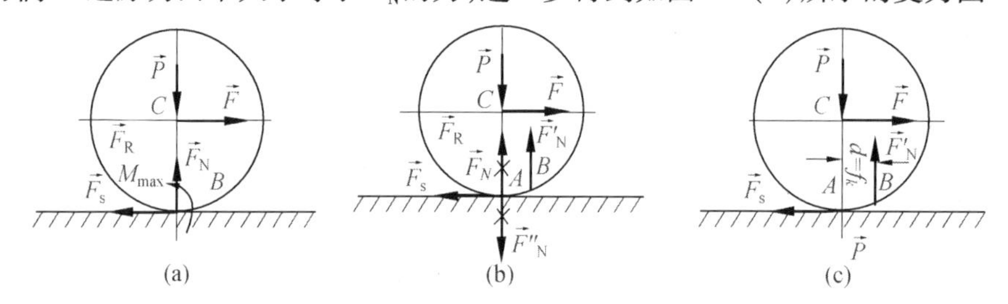

图 4.7　滚动摩阻系数物理意义的示意图

$$f_k = \frac{M_{max}}{F'_N}$$

图 4.7 中，力偶 $(\vec{F}, \vec{F}_s)$ 与力偶 $(\vec{P}, \vec{F'}_N)$ 平衡. $\vec{F'}_N$ 与原 $\vec{F}_N$ 偏移的距离 d 即为滚动摩阻系数 f_k.

Нормальная реакция F_N смещается в сторону качения на некоторое расстояние, предельное значение которого равно f_k—коэффициенту трения качения. Для учета трения качения в задачах на исследование движения тел необходимо к действующим силам добавить момент $M_k = f_k F_N$. Коэффициент f_k имеет размерность длины, то есть $[f_k] = м$(法向反力 $\vec{F}_N$ 向滚动侧移动了一段距离，其极限值等于 f_k，即滚动摩阻系数，为了在研究物体运动问题时考虑滚动摩擦，必须在作用力上加上力矩 $M_k = F_N f_k$，系数 f_k 具有长度量纲，即 $[f_k] = m$).

4.4　Проблема баланса объекта при рассмотрении трения (考虑摩擦时物体的平衡问题)

考虑摩擦时系统平衡问题的特点：

(1)平衡方程式中除主动力、约束力外还出现了摩擦力，因而未知数增多.

(2)除平衡方程外还可补充关于摩擦力的物理方程 $F_s \leqslant f_s F_N$.

(3)为避免解不等式,可以解临界情况,即补充方程 $F_{max} = f_s F_N$.

常见的问题有:

(1)检验物体是否平衡.

(2)临界平衡问题.

(3)求平衡范围问题.

例题1　图4.8(a)中,已知 $Q=400$ N,$P=1\ 500$ N,静摩擦因数 $f_s=0.2$,动摩擦因数 $f=0.18$.问:物块在斜面上是否静止,并求此时摩擦力的大小和方向.

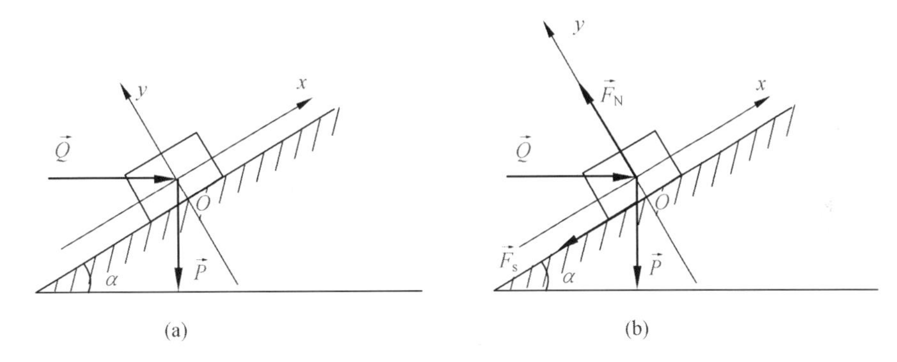

图4.8　例题1图

解:取物块为研究对象,并假定其静平衡,画受力图,如图4.8(b),列出平衡方程

$$\sum F_x = 0,\quad Q\cos 30° - P\sin 30° - F_s = 0$$

$$\sum F_y = 0,\quad F_N - P\cos 30° - Q\sin 30° = 0$$

解得

$$F_s = -403.6\ \text{N},\quad F_N = 1\ 499\ \text{N}$$

而最大静摩擦力为

$$F_{max} = f_s \times F_N = 299.8\ \text{N}$$

因为 $|F_s| > F_{max}$,所以物块不可能静止,而是向下滑动.

此时的摩擦力应为动滑动摩擦力,方向沿斜面向上,大小为

$$F_{max} = f \times F_N = 269.8\ \text{N}$$

例题2　如图4.9(a)所示,已知:$P=10$ N,两书间的摩擦因数为 $f_{s1}=0.1$,最外层摩擦因数为 $f_{s2}=0.25$.

问:要提起这四本书需加的最小压力 $\vec{F}$.

解:(1)取整体为研究对象,受力图如图4.9(b),考虑 y 方向的平衡.

$$\sum F_y = 0,\quad 2F_s - 4P = 0$$

解得 $$F_s = 20\ \text{N}$$

如需提起书本,则静摩擦力需小于最大静摩擦力,则

$$F_s \leqslant F f_{s2},\quad F \geqslant 80\ \text{N}$$

(2)取书1为研究对象,受力图如图4.9(c)所示,列平衡方程

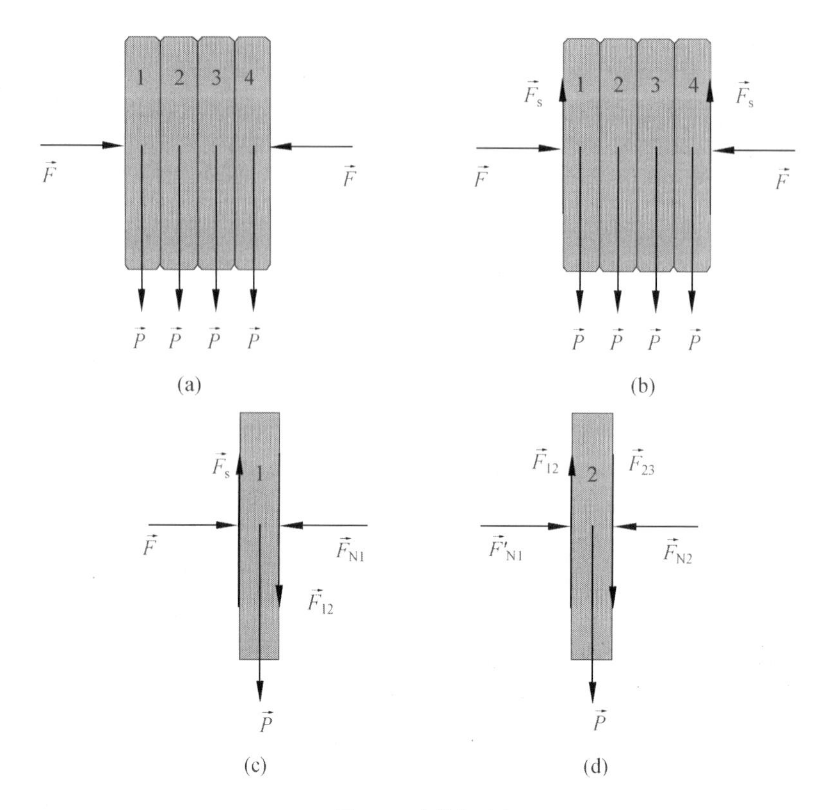

图 4.9　例题 2 图

$$\sum F_y = 0, \quad F_s - P - F_{12} = 0$$

得到：$F_{12} = 10\ \mathrm{N}$

如需提起书本，则书本 1 和书本 2 之间的滑动摩擦力需小于最大静摩擦力，则

$$F_{12} \leqslant Ff_{s1}, \quad F \geqslant 100\ \mathrm{N}$$

(3)取书 2 为研究对象，受力图如图 4.9(d)所示，列平衡方程

$$\sum F_y = 0, \quad F'_{12} - P + F_{23} = 0$$

得到

$$F_{23} = 0\ \mathrm{N}$$

综合上述分析，得到

$$F_{\min} = 100\ \mathrm{N}$$

例题 3　如图 4.10 所示，已知：$\vec{P}, \alpha$，静摩擦因数为 f_s，求：平衡时水平力 $\vec{Q}$ 的大小.

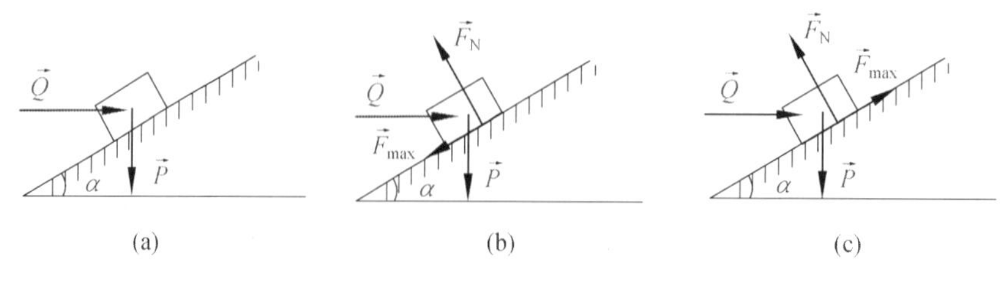

图 4.10　例题 3 图

解:力 $\vec{Q}$ 太大,则物块上滑;力 $\vec{Q}$ 太小,则物块下滑,因此 $\vec{Q}$ 应在最大和最小值之间.

取物块为研究对象,先求其最大值,物体处于将要向上滑动的临界状态,摩擦力 $\vec{F}_s$ 沿斜面向下如图 4.10(b).

$$\sum F_x = 0,\quad Q_{\max}\cos\alpha - P\sin\alpha - F_{\max} = 0$$

$$\sum F_y = 0,\quad F_N - P\cos\alpha - Q_{\max}\sin\alpha = 0$$

$$F_{\max} = f_s F_N$$

解得
$$Q_{\max} = P\frac{\sin\alpha + f_s\cos\alpha}{\cos\alpha - f_s\sin\alpha}$$

再求其最小值,物体处于将要向下滑动的临界状态,摩擦力 $\vec{F}_s$ 沿斜面向上,如图 4.10(c).

$$\sum F_x = 0,\quad Q_{\min}\cos\alpha - P\sin\alpha + F_{\max} = 0$$

$$\sum F_y = 0,\quad F_N - P\cos\alpha - Q_{\min}\sin\alpha = 0$$

$$F_{\max} = f_s F_N$$

解得
$$Q_{\min} = P\frac{\sin\alpha - f_s\cos\alpha}{\cos\alpha + f_s\sin\alpha}$$

欲使物块静止,需满足如下条件

$$P\frac{\sin\alpha - f_s\cos\alpha}{\cos\alpha + f_s\sin\alpha} \leqslant Q \leqslant P\frac{\sin\alpha + f_s\cos\alpha}{\cos\alpha - f_s\sin\alpha}$$

例题 4　如图 4.11(a)所示为一凸轮机构,已知:挺杆与滑道间的静摩擦因数为 f_s,滑道宽度为 b.挺杆自重不计,凸轮与杆件接触处的摩擦忽略不计.问:a 为多大,挺杆才不致被卡.

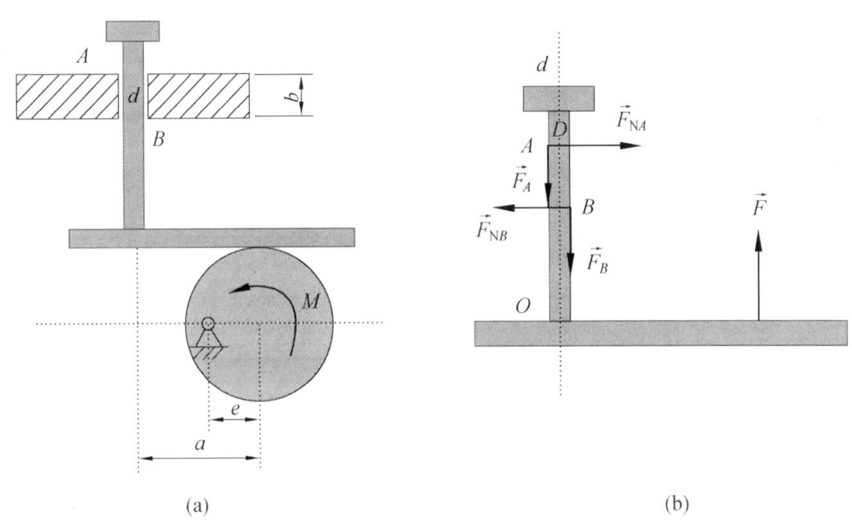

图 4.11　例题 4 图

解:取挺杆为研究对象,挺杆有向上滑动趋势,则摩擦力 $\vec{F}_A$,$\vec{F}_B$ 方向向下.受力图如图

4.11(b)所示,平衡方程如下

$$\sum F_x=0,\quad F_{NA}-F_{NB}=0$$

$$\sum F_y=0,\quad -F_A-F_B+F=0$$

$$\sum M_D(\vec{F})=0,\quad Fa-F_{NB}b-F_B\frac{d}{2}+F_A\frac{d}{2}=0$$

考虑平衡的临界情况,摩擦力都达到最大值,则可得补充方程

$$F_A=f_sF_{NA}$$

$$F_B=f_sF_{NB}$$

得到

$$a\leqslant\frac{b}{2f_s}$$

例题 5 如图 4.12(a)所示,已知:$P=1\ 000$ N,物块与地面静摩擦因数 $f_s=0.52$.求:不致破坏系统平衡时的 $\vec{Q}_{max}$.

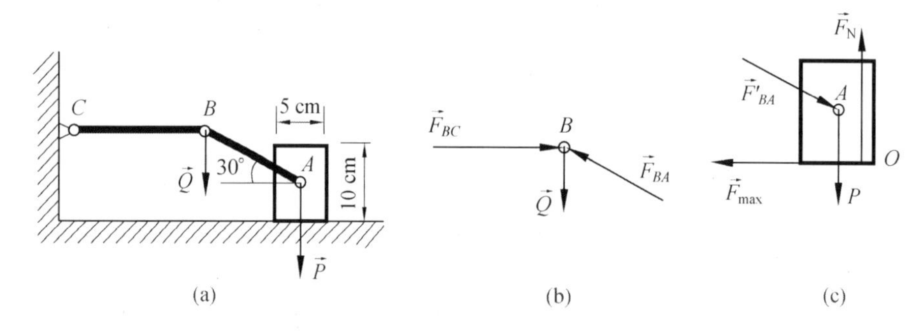

图 4.12 例题 5 图

解:(1)取销钉 B 为研究对象,受力图如图 4.12(b)所示,列平衡方程

$$\sum F_y=0,\quad F_{BA}\sin 30^\circ-Q=0$$

得到

$$F_{BA}=2Q$$

(2)取物块 A 为研究对象.

①当处于滑动的临界平衡状态时,受力图如图 4.12(c)所示.

$$\sum F_x=0,\quad F'_{BA}\cos 30^\circ-F_{max}=0$$

$$\sum F_y=0,\quad F_N-P-F'_{BA}\sin 30^\circ=0$$

$$F_{max}=f_sF_N$$

得到

$$Q_{1max}=\frac{f_s}{\sqrt{3}-f_s}P=429.03\ \text{N}$$

②当处于翻倒的临界平衡状态时,底面处于脱离地面的临界状态,图 4.13(c)中 $\vec{F}_N$ 和 $\vec{F}_{max}$ 作用在 O 点,则

$$\sum M_O(F) = 0$$

$$P \cdot 2.5 + F'_{BA}\sin 30° \cdot 2.5 - F'_{BA}\cos 30° \cdot 5 = 0$$

得到

$$Q_{2\max} = \frac{P}{2(\sqrt{3} - 0.5)} = 405.83\ \text{N}$$

所以

$$Q_{\max} = 405.83\ \text{N}$$

结论与讨论:

(1)摩擦现象分为滑动摩擦和滚动摩阻两类.

(2)滑动摩擦力是在两个物体相互接触的表面之间有相对滑动趋势或有相对滑动时出现的切向阻力.前者自然称为静滑动摩擦力,后者称为动滑动摩擦力.

①静摩擦力的方向与接触面间相对滑动趋势的方向相反,它的大小应根据平衡方程确定.当物体处于平衡的临界状态时,静摩擦力达到最大值,因此静摩擦力随主动力变化的范围在零与最大值之间,即

$$0 \leqslant F_s \leqslant F_{\max}$$

静摩擦定律:最大静摩擦力的大小与两物体间的正压力成正比,即

$$F_{\max} = f_s F_N \quad (f_s \rightarrow \text{静摩擦因数})$$

②动摩擦力的方向与接触面间相对滑动的速度方向相反,它的大小为

$$F = fF_N \quad (f \rightarrow \text{动摩擦因数})$$

③摩擦角为全约束反力与法线间夹角的最大值,且有 $0 \leqslant F_s \leqslant F_{\max}$.

当主动力的合力作用线在摩擦角之内时发生自锁现象.

(3)物体滚动时会受到阻碍滚动的滚动阻力偶作用.

$$0 \leqslant M \leqslant M_{\max}, \quad M_{\max} = f_k F_N$$

4.5　Подумать(思考题)

1. 如图 4.13 所示,当左右两木块所受压力大小均为 $\vec{F}$ 时,物体 A 夹在木板中间静止不动.若两端木板所受压力大小各为 $2\vec{F}$,则求物体 A 受到的摩擦力与原摩擦力的关系.

2. 已知一物块重 $P=100$ N,用水平力 $F=500$ N 的力压在一铅垂表面上,如图 4.14 所示,其静摩擦因数 $f_s=0.3$,问此时物块的摩擦力等于多少?

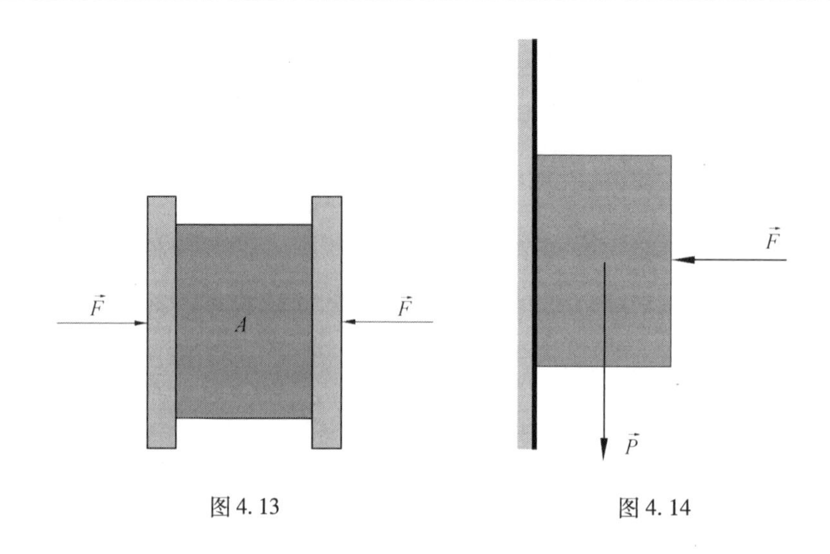

图 4. 13　　图 4. 14

3. 物块重 $\vec{P}$,放置在粗糙的水平面上,接触的静摩擦因数 $f_s=0.3$. 要使物块沿水平方向向右滑动,可沿 OA 方向施加拉力 $\vec{F}_1$(图 4. 15(a)),也可沿 OB 方向施加推力 $\vec{F}_2$(图 4. 15(b)),问哪种施力方法省力?

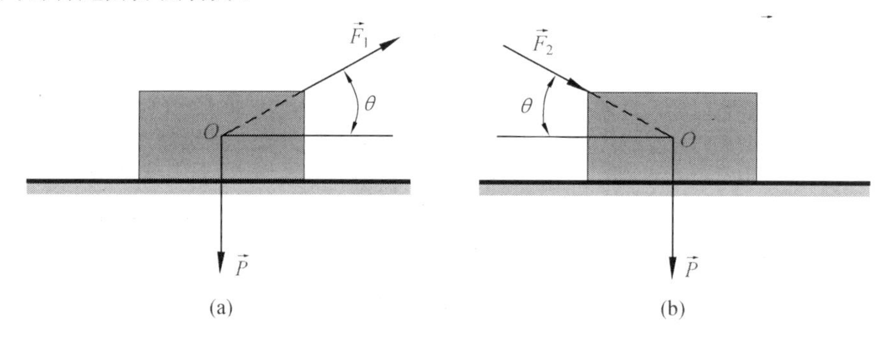

图 4. 15

4. 物块重 $\vec{P}$,一力 $\vec{F}$ 作用在摩擦角之外,如图 4. 16 所示. 已知 $\theta=25°$,摩擦角 $\varphi_f=20°$,且力 $F=P$,问物块动不动,为什么?

5. 如图 4. 17 所示,已知 OA 重力为 G,物块 M 重力为 G_1. 杆与物块之间有摩擦,而物块与地面之间的摩擦力略去不计. 当水平力 $\vec{F}$ 增大而物块仍然保持平衡时,杆对物块的正压力变化?

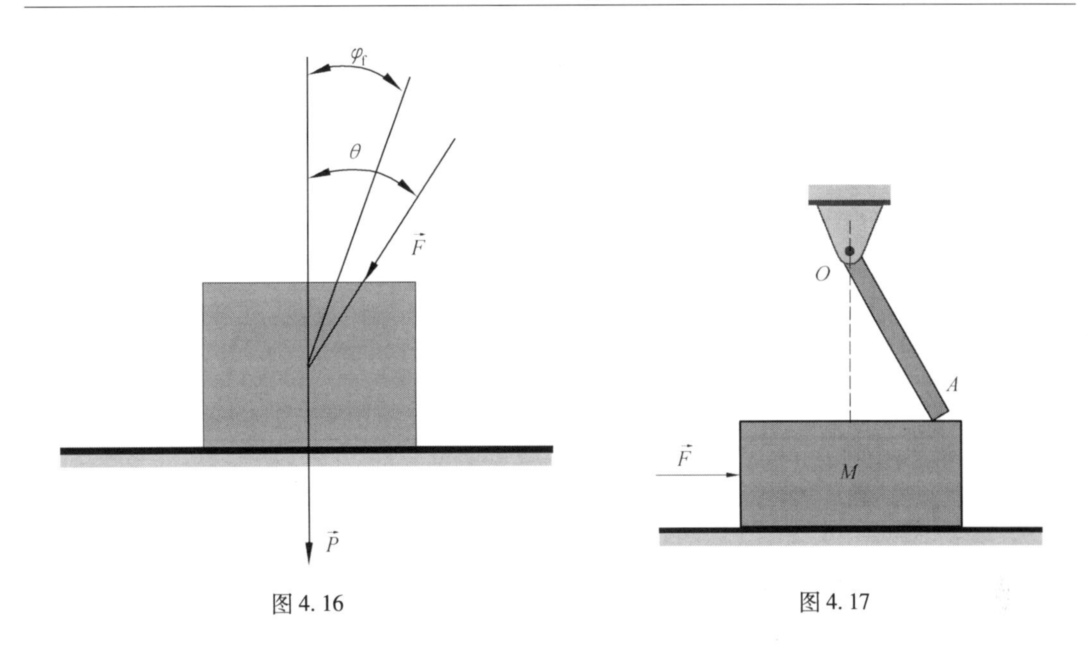

图 4.16

图 4.17

6. 已知物体重为 $\vec{P}$,尺寸如图 4.18 所示. 现以水平力 $\vec{F}$ 拉此物体,当刚开始拉动时,A,B 两处的摩擦力是否都达到最大值? 如 A,B 两处的摩擦因数均为 f_s ,此二处最大静摩擦力是否相等? 又如力 $\vec{F}$ 较小而未能拉动物体时,能否分别求出 A,B 两处的静摩擦力?

7. 汽车匀速水平行驶,地面对车轮有滑动摩擦阻力,也有滚动摩擦阻力,车轮只滚不滑. 汽车前轮受车身施加的一个向前的推力 $\vec{F}_1$ 作用(图 4.19(a)),而后轮受到驱动力偶 M,并受车身向后的力 $\vec{F}_2$ 作用(图 4.19(b)). 试画全前、后轮的受力图. 如何求其滑动摩擦力? 是否等于其动摩擦力? 是否等于其最大静摩擦力?

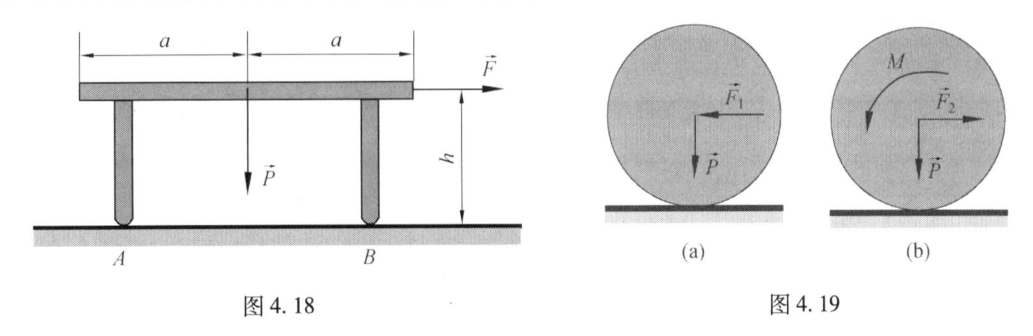

图 4.18

图 4.19

4.6 Упражнение(习题)

1. 重为 $\vec{P}$ 的物体放在倾角为 β 的斜面上,物体与斜面的摩擦角为 φ_f,如图 4.20 所示. 在物体上作用力 $\vec{F}$,此力与斜面倾角为 θ. 求拉动物体时力 $\vec{F}$ 的值,并问当 θ 为何值时此力最小?

2. 如图 4.21 所示,置于 V 型槽中的棒料上作用一力偶,力偶的矩 $M=15\ \mathrm{N\cdot m}$ 时,刚好能转动此棒料. 已知棒料重 $P=400\ \mathrm{N}$,直径 $D=0.25\ \mathrm{m}$,不计滚动摩阻. 求棒料与 V 型槽间的静摩擦因数 f_s.

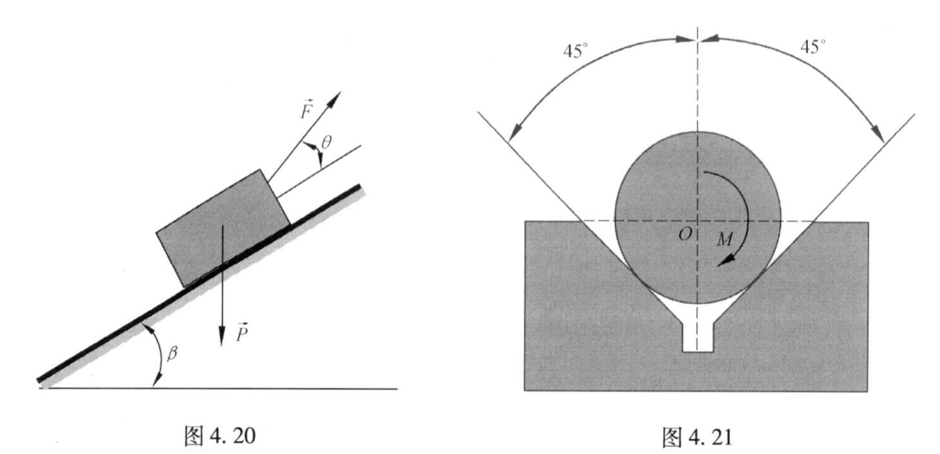

图 4.20　　图 4.21

3. 两根相同的均质杆 AB 和 BC,在端点 B 用光滑铰链连接,A,C 两点放在非光滑的水平面上,如图 4.22 所示. 当 ABC 成等边三角形时,系统在铅垂面内处于临界平衡状态. 求杆端与水平面间的摩擦因数.

4. 梯子 AB 靠在墙上,其重为 $P=200\ \mathrm{N}$,如图 4.23 所示. 梯长为 l,并与水平面交角 $\theta=60°$,与接触面间的摩擦因数均为 0.25. 今有一重为 650 N 的人沿梯子向上爬,问人所能达到的最高点 C 到点 A 的距离 s 是多少?

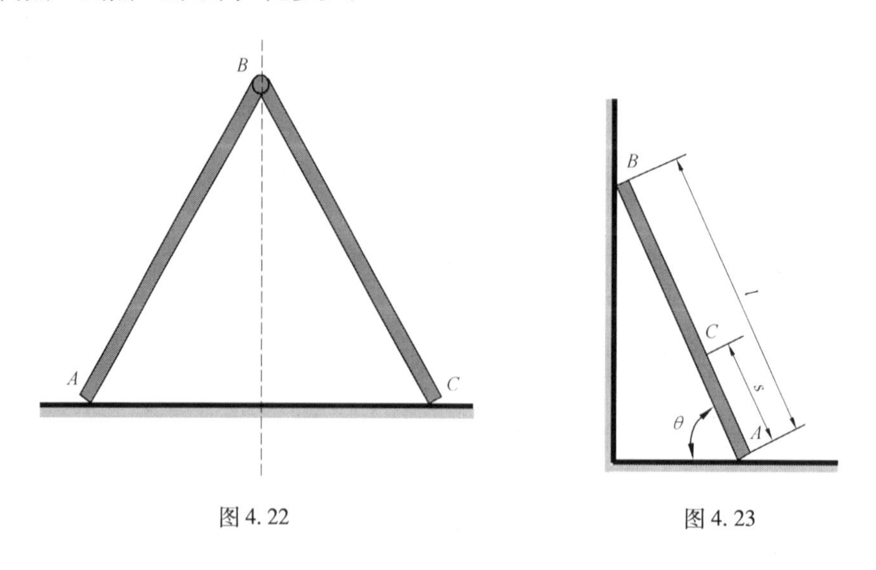

图 4.22　　图 4.23

5. 如图 4.24 所示,圆柱滚子重 3 kN,半径为 30 cm,放在水平面上. 若滚动摩擦系数为 $\delta=0.5$,求 $\alpha=0°$ 及 $\alpha=30°$ 两种情况下,拉动滚子所需的拉力 $\vec{F}$ 的值.

6. A 物重 $P_A=5\ \mathrm{kN}$,B 物重 $P_B=6\ \mathrm{kN}$,A 物与 B 物间的静滑动摩擦系数 $f_{s1}=0.1$,B 物与地面间的静滑动摩擦系数 $f_{s2}=0.2$,两物块由绕过一定滑轮的无重水平绳相连,如图 4.25 所示. 求使系统运动的水平力最小值.

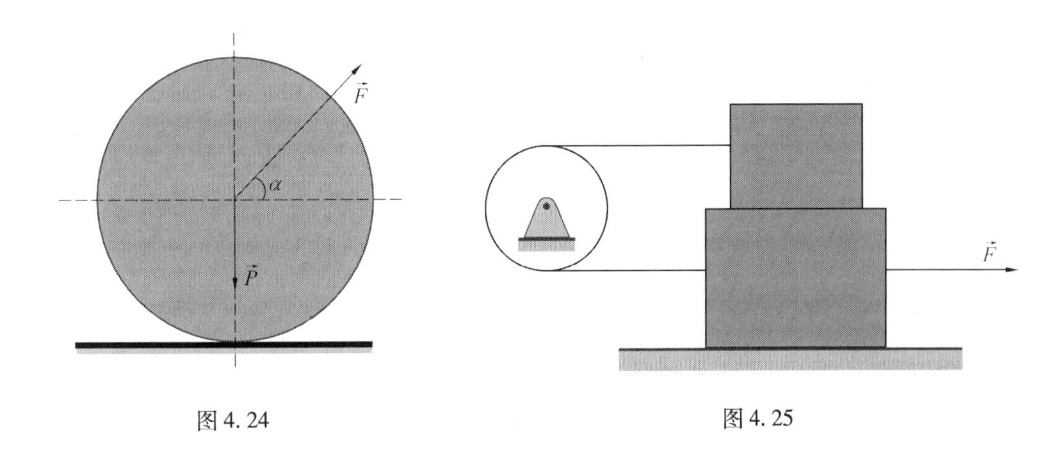

图 4.24　　图 4.25

7. 轧压机由两轮组成,两轮的直径均为 $d=500$ mm,轮间的间隙为 $a=5$ mm,两轮反向转动,如图 4.26 所示. 已知烧红的铁板与铸铁轮间的静摩擦因数 $f_s=0.1$,问能轧压的铁板的厚度 b 是多少?

提示:欲使机器工作,则铁板必须被两转轮带动,即作用在铁板 A,B 处的法向作用力和摩擦力的合力必须水平向右.

8. 如图 4.27 所示,钢管车间的钢管运转台架,依靠钢管自重缓慢无滑动地滚下,钢管直径为 50 mm. 设钢管的滚动摩擦系数为 $\delta=0.5$,试求台架的最小倾角 α 应该多大?

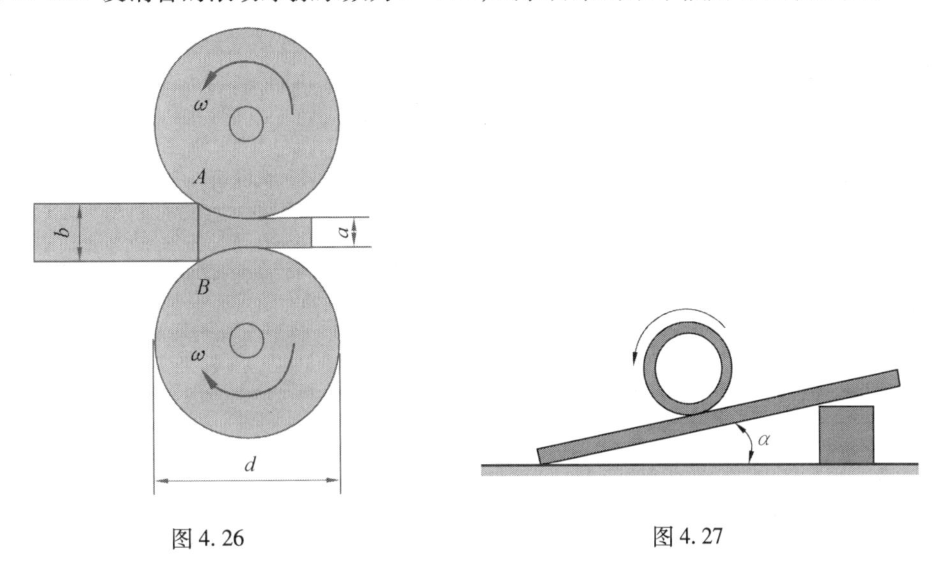

图 4.26　　图 4.27

9. 如图 4.28 所示,质量为 $P_1=450$ N 的均质梁 AB,梁的 A 端为固定铰支座,另一端搁置在重 $P_2=343$ N 的线圈架的芯轴上,轮心 C 为线圈架的重心. 线圈架与 AB 梁和地面间的静摩擦因数分别为 $f_{s1}=0.4$, $f_{s2}=0.2$,不计滚动摩阻,线圈架的半径 $R=0.3$ m,芯轴的半径 $r=0.1$ m. 今在线圈架的芯轴上绕一不计质量的软绳,求使线圈架由静止开始运动的水平拉力 $\vec{F}$ 的最小值.

10. 如图 4.29 所示,A 物重 $P_A=300$ N,均质轮 B 重 $P_B=600$ N,A 物与轮 B 间的静滑动

摩擦系数$f_{s1}=0.3$,轮 B 与地面间的静滑动摩擦系数$f_{s2}=0.5$,不考虑滚动摩擦阻力,求能拉动轮 B 的水平拉力 F 的最小值.

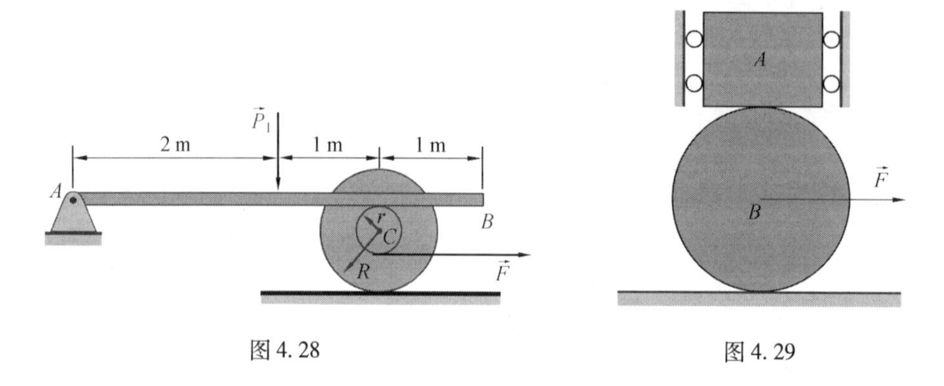

图 4.28

图 4.29

11. 如图 4.30 所示,在搬运重物时,常在板下面垫滚子. 已知重物重量为 $\vec{P}$,滚子重量 $P_1=P_2$,半径为 r,滚子与板间的滚阻系数为 δ_1,与地面间的滚阻系数为 δ_2. 求拉动重物时水平力 $\vec{F}$ 的大小.

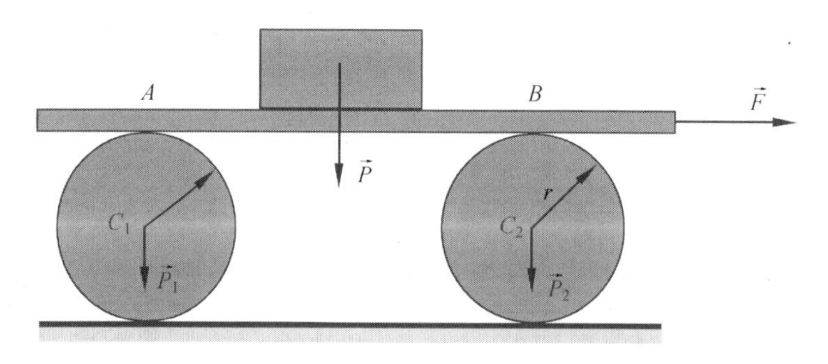

图 4.30

Часть 2 Кинематика(运动学)

Вступление（引言）

静力学研究作用在物体上的力系简化、力系平衡条件及应用. 当作用在物体上的力系不平衡时,物体的运动状态将发生改变. 物体的运动规律不仅与受力情况有关,而且与物体本身的惯性及原来的运动状态有关. 为了研究物体在力系作用下的运动规律,本章暂不考虑物体运动的“力”和“质量”,而单独研究物体运动的几何性质(轨迹、运动方程、速度和加速度等),这部分内容称为运动学. 至于物体的运动规律与力、惯性等的关系将在动力学中研究. 因此,运动学是研究物体运动几何性质的科学,是研究动力学及后续专业课程如机构分析等的重要基础.

Кинематикой называется раздел механики, в котором изучается движение материальных тел в пространстве с геометрической точки зрения вне связи с силами, вызывающими это движение(运动学是从几何的角度(指不涉及物体本身的物理性质和施加在物体上的力) 描述和研究物体在空间的位置随时间变化规律的力学分支).

В кинематике сначала нужно определить пространственное положение объекта в любое время. Чтобы определить положение объекта в пространстве, другой объект должен быть выбран в качестве ссылки. Этот эталонный объект называется эталонным телом. Из-за относительного характера движения выбранные опорные тела различны, и законы движения объектов относительно разных опорных тел также различны. Поэтому в механике для описания движения любого объекта требуется указание эталонного тела. Если ось координат прикреплена к опорному телу, она представляет собой исходную систему, которая упоминается в качестве опорной системы координат. В общей инженерной задаче система координат, закрепленная на земле, принимается в качестве системы отсчета, которая называется фиксированной системой отсчета(在运动学里,首先需要确定物体在任何时刻所在的空间位置. 而要确定物体在空间的位置,必须选取另一个物体作为参考,这个参考的物体称为参考体. 由于运动的相对性,所选的参考体不同,则物体相对于不同参考体的运动规律也不同. 因此,在力学中,描述任何物体的运动都需要指明参考体. 如果将坐标轴固连于参考体上就构成参考坐标系,简称参考系. 一般工程问题中,都取与地面固连的坐标系为参考系,称为定参考系).

В теоретической механике изучается простейшая форма движения—механическое движение. Механическое движение всегда рассматривается относительно выбранной системы отсчета, которая может быть подвижной или условно неподвижной. Например, при рассмотрении механического движения тел, находящихся на Земле, за неподвижную систему осей координат выбирают систему осей, неизменно связанных с Землей(在理论

力学中,机械运动是最简单的运动形式.在研究机械运动时,总要选定相对参考系,这种参考系可以是移动的,也可以是静止的.例如,在研究地球上物体的机械运动时,总是选择一个与地球相固连的坐标系作为静止的参考系).

Глава 5 Кинематика точки (点的运动学)

Кинематика точки является основой для изучения движения объектов. В этой главе описывается простое движение исследовательской точки, изменение геометрического положения исследовательской точки относительно системы отсчета во времени, включая уравнение движения точки, траекторию движения, скорость и ускорение(点的运动学是研究物体运动的基础.本章研究点的简单运动,研究点相对于某一参考系的几何位置随时间的变化规律,包括点的运动方程、运动轨迹、速度和加速度等).

5.1 Способы определения движения материальной точки (确定质点运动的方法)

Прежде чем заняться исследованием движения точки, определением характеристик этого движения, надо научиться определять положение точки в пространстве в нужный момент времени(在研究点的运动、确定这种运动的特征之前,我们必须学习如何确定点在某瞬时在空间中的位置).

Для этого существует несколько способов задания движения(为此有几种确定运动的方法):

(1)Естественный способ(自然坐标法).

(2)Координатный способ(直角坐标法).

(3)Векторный способ(矢径法).

Точка движется в пространстве по некоторой линии, или траектории(点在空间沿某条曲线或轨迹运动).

Движение точки задано естественным способом (рис. 5.1(a)), если известны: ① траектория точки; ② зависимость изменения длины дуги от времени: $\overset{\frown}{OM} = S = f(t)$ (эта зависимость называется уравнением движения материальной точки); ③ начало движения; ④ начало отсчета; ⑤ направление отсчета(提出点的运动方法:自然法(图5.1(a)),需要已知①点的轨迹;②弧长随时间的变化关系: $\overset{\frown}{OM} = S = f(t)$ (这种关系式称为质点的运动方程); ③运动的起始点; ④原点;⑤参考方向).

Положение точки в пространстве однозначно определяется радиусом-вектором $\vec{r}$, проведенным из некоторого неподвижного центра в данную точку M (рис. 5.1(b)). Такой способ задания движения называется векторным (空间中某点的位置由从某个固定

中心到该点 M 绘制的矢径 $\vec{r}$ 唯一确定(图 5.1(b)). 这种定义运动的方式称为矢径法).

$$\vec{r}=\vec{r}(t) \tag{5.1}$$

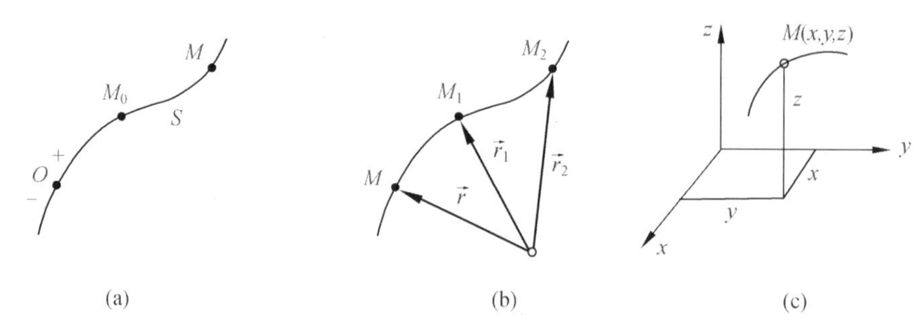

图 5.1　矢径法

Положение точки в пространстве в этом случае будет определяться геометрическим местом концов векторов $\vec{r}$, т. е. годографом ее радиуса-вектора(在这种情况下, 空间点的位置将由矢量 $\vec{r}$ 端点的几何位置,即其矢径的矢端曲线确定).

При координатном способе задания движения (рис. 5.1(с)) должны быть известны зависимости, по которым можно определить, как со временем изменяются координаты точки в пространстве(点运动的直角坐标法 (图 5.1(с)) 应该知道如下函数关系, 通过它可以确定空间中某个点的坐标是如何随时间变化的)

$$x=f_1(t),y=f_2(t),z=f_3(t) \tag{5.2}$$

Эти уравнения называются уравнениями движения точки в декартовых координатах, с их помощью для каждого момента времени можно определить положение точки в пространстве. Если точка движется на плоскости, то ее положение описывается двумя уравнениями(这些方程式被称为笛卡尔坐标系下的运动方程, 根据时间, 由这些方程可以确定空间中某一点的位置. 如果点在平面上运动, 则其位置由两个方程式描述):

$$x=f_1(t),y=f_2(t) \tag{5.3}$$

если точка движется по прямой, то достаточно только одного уравнения:(如果点沿直线运动,那么只用一个方程就足够了)

$$x=f(t) \tag{5.4}$$

例题 1　Движение точки в плоскости задано уравнениями(рис. 5.2)(如图 5.2,已知平面上点的运动方程)

$$x=2+4t,y=-3+8t$$

где x и y измеряются в сантиметрах (см), а t—в секундах (с)(其中 x 和 y 以厘米(cm)为单位,t 以秒(s)为单位). Определить траекторию движущейся точки(确定点的运动轨迹).

解:Получим уравнение траектории, исключив время t из заданных уравнений движения. Из первого уравнения $t=(x-2)/4$, из второго $t=(y+3)/8$. Приравняв правые части этих равенств, получим(我们从给定运动方程中消除 t,得到轨迹方程. 根据第一个等式 $t=(x-2)/4$, 从第二个 $t=(y+3)/8$. 让这些等式的右边部分相等,得到)

$$\frac{x-2}{4}=\frac{y+3}{8}$$

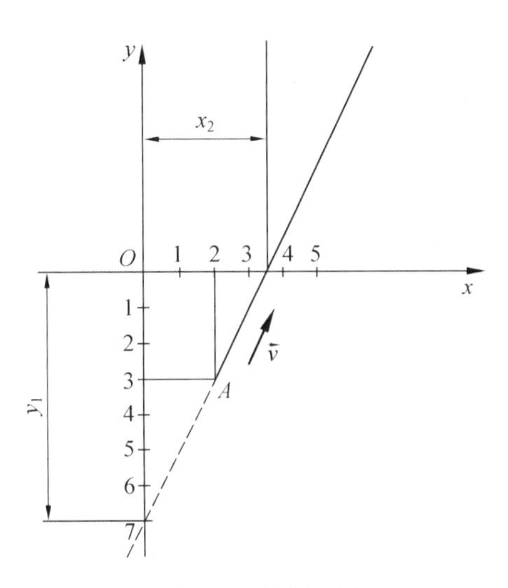

图 5.2 例题 1 图

Траектория движения — прямая линия, построим ее. Полагая $x=0$, найдем точку пересечения линии траектории с осью Oy: $y_1 = -7$(运动的轨迹是一条直线,画出这条直线. 假设 $x = 0$,找到轨迹与 Oy 轴的交点:$y_1 = -7$).

Полагая $y = 0$, найдем точку пересечения траектории с осью Ox: $x_2 = 3{,}5$ см. рис. 5.2. Проведя через эти точки прямую, получим линейную траекторию движения материальной точки (рис. 5.2). На этой линии необходимо найти начало движения точки. (假设 $y = 0$, 找到轨迹与 Ox 轴的交点: $x_2 = 3.5$ cm. 通过这些点绘制直线后,将得到一个质点的直线运动轨迹 (图 5.2). 在这一直线上, 你需要找到运动的起始点).

В момент начала движения, т. е. когда $t=0$, точка имела координаты $x_A = 2$ см и $y_A = -3$ см. Остается определить, в каком направлении от точки A движется материальная точка. С течением времени координаты x и y будут возрастать. Следовательно, материальная точка начнет движение из точки A и далее будет двигаться вверх по стрелке до бесконечности(在运动开始的那一刻,即当 $t=0$ 时,该点具有坐标 $x_A = 2$ cm 并且 $y_A = -3$ cm. 我们只需确定质点 A 的方向. 随着时间的推移,x 和 y 坐标将增加. 因此,质点将从 A 点开始运动,并将继续沿箭头向上运动到无穷大).

Итак, траектория движения материальной точки найдена; она задана естественным способом: ее начало — в точке A, направление движения — по стрелке(因此, 得到了质点的运动轨迹, 它是通过自然法确定的:其起点是 A 点,运动方向沿着箭头方向. $S=S(t)$ 称为动点沿着已知轨迹的运动方程).

5.2 Скорость точки(点的速度)

Известно, что при движении точки по прямой линии с постоянной скоростью, равномерно, скорость её определяется делением пройденного расстояния s на время $v=s/t$. При неравномерном движении эта формула не годится. И метод определения скорости зависит от способа задания движения(众所周知,当一个点匀速地沿直线移动时,它的速度是用通过的距离 s 除以时间来确定的 $v=s/t$. 这个公式不适用于变速运动,确定速度的方法,取决于确定运动的方法).

1. Скорость точки при векторном способе задания движения

(矢量法描述运动时点的速度)

Скорость точки характеризует быстроту и направление движения точки. При векторном способе задания движения положение точки в каждый момент времени определяется радиусом-вектором $\vec{r}=\vec{r}(t)$ (点的速度决定点的运动快慢和方向. 利用描述运动的矢量方法,每个时刻点的位置由矢径 $\vec{r}=\vec{r}(t)$ 确定).

Пусть в момент времени t точка занимает положение M, определяемое радиусом-вектором $\vec{r}=\vec{r}(t)$ (рис. 5.3(a)). В момент времени $t+\Delta t$ точка займет положение M_1, определяемое радиусом- вектором $\vec{r}_1=\vec{r}+\Delta\vec{r}$. Отношение $\Delta\vec{r}/\Delta t$ является вектором средней скорости, а производная вектора $\vec{r}$ по времени t и будет вектором скорости в данный момент времени(在 t 时刻质点在 M 点,其位置由矢径 $\vec{r}=\vec{r}(t)$ 确定 (图 5.3(a)). 在 $t+\Delta t$ 时刻时, 点将在 M_1位置, 由矢径 $\vec{r}_1=\vec{r}+\Delta\vec{r}$ 确定. 比值 $\dfrac{\Delta\vec{r}}{\Delta t}$ 是平均速度矢量,矢量 $\vec{r}$ 对时间 t 的导数是给定时刻的速度矢量)

$$\vec{v}=\frac{\mathrm{d}\vec{r}}{\mathrm{d}t}$$

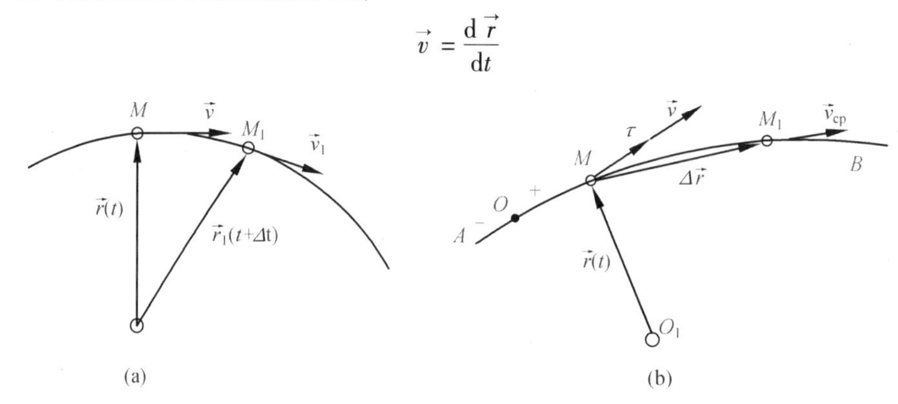

图 5.3　矢径法求速度

Поскольку $\vec{v}$ —это производная функции $\vec{r}=\vec{r}(t)$, то вектор скорости $\vec{v}$ всегда направлен по касательной к траектории движения материальной точки(因为 $\vec{v}$ 是 $\vec{r}=\vec{r}(t)$ 的导数, 所以速度向量 $\vec{v}$ 始终与质点的轨迹相切).

2. Скорость точки при естественном способе задания движения

(自然坐标法中点的速度)

Если движение точки задано естественным способом, то известны ее траектория AB, начало движения, направление и уравнение движения $S=S(t)$. В полученное выражение $\vec{v}=\dfrac{\mathrm{d}\vec{r}}{\mathrm{d}t}$,введем промежуточную переменную — дуговую координату S(如果通过自然法确定点的运动,则其轨迹 AB、运动起始位置、运动方向和方程 $S=S(t)$都是已知的. 在结果表达式 $\vec{v}=\dfrac{\mathrm{d}\vec{r}}{\mathrm{d}t}$ 中,我们引入一个中间变量——弧坐标 S)

$$\vec{v} = \frac{d\vec{r}}{dS} \cdot \frac{dS}{dt}$$

Поскольку dS—величина скалярная, то вектор $\frac{d\vec{r}}{dS}$ будет направлен по касательной к траектории в точке M; этот вектор обозначается $\vec{\tau}$ (рис. 5.3(b)) и является ортом направления, модуль его равен единице. Орт $\vec{\tau}$ всегда направлен в сторону возрастания S. (因为 dS 是标量值, 所以 $\frac{d\vec{r}}{dS}$ 将沿点 M 处轨迹的切线方向; 这个向量用 $\vec{\tau}$ (图 5.3(b)) 表示, 并且顺着运动的方向, 其大小等于 1,始终指向 S 增加的方向).

Таким образом, при естественном способе задания траектории вектор скорости(因此,用自然坐标的形式确定速度矢量)

$$\vec{v} = \frac{dS}{dt}\vec{\tau}$$

Производная dS/dt представляет собой алгебраическое значение скорости. Если dS/dt > 0, то в рассматриваемый момент времени точка движется в сторону увеличения дуговой координаты S, и, следовательно, направление ее скорости совпадает с направлением орта $\vec{\tau}$. Если же dS/dt < 0, то функция S убывает, и, следовательно, вектор скорости направлен в сторону, противоположную вектору $\vec{\tau}$ (导数 dS / dt 是速度的代数值. 如果 dS / dt> 0,那么在所考虑的时刻,该点在弧坐标 S 增加的方向上运动,因此,其速度的方向与单位矢量 $\vec{\tau}$ 的方向一致. 如果 dS/dt <0,则弧坐标 S 减小,因此,速度矢量指向与矢量 $\vec{\tau}$ 相反的方向).

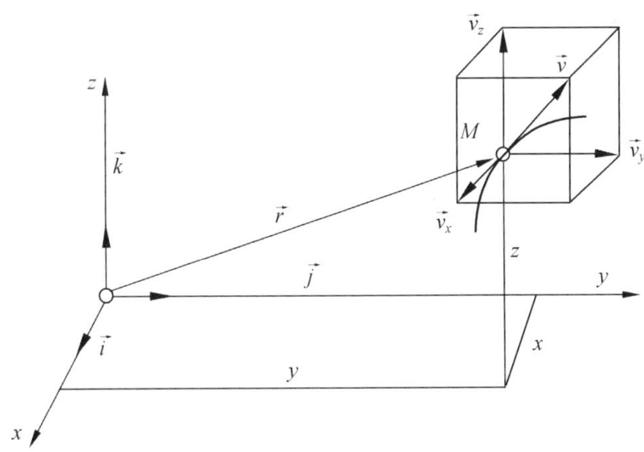

图 5.4 直角坐标法求速度

3. Скорость точки при координатном способе задания движения (直角坐标运动方程下点的速度)

Определим скорость точки при координатном способе задания движения. Пусть заданы уравнения движения точки M (рис. 5.4)(在描述点运动的直角坐标法下定义点的速度. 如图 5.4 所示,设点 M 的运动方程为)

$$x = f_1(t), y = f_2(t), z = f_3(t)$$

Ее положение в пространстве определяется радиусом-вектором(它在空间中的位置

由矢径决定)

$$\vec{r} = \vec{i}x + \vec{j}y + \vec{k}z$$

На основании предыдущих выводов вектор скорости можно записать следующим образом(根据之前的研究结果,动点的速度等于动点的矢径对于时间的一阶导数,速度矢量可以写为)

$$\vec{v} = \lim_{\Delta t \to 0} \frac{\Delta \vec{r}}{\Delta t} = \frac{\mathrm{d}\vec{r}}{\mathrm{d}t} = \frac{\mathrm{d}}{\mathrm{d}t}(\vec{i}x + \vec{j}y + \vec{k}z) = \vec{i}\frac{\mathrm{d}x}{\mathrm{d}t} + \vec{j}\frac{\mathrm{d}y}{\mathrm{d}t} + \vec{k}\frac{\mathrm{d}z}{\mathrm{d}t}$$

Следовательно, $\vec{v} = \vec{i}v_x + \vec{j}v_y + \vec{k}v_z$, построим параллелепипед на проекциях v_x, v_y и v_z (см. рис. 5.4) и определим модуль вектора скорости(因此 $\vec{v} = \vec{i}v_x + \vec{j}v_y + \vec{k}v_z$,我们在 x,y 和 z 上建立投影坐标系,如图 5.4 所示,并确定速度向量的大小为)

$$v = \sqrt{v_x^2 + v_y^2 + v_z^2}$$

5.3 Ускорение точки(点的加速度)

Ускорение точки — векторная величина, характеризующая быстроту изменения с течением времени вектора скорости: $\vec{a} = \frac{\mathrm{d}\vec{v}}{\mathrm{d}t} = \frac{\mathrm{d}^2\vec{r}}{\mathrm{d}t^2}$. Запишем выражения для проекций вектора ускорения на оси координат(点加速度是一个矢量, 它描述速度矢量随时间变化的快慢和方向: $\vec{a} = \frac{\mathrm{d}\vec{v}}{\mathrm{d}t} = \frac{\mathrm{d}^2\vec{r}}{\mathrm{d}t^2}$. 可以写出加速度矢量在轴上投影的表达式)

$$a_x = \mathrm{d}v_x / \mathrm{d}t, a_y = \mathrm{d}v_y / \mathrm{d}t, a_z = \mathrm{d}v_z / \mathrm{d}t.$$

Если известны проекции a_x, a_y и a_z, то можно определить модуль ускорения(如果已知投影 a_x,a_y 和 a_z, 则可以确定加速度大小)

$$a = \sqrt{a_x^2 + a_y^2 + a_z^2}$$

При естественном способе задания траектории движения материальной точки ее вектор ускорения можно разложить по естественным осям координат $\vec{\tau}$ и $\vec{n}$ (рис. 5.5)(在已知质点运动轨迹的自然方法中, 其加速度矢量可沿自然轴 $\vec{\tau}$ 和 $\vec{n}$, 分解如图 5.5 所示)

$$\vec{a} = a_\tau \vec{\tau} + a_n \vec{n}$$

Проекция ускорения на орт $\vec{\tau}$ называется касательным ускорением, которое характеризует быстроту изменения модуля скорости: $a_\tau = \mathrm{d}v / \mathrm{d}t$. Касательное ускорение существует только при неравномерном криволинейном движении(加速度在单位矢量 $\vec{\tau}$ 上的投影称为切向加速度,其表征速度大小的变化率: $a_\tau = \mathrm{d}v / \mathrm{d}t$. 切向加速度仅在非匀速曲线运动时存在).

Нормальное ускорение $a_n = v^2/\rho$ показывает изменение направления вектора скорости $\vec{v}$, когда материальная точка движется по криволинейной траектории (ρ — радиус кривизны траектории в точке)(法向加速度 $a_n = v^2/\rho$ 表示当质点沿曲线轨迹运动时速度 $\vec{v}$ 矢

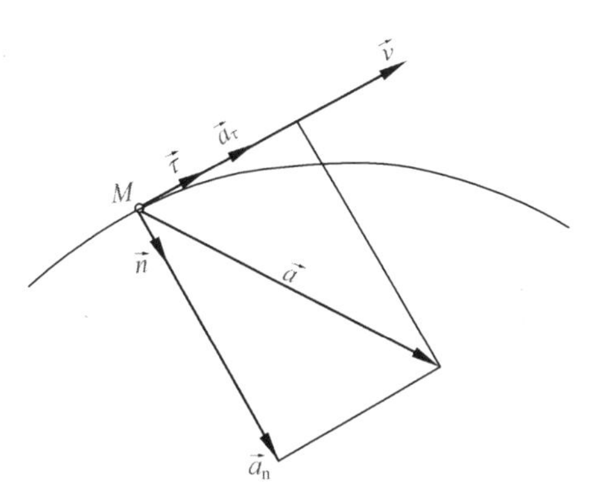

图 5.5　全加速度

量方向的变化(ρ 是一点处轨迹的曲率半径)).

例题 2　椭圆规机构 $\theta=\omega t, OC=AC=BC=l, BM=d$,求 M 点的运动方程、速度、加速度.

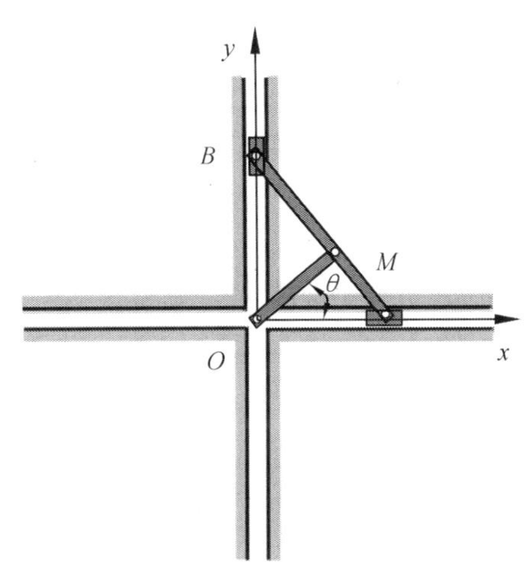

图 5.6　例题 2 图

解:(1)建立固定参考系 Oxy.

(2)将所考察的点置于坐标系中的一般位置.

(3)根据已知的约束条件列写点的运动方程.

M 点的运动方程: $x=(2l-d)\cos\theta=(2l-d)\cos\omega t$

$$y=d\sin\theta=d\sin\omega t$$

从中消去 t 得到 M 点的轨迹方程: $\left(\frac{x}{2l-d}\right)^2+\left(\frac{y}{d}\right)^2=1$

M 点的速度: $v_x=\dot{x}=-\omega(2l-d)\sin\omega t, v_y=\dot{y}=\omega d\cos\omega t$

M 点的加速度: $a_x=\ddot{x}=-\omega^2(2l-d)\cos\omega t, a_y=\ddot{y}=-\omega^2 d\sin\omega t$

5.4 Частные случаи движения материальной точки (点运动的特殊情况)

(1) $a_n=0$; $a_\tau=0$. Следовательно, полное ускорение $a=0$. Точка движется равномерно прямолинейно. Закон движения в этом случае $S=S_0+v_0t$, где S_0— дуговая координата в начальный момент времени; $\vec{v}_0$— скорость движения точки в начальный момент движения (скорость не изменится и в любой другой момент времени t, так как движение неускоренное)($a_n=0$; $a_\tau=0$. 因此,总加速度 $a=0$. 该点做匀速直线运动. 此时的运动规律是 $S=S_0+v_0t$,其中 S_0是初始时刻的弧坐标; $\vec{v}_0$是初始运动时刻点的速度,在任何其他时间点 t,速度不会改变,因为运动不会加速).

(2) $a_n\neq0$; $a_\tau=0$ — равномерное криволинейное движение. Вектор скорости атериальной точки изменяется лишь по направлению. Закон движения по криволинейной раектории запишется аналогично первому случаю($a_n\neq0$; $a_\tau=0$——匀速率曲线运动. 点的速度矢量仅在方向上变化,曲线运动定律与第一种情况类似):

$$S=S_0+v_0t$$

(3) $a_n=0$; $a_\tau\neq0$ — прямолинейное неравномерное движение($a_n=0$; $a_\tau\neq0$——变速直线运动).

(4) $a_n\neq0$; $a_\tau\neq0$ — криволинейное неравномерное движение($a_n\neq0$; $a_\tau\neq0$——变速曲线运动).

Если в третьем случае $a_\tau=a=\text{const}$ и в четвертом $a_\tau=\text{const}$, то материальная точка будет совершать соответственно равноускоренное (равнозамедленное) прямолинейное (如果在第三种情况下 $a_\tau=a=\text{const}$ 和第四种情况 $a_\tau=\text{const}$, 则点将分别做匀变速直线运动),

$$S=S_0+v_0t\pm\frac{1}{2}at^2$$

и равноускоренное (равнозамедленное) криволинейное движение(和匀变速曲线运动).

$$S=S_0+v_0t\pm\frac{1}{2}a_\tau t^2$$

例题 3 Поезд движется равнозамедленно по закруглению радиусом $R=1$ км. В начале участка поезд имел скорость 36 км/ч и полное ускорение $a_0=0,125$ м/с^2. Определить скорость и ускорение поезда в конце криволинейного участка, если длина участка 560 м(火车在 $R=1$ km 的半径范围内匀减速运动. 在该段开始时,列车的速度为36 km / h,全加速度 $a_0=0.125$ m / s^2. 如果弧长为560 m,确定曲线区域末端的列车速度和加速度).

解:(1) Будем рассматривать движение одной из точек поезда, например его центра тяжести. Совместим начало отсчета дуговой координаты O с начальным положением точки M_0, направление движения принимаем за положительное (рис. 5.7). В этом случае величина S_0 будет равна нулю(考虑列车其中一个点的运动,例如它的重心. 将弧坐标的原点 O 与点 M_0的初始位置相重合,运动方向为正(图5.7). 此时,S_0的值为零).

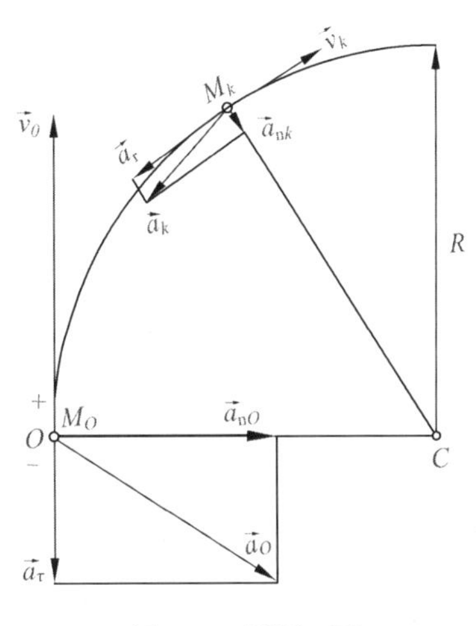

图 5.7　例题 3 图

（2）Запишем закон равнозамедленного движения материальной точки（写出质点的匀变速曲线运动方程）

$$S = v_0 t - \frac{1}{2} a_\tau t^2$$

и формулу для определения скорости этого движения（和一个确定这个运动速度的公式）

$$v = v_0 - a_\tau t$$

（3）Определим нормальное ускорение точки в начале участка（确定开始处的法向加速度）

$$a_{n0} = \frac{v_0^2}{R} = \frac{100}{1\ 000} = 0.1\ \text{m/s}^2$$

$$(v_0 = 36\ \text{km/h} = 10\ \text{m/s},\ R = 1\ \text{km} = 1\ 000\ \text{m}).$$

（4）Зная модуль полного ускорения точки в начале пути, определим его касательную составляющую（得出开始处点的全加速的大小，我们确定其切线分量为）

$$a_o^2 = a_{no}^2 + a_\tau^2, a_\tau = \sqrt{a_o^2 - a_{no}^2} = \sqrt{0.125^2 - 0.1^2} = 0.075\ \text{m/s}^2.$$

（5）Подставляя в формулу движения выражение для касательной составляющей ускорения $\vec{a}_\tau$, определим время t, в течение которого поезд прошел участок длиной 560 м（用加速度切向分量 $\vec{a}_\tau$ 的表达式代入运动公式，确定火车通过 560 m 的路段所需的时间 t）

$$560 = 10t - \frac{0.075\ t^2}{2}.$$

由此
$$t = \frac{10 \pm \sqrt{100 - 1\ 120 \cdot 0.075}}{0.075} = \frac{10 \pm 4}{0.075}\text{s}$$

因此，
$$t_1 = \frac{14}{0.075}c; t_2 = \frac{6}{0.075}\text{s}$$

$$t_2 = \frac{6}{0.075}\text{s}$$

Значение t_1 отбрасываем как нереальное, так как это время превышает время через которое поезд окажется в конце пути. Поэтому принимаем во внимание только второй корень уравнения $t_2=\dfrac{6}{0.075}$c (t_1的值是不真实的, 因为这个时间超过了列车到达路径终点的时间. 所以只考虑方程的第二个根 $t_2=\dfrac{6}{0.075}$s).

(6) Определим скорость в конце пути(确定路径终点的速度)

$$v_k=10-0.075\,t_k=10-0.075\cdot 80=4\ \mathrm{m/s}$$

(7) Вычислим нормальное ускорение в конце пути(计算路径终点的法向加速度)

$$a_{nk}=\frac{v_k^2}{R}=\frac{4^2}{1\,000}=0.016\ \mathrm{m/s^2}$$

(8) Определим полное ускорение в конце пути(定义路径末尾的全加速度)

$$a_k=\sqrt{a_{nk}^2+a_\tau^2}=\sqrt{0.016^2+0.075^2}=0.076\,7\ \mathrm{m/s^2}$$

Из расчетов видно, что полное ускорение уменьшилось за счет уменьшения нормального ускорения, в то время как касательное ускорение осталось неизменным(从计算中可以看出, 由于法向加速度的降低, 全加速度减小, 而切线加速度保持不变).

例题 4　已知:圆半径为 R,AB 杆绕 A 轴转动,转角 $\varphi=\omega t$,ω 为常数,求:(1)小环 M 的运动方程、速度、加速度;(2)小环 M 相对于 AB 杆的速度、加速度.

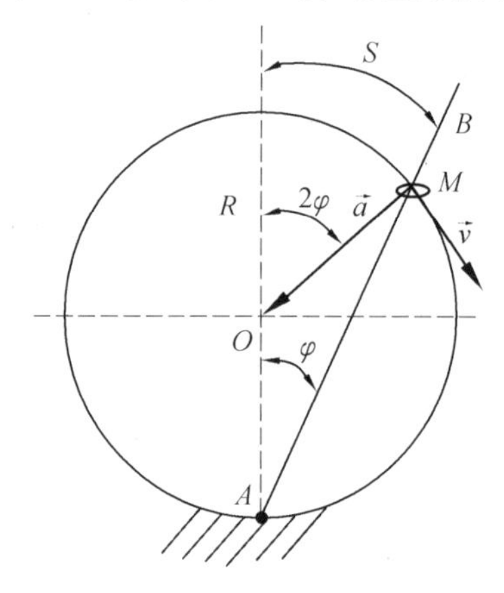

图 5.8　例题 4 图

解:(1)建立图示弧坐标.

运动方程: $S=R(2\varphi)=2R\omega t$

速度

$$v=\frac{\mathrm{d}S}{\mathrm{d}t}=2R\omega$$

加速度

$$a_\tau=\frac{\mathrm{d}v}{\mathrm{d}t}=0\ ,\ a_n=\frac{v^2}{R}=4R\omega^2$$

(2)建立图示直角坐标系.

运动方程 $x'_M=2R\cos\varphi=2R\cos\omega t$

速度 $v'_M=\dfrac{d\,x'_M}{\mathrm{d}t}=-2R\omega\sin\omega t$

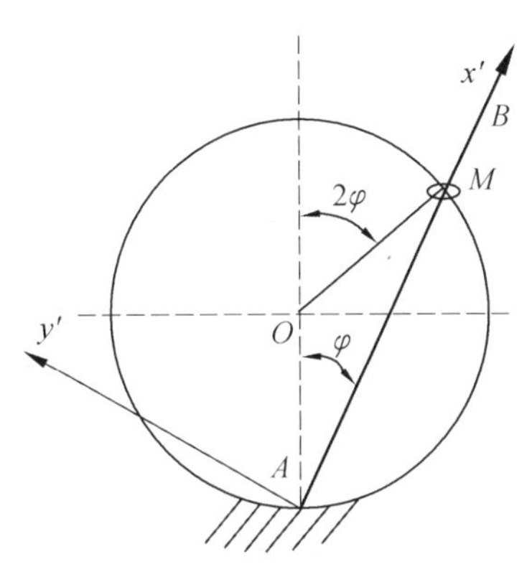

图 5.9　直角坐标法求相对速度

加速度　　$a'_M = \dfrac{d\,v'_M}{\mathrm{d}t} = -2R\,\omega^2\cos\,\omega t$

5.5　Подумать(思考题)

1. $\dfrac{\mathrm{d}\vec{v}}{\mathrm{d}t}$ 和 $\dfrac{\mathrm{d}v}{\mathrm{d}t}$，$\dfrac{\mathrm{d}\vec{r}}{\mathrm{d}t}$ 和 $\dfrac{\mathrm{d}r}{\mathrm{d}t}$ 是否相同?

2. 点 M 沿螺旋线自外向内运动，如图 5.10 所示. 它走过的弧长与时间的一次方成正比，问点的加速度是越来越大，还是越来越小? 点 M 是越跑越快，还是越跑越慢?

3. 当点作曲线运动时，点的加速度 $\vec{a}$ 是恒矢量，如图 5.11 所示. 问点是否做匀变速运动?

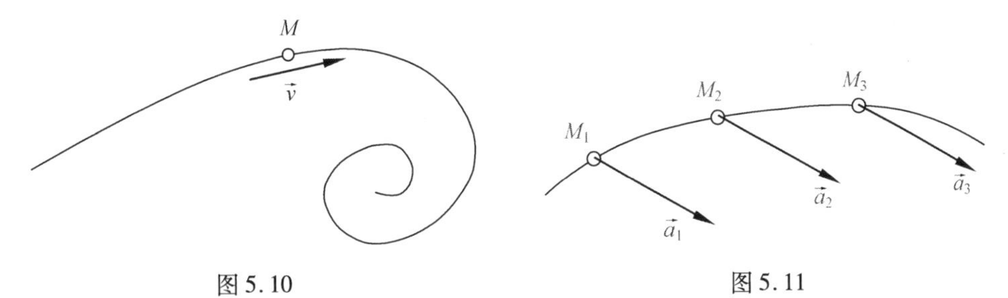

图 5.10　　　　图 5.11

4. 点做曲线运动时，点的位移、路程和弧坐标是否相同?

5. 一火车以 45 km/h 的速度在 8 s 中减至 30 km/h，该火车的减速率是一常数，问火车在完全停止前还需要运动多久?

6. 一半径为 r 的圆周在半径为 $2r$ 的圆周内作无滑动的滚动. 小圆周上任一点 P 是否沿直线运动?

7. 动点沿其轨迹的运动方程为 $s=b+ct$，式中 b、c 为常量，试分析点的运动轨迹、速度及加速度.

5.6 Упражнение(习题)

1. 已知点的运动方程:$x=50t$,$y=500-5t^2$,位移和时间的单位分别为 m,s;求当 $t=0$ 时,点的切向加速度、法向加速度及轨迹的曲率半径.

2. 动点 M 以匀速 $v=5$ m/s 沿其轨迹 $y=\frac{1}{3}x^2$ 运动,求当 $x=2$ m 时,点 M 的速度沿 x 轴和 y 轴方向的分量大小,以及动点 M 的加速度.

3. 图 5.12 所示为曲线规尺的各杆. 长为 $OA=AB=200$ mm,$CD=DE=AC=AE=50$ mm. 若 OA 以角速度 $\omega=\frac{\pi}{5}$ rad/s 绕 O 轴转动,并且当运动开始时,杆 OA 水平向右,求尺上点 D 的运动方程和轨迹.

4. 如图 5.13 所示,杆 AB 长 l,以等角速度 ω 绕点 B 转动,其转动方程为 $\varphi=\omega t$. 而与杆连接的滑块 B 按规律 $s=a+b\sin\omega t$ 沿水平方向作谐振动,其中 a 和 b 均为常数. 求点 A 的轨迹.

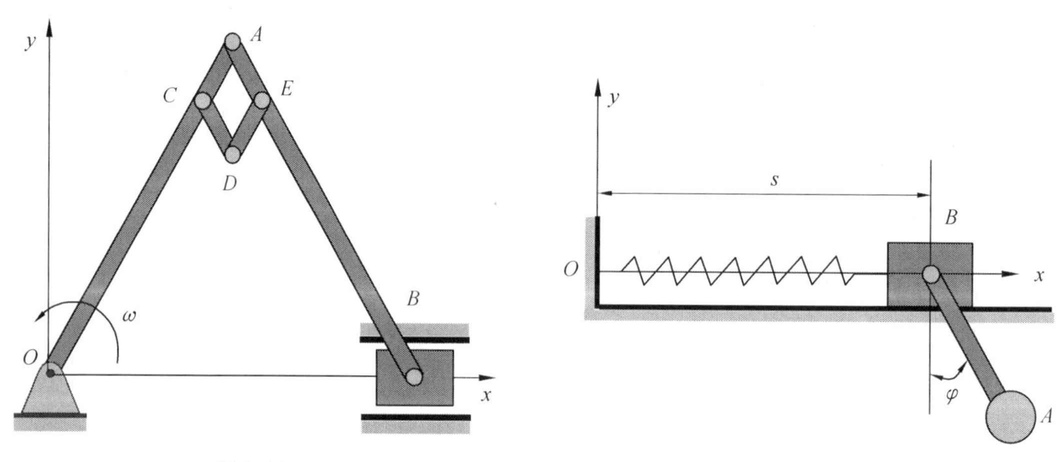

图 5.12　　　　图 5.13

5. 机车以匀速 $v_0=20$ m/s 沿直线轨道行驶,如图 5.14 所示. 车轮的半径为 1 m,只滚动不滑,将轮缘的点 M 在轨道上的起始位置取为坐标原点,并将轨道取为 x 轴,求点 M 的运动方程和在 M 点与轨道接触瞬间的速度及加速度.

6. 如图 5.15 所示,动点 M 沿轨道 $OABC$ 运动,OA 段为直线,AB 和 BC 段分别为四分之一圆弧. 已知点 M 的运动方程为 $s=30t+5t^2$,求 $t=0,1,2$ s 时点 M 的加速度.

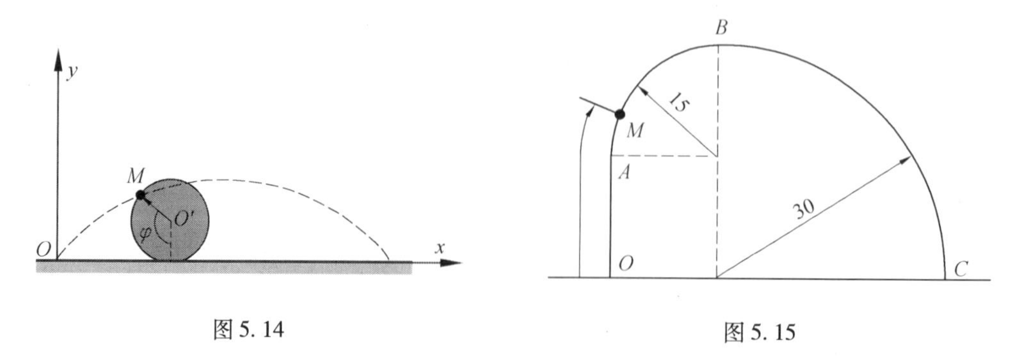

图 5.14　　　　图 5.15

7. 如图 5.16 所示，一杆以匀角速度 ω_0 绕其固定端 O 转动，沿此杆有一滑块以匀速 $\vec{v}_0$ 滑动. 设运动开始时，杆在水平位置，滑块在点 O 处. 求滑块的轨迹(以极坐标表示).

8. 如图 5.17 所示，搅拌器沿 z 轴周期性上下运动 $z=z_0\sin 2\pi ft$，并绕 z 轴转动，转角 $\varphi=\omega t$. 设搅拌轮半径为 r，求轮缘上点 A 的最大加速度.

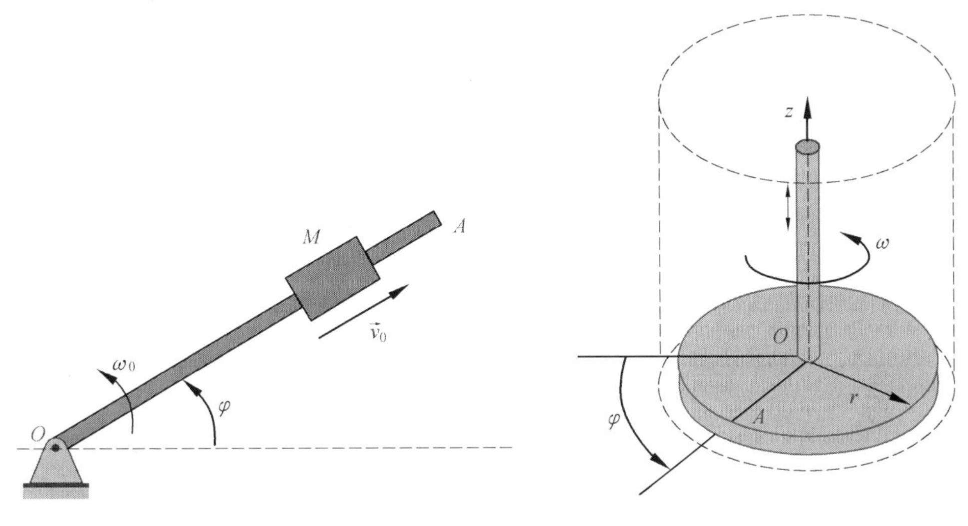

图 5.16　　　　图 5.17

9. 半径为 R 的圆弧与 AB 墙相切，在圆心 O 处有一光源，点 M 从切点 C 处开始以等速度 $\vec{v}_0$ 沿圆弧运动，如图 5.18 所示，求 M 点在墙上影子 M' 的速度大小与加速度大小.

10. 如图 5.19 所示，圆盘绕定轴 O 转动，某瞬时点 A 速度为 $v_A=0.8$ m/s，$OA=R=0.1$ m，同时另一点 B 的全加速度为 AB 与 OB 组成 θ 角，且 $\tan\theta=0.6$，求此时圆盘角速度及角加速度.

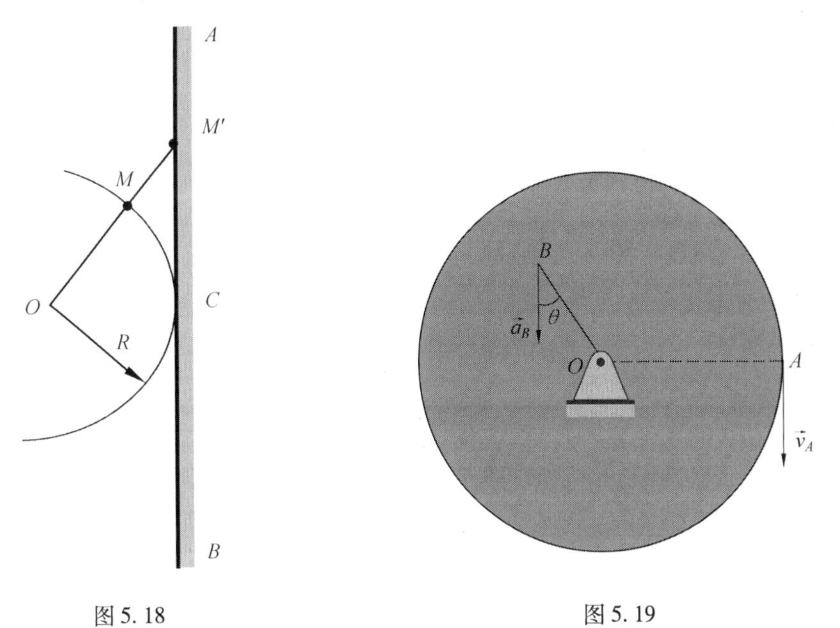

图 5.18　　　　图 5.19

Глава 6 Простое движение твердого тела (刚体的简单运动)

В продыдущей главе мы изучали движение точек, но в инженерной практике нам часто приходится анализировать движение твердых тел, например вращение шестерен, движение колес локомотива и вагонов, движение вибрационных грохотов и т. д. Все они—движения твердого тела. Вообще нельзя абстрагироваться как точка движения. Чтобы изучить движение твердых тел, необходимо изучить движение всего твердого тела, а также геометрические свойства и законы движения точек на твердом теле(上一章,我们研究了点的运动,但在工程实际中常常需要分析刚体的运动,如,齿轮的转动、机车车轮及车厢的运动、振动筛筛子的运动等,它们都是刚体的运动,一般不能抽象为点的运动.研究刚体的运动,既要研究整体刚体的运动,还要研究刚体上各点的几何性质及运动规律).

Форма движения твердого тела разнообразна. В этой главе рассматриваются два основных движения твердых тел: параллельное движение и вращение с фиксированной осью. Эти два вида движений также являются двумя простейшими движениями твердых тел, которые не только широко используются в инженерной практике, но и являются основой для изучения сложных движений твердых тел(刚体运动的形式是多样的,本章研究刚体的两种基本运动:平行移动和定轴转动.这两种运动也是刚体两种最简单的运动形式,不仅在工程实际中广泛应用,而且也是研究刚体复杂运动的基础).

6.1 Параллельное движение твердых тел (刚体的平行移动)

Поступательным называется такое движение твердого тела, при котором любая прямая, связанная с телом, остается параллельной своему начальному положению(平移运动是刚体运动中的一种,刚体平移时,刚体上任何一条直线都始终与其初始位置平行).

图 6.1 所示各机构中都有做平移运动的刚体,如滑块 B、推杆 C 及刚体 AB. 平移运动简称平动.

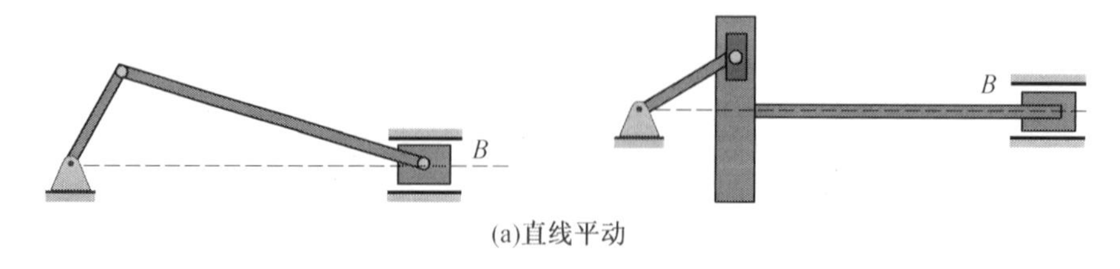

(a)直线平动

图 6.1 平动刚体的实例

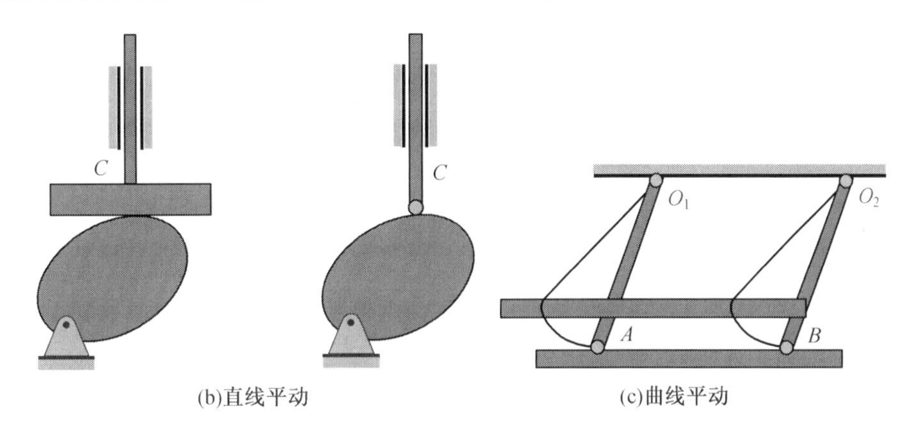

(b)直线平动　　(c)曲线平动

续图 6.1

直线平动:如果刚体上各点的运动轨迹为直线,则称这种平动为直线平动.

曲线平动:如果刚体上各点的运动轨迹为曲线,则称这种平动为曲线平动.

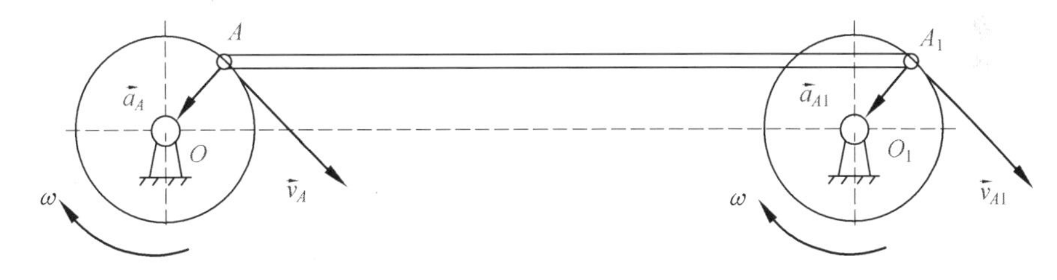

图 6.2　连杆曲线平动

При поступательном движении все точки тела описывают одинаковые траектории и в каждый момент времени имеют одинаковые (по значению и направлению) скорости и ускорения. Это основное свойство поступательного движения дает возможность изучать движение тела по одной из его точек. Примером поступательного движения является движение поршня паровой машины, ползуна с резцом в поперечно-строгальном станке. В этих случаях траектории точек тела прямолинейные. В спарнике двух колес (рис. 6.2) траектории точек представляют собой окружность; сам спарник AA_1 движется поступательно, а колеса вращаются. При поступательном движении тела траектории его точек могут быть еще более сложными(在平移运动中, 刚体上的所有点都有相同的轨迹, 每个时刻都有相同的 (在大小和方向上) 速度和加速度. 根据平移运动的基本性质,刚体的平移运动可以用其上一个点的运动来代表. 平移运动的例子有蒸汽机活塞的运动,带有刀具的滑块在十字刨床上的运动等. 在这些情况下, 刚体上点的轨迹是直线. 而在二轮连杆中(图 6.2),这些点的轨迹是圆形; 连杆 AA_1 平移运动;轮子做转动. 当其在向前滚动时, 各点的轨迹可能更加复杂).

刚体平移运动的性质:

(1)刚体平动时,其上各点的轨迹形状相同.

(2)在每一瞬间,各点的速度相同,加速度也相同,如图 6.3 所示. 即 $\vec{v}_B = \vec{v}_A$, $\vec{a}_B = \vec{a}_A$. 刚体的平动可转化为刚体内任一点的运动.

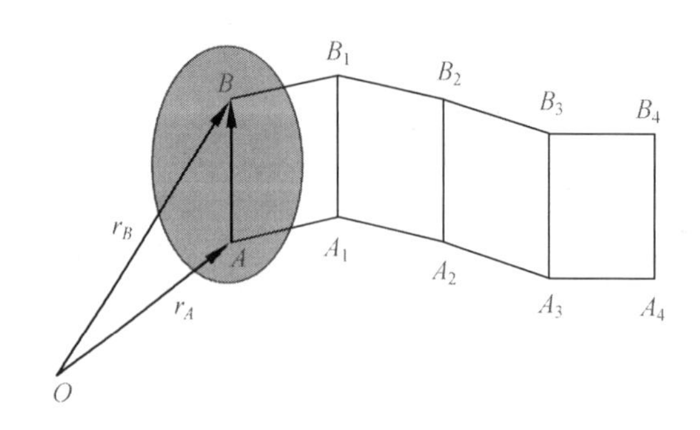

图 6.3　刚体平移时的性质

例题 1　如图 6.4,已知: $OA = l$; $\varphi = \omega t$. 求:T 型杆的速度和加速度

解:T 型杆作平动,建立图示坐标系,取 M 点为研究对象

$$x_M = l\sin\varphi = l\sin\omega t\ ,\ v_M = \frac{\mathrm{d}x_M}{\mathrm{d}t} = l\omega\cos\omega t\ ,\ a_M = \frac{\mathrm{d}v_M}{\mathrm{d}t} = -\,l\omega^2\sin\omega t$$

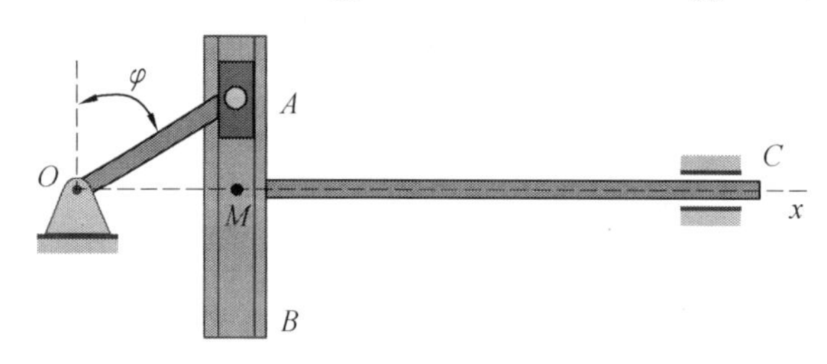

图 6.4　例题 1 图

6.2　Вращение твердого тела вокруг фиксированной оси (刚体绕定轴的转动)

Вращательным называется такое движение твердого тела, при котором точки тела движутся в плоскостях, перпендикулярных неподвижной прямой, называемой осью вращения тела, и описывают окружности, центры которых лежат на этой оси(刚体定轴转动时, 其上各点在垂直于固定直线的平面上做圆周运动, 该不动直线称为刚体的转轴,圆周运动的中心位于该轴上).

Для осуществления этого движения следует неподвижно закрепить две точки твердого тела A и B (рис. 6. 5). Тогда прямая, проходящая через эти точки, является осью вращения. При вращении угол поворота тела меняется в зависимости от времени: $\varphi = f(t)$(为了实现这一运动,刚体上的 A、B 两个点应固定不动(图 6. 5). 此时,通过这两点的直线是转轴. 刚体的转角随时间变化: $\varphi = f(t)$).

Эта зависимость называется уравнением вращательного движения тела. Угол поворота (в радианах) часто выражают через число оборотов N: $\varphi = 2\pi N$. ($\varphi = f(t)$ 被称为刚体的转动方程. 转角(以弧度表示)通常用转数 N 表示:$\varphi = 2\pi N$).

Величина, характеризующая быстроту изменения угла поворота φ с течением времени, называется угловой скоростью тела и имеет размерность 1/с. Ее значение определяе-

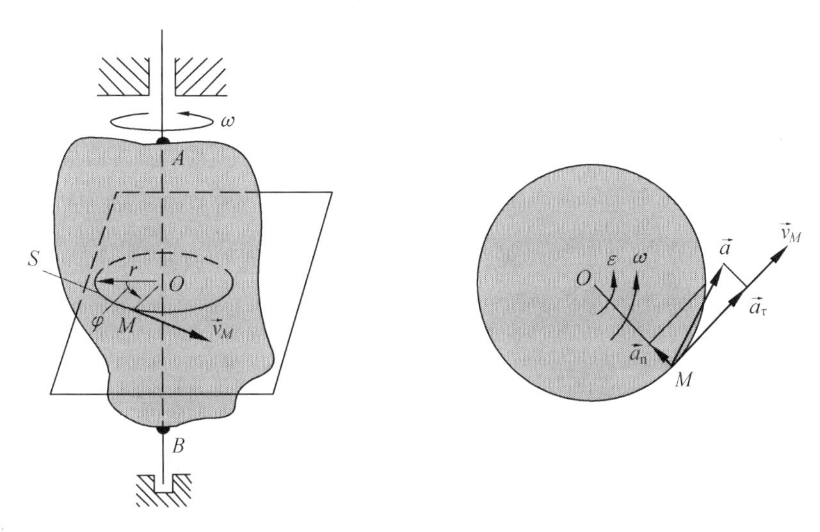

图 6.5　刚体绕定轴转动

тся по формуле（表示转角随时间变化快慢的数值被称为刚体的角速度，其单位为 1/s，其值由以下公式确定）

$$\omega = \frac{d\varphi}{dt} \tag{6.1}$$

Учитывая, что дуга $S = r\times\varphi$ и, следовательно, $\varphi = S/r$, получим（考虑到弧长 $S=r\times\varphi$，因此，$\varphi=S/r$，我们得到）

$$\omega = \frac{dS}{r dt} = \frac{v_M}{r} \tag{6.2}$$

Отсюда найдем линейную скорость точки вращающегося тела $v_M = \omega\times r$. Угловая скорость вращения ω связана с частотой вращения n, мин$^{-1}$, следующей зависимостью（从这里我们可以得到转动刚体上点的线速度 $v_M = \omega\times r$. 角速度 ω 与转速 n, min^{-1}之间的关系如下）

$$\omega = (2\pi n/60) = \pi n/30, 1/c \tag{6.3}$$

В этом случае линейная скорость точки тела может быть выражена также через частоту вращения（在这种情况下，刚体上点的线速度也可以用转速表示为）

$$v = (\pi n/30)(d/2) \tag{6.4}$$

Размерность скорости будет зависеть от размерности диаметра d. Если d измеряется в миллиметрах (мм), то $\vec{v}$ будет выражена в метрах в секунду (м/с)（速度的单位将取决于直径 d 的单位. 如果 d 以毫米（mm）为单位，那么 $\vec{v}$ 将以米/秒（m/s）表示为）

$$v = (\pi dn)/(60\cdot 1\,000) \tag{6.5}$$

В технике чаще всего скорость выражается в метрах в минуту (м/мин), тогда（在工程学中，速度通常以米/分钟（m / min）表示，此时）

$$v = (\pi dn)/1\,000 \tag{6.6}$$

Величина, характеризующая быстроту изменения угловой скорости с течением времени, называется угловым ускорением и имеет размерность $1/c^2$（表示角速度随时间变化

快慢的值称为角加速度，其单位为 $1/s^2$)

$$\varepsilon = \frac{d\omega}{dt} = \frac{d^2\varphi}{dt^2} \tag{6.7}$$

Если $d\omega/dt > 0$ и $d\varphi/dt > 0$, то движение ускоренное; если $d\omega/dt < 0$, $d\varphi/dt > 0$, то движение замедленное (如果 $\varepsilon = d\omega/dt > 0$ 及 $\omega = d\varphi/dt > 0$, 则为加速运动; 如果 $d\omega/dt < 0$, $d\varphi/dt > 0$, 则做减速运动).

6.3 Повернуть скорость и ускорение точек в вращательном твердом теле (转动刚体内各点的速度和加速度)

当刚体定轴转动时,刚体内任一点都做圆周运动. 采用自然坐标法研究各点的运动. 如图6.6所示,点 M 转动的圆周半径为 R,选 M_0 为弧坐标的圆点,将转角 φ 的正向规定为弧坐标 S 的正向. 于是,点 M 走过的弧长为

$$S = R\varphi$$

线速度 $\vec{v}$ 为

$$v = \frac{dS}{dt} = R\frac{d\varphi}{dt} = R\omega \tag{6.8}$$

即,转动刚体内任一点的速度的大小,等于刚体的角速度与该点到轴线的垂直距离的乘积,它的方向为沿圆周的切线向转动的一方. 转动半径越大,线速度越大,如图6.6所示.

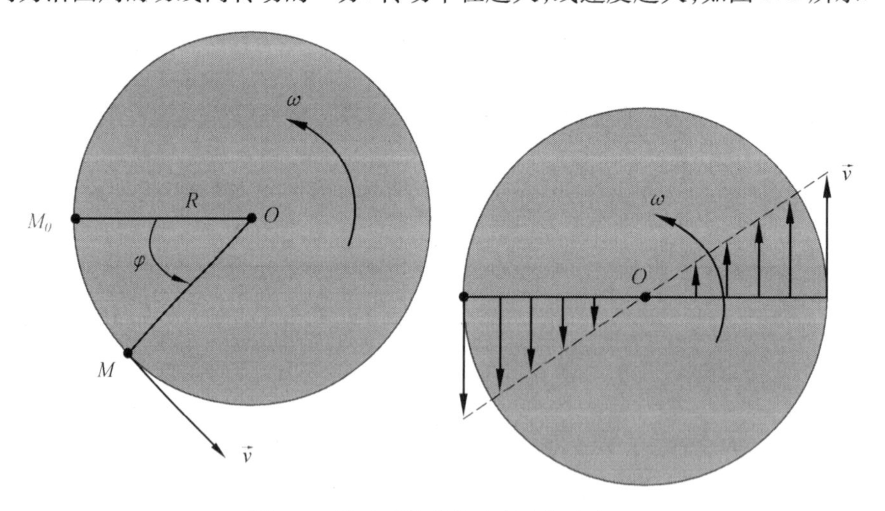

图6.6 转动刚体的线速度和角速度

Точка M тела участвует во вращательном движении, перемещаясь по окружности радиусом $OM=r$ (рис. 6.6). Поскольку ее траектория криволинейна, то ускорение(刚体上 M 点也参与沿半径 $OM=R$ 的圆周运动 (图6.6). 由于它的轨迹是曲线, 故加速度可以表示为)

$$\vec{a} = a_\tau \vec{\tau} + a_n \vec{n} \tag{6.9}$$

Касательная составляющая ускорения(加速度的切向分量)

$$a_\tau = \mathrm{d}v/\mathrm{d}t = \mathrm{d}\omega \times R/\mathrm{d}t = R\mathrm{d}\omega/\mathrm{d}t = R\varepsilon \qquad (6.10)$$

направление $\vec{a}_\tau$ определяет направление ускорения ε (см. рис. 6.7). (ε 方向决定了加速度 $\vec{a}_\tau$ 的方向，如图 6.7 所示).

Нормальная составляющая ускорения(法向加速度)

$$a_n = v^2/R = (\omega R)^2/R = \omega^2 R. \qquad (6.11)$$

Это ускорение направлено всегда к центру, поэтому называется центростремительным(这种加速度的方向一直指向曲率中心，因此称为向心加速度).

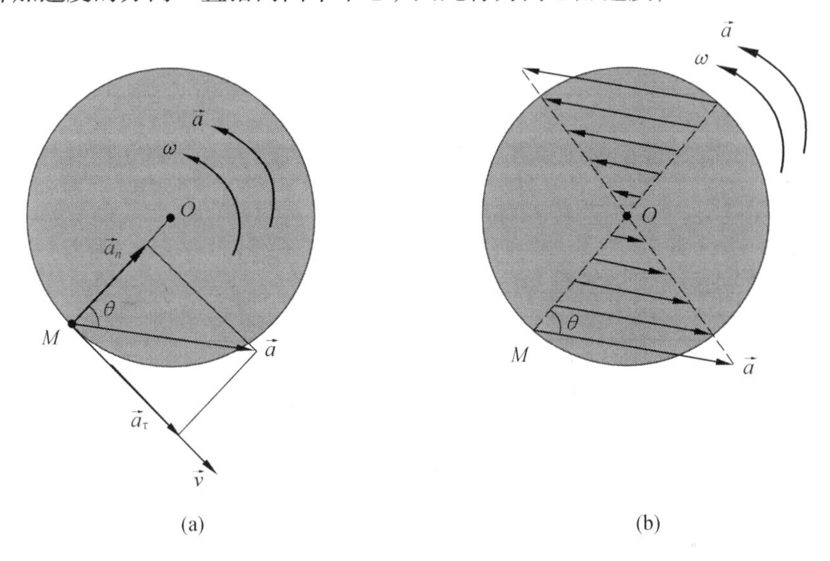

图 6.7　转动刚体上点的加速度

全加速度：

Полное ускорение точки вращающегося вокруг неподвижной оси тела(刚体绕定轴旋转时点的全加速度为)

$$\vec{a} = \vec{a}_\tau + \vec{a}_n$$

全加速度大小

$$a = \sqrt{a_\tau^2 + a_n^2} = R\sqrt{\varepsilon^2 + \omega^4} \qquad (6.12)$$

图 6.7(b)中全加速度与法线夹角 θ 满足

$$\tan\theta = \frac{a_\tau}{a_n} = \frac{\varepsilon}{\omega^2} \qquad (6.13)$$

结论：

(1)每一瞬时，刚体内所有点的速度和加速度的大小，分别与这些点到轴线的垂直距离成正比.

(2)每一瞬时，刚体内所有点的加速度与半径间的夹角都相同.

6.4 Частные случаи вращательного движения тела вокруг фиксированной оси (刚体定轴转动的特殊情况)

(1) ω=const. Зная, что $\omega = |d\varphi/dt|$ =const, перепишем эту зависимость и проинтегрируем уравнение в пределах, соответствующих начальному моменту времени t_0(соответственно φ_0) и произвольному моменту времени t(ω=常数. 已知 $\omega = |d\varphi/dt|$ = 常数,重写该关系式并将该方程在对应于初始时间 t_0(对应 φ_0)和任意时间 t 的时间内积分)

$$\int_{\varphi_0}^{\varphi} d\varphi = \omega \int_{t_0}^{t} dt$$

$$\varphi = \varphi_0 + \omega t$$

$$\omega = \frac{2\pi n}{60} = \frac{\pi n}{30}$$

откуда $\varphi = \varphi_0 + \omega t$. Этот результат соответствует закону равномерного вращательного движения тела (从而 $\varphi = \varphi_0 + \omega t$. 该结果遵循刚体的匀速转动定律).

(2) ε =const—равнопеременное вращательное движение (равноускоренное или равнозамедленное) тела. Вывод его закона движения аналогичен(ε =常数, 是刚体的匀变速转动 (匀加速或匀减速). 其运动定律是相似的)

$$\omega = \omega_0 + \varepsilon t$$

$$\varphi = \varphi_0 + \omega_0 t + \frac{1}{2}\varepsilon t^2$$

$$\omega^2 - \omega_0^2 = 2\varepsilon(\varphi - \varphi_0)$$

例题 2 如图 6.8(a)所示,试计算杆端 A 点和 C 点的速度、加速度,并画出其方向.

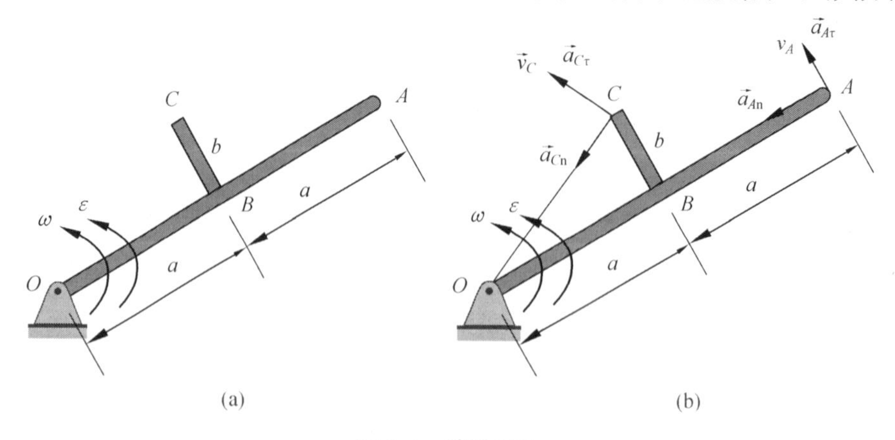

图 6.8 例题 2 图

解:

$$v_A = 2a\omega,\ a_{A\tau} = 2a\varepsilon,\ a_{An} = 2a \times \omega^2$$

$$v_C = \sqrt{(a^2 + b^2)} \times \omega,\ a_{A\tau} = \sqrt{(a^2 + b^2)} \times \varepsilon,\ a_{An} = \sqrt{(a^2 + b^2)} \times \omega^2$$

方向如图 6.8(b)所示.

例题 3　如图 6.9,已知: $h;\vec{v}_0$. 求:OA 杆的转动方程、角速度和角加速度.

解:建立图示坐标系

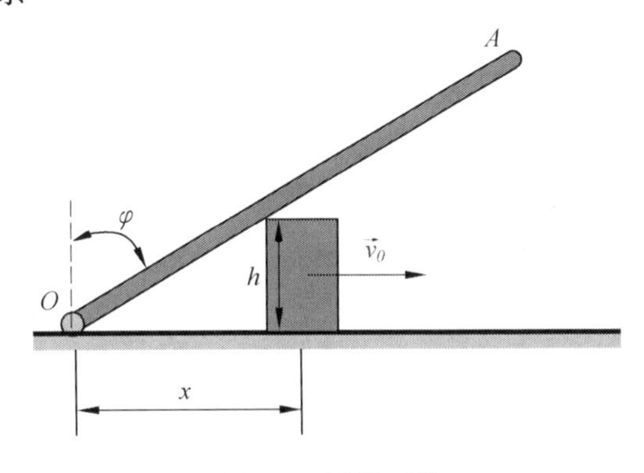

图 6.9　例题 3 图

$$\tan\varphi = \frac{x}{h} = \frac{v_0 t}{h}$$

转角方程:

$$\varphi = \arctan\left(\frac{v_0 t}{h}\right)$$

角速度

$$\omega = \frac{\mathrm{d}\varphi}{\mathrm{d}t} = \frac{hv_0}{h^2 + v_0^2 t^2}$$

角加速度

$$\varepsilon = \frac{\mathrm{d}\omega}{\mathrm{d}t} = -\frac{2hv_0^3 t}{(h^2 + v_0^2 t^2)^2}$$

例题 4　如图 6.10,已知: $O_1A = O_2B = l$; O_1A 杆的角速度 ω 和角加速度 ε .

求:C 点的运动轨迹、速度和加速度.

解:板运动过程中,其上任意直线始终平行于它的初始位置. 因此,板作平移.

(1)运动轨迹.

C 点的运动轨迹与 A,B 两点的运动轨迹形状相同,即以 O 点为圆心、l 为半径的圆弧线.

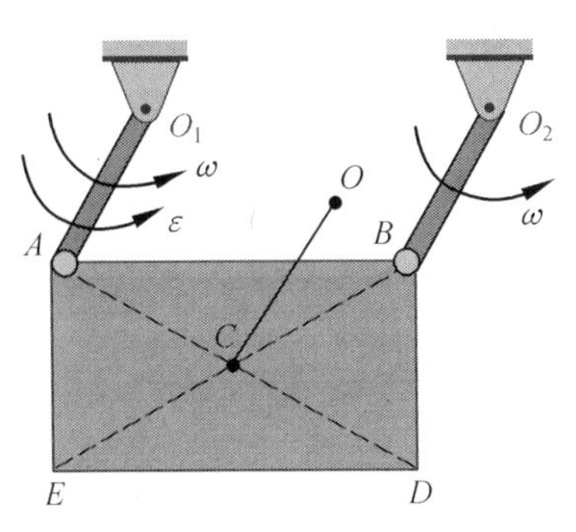

图 6.10　例题 4 图

(2)速度 $v_C = v_A = v_B = \omega l$.

(3)加速度

$$
\begin{aligned}
a_C = a_A &= \sqrt{(a_C^\tau)^2 + (a_C^n)^2} \\
&= \sqrt{(a_A^\tau)^2 + (a_A^n)^2} \\
&= \sqrt{(\varepsilon l)^2 + (\omega^2 l)^2} \\
&= l\sqrt{\varepsilon^2 + \omega^4}
\end{aligned}
$$

6.5 Передаточное отношение передачи (轮系的传动比)

工程中常用轮系传动提高或降低机械的转速,最常见的有齿轮系和带轮系. 如图 6.11 所示,两个外啮合齿轮分别绕 O_1,O_2 轴定轴转动,啮合圆半径分别为 R_1,R_2,齿数各为 z_1,z_2,角速度分别为 ω_1,ω_2. 设 A、B 分别是两个齿轮啮合圆的接触点,因两圆之间没有相对滑动,故

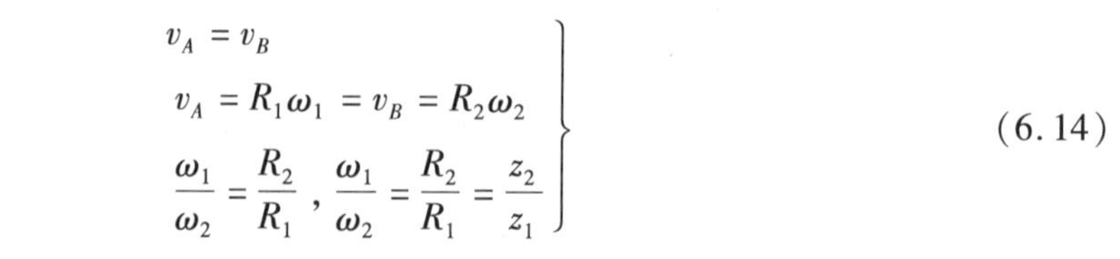

$$
\left.
\begin{aligned}
& v_A = v_B \\
& v_A = R_1\omega_1 = v_B = R_2\omega_2 \\
& \frac{\omega_1}{\omega_2} = \frac{R_2}{R_1},\ \frac{\omega_1}{\omega_2} = \frac{R_2}{R_1} = \frac{z_2}{z_1}
\end{aligned}
\right\} \qquad (6.14)
$$

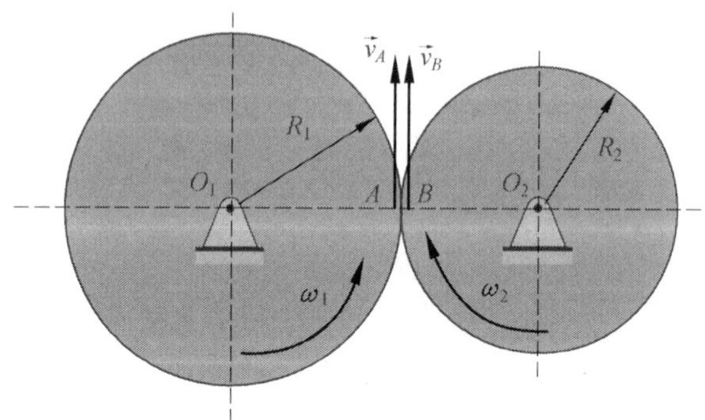

图 6.11　轮系传动

由此可知:处于啮合中的两个定轴齿轮的角速度与两齿轮的齿数成反比.

传动比:设轮 1 是主动轮,轮 2 是从动轮. 在机械工程中,常常把主动轮与从动轮的角速度之比称为传动比,记为

$$
i_{12} = \frac{\omega_1}{\omega_2} = \frac{R_2}{R_1} = \frac{z_2}{z_1} \qquad (6.15)
$$

6.6 Угловая скорость и угловое ускорение представлены векторами (角速度和角加速度的矢量表示)

Введем понятия《вектор угловой скорости $\vec{\omega}$》и《вектор углового ускорения $\vec{\varepsilon}$》. Условимся откладывать вектор угловой скорости тела $\vec{\omega}$ по оси его вращения в ту сторону, откуда поворот тела виден происходящим против движения часовой стрелки (рис. 6.12). Модуль этого вектора равен абсолютному значению угловой скорости, ω =

$|d\varphi/dt|$（介绍“角速度矢量 $\vec{\omega}$”和“角加速度矢量 $\vec{\varepsilon}$”的概念. 角速度矢量 $\vec{\omega}$ 沿轴线，弯曲箭头的指向表示刚体的转向；如果从角速度矢量的末端向开始端看，则看到刚体做逆时针的转动（图 6.12）. 矢量 $\vec{\omega}$ 的大小等于角速度的绝对值，$\omega = |d\varphi/dt|$）.

注意：指向也由右手螺旋法则确定，即以右手四指表示刚体绕轴的转向，大拇指的指向表示 $\vec{\omega}$ 的指向，如图 6.12(a)所示.

Вектор углового ускорения $\vec{\varepsilon}$ при ускоренном вращении тела вокруг неподвижной оси будет направлен в ту же сторону, что и вектор угловой скорости $\vec{\omega}$ (рис. 6.12), а при замедленном вращении — в противоположную (рис. 6.12). Модуль вектора $\vec{\varepsilon}$ равен абсолютному значению углового ускорения $\varepsilon = |d\omega/dt|$（刚体定轴转动做加速旋转时，角加速度矢量 $\vec{\varepsilon}$ 与角速度 $\vec{\omega}$ 矢量同向（图 6.12(a)），而减速旋转时两者方向相反（图 6.12(b)）. 矢量 $\vec{\varepsilon}$ 的大小等于角加速度的绝对值 $\varepsilon = |d\omega/dt|$）.

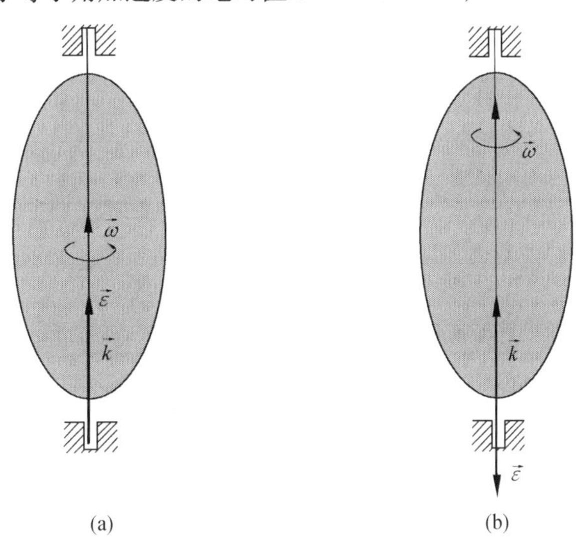

图 6.12　角速度矢量和角加速度矢量

Векторы $\vec{\omega}$ и $\vec{\varepsilon}$ могут быть приложены в любой точке оси вращения тела, поэтому эти векторы называются скользящими（矢量 $\vec{\omega}$ 和 $\vec{\varepsilon}$ 可以作用于刚体转轴上的任意一点，因此称这些矢量为滑动矢量）.

角速度矢 $\vec{\omega}$ 在轴上的起点可以是任意位置，如取转轴为 z 轴的正向用单位矢量 $\vec{k}$ 的方向表示（图 6.12），于是绕定轴转动的角速度矢可写为

$$\vec{\omega} = \omega\vec{k} \tag{6.16}$$

式中 ω 是代数量，$\omega = d\varphi/dt$.

同理，角速度矢 $\vec{\varepsilon}$ 也可以用一个沿轴线的滑动矢量表示

$$\vec{\varepsilon} = \varepsilon\vec{k} \tag{6.17}$$

式中 ε 是代数量，$\varepsilon = d\omega/dt = d^2\varphi/dt^2$. 于是

$$\vec{\varepsilon} = \frac{d\omega}{dt}\vec{k} = \frac{d(\omega\vec{k})}{dt} = \frac{d\vec{\omega}}{dt} \tag{6.18}$$

即加速度矢等于角速度 $\vec{\omega}$ 对时间的一阶导数.

速度和加速度的矢积表示由转轴 z 上任意一点 A 表示点 M 的矢径 $\vec{r}$，并用 θ 表示矢量 $\vec{\omega}$ 与 $\vec{r}$ 之间的夹角，如图 6.13 所示. 由图示的几何关系可知，点 M 的速度大小为

$$|\vec{v}| = |\vec{\omega}| R = |\vec{\omega}| r\sin\theta = |\vec{\omega} \times \vec{r}| \tag{6.19}$$

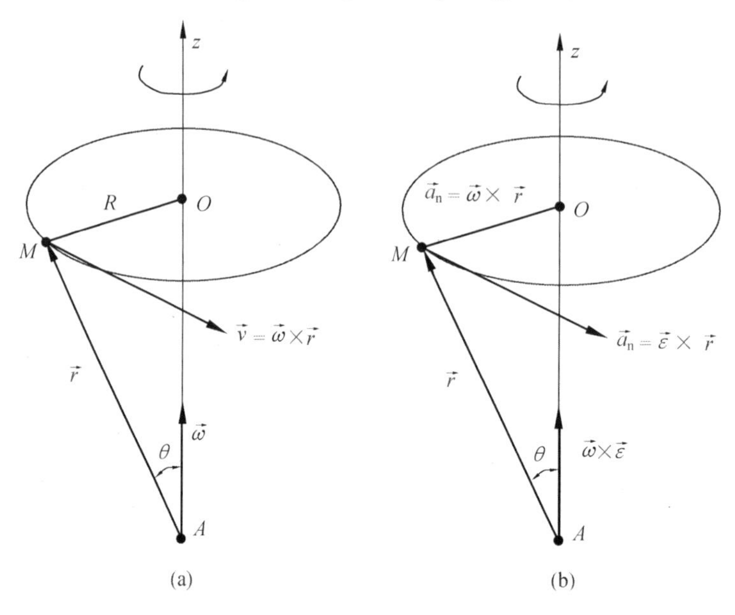

图 6.13　定轴转动刚体上任一点的速度矢

其方向与矢积 $\vec{\omega} \times \vec{r}$ 的方向相同，因此点 M 的速度可写为

$$\vec{v} = \vec{\omega} \times \vec{r} \tag{6.20}$$

即定轴转动刚体上任一点的速度矢等于刚体的角速度矢与该点矢径的矢积.

因为点的加速度矢为

$$\vec{a} = \frac{\mathrm{d}\vec{v}}{\mathrm{d}t}$$

将式(6.20)代入

$$\vec{a} = \frac{\mathrm{d}}{\mathrm{d}t}(\vec{\omega} \times \vec{r}) = \frac{\mathrm{d}\vec{\omega}}{\mathrm{d}t} \times \vec{r} + \vec{\omega} \times \frac{\mathrm{d}\vec{r}}{\mathrm{d}t}$$

由于 $\frac{\mathrm{d}\vec{\omega}}{\mathrm{d}t} = \vec{\varepsilon}$，$\frac{\mathrm{d}\vec{r}}{\mathrm{d}t} = \vec{v}$，于是

$$\vec{a} = \vec{\varepsilon} \times \vec{r} + \vec{\omega} \times \vec{v} \tag{6.21}$$

上式中，右端两项的大小分别为

$$|\vec{\varepsilon} \times \vec{r}| = |\vec{\varepsilon}| \cdot |\vec{r}| \sin\theta = |\vec{\varepsilon}| \cdot R$$

$$|\vec{\omega} \times \vec{v}| = |\vec{\omega}| \cdot |\vec{v}| \sin 90^\circ = R\omega^2$$

它们的方向分别与切向加速度、法向加速度一致，因此

$$\vec{a}_\tau = \vec{\varepsilon} \times \vec{r}, \quad \vec{a}_n = \vec{\omega} \times \vec{v} \tag{6.22}$$

即定轴转动刚体上任一点的切向加速度等于刚体的角加速度矢与该点矢径的矢积；法向加速度矢等于刚体的角速度矢与该点速度矢的矢积.

例题 5　如图 6.14 所示，在绕定轴转动的刚体上固结一个坐标系，三个轴 x'，y'，z' 随刚

体一起转动，单位矢量为 $\vec{i}'$，$\vec{j}'$，$\vec{k}'$，刚体的角速度为 $\vec{\omega}$，试证下列关系式：

$$\left.\begin{aligned}\frac{\mathrm{d}\vec{i}'}{\mathrm{d}t} &= \vec{\omega} \times \vec{i}' \\ \frac{\mathrm{d}\vec{j}'}{\mathrm{d}t} &= \vec{\omega} \times \vec{j}' \\ \frac{\mathrm{d}\vec{k}'}{\mathrm{d}t} &= \vec{\omega} \times \vec{k}'\end{aligned}\right\} \tag{6.23}$$

证明：先分析 $\frac{\mathrm{d}\vec{k}'}{\mathrm{d}t}$. 设 $\vec{k}'$ 的矢端点 A 的矢径为 $\vec{r}_A$，动系原点 O' 的矢径为 $\vec{r}_{O'}$，点 A 和点 O' 均绕 z 轴做圆周运动，其速度分别为

$$v_A = \frac{\mathrm{d}\vec{r}_A}{\mathrm{d}t} = \vec{\omega} \times \vec{r}_A, \quad v'_O = \frac{\mathrm{d}\vec{r}_{O'}}{\mathrm{d}t} = \vec{\omega} \times \vec{r}_{O'}$$

由图 6.14 可知

$$\vec{k}' = \vec{r}_A - \vec{r}_{O'}$$

对上式求导，得

$$\frac{\mathrm{d}\vec{k}'}{\mathrm{d}t} = \frac{\mathrm{d}(\vec{r}_A - \vec{r}_{O'})}{\mathrm{d}t} = \vec{\omega} \times r_A - \vec{\omega} \times r_{O'} = \vec{\omega} \times \vec{k}'$$

$\vec{i}'$，$\vec{j}'$ 的导数与上式相似. 合写成

$$\left.\begin{aligned}\frac{\mathrm{d}\vec{i}'}{\mathrm{d}t} &= \vec{\omega} \times \vec{i}' \\ \frac{\mathrm{d}\vec{j}'}{\mathrm{d}t} &= \vec{\omega} \times \vec{j}' \\ \frac{\mathrm{d}\vec{k}'}{\mathrm{d}t} &= \vec{\omega} \times k'\end{aligned}\right\}$$

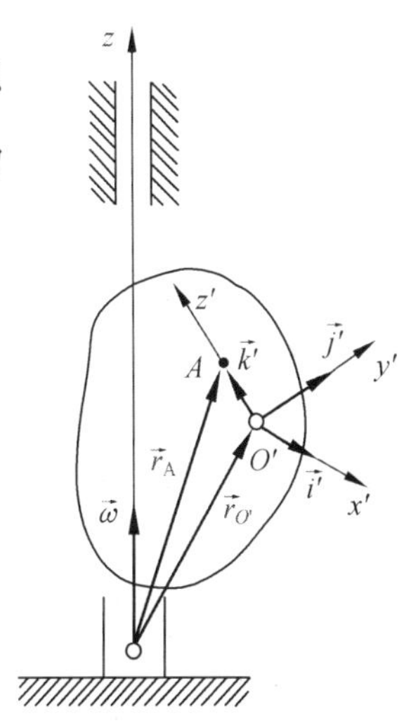

图 6.14　例题 5 图

证毕. 上式通常称为泊松公式.

6.7　Подумать（思考题）

1. 刚体做平动时，其上各点是否一定做直线运动？试举例说明.

2. “刚体绕定轴转动时，角速度为正，表示加速转动；角速度为负，表示减速转动”对吗？为什么？

3. 刚体做定轴转动，其上某点 A 到转轴距离为 R. 为求出刚体上任意点在某一瞬时的速度和加速度大小，下述哪组条件是充分的？

（1）已知点 A 的速度及该点的全加速度方向.

（2）已知点 A 的切向加速度及法向加速度.

（3）已知点 A 的切向速度及该点的全加速度方向.

(4)已知点 A 的法向加速度及该点的速度.

(5)已知点 A 的法向加速度及该点全加速度方向.

4. 各点都做圆周运动的刚体一定是定轴转动吗?

5. 物体做定轴转动的运动方程为 $\varphi = 4t - 3t^2$ 程(φ 以 rad 计,t 以 s 计). 试求此物体内,转动半径 r=0.5 m 的一点,在 t_0=0 与 t_1=1 s 时的速度和加速度大小,并问物体在哪一瞬时改变方向?

6.8 Упражнение(习题)

1. 如图 6.15 所示,齿条静放在两齿轮上,在图示瞬时,齿条以等加速度 a=0.5 m/s^2 向右运动,齿轮节圆上各点的加速度大小为 3 m/s^2,试求齿轮节圆上各点的速度大小.

2. 搅拌机如图 6.16 所示,已知 $O_1A=O_2B=R$,$O_1O_2=AB$,杆 O_1A 以不变转速 n (r/min)转动. 试分析构件 BAM 上 M 点的轨迹、速度和加速度.

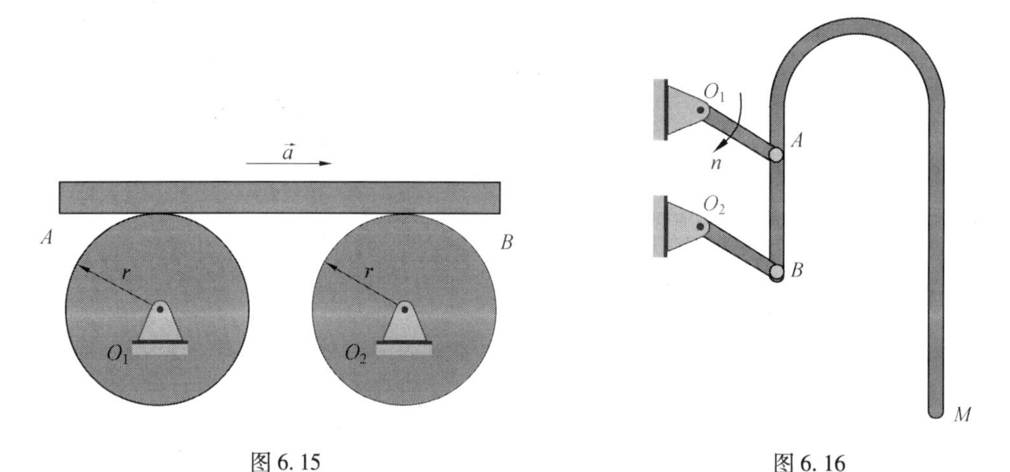

图 6.15　　图 6.16

3. 某飞轮绕固定轴 O 转动的过程中,轮缘上任何一点的全加速度与其转动半径的夹角恒为 α=60°. 当运动开始时,其转角 φ_0 为零,角速度为 ω_0,求飞轮的转动方程及其角速度与转角间的关系.

4. 当起动陀螺罗盘时,其转子的角加速度从零开始与时间成正比地增大. 经过 5 min 后,转子的角速度 ω=600π rad/s. 试求转子在这段时间内转过多少转?

5. 图 6.17 为把工件送入干燥炉内的机构,叉杆 OA=1.5 m,在铅垂面内转动,杆 AB=0.8 m,A 端为铰链,B 端有放置工件的框架. 在运动时,工件的速度恒为 0.05 m/s,杆 AB 始终铅垂. 设运动开始时,角 φ=0. 求运动过程中角 φ 与时间的关系,以及点 B 的轨迹方程.

6. 机构如图 6.18 所示,假定杆 AB 以匀速 $\vec{v}$ 运动,开始时 φ=0. 求当 φ=π/4 时,摇杆 OC 的角速度和角加速度.

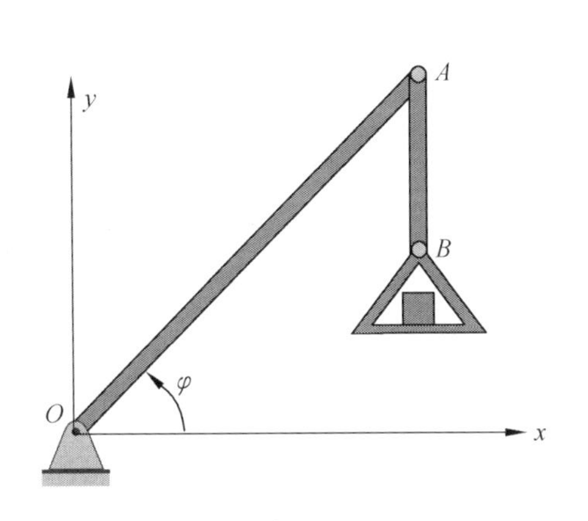

图 6.17

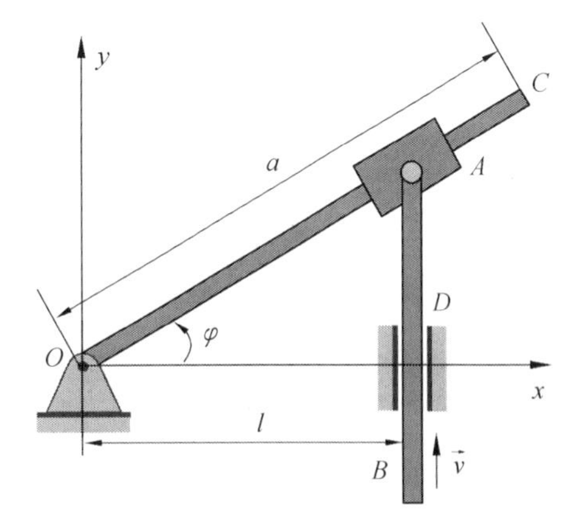

图 6.18

7. 升降机装置由半径为 R 的鼓轮带动,如图 6.19 所示. 轮与绳子之间无滑动,被升降物体的运动方程为 $x = at^2$. 求任意瞬时,鼓轮轮缘上点 M 的全加速度大小.

8. 如图 6.20 所示平面机构由两个曲柄 O_1A,O_2B 及半圆形平板 AMB 组成,机构在图示平面内运动. 已知曲柄 O_1A 以匀速角速度 $\omega = \sqrt{3}$ rad/s 绕固定轴 $O1$ 逆时针转动,$O_1A = O_2B = 15$ cm,$O_1O_2 = AB$,半圆形平板的半径 $R = 5\sqrt{3}$ cm ,O_1 和 O_2 位于同一水平线,求在图示位置 M 点的速度.

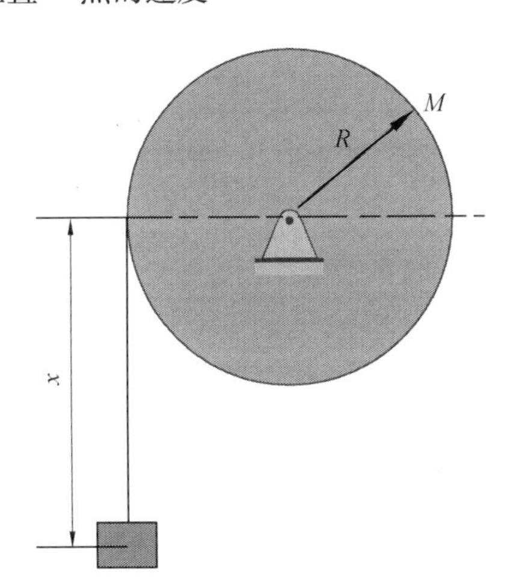

图 6.19

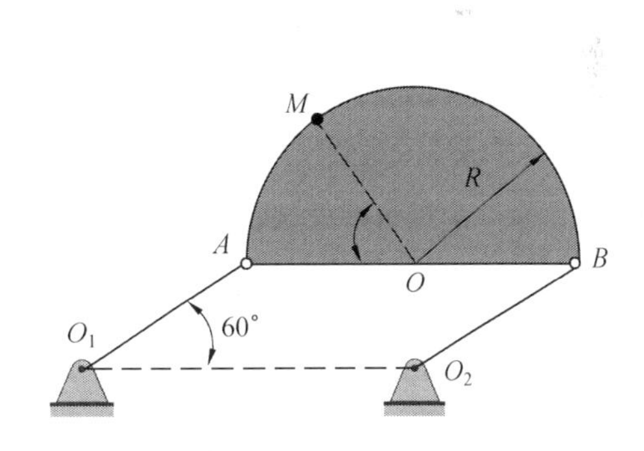

图 6.20

9. 长方体绕固定轴 AB 转动,某瞬时的角速度 $\omega = 6$ rad/s,角加速度 $\alpha = 3$ rad/s^2,转向如图 6.21 所示. 点 B 为长方体顶面 $CDEF$ 的中心,$EG = 100$ mm,求此瞬时:

(1)点 G 速度的矢量表达式及其大小.

(2)点 G 法向加速度的矢量表达式及其大小.

(3)点 G 切向加速度的矢量表达式及其大小.

(4)点 G 全加速度的矢量表达式及其大小.

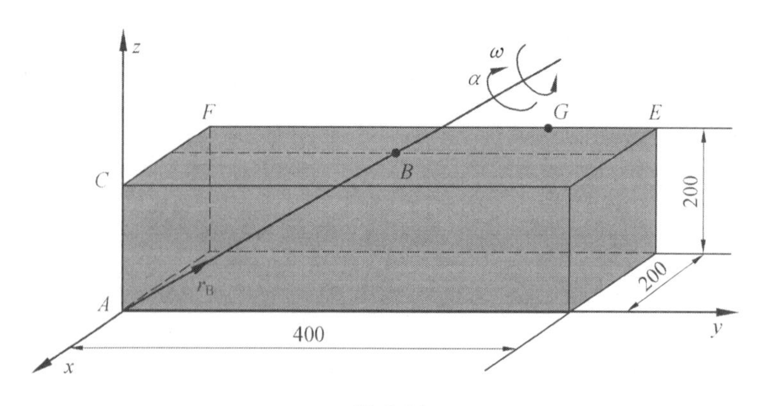

图 6.21

10. 蒸汽涡轮发动机的主轴按规律 $\varphi = \pi t^3$ 启动,求在 3 s 末时的角速度和角加速度.

11. 已知点 M 以匀速 $v=20$ m/s 行驶,沿圆柱螺旋运动,圆柱半径为 $r=0.5$ m,螺距 $p=0.2$ m. 试用柱坐标表示点 M 的速度、加速度.

Глава 7　Сложное движение точки (点的合成运动)

Первые две главы анализируют движение точки или твердого тела относительно фиксированной системы отсчета, которую можно назвать простым движением. Форма и закон движения одного и того же объекта относительно разных систем отсчета различны. В этой главе изучается взаимосвязь между различными кинематическими характеристиками одной и той же точки движения относительно двух разных систем отсчета, главным образом взаимосвязь между скоростью и ускорением, которые выражаются в теореме синтеза скорости и теореме синтеза ускорения соответственно. Эта глава является основой для исследования точек и сложных движений твердых тел(前两章分析了点或刚体相对于一个定参考系的运动,可称为简单运动. 同一物体相对于不同参考系的运动形式及规律各不相同. 本章研究同一动点相对于两个不同参考系而表现出的不同运动学特征之间的关系,主要是速度之间的关系和加速度之间的关系,分别用速度合成定理及加速度合成定理来表述. 本章内容是研究点和刚体复杂运动的基础).

7.1　Понятие сложного движения точки(点的合成运动概念)

Относительное, переносное и абсолютное движение точки (点的相对运动,点的牵连运动和点的绝对运动).

Сложное движение точки — это такое движение, при котором точка одновременно участвует в двух или нескольких движениях. Например, пассажир перемещается по палубе движущегося теплохода, который плывет по течению реки. Какова же будет траектория движения пассажира и его скорость по отношению к поверхности Земли, если русло реки проходит под углом к меридиану Земли? На этот вопрос можно ответить только после изучения понятий об относительном, переносном и абсолютном движении точки(点的合成运动是指某个点同时参与两个或多个运动. 例如,乘客行走在一艘正在河流上行驶的船的甲板上. 如果河道以一定角度通过地球的子午线,那么乘客的轨迹及其相对于地球表面的速度是多少? 只有在学习了点的相对运动、点的牵连运动和点的绝对运动的概念之后,才能回答这个问题).

Рассмотрим движущееся в пространстве тело (рис. 7.1) и точку M, не принадлежащую этому телу, а совершающую по отношению к нему некоторое перемещение. Через произвольную точку O движущегося тела проведем оси Ox, Oy, Oz, связанные с этим телом. Эта система координат называется подвижной системой отсчета(观察一个在空间中

运动的物体(图7.1)和点 M,点 M 不属于该物体,但点相对于该物体发生一定的位移. 通过运动物体上的任意点 O,我们绘制与该物体相固连的轴 Ox, Oy, Oz. 该坐标系称为动参考系).

Неподвижной системой отсчета будет система осей O_1x_1, O_1y_1, O_1z_1, связанная с некоторым условно неподвижным телом, обычно с Землей(把固连于地球上的参考坐标系 O_1x_1, O_1y_1, O_1z_1 称为定参考系).

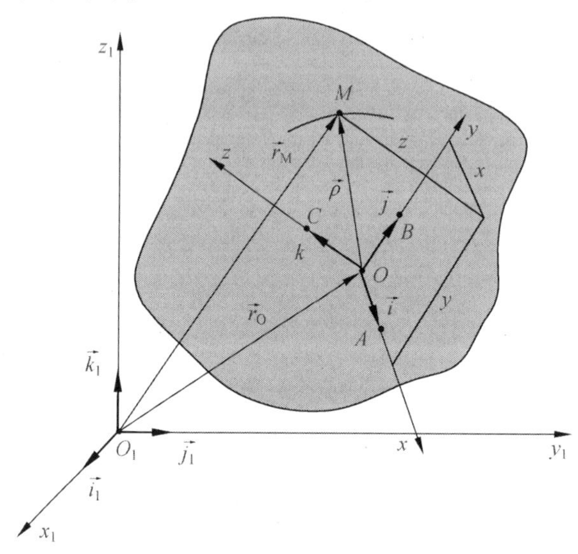

图7.1　点 M 的合成运动

Движение точки M относительно неподвижной системы отсчета называется абсолютным движением точки. Скорость и ускорение точки в абсолютном движении называются абсолютной скоростью и абсолютным ускорением и обозначаются $\vec{v}$ и $\vec{a}$ (动点 M 相对于定参考系的运动称为点的绝对运动. 绝对运动中点的速度和加速度被称为绝对速度和绝对加速度,并且由 $\vec{v}$ 和 $\vec{a}$ 表示).

Движение точки M по отношению к подвижной системе отсчета называют относительным движением точки, скорость и ускорение в относительном движении называют относительной скоростью и относительным ускорением, обозначают $\vec{v}_r$ и $\vec{a}_r$ (动点 M 相对于动参考系的运动被称为点的相对运动,相对运动中点的速度和加速度被称为相对速度和相对加速度,并且由 $\vec{v}_r$ 和 $\vec{a}_r$ 表示).

Движение подвижной системы отсчета $Oxyz$ и неизменно связанного с ней тела по отношению к неподвижной системе отсчета $O_1x_1y_1z_1$ является переносным движением. Скорость и ускорение точки тела, совпадающей в данный момент с движущейся по нему точкой M, называется переносной скоростью и ускорением и обозначается $\vec{v}_e$ и $\vec{a}_e$ (动参考系 $Oxyz$ 及与其固定相连的物体相对于定参考系 $O_1x_1y_1z_1$ 的运动是牵连运动. 该物体上在当前时刻与动点 M 重合的点的速度与加速度,被称为牵连速度和牵连加速度,并且由 $\vec{v}_e$ 和 $\vec{a}_e$ 表示).

При исследовании сложного движения точки полезно применять《Правило остановки》. Для того чтобы неподвижный наблюдатель увидел относительное движение точки, надо остановить переносное движение. Тогда будет происходить только относительное движение. Относительное движение станет абсолютным. И наоборот, если остановить относительное движение, переносное станет абсолютным и неподвижный наблюдатель увидит только это переносное движение(在研究点的复杂运动时,优先使用"止动原则". 需要停止牵连运动,目的是让静止的观察者看到点的相对运动. 这样只会有相对运动,相对运动将成为绝对运动. 相反,如果停止相对运动,牵连运动将变成绝对运动,且静止的观察者将只能看到这种牵连运动).

В последнем случае при определении переносного движения точки обнаруживается одно очень важное обстоятельство. Переносное движение точки зависит от того, в какой момент будет остановлено относительное движение, от того, где точка находится на среде в этот момент. Так как, вообще говоря, все точки среды движутся по-разному. Поэтому логичнее определять переносное движение точки как абсолютное движение той точки среды, с которой совпадает в данный момент движущаяся точка(在后一种情况下,在确定点的牵连运动时发现了一个非常重要的情况. 点的牵连运动取决于相对运动停止的时间及此时动点在动参考体上的位置. 因为,一般而言运动物体上所有点的运动都不同. 因此,更符合逻辑的是,将点的牵连运动定义为动系上与当前动点之瞬间位置重合点的绝对运动).

На рис. 7.1 показаны неподвижные оси x, y, z и движущиеся оси x_1, y_1, z_1. Конечно, абсолютное движение точки M определяется уравнениями(如图 7.1 所示为定坐标轴 x_1, y_1, z_1和动坐标轴 x,y,z. 当然,点 M 的绝对运动是由下面方程决定的)

$$\left.\begin{aligned} x_1 &= x_1(t) \\ y_1 &= y_1(t) \\ z_1 &= z_1(t) \end{aligned}\right\} \tag{7.1}$$

Относительное движение—в движущихся осях уравнениями(相对运动由以下动坐标轴下的方程确定)

$$\left.\begin{aligned} x &= x(t) \\ y &= y(t) \\ z &= z(t) \end{aligned}\right\} \tag{7.2}$$

动系相对于定系的运动(牵连运动)可由下面三个方程确定

$$\left.\begin{aligned} x_{10} &= x_{10}(t) \\ y_{10} &= y_{10}(t) \\ z_{10} &= z_{10}(t) \end{aligned}\right\} \tag{7.3}$$

Уравнений, определяющих переносное движение точки, не может быть вообще. Так как, по определению, переносное движение точки M—это движение относительно неподвижных осей той точки системы $Oxyz$, с которой совпадает точка в данный момент. Но все точки подвижной системы движутся по-разному(确定点的牵连运动的方程是不可能的. 因为,根据定义,点 M 的牵连运动是动系 $Oxyz$ 上一点相对于定系的运动,此刻

动点 M 与该点重合. 但是动系上各点的运动都不同).

Абсолютное движение точки M определяется радиусом-вектором $\vec{r}_M$, а относительное движение радиусом-вектором $\vec{\rho}$. Радиус-вектор $\vec{r}_O$ определяет движение начала подвижных осей O_1(но не переносное движение точки M)(点 M 的绝对运动由矢径 $\vec{r}_M$ 决定,而相对运动由矢径 $\vec{\rho}$ 决定. 矢径 $\vec{r}_O$ 决定动系原点 O_1 的运动(但不是点 M 的牵连运动)).

物体相对于某一参考体的运动,可由相对于其他参考体的几个简单运动组合而成,这种运动称为合成运动. 图 7.2(a)中 M 点的运动、图 7.2(b)中车轮轮缘上 M 点的运动、图 7.2(c)中滑块 A 的运动都是合成运动. 动点、参考系、速度(或加速度)之间的关系如图 7.3 所示.

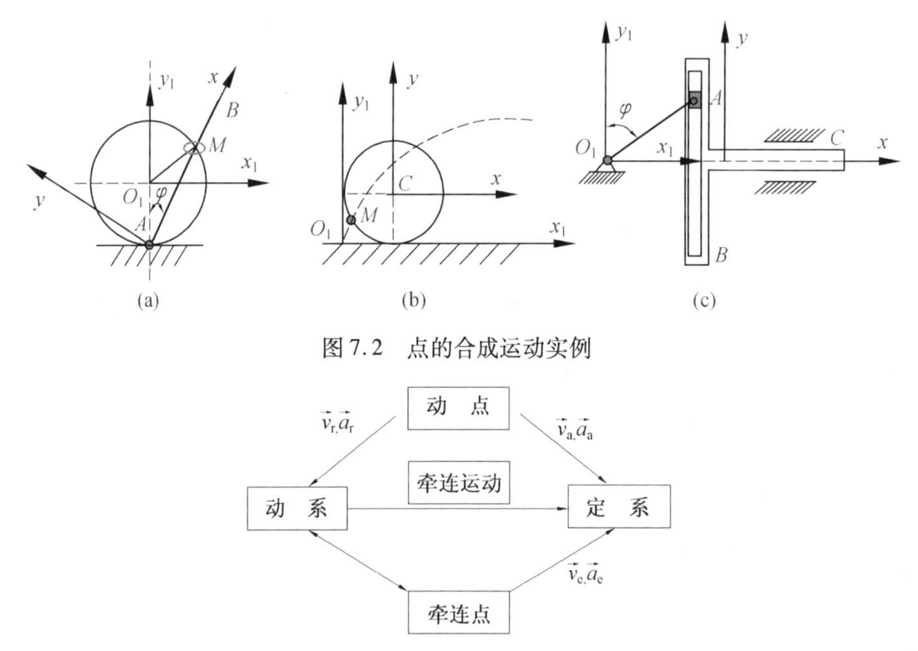

图 7.2　点的合成运动实例

图 7.3　动点相对于参考系的速度与加速度描述

7.2　Теорема о скорости синтеза точек (点的速度合成定理)

Известно, что вектор скорости материальной точки(已知质点的速度矢量)

$$\vec{v} = \frac{\mathrm{d}\vec{r}}{\mathrm{d}t}$$

Радиус-вектор $\vec{r}_M$ точки M связан с радиусом-вектором начала отсчета подвижной системы координат следующей зависимостью(рис. 7.1)(点 M 相对于定系的矢径 $\vec{r}_M$ 与动坐标系的参考原点 O 的矢径 $\vec{r}_O$ 关系如下(图 7.1))

$$\vec{r}_M = \vec{r}_O + \vec{\rho} \tag{7.4}$$

где $\vec{\rho}$ — радиус-вектор точки M в подвижной системе отсчета; он определяет положение точки в ее относительном движении(其中 $\vec{\rho}$ 表示动参考系中点 M 的矢径;它用来确定一个

点在其相对运动中的位置).

Вычислим вектор скорости точки M(计算点 M 的速度矢量)

$$\vec{v}_M = \frac{\mathrm{d}}{\mathrm{d}t}(\vec{r}_M) = \frac{\mathrm{d}}{\mathrm{d}t}(\vec{r}_O + \vec{\rho}) \tag{7.5}$$

或者

$$\vec{v}_M = \frac{d}{\mathrm{d}t}(\vec{r}_O) + \frac{d}{\mathrm{d}t}(\vec{\rho}) \tag{7.6}$$

В полученном выражении первое слагаемое представляет собой скорость ($\vec{v}_O$) точки O тела относительно неподвижной системы координат. Поскольку орты $\vec{i}$, $\vec{j}$ и $\vec{k}$ меняют положение в пространстве вместе с телом, то, следовательно, производная от них по времени не будет равна нулю. Следует заметить также, что точка O, в которой эти орты пересекаются, для них всегда неподвижна. Следовательно, эти орты совершают мгновенное вращение вокруг оси, проходящей через точку O(在上述表达式中,第一项 $\frac{\mathrm{d}}{\mathrm{d}t}(\vec{r}_O)$ 是动系点 O 相对于定坐标系的速度($\vec{v}_O$). 由于单位向量 $\vec{i}$, $\vec{j}$, $\vec{k}$ 在空间中的位置和物体一起随时间发生改变,所以它们的时间导数不等于零. 还应注意的是,这些单位向量相交于 O 点,相对于 O 点不发生移动. 因此,这些单位向量绕通过点 O 的轴做瞬间旋转).

Вычислим производную(计算导数) $\frac{\mathrm{d}}{\mathrm{d}t}(\vec{\rho})$

$$\frac{\mathrm{d}}{\mathrm{d}t}(\vec{\rho}) = \frac{\mathrm{d}}{\mathrm{d}t}(x\vec{i} + y\vec{j} + z\vec{k}) = \vec{i}\frac{\mathrm{d}x}{\mathrm{d}t} + \vec{j}\frac{\mathrm{d}y}{\mathrm{d}t} + \vec{k}\frac{\mathrm{d}z}{\mathrm{d}t} + x\frac{\mathrm{d}\vec{i}}{\mathrm{d}t} + y\frac{\mathrm{d}\vec{j}}{\mathrm{d}t} + z\frac{\mathrm{d}\vec{k}}{\mathrm{d}t} \tag{7.7}$$

Итак(因此)

$$\vec{v}_M = \frac{\mathrm{d}}{\mathrm{d}t}(r_O) + \vec{i}\frac{\mathrm{d}x}{\mathrm{d}t} + \vec{j}\frac{\mathrm{d}y}{\mathrm{d}t} + \vec{k}\frac{\mathrm{d}z}{\mathrm{d}t} + x\frac{\mathrm{d}\vec{i}}{\mathrm{d}t} + y\frac{\mathrm{d}\vec{j}}{\mathrm{d}t} + z\frac{\mathrm{d}\vec{k}}{\mathrm{d}t} \tag{7.8}$$

Используя метод остановки, с помощью выражения (7.8) можно определить относительную скорость точки и переносную. Действительно, остановив переносное движение, движение осей x,y,z, т. е. положив $\vec{r}_O = \text{const}$, $\vec{i} = \text{const}$, $\vec{j} = \text{const}$, $\vec{k} = \text{const}$,из уравнения (7.8) получим(使用"止动规则",可以使用表达式 (7.8) 来确定点的相对速度和牵连速度. 事实上,通过停止牵连运动,轴 x,y,z 的运动,使 $\vec{r}_O = \text{const}$, $\vec{i} = \text{const}$, $\vec{j} = \text{const}$, $\vec{k} = \text{const}$,由方程 (7.8)得到)

$$\vec{v}_r = \frac{\mathrm{d}x}{\mathrm{d}t}\vec{i} + \frac{\mathrm{d}y}{\mathrm{d}t}\vec{j} + \frac{\mathrm{d}z}{\mathrm{d}t}\vec{k} = v_x\vec{i} + v_y\vec{j} + v_z\vec{k} \tag{7.9}$$

Здесь $v_x = \frac{\mathrm{d}x}{\mathrm{d}t}, v_y = \frac{\mathrm{d}y}{\mathrm{d}t}, v_z = \frac{\mathrm{d}z}{\mathrm{d}t}$ проекции вектора относительной скорости $\vec{v}_r$ на соответствующие оси координат(其中, $v_x = \frac{\mathrm{d}x}{\mathrm{d}t}, v_y = \frac{\mathrm{d}y}{\mathrm{d}t}, v_z = \frac{\mathrm{d}z}{\mathrm{d}t}$,将相对速度矢量 $\vec{v}_r$ 投影到相应的坐标轴上得到的).

因此,将式(7.9)代入式(7.8)得到

$$\vec{v}_M = \frac{\mathrm{d}}{\mathrm{d}t}(\vec{r}_O) + x\frac{\mathrm{d}\vec{i}}{\mathrm{d}t} + y\frac{\mathrm{d}\vec{j}}{\mathrm{d}t} + z\frac{\mathrm{d}\vec{k}}{\mathrm{d}t} + \vec{v}_{\mathrm{r}} \tag{7.10}$$

А остановив относительное движение точки M ($x = \mathrm{const}, y = \mathrm{const}, z = \mathrm{const}$), получим её переносную скорость(而通过停止点M的相对运动($x = \mathrm{const}, y = \mathrm{const}, z = \mathrm{const}$),可得到其牵连速度)

$$\vec{v}_{\mathrm{e}} = \frac{\mathrm{d}}{\mathrm{d}t}(\vec{r}_O) + x\frac{\mathrm{d}\vec{i}}{\mathrm{d}t} + y\frac{\mathrm{d}\vec{j}}{\mathrm{d}t} + z\frac{\mathrm{d}\vec{k}}{\mathrm{d}t} = \vec{v}_O + x\frac{\mathrm{d}\vec{i}}{\mathrm{d}t} + y\frac{\mathrm{d}\vec{j}}{\mathrm{d}t} + z\frac{\mathrm{d}\vec{k}}{\mathrm{d}t} \tag{7.11}$$

因此,将式(7.11)代入式(7.10),得到

$$\vec{v}_M = \vec{v}_{\mathrm{a}} = \vec{v}_{\mathrm{e}} + \vec{v}_{\mathrm{r}} \tag{7.12}$$

式(7.10) ~ (7.12)的证明也可采用另外一种思路:

Рассмотрим, что представляет собой производная, например, $\frac{\mathrm{d}\vec{k}}{\mathrm{d}t}$ Если, как было отмечено ранее, орт $\vec{k}$ может совершать только мгновенное вращение вокруг точки O, то существует мгновенная ось вращения $O\Omega$ (рис. 7.4)(思考一下,导数表示什么,例如 $\frac{\mathrm{d}\vec{k}}{\mathrm{d}t}$. 综上所述,如果单位向量 $\vec{k}$ 只能绕点 O 进行瞬时转动,那么就会存在一个 $O\Omega$ 的瞬时转动轴(图 7.4)).

Как известно, производная от радиуса-вектора есть линейная скорость конца этого вектора. Поскольку орт $\vec{k}$ — вектор, то $\frac{\mathrm{d}\vec{k}}{\mathrm{d}t} = \vec{v}_C$. Следовательно(已知,矢径的导数是该矢量末端的线速度. 由于单位向量 $\vec{k}$ 为 矢量,那么 $\frac{\mathrm{d}\vec{k}}{\mathrm{d}t} = \vec{v}_C$,由此可知)

$$x\frac{\mathrm{d}\vec{i}}{\mathrm{d}t} + y\frac{\mathrm{d}\vec{j}}{\mathrm{d}t} + z\frac{\mathrm{d}\vec{k}}{\mathrm{d}t} = x\vec{v}_A + y\vec{v}_B + z\vec{v}_C \tag{7.13}$$

Вычислим линейную скорость конца вектора, направленную по касательной кокружности, $v_C = R\omega = |\vec{k}|\omega\sin\alpha = \omega\sin\alpha$. Зная, что модуль векторного произведения $\vec{\omega} \times \vec{k}$ будет тоже равняться $\omega\sin\alpha$ и векторы $\vec{\omega}$, $\vec{k}$ и $\vec{v}_C$ взаимно-перпендикулярны, можно записать $\vec{v}_C = \vec{\omega} \times \vec{k}$. Аналогично запишем: $\vec{v}_B = \vec{\omega} \times \vec{j}$ и $\vec{v}_A = \vec{\omega} \times \vec{i}$. Таким образом, В результате мы получаем следующую зависимость(计算矢量末端沿圆周切向的线速度时, $v_C = R\omega = |\vec{k}|\omega\sin\alpha = \omega\sin\alpha$. 已知矢量积 $\vec{\omega} \times \vec{k}$ 的大小也将等于 $\omega\sin\alpha$, 且矢量 $\vec{\omega}$, $\vec{k}$ 与 $\vec{v}_C$ 相互垂直,可以写出 $\vec{v}_C = \vec{\omega} \times \vec{k}$. 同样,我们可以写 $\vec{v}_B = \vec{\omega} \times \vec{j}$ 和 $\vec{v}_A = \vec{\omega} \times \vec{i}$. 因此)

$$x\frac{\mathrm{d}\vec{i}}{\mathrm{d}t} = x\vec{v}_A = x\vec{\omega} \times \vec{i} = \vec{\omega} \times x\vec{i}$$

$$y\frac{\mathrm{d}\vec{j}}{\mathrm{d}t} = y\vec{v}_B = y\vec{\omega} \times \vec{j} = \vec{\omega} \times y\vec{j}$$

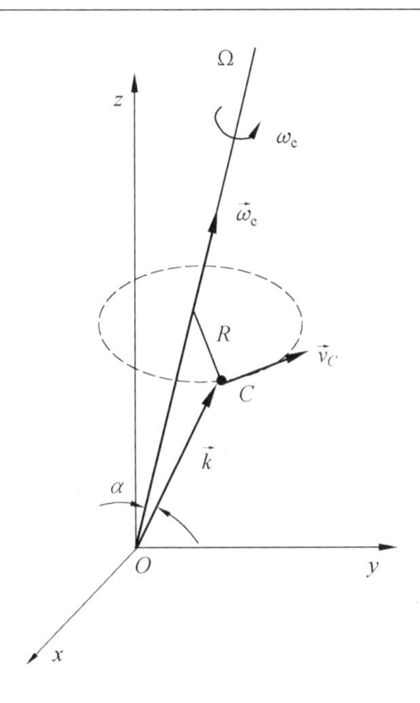

图 7.4　单位向量 $\vec{k}$ 绕点 O 的顺时转动

$$z\frac{d\vec{k}}{dt} = z\vec{v}_C = z\vec{\omega}\times\vec{k} = \vec{\omega}\times z\vec{k}$$

Или(或者)

$$x\frac{d\vec{i}}{dt} + y\frac{d\vec{j}}{dt} + z\frac{d\vec{k}}{dt} = \vec{\omega}\times(x\vec{i} + y\vec{j} + z\vec{k}) = \vec{\omega}\times\vec{\rho} \tag{7.14}$$

В результате мы получаем следующую зависимость(最后得到如下的关系式)

$$\vec{v}_M = (\vec{v}_O + \vec{\omega}\times\vec{\rho}) + \vec{v}_r \tag{7.15}$$

以上各式中 $\vec{\omega}$ 即为动系的角速度矢量 $\vec{\omega}_e$

Выражение в скобках представляет собой скорость точки тела, которая совпадает в данный момент с точкой M, движущейся относительно этого тела (так как она равна сумме скорости полюса $\vec{v}_O$ и линейной скорости $\vec{\omega}\times\vec{\rho}$ при вращении относительно этого полюса). В результате получено равенство (括号中的表达式代表牵连点的速度,动系上与动点瞬间重合的点的速度 $\vec{v}_e$(等于动系原点速度 $\vec{v}_O$ 与相对于此原点的线速度 $\vec{\omega}\times\vec{\rho}$ 之和),于是得到下面等式)

$$\vec{v}_M = \vec{v}_e + \vec{v}_r = \vec{v}_a$$

которое выражает теорему о сложении скоростей(该式表示出速度合成定理):

Абсолютная скорость точки равна геометрической сумме ее переносной и относительной скоростей(点的绝对速度等于其牵连速度和相对速度的矢量和).

Эту теорему иногда называют правилом параллелограмма скоростей(该定理有时被称为速度平行四边形定理).

В общем случае модуль абсолютной скорости можно вычислить по формуле(在一般情况下,绝对速度的大小可以通过以下公式计算)

$$v=\sqrt{v_r^2+v_e^2+2v_rv_e\cos\langle\vec{v}_r,\vec{v}_e\rangle} \tag{7.16}$$

例题 1 Пассажир идет вдоль вагона со скоростью 0,5 км/ч в сторону, противоположную направлению движения поезда. Поезд движется по прямолинейному участку пути со скоростью 60 км/ч. С какой скоростью пассажир перемещается относительно строений(рис. 7.5)(乘客沿着与火车方向相反的方向以 0.5 km/h 的速度向着车厢的一边行走. 火车以 60 km/h 的速度沿着直线轨道移动. 乘客相对于建筑物的运动速度是多少(图 7.5))?

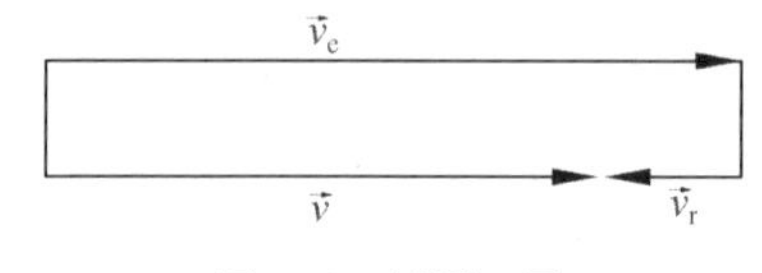

图 7.5　例题 1 图

解:

(1) Определим переносную скорость. Поскольку вагон едет по прямолинейному пути, то он совершает поступательное движение. Следовательно, все точки имеют одинаковую скорость, т. е. $v_e=60$ км/ч(确定牵连速度. 因为车厢沿直线向前运动. 所以,各点速度相同,即 $v_e=60$ km/h).

(2) Определим абсолютную скорость пассажира. На основании теоремы о сложении скоростей при сложном движении точки $\vec{v}_a=\vec{v}_e+\vec{v}_r$ (рис. 7.5). Поскольку все векторы параллельны, то $v=60-0.5=59.5$ км/ч(确定乘客的绝对速度. 基于速度合成定理,当点合成运动时, $\vec{v}_a=\vec{v}_e+\vec{v}_r$ (图 7.5). 因为所有矢量是平行的,因此 $v=60-0.5=59.5$ km/h).

Ответ. Пассажир перемещается относительно строений в направле нии движения поезда с абсолютной скоростью 59.5 км/ч(答案:乘客相对于建筑物以 59.5 km/h 的绝对速度在火车运行的方向上运动).

例题 2　如图 7.6(a)所示,已知:$OA=l$;$\varphi=\omega t$. 求:T 型杆的速度和加速度.

解:(1)取 OA 上的滑块 A 为动点,T 型杆为动系.

(2)分析三种运动,确定速度的方向.

(3)做出速度平行四边形如图 7.6(b)所示,求解未知量.

$$\vec{v}_a=\vec{v}_e+\vec{v}_r,\ v_a=l\omega,\ v_e=v_a\cos\varphi=l\omega\cos\varphi$$

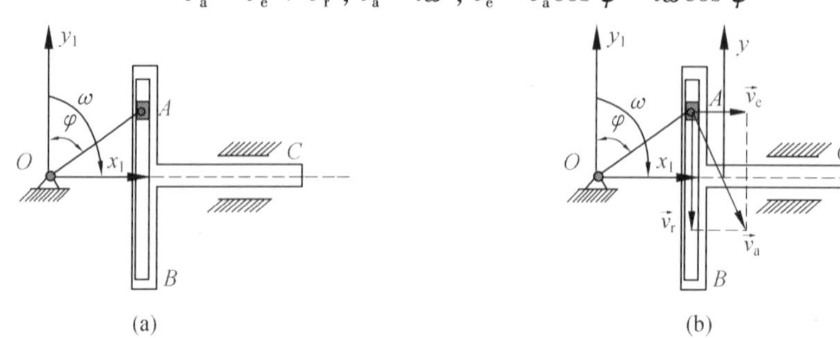

图 7.6　例题 2 图

例题 3　如图 7.7(a)所示,已知:R,$\varphi=\omega t$(ω 为常数). 求:(1)小环 M 的速度;(2)小环 M 相对于 AB 杆的速度.

解:(1)取小环 M 为动点,AB 杆为动系,画速度矢量图如图 7.7(b)所示,根据

$$\vec{v}_a = \vec{v}_e + \vec{v}_r$$

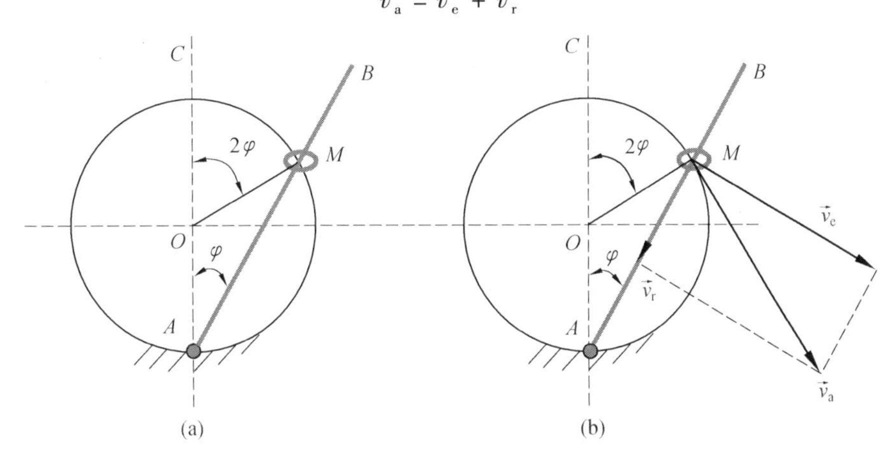

图 7.7 例题 3 图

得到

$$v_e = \overline{AM} \cdot \omega = 2R\omega\cos\varphi \text{ , } v_a = v_e/\cos\varphi = 2R\omega \text{ , } v_r = v_a\sin\varphi = 2R\omega\sin\varphi$$

例题 4 如图 7.8(a)所示,已知:$OO_1 = l, OA = r; \omega$. 求:当 OA 水平时摇杆的角速度 ω_1.

解:(1)取曲柄端点 A 为动点,摇杆为动系, 画速度矢量图如图 7.8(b)所示.

$$\vec{v}_a = \vec{v}_e + \vec{v}_r \text{ , } \quad v_a = r\omega \text{ , }$$

得到

$$v_e = v_a\sin\varphi = r\omega\sin\varphi$$

$$\omega_1 = v_e/O_1A = v_e\sin\varphi/r = \omega\sin^2\varphi = \frac{r^2\omega}{l^2 + r^2}$$

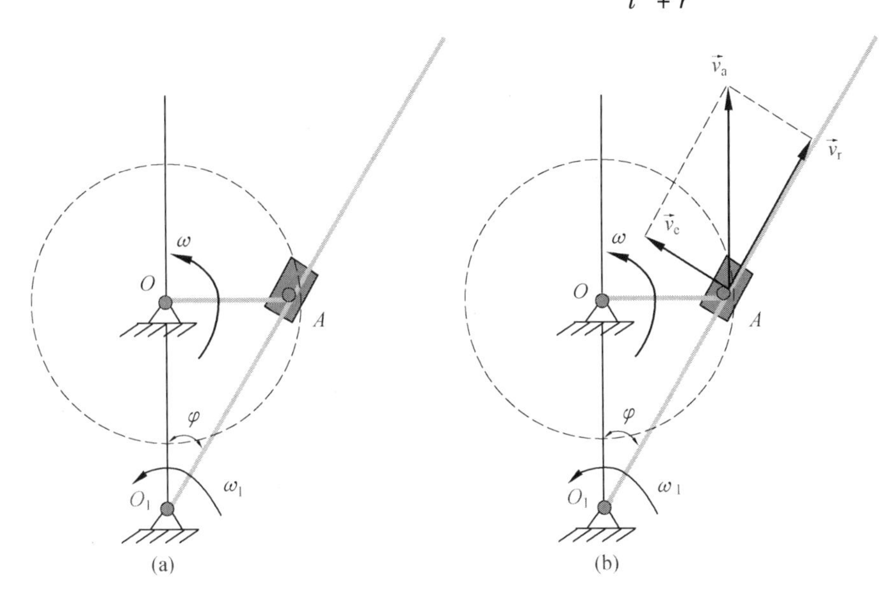

图 7.8 例题 4 图

例题 5 在例 4 基础上,如图 7.9(a)所示,若已知 OA 的角速度,求:BC 杆的速度.

解:在例 4 中已经取曲柄端点 A 为动点,摇杆为动系,得到了摇杆的角速度 ω_1.

在此基础上,再取 CB 杆上的滑块 B 为动点,摇杆为动系,画速度矢量图如图 7.9(b)所示.根据

$$\vec{v}_{Ba} = \vec{v}_{Be} + \vec{v}_{Br}$$

可求得

$$v_{Ba} = \frac{v_{Be}}{\cos\varphi} = \frac{\omega_1 O_1 B}{\cos\varphi}$$

由于 BC 杆做平动,故 BC 杆的速度为 $\vec{v}_{Ba}$.

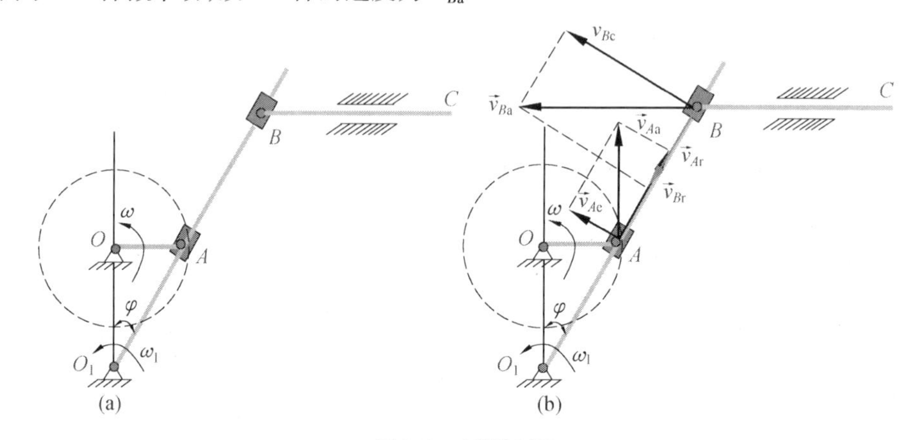

图 7.9　例题 5 图

例题 6　如图 7.10(a)所示,已知:h;φ;ω.求:AB 杆的速度.

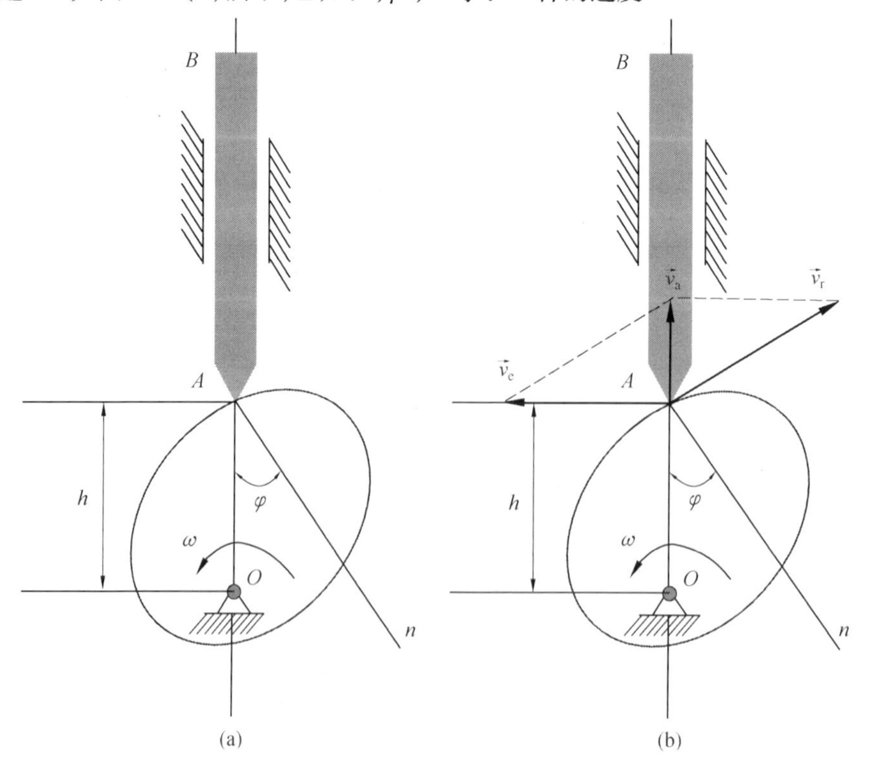

图 7.10　例题 6 图

解:取 AB 杆端点 A 为动点,凸轮为动系,画速度矢量图如图 7.10(b). 根据

$$\vec{v}_a = \vec{v}_e + \vec{v}_r\ ,\ v_e = h\omega$$

得到

$$v_a = v_e \tan\varphi = h\omega\tan\varphi$$

7.3　Теорема сложении об ускорении точки. Ускорение Кориолиса (点的加速度合成定理. 科里奥利加速度)

Ускорение точки—первая производная по времени от вектора скорости. Поэтому абсолютное ускорение, используя формулу (7.8)(点的加速度为速度矢量的一阶导数. 因此,利用公式(7.8),绝对加速度为)

$$\vec{a}_M = \frac{\mathrm{d}\vec{v}_M}{\mathrm{d}t} = \frac{\mathrm{d}^2\vec{r}_O}{\mathrm{d}t^2} + \frac{\mathrm{d}^2x}{\mathrm{d}t^2}\vec{i} + \frac{\mathrm{d}^2y}{\mathrm{d}t^2}\vec{j} + \frac{\mathrm{d}^2z}{\mathrm{d}t^2}\vec{k} + 2\left(\frac{\mathrm{d}x}{\mathrm{d}t}\frac{\mathrm{d}\vec{i}}{\mathrm{d}t} + \frac{\mathrm{d}y}{\mathrm{d}t}\frac{\mathrm{d}\vec{j}}{\mathrm{d}t} + \frac{\mathrm{d}z}{\mathrm{d}t}\frac{\mathrm{d}\vec{k}}{\mathrm{d}t}\right) + x\frac{\mathrm{d}^2\vec{i}}{\mathrm{d}t^2} + y\frac{\mathrm{d}^2\vec{j}}{\mathrm{d}t^2} + z\frac{\mathrm{d}^2\vec{k}}{\mathrm{d}t^2} \tag{7.17}$$

Воспользовавшись правилом остановки, можем найти относительное и переносное ускорения точки(使用止动规则, 我们可以得到点的相对加速度和牵连加速度).

Положим в (7.17) $\vec{r}_O = \mathrm{const}, \vec{i} = \mathrm{const}, \vec{j} = \mathrm{const}, \vec{k} = \mathrm{const}$. Получим относительное ускорение(将 $\vec{r}_O = \mathrm{const}, \vec{i} = \mathrm{const}, \vec{j} = \mathrm{const}, \vec{k} = \mathrm{const}$ 带入(7.17),得到相对加速度)

$$\vec{a}_r = \frac{\mathrm{d}\vec{v}_M}{\mathrm{d}t} = \frac{\mathrm{d}^2x}{\mathrm{d}t^2}\vec{i} + \frac{\mathrm{d}^2y}{\mathrm{d}t^2}\vec{j} + \frac{\mathrm{d}^2z}{\mathrm{d}t^2}\vec{k} \tag{7.18}$$

При $x = \mathrm{const}, y = \mathrm{const}, z = \mathrm{const}$, получим переносное ускорение(使 $x = \mathrm{const}, y = \mathrm{const}, z = \mathrm{const}$,得到牵连加速度)

$$\vec{a}_e = \frac{\mathrm{d}^2\vec{r}_O}{\mathrm{d}t^2} + x\frac{\mathrm{d}^2\vec{i}}{\mathrm{d}t^2} + y\frac{\mathrm{d}^2\vec{j}}{\mathrm{d}t^2} + z\frac{\mathrm{d}^2\vec{k}}{\mathrm{d}t^2} \tag{7.19}$$

Поэтому из формулы (7.17) следует, что абсолютное ускорение состоит не из двух, а из трех ускорений(因此,从公式(7.17)可以得出,绝对加速度不是由两个加速度组成,而是由三个加速度组成)

$$\vec{a} = \vec{a}_e + \vec{a}_r + \vec{a}_C \tag{7.20}$$

Дополнительное ускорение называется ускорением Кориолиса (по имени ученого, впервые обнаружившего это ускорение), которое равно(附加的加速度称为科里奥利加速度(以首次发现此加速度的科学家名字命名),其等于)

$$\vec{a}_C = 2\left(\frac{\mathrm{d}x}{\mathrm{d}t}\frac{\mathrm{d}\vec{i}}{\mathrm{d}t} + \frac{\mathrm{d}y}{\mathrm{d}t}\frac{\mathrm{d}\vec{j}}{\mathrm{d}t} + \frac{\mathrm{d}z}{\mathrm{d}t}\frac{\mathrm{d}\vec{k}}{\mathrm{d}t}\right) \tag{7.21}$$

Это дополнительное ускорение появилось из-за того, что переносная скорость зависит от относительного движения, от положения точки на среде, а относительная скорость изменяется за счет переносного движения(这种附加加速度的出现是因为牵连速度

取决于相对运动及牵连点的位置,而相对速度则通过牵连运动而发生改变).

Проще всего определить ускорение Кориолисав двух частных случаях(在两种特殊情况下确定科里奥利加速度的最简单方法).

(1)Переносное движение—поступательное движение (система подвижных осей x,y, z перемещается поступательно)(牵连运动为平动(动系 x,y,z 平行移动)).

Так как подвижные оси при таком движении не поворачиваются, то орты $\vec{i}=\text{const}$, $\vec{j}=\text{const}$, $\vec{k}=\text{const}$И тогда по (7.21) ускорение Кориолиса $\vec{a}_C=0$, а абсолютное ускорение станет суммой лишь двух ускорений $\vec{a}=\vec{a}_e+\vec{a}_r$ (由于动系坐标轴在运动中不旋转,则单位矢量 $\vec{i}=\text{const}$, $\vec{j}=\text{const}$, $\vec{k}=\text{const}$,因此根据(7.21)得到科里奥利加速度 $\vec{a}_C=0$ 和绝对加速度仅为两项加速度之和, $\vec{a}=\vec{a}_e+\vec{a}_r$).

Это понятно, так как переносное движение точки не будет зависеть от относительного, а переносное не изменяет направление вектора относительной скорости(这是可以理解的,因为点的牵连运动将不依赖于相对运动,并且牵连运动不会改变相对速度的矢量方向).

(2)Переносное движение—вращение вокруг неподвижной оси(牵连运动为定轴转动).

Пусть подвижная система осей $Oxyz$ вращается вокруг неподвижной оси ξ с угловой скоростью $\vec{\omega}_e$ (рис. 7.11)(设动系 $Oxyz$ 以角速度 $\vec{\omega}_e$ 绕固定轴 ξ 旋转(图 7.11)).

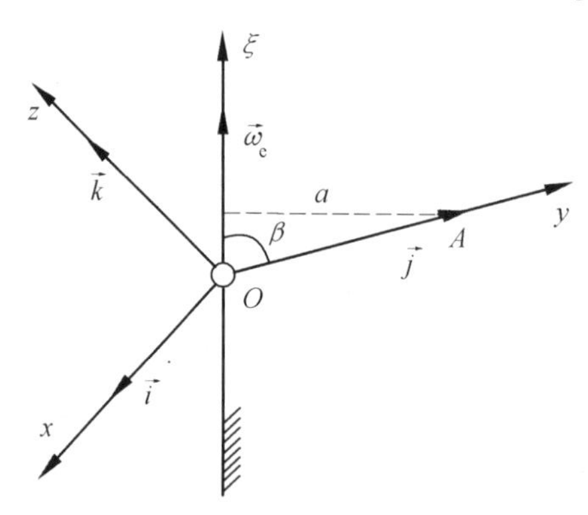

图 7.11　围绕固定轴旋转的动系

Представим орты осей как радиусы-векторы точек, расположенных на их концах. Тогда производные от орт по времени можно рассматривать как скорости этих точек(我们把动系坐标轴表示成径向向量,末端过单位向量的终点.然后可以将单位向量对时间的导数视为这些终点的速度).

Например, скорость точки A на конце вектора $\vec{j}$ $\vec{v}_A=\dfrac{\mathrm{d}\vec{j}}{\mathrm{d}t}$. Но так как модуль ее $v_A=\omega_e a=\omega_e\cdot j\sin\beta$, а вектор скорости $\vec{x}_A$ направлен перпендикулярно $\vec{\omega}_e$ и $\vec{j}$ в сторону вращения, то $\vec{v}_A=\vec{\omega}_e\times\vec{j}$. Поэтому аналогично: $\vec{v}_A=\vec{\omega}_e\times\vec{j}$, $\dfrac{\mathrm{d}\vec{j}}{\mathrm{d}t}=\vec{\omega}_e\times\vec{j}$ и $\dfrac{\mathrm{d}\vec{k}}{\mathrm{d}t}=\vec{\omega}_e\times\vec{k}$ (例如,

矢量 $\vec{j}$ 末端 A 点 的速度 $\vec{v}_A = \dfrac{d\vec{j}}{dt}$. 但因为它的模 $v_A = \omega_e a = \omega_e \cdot j\sin\beta$，而速度矢量 $\vec{v}_A$ 在方向上是垂直于 $\vec{\omega}_e$ 和 $\vec{j}$ 的，即 $\vec{v}_A = \vec{\omega}_e \times \vec{j}$. 因此，类似地 $\vec{v}_A = \vec{\omega}_e \times \vec{j}$，$\dfrac{d\vec{j}}{dt} = \vec{\omega}_e \times \vec{j}$ 和 $\dfrac{d\vec{k}}{dt} = \vec{\omega}_e \times \vec{k}$).

Для доказательства этого можно было воспользоваться и формулой $\vec{v} = \vec{\omega} \times \vec{r}$ (为了证明这一点，可以使用公式 $\vec{v} = \vec{\omega} \times \vec{r}$).

Тогда по (7.21) ускорение Кориолиса(然后通过式(7.21)得到科里奥利加速度为)

$$\vec{a}_C = 2\vec{\omega}_e \times \left(\frac{dx}{dt}\vec{i} + \frac{dy}{dt}\vec{j} + \frac{dz}{dt}\vec{k}\right) \tag{7.22}$$

И, учитывая (7.9), получим(且考虑到式(7.9)，可得到)

$$\vec{a}_C = 2\vec{\omega}_e \times \vec{v}_r \tag{7.23}$$

Ускорение Кориолиса есть удвоенное векторное произведение вектора угловой скорости переносного движения на вектор относительной скорости точки(科里奥利加速度是该点的牵连运动角速度矢量与相对速度矢量乘积的二倍).

Величина его(其大小为)

$$a_C = 2\omega_e v_r \sin\alpha \tag{7.24}$$

где α —острый　угол　между векторами $\vec{\omega}_e$ и $\vec{v}_r$ (其中 α 为矢量 $\vec{\omega}_e$ 和 $\vec{v}_r$ 间所夹的锐角).

Замечание. Можно доказать, что этот результат верен при любом переносном движении, не только при вращении вокруг неподвижной оси(注. 可以证明，这一结果在任何牵连运动中都是正确的，而不仅仅是在绕固定轴旋转时).

例题 7　如图 7.12，已知：$OA = l$；$\varphi = \omega t$（ω 为常量）. 求：当 $\varphi = 30°$时 T 型杆的加速度.

解：取滑块 A 为动点，T 型杆为动系. 例题 2 中已经进行了动点的速度分析，因为动系做平动，没有科里奥利加速度，则

$$\vec{a} = \vec{a}_e + \vec{a}_r$$

其加速度矢量如图 7.12(b)所示.

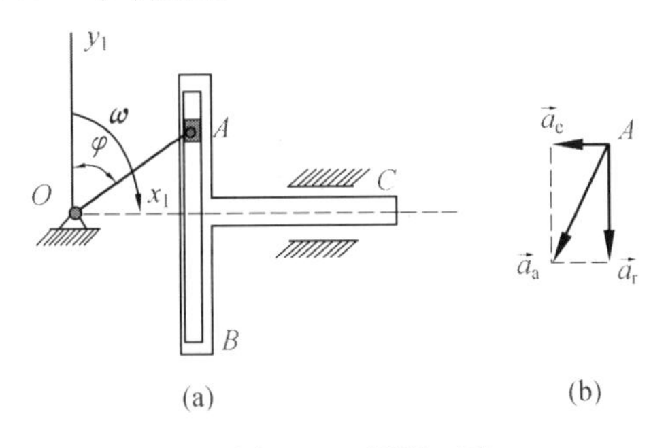

图 7.12　例题 7 图

其中，

绝对加速度的法向加速度 $a_a^n = l\omega^2$，切向加速度 $a_a^\tau = OA \cdot \varepsilon = 0$，

得到

$a_e = a_a \sin 30° = \dfrac{1}{2} l\omega^2$,即为 T 型杆的加速度.

例题 8 如图 7.13 所示,已知:$OA = r$;$\omega = \text{const}$. 求:CD 杆的速度和加速度.

解:取 CD 杆 C 点为动点,三角板 ABC 为动系. 速度矢量及加速度矢量图如图 7.13(a)、7.13(b)所示.

$$\vec{v}_a = \vec{v}_e + \vec{v}_r$$

由图可知

$$v_e = v_A = r\omega$$

则

$$v_e = v_r = v_a = r\omega$$

CD 杆的速度为

$$v_{CD} = v_a = r\omega$$

由于动系做曲线平动,则

$$\vec{a} = \vec{a}_e + \vec{a}_r$$

过 C 点作与相对速度 $\vec{a}_r$ 垂直的直线 Cy,将上式向 Cy 轴投影,得到

$$a_a \cos 30° = - a_e \cos 60°$$

其中

$$a_e = a_A = r\omega^2$$

得到,CD 杆的加速度为

$$a_{CD} = a_a = - a_e \tan 30° = - \frac{\sqrt{3}}{3} r\omega^2$$

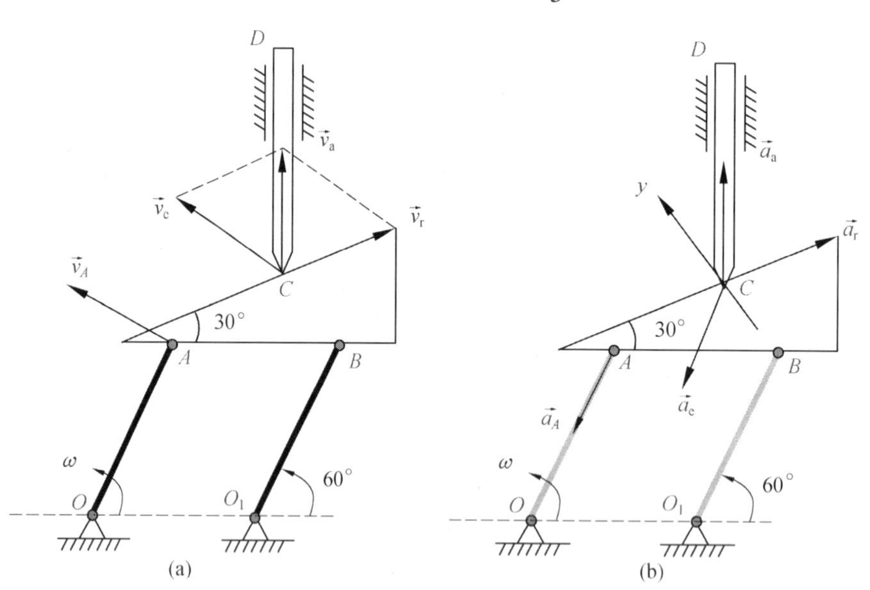

图 7.13 例题 8 图

例题 9 求例题 3 中:(1) 小环 M 的加速度. (2) 小环 M 相对于 AB 杆的加速度.

解:(1)取小环 M 为动点,AB 杆为动系. 动系绕 A 轴做定轴转动,基于例题 3 中的速度分析结果(图 7.14(a)),进行动点的加速度分析.

由例题 3 已知得到:

$$v_a = v_e / \cos\varphi = 2R\omega \ , \ v_r = v_a \sin\varphi = 2R\omega \sin\varphi$$

由于动系绕 A 轴做定轴转动,动点存在科氏加速度. 根据 $\vec{a} = \vec{a}_e + \vec{a}_r + \vec{a}_C$,得到

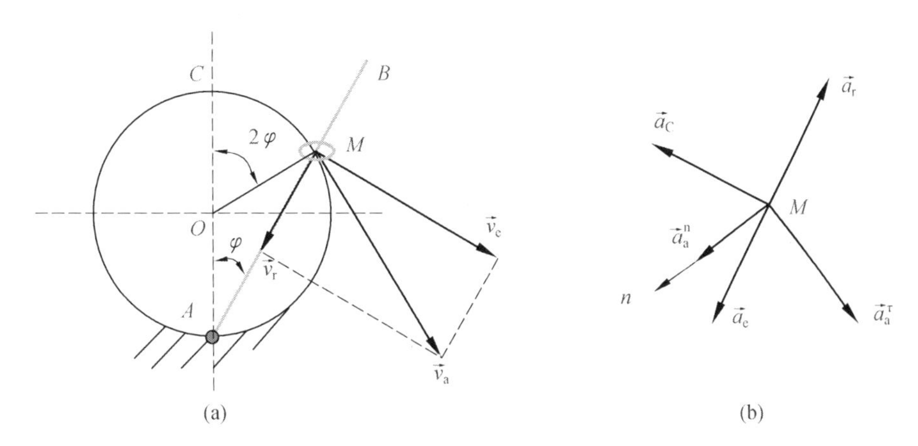

图 7.14　例题 9 图

$$\vec{a}_a^n + \vec{a}_a^\tau = \vec{a}_e + \vec{a}_r + \vec{a}_C$$

其中

$$a_a^n = v_a^2/R = 4R\omega^2,\ a_a^\tau = 0,\ a_e = v_e^2/AM = 2R\omega^2\cos\varphi,\ a_C = 2\omega_e v_r = 4R\omega^2\sin\varphi$$

将加速度方程向 Mn 轴投影(图 7.14(b)),得到

$$a_a^n = a_e\cos\varphi + a_C\sin\varphi - a_r\cos\varphi$$

解得:$a_r = -2R\omega^2\cos\varphi$,即为小环 M 相对于 AB 杆的加速度.

因此,小环 M 的绝对加速度等于 $a_a^n = 4R\omega^2$.

例题 10　求:例题 4 中摇杆的角加速度 ε.

解:取曲柄端点 A 为动点,摇杆为动系. 例题 4 中通过速度分析已经得到摇杆的角速度 ω_1(图 7.15(a)),$\omega_1 = \dfrac{r^2\omega}{l^2 + r^2}$. 根据加速度合成定理

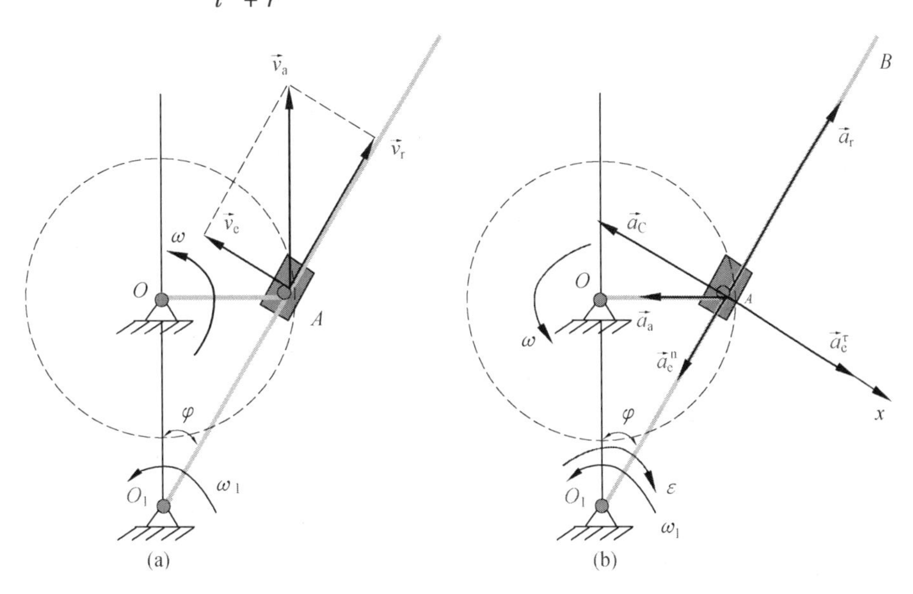

图 7.15　例题 10 图

$$\vec{a}_a = \vec{a}_e^n + \vec{a}_e^\tau + \vec{a}_r + \vec{a}_C$$

其中

$$a_a = \omega^2 r\ ,\ a_e^n = \omega_1^2 O_1 A = \frac{r^4 \omega^2}{(l^2 + r^2)^{3/2}}\ ,\ v_r = v_a \cos\varphi = \omega r l / \sqrt{l^2 + r^2}$$

$$a_C = 2\omega_1 v_r \sin 90° = \frac{2\omega^2 r^3 l}{(l + r^2)^{3/2}}$$

将加速度方程向 Ax 轴投影(图 7.15(b)),得到

$$-a_a \cos\varphi = a_e^\tau - a_C$$

解得

$$a_e^\tau = -\frac{rl(l^2 - r^2)}{(l^2 + r^2)^{3/2}}\omega^2$$

则,摇杆的角加速度 $\varepsilon = \dfrac{a_e^\tau}{AO_1} = -\dfrac{rl(l^2 - r^2)}{(l^2 + r^2)^2}\omega^2$.

例题 11　求例题 6 中 AB 杆的加速度.

解:取 AB 杆端点 A 为动点,凸轮为动系. 例题 6 中通过速度分析已经得到 AB 杆的绝对速度及相对速度(图 7.16(a)),$v_a = h\omega \tan\varphi$,$v_r = h\omega \sec\varphi$.

根据加速度合成定理:$\vec{a}_a = \vec{a}_e + \vec{a}_r^n + \vec{a}_r^\tau + \vec{a}_C$

其中 $a_e = \omega^2 h$,$a_r^n = v_r^2/\rho = (h\omega \sec\varphi)^2/\rho$,$a_C = 2\omega_1 v_r \sin 90° = \dfrac{2h\omega^2 \sec\varphi}{\rho}$.

将加速度方程向 An 轴投影(图 7.16(b)),得到

$$-a_a \cos\varphi = a_r^n + a_e \cos\varphi - a_C$$

解得 $a_a = h\omega^2\left(2\sec^2\varphi - \dfrac{h}{\rho}\sec^3\varphi - 1\right)$.

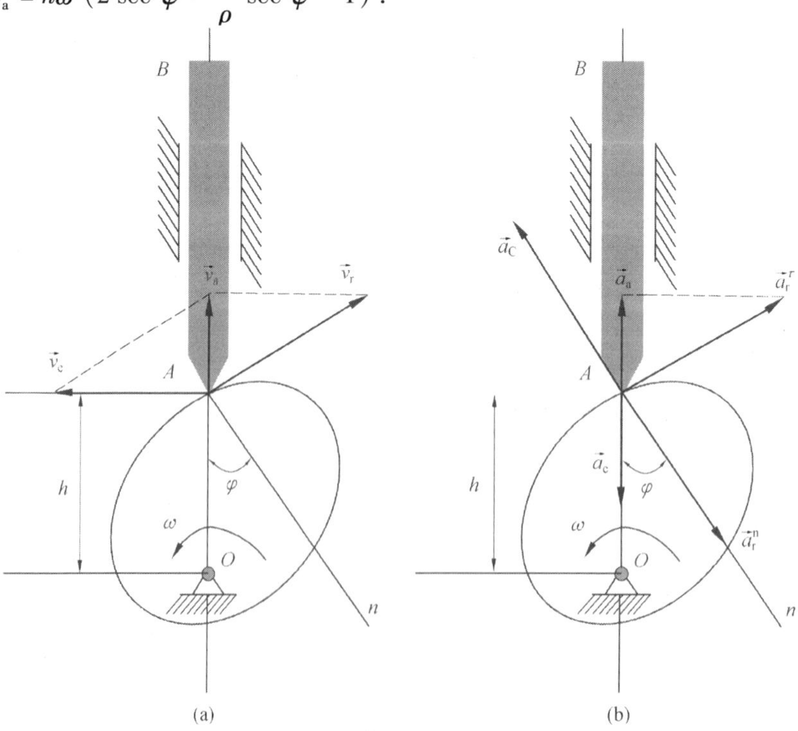

图 7.16　例题 11 图

7.4　Сложение двух вращательных движений（两个转动运动的合成）

7.4.1　Сложение вращений твердого тела вокруг пересекающихся осей（刚体绕相交轴的转动的合成）

Рассмотрим сложное движение твердого тела, представляющее собой совокупность двух вращательных движений тела вокруг осей, пересекающихся в одной точке. Примером такого движения является движение диска, показанного на рис. 7.17(а). Вращение этого диска относительно оси ON является его относительным движением, поэтому угловую скорость этого вращательного движения обозначим ω_r. Вращение самой оси ON вокруг оси Oz — это переносное движение, поэтому эту угловую скорость обозначим ω_e. Определим, каким будет абсолютное движение тела в этом случае（考虑刚体的运动合成，该合成运动为物体绕相交于一点的两个轴的转动运动的合成. 如图 7.17(a)所示盘的运动. 该盘相对于轴线 ON 的转动是其相对运动，因此，该转动运动的角速度用 ω_r 来表示. ON 轴本身围绕 Oz 轴的转动是牵连运动，因此我们用 ω_e 表示角速度. 确定在这种情况下物体的绝对运动是什么）?

Построим на векторах $\vec{\omega}_e$ и $\vec{\omega}_r$ параллелограмм(рис. 7.17). Покажем, что диагональ OC этого параллелограмма представляет собой вектор угловой скорости результирующего вращения тела, которое происходит вокруг оси $O\Omega$. Скорость точки O равна нулю, так как она находится одновременно на двух мгновенных осях вращения ON и Oz. Определим скорость точки C. Так как эта точка принадлежит телу, участвующему в сложном движении, то ее скорость определяется по теореме о сложении скоростей（我们以向量 $\vec{\omega}_e$ 和 $\vec{\omega}_r$ 构建平行四边形(图 7.17). 用该平行四边形的 OC 对角线来表示物体绕轴 $O\Omega$ 转动合成的角速度矢量. 点 O 的速度等于零，因为它同时在两个瞬时转动轴 ON 和 Oz 上. 确定 C 点的速度. 由于此点属于参与运动合成的物体，因此其速度由速度合成定理确定）:

$$\vec{v}_C = \vec{v}_r + \vec{v}_e$$

Вычислим линейную скорость точки C в ее относительном вращении вокруг оси ON（计算点 C 在绕轴 ON 的相对转动中的线速度）:

$$v_r = BC \times \omega_r = 2 \text{ площади } \Delta OAC(\Delta OAC \text{ 面积的 2 倍})$$

Вектор скорости $\vec{v}_r$ перпендикулярен плоскости OAC и направлен《на себя》. Модуль линейной скорости точки C в ее переносном движении будет равен（速度矢量 $\vec{v}_r$ 垂直于 OAC 平面并"顺着角速度的转动方向". C 点在其牵连运动中线速度的大小等于）

$$v_e = DC \times \omega_e = 2 \text{ площади } \Delta OEC(\Delta OEC \text{ 面积的 2 倍})$$

Вектор этой скорости направлен перпендикулярно плоскости OEC в сторону《от себя》. Поскольку площади треугольников OAC и OEC равны по построению, то в точке C приложены два вектора, равные по величине и противоположно направленные, а следо-

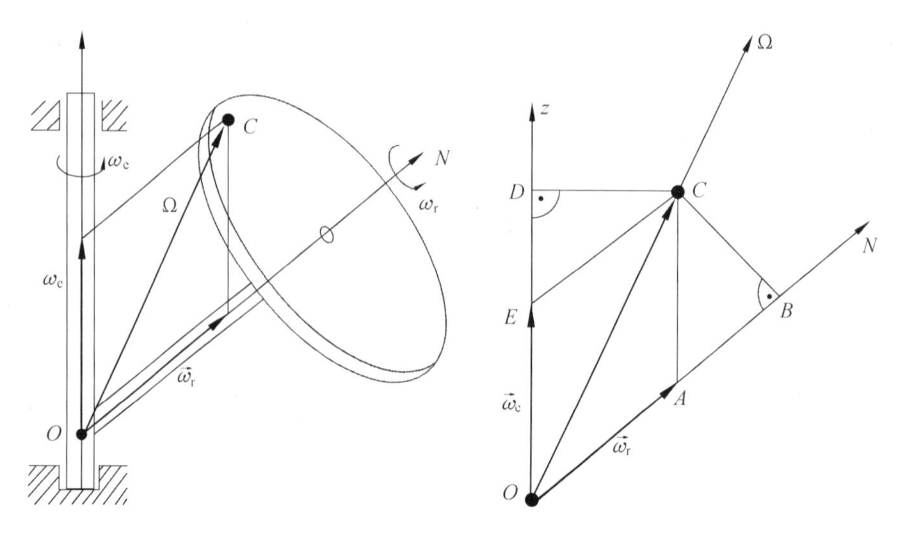

图 7.17　物体绕相交于一点的两个轴的转动运动的合成

вательно, их сумма равна нулю(该速度矢量“顺着角速度 $\vec{\omega}_e$ 的转动方向”垂直于 OEC 平面. 由于三角形 OAC 和 OEC 的面积相等,所以在点 C 处作用有两个矢量,大小相等且方向相反,因此它们的和为零).

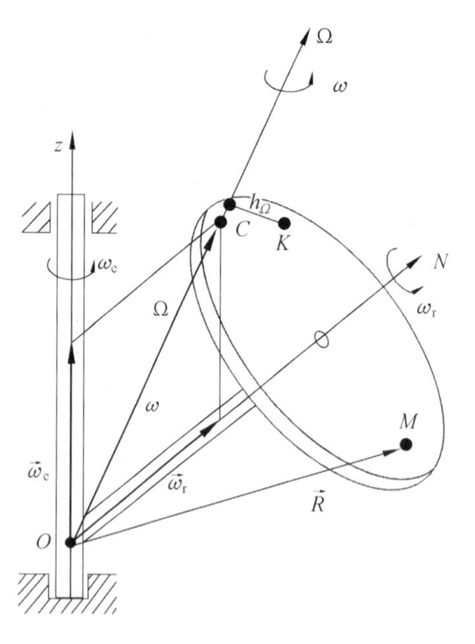

图 7.18　绕两相交轴转动的刚体上点的速度计算

Таким образом, прямая $O\Omega$, проходящая через две неподвижные точки O и C, является мгновенной осью вращения тела. Тогда можно считать, что диск (как и любое другое тело произвольной формы) мгновенно вращается вокруг оси $O\Omega$. В этом случае скорость любой точки M (рис. 7.18) может быть определена так(这样,穿过两个固定的点 O 和点 C 的直线 $O\Omega$ 是物体的瞬时转动轴. 然后可以假设盘(也可为任何其他形状的刚体)绕轴 $O\Omega$ 瞬时转动. 在这种情况下,任何点 M(图 7.18)的速度可以定义为)

$$\vec{v}_M = \vec{\omega} \times \vec{R}$$

С другой стороны, эта точка участвует в сложном движении, поэтому ее скорость можно записать иначе(另一方面,该点参与了合成运动,因此其速度可以用不同的方式来书写为)

$$\vec{v}_M = \vec{v}_r + \vec{v}_e$$

где $\vec{v}_r = \vec{\omega}_r \times \vec{R}$, а $\vec{v}_e = \vec{\omega}_e \times \vec{R}$ (其中 $\vec{v}_r = \vec{\omega}_r \times \vec{R}$, 而 $\vec{v}_e = \vec{\omega}_e \times \vec{R}$).

Таким образом(则)

$$\vec{\omega} \times \vec{R} = \vec{\omega}_r \times \vec{R} + \vec{\omega}_e \times \vec{R}$$

Откуда(由此可见) $$\vec{\omega} \times \vec{R} = (\vec{\omega}_r + \vec{\omega}_e) \times \vec{R}$$

Следовательно(因此) $$\vec{\omega} = \vec{\omega}_r + \vec{\omega}_e$$

Таким образом, геометрическая сумма векторов угловых скоростей относительного и переносного вращений равна вектору угловой скорости абсолютного вращения(因此,相对转动角速度和牵连转动角速度的矢量和等于绝对转动角速度矢量).

Установленное соотношение называют правилом параллелограмма угловых скоростей (建立的关系式称为角速度的平行四边形定理).

Построив параллелограмм угловых скоростей, скорость любой точки тела (например, для точки K) при сложении двух вращательных движений относительно пересекающихся осей можно определить относительно мгновенной оси вращения (см. рис. 7.18) (通过构造角速度的平行四边形,当对相交轴附加两个转动运动时,可以根据相对瞬时转动轴确定物体任何点的速度(例如,对于点 K)(见图 7.18))

$$v_K = \omega h_\Omega$$

7.4.2 Сложение вращений твердого тела вокруг параллельных осей (刚体绕平行轴转动的合成)

В этом случае векторы относительной и переносной угловых скоростей параллельны. Здесь возможно несколько вариантов(在这种情况下,相对角速度和牵动角速度的矢量是平行的. 有几种可能的情况).

(1) Относительное и переносное вращения направлены в одну сторону. Допустим, что плоская фигура I (рис. 7.19(a)) вращается относительно плоскости II. В свою очередь, плоскость II совершает вращение относительно неподвижной плоскости III, тогда абсолютное движение плоской фигуры I будет составным по отношению к плоскости III; движение плоскости II в этом случае является переносным. Плоские фигуры I и II могут совершать аналогичные движения в плоскости III (рис. 7.19(b)). Поскольку оба движения являются вращательными, то в точках пересечения осей вра щения ω_e и ω_r с плоскостью III скорости будут равны нулю: в точке P_e — переносная, а в точке P_r — относительная. Как известно, абсолютная скорость любой точки в сложном движении равна геометрической сумме относительной и переносной скоростей. Так как переносная скорость точки P_e равна нулю, то ее абсолютная скорость будет равна относительной скоро-

сти(相对转动和牵连转动方向相同. 假设平面图 I(图 7.19(a))相对于平面 II 转动. 而平面 II 相对于静止的平面 III 转动,然后平面图形 I 的绝对运动将通过相对于平面 III 进行合成,在这种情况下,平面 II 的运动是牵连运动. 平面图 I 和 II 可以在平面 III 中进行类似的运动(图 7.19(b)). 由于两个运动都是转动的,因此转动轴 ω_e 和 ω_r 与平面 III 的交点处,速度将为零:在 P_e 点为牵连速度,在 P_r 点为相对速度. 已知,复杂运动中任何点的绝对速度等于相对速度和牵连速度的矢量和. 由于点 P_e 的牵连速度为零,其绝对速度将等于相对速度)

$$\vec{v}_{P_e} = \vec{v}_r + \vec{v}_e = \vec{v}_r + 0 = \vec{v}_r$$

Модуль этой скорости определяют по формуле $v_{P_e} = P_eP_r\omega_r$. Направлена она будет перпендикулярно ее радиусу вращения (отрезку P_eP_r) —《на себя》(该速度的大小由公式 $v_{P_e} = P_eP_r\omega_r$ 确定. 它的方向将垂直于其转动半径(P_eP_r段)、角速度矢量,并由右手螺旋法则确定).

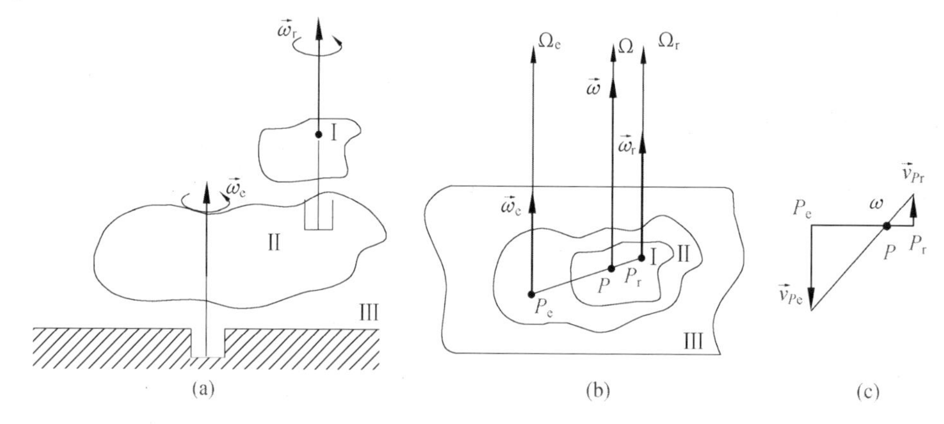

图 7.19 相对转动和牵连转动方向相同

Аналогичные рассуждения справедливы и для точки P_r, т. е. абсолютная скорость $\vec{v}_{P_r} = \vec{v}_r + \vec{v}_e = 0 + \vec{v}_e = \vec{v}_e$. Модуль этой скорости $v_{P_r} = P_eP_r\omega_e$, а вектор перпендикуляен отрезку P_eP_r и направлен в сторону переносного вращения, т. е.《от себя》(对于 P_r 点,同理,即,绝对速度 $\vec{v}_{P_r} = \vec{v}_r + \vec{v}_e = 0 + \vec{v}_e = \vec{v}_e$. 该速度的大小是 $v_{P_r} = P_eP_r\omega_e$,并且矢量垂直于线段 P_eP_r及牵连转动角速度矢量,即由右手螺旋法则确定.)

Отложим на чертеже векторы абсолютных скоростей точек P_e и P_r, после чего найдем мгновенный центр скоростей P (рис. 7.19(c)). Из рисунка видно, что движение плоской фигуры I складывается из двух параллельных однонаправленных вращательных движений с угловой скоростью(在图中绘制点 P_e 和 P_r 的绝对速度矢量,然后我们找到速度瞬时中心 P(图 7.19(c)). 该图表明平面图形 I 的运动是由两个平行的单向转动运动组成的,其角速度为)

$$\omega = v_{P_r}/PP_r = v_{P_e}/PP_e$$

Из подобия треугольников следует, что $v_{Pe}/v_{Pr} = PP_e/PP_r$. Подставив значения скоростей v_{Pr} и v_{Pe}, выраженные через угловые скорости относительного и переносного движений, получим(从三角形的相似性来看,$v_{Pe}/v_{Pr} = PP_e/PP_r$. 代入代表相对运动和牵连运动角速度的 v_{Pr}和 v_{Pe}的值,可以得到)

$$\frac{PP_e}{PP_r} = \frac{\omega_r}{\omega_e}$$

Следовательно, мгновенная ось вращения Ω(см. рис. 7.19) проходит через мгновенный центр скоростей, точку P, параллельно осям Ω_e и Ω_r, деля при этом расстояние между этими осями на отрезки, об ратно пропорциональные угловым скоростям(由此可见,瞬时转动轴Ω(见图7.19)通过速度的瞬时中心点P,平行于轴Ω_e和Ω_r,将这些轴之间的距离分成与角速度成反比的区段).

Определим модуль абсолютной угловой скорости. Для этого вместо $v_{P_r} = P_eP_r\omega_e$ подставим его значение $v_{P_r} = \omega PP_r$; в результате имеем $\omega PP_r = P_eP_r\omega_e$. Учитывая, что $PP_e + PP_r = P_eP_r$, перепишем это равенство: $\omega PP_r = \omega_e(PP_e + PP_r)$, или $\omega PP_r = \omega_e PP_e + \omega_e PP_r$. Зная, что $\omega_e PP_e = \omega_r PP_r$, получим $\omega PP_r = \omega_r PP_r + \omega_e PP_r$, откуда после сокращения на общий множитель PP_r определим(确定绝对角速度大小. 为此,将 $v_{P_r} = P_eP_r\omega_e$ 替换为 $v_{P_r} = \omega PP_r$;那么,我们有 $\omega PP_r = P_eP_r\omega_e$. 考虑到 $PP_e + PP_r = P_eP_r$,重写该等式: $\omega PP_r = \omega_e(PP_e + PP_r)$,或者 $\omega PP_r = \omega_e PP_e + \omega_e PP_r$. 已知 $\omega_e PP_e = \omega_r PP_r$,我们得到 $\omega PP_r = \omega_r PP_r + \omega_e PP_r$,消除公共因子 PP_r 后,可以得到)

$$\omega = \omega_e + \omega_r$$

Модуль абсолютной угловой скорости равен сумме модулей угловых скоростей составляющих однонаправленных вращательных движений(绝对角速度大小等于单向转动运动分量的角速度大小之和).

Из рис. 7.19(с) видно, что абсолютное вращение плоской фигуры направлено так же против часовой стрелки, как и его составные движения. Направим вектор абсолютной угловой скорости $\vec{\omega}$ по оси Ω в ту же сторону, что и векторы $\vec{\omega}_e$ и $\vec{\omega}_r$ (см. рис. 7.19) (从图7.19c,可以看出平面图形的绝对转动也是逆时针方向,其合成运动也是如此. 我们将绝对角速度矢量 $\vec{\omega}$ 的指向沿着 Ω 轴,其方向与矢量 $\vec{\omega}_e$ 和 $\vec{\omega}_r$ 相同(见图7.19).)

(2) Относительное и переносное вращения направлены в разные стороны, а модули их угловых скоростей не равны. Определим абсолютную скорость мгновенного центра скоростей P_e (рис. 7.20(a)): $\vec{v}_{P_e} = \vec{v}_r + \vec{v}_e = \vec{v}_r + 0 = \vec{v}_r$. Этот вектор равен по модулю $v_{P_e} = \omega_r P_eP_r$ и направлен 《на себя》. Аналогично определим абсолютную скорость мгновенного центра скоростей P_r: $\vec{v}_{P_r} = \vec{v}_r + \vec{v}_e = 0 + \vec{v}_e = \vec{v}_e$ (相对转动和牵连转动方向相反,并且它们的角速度大小不相等. 我们确定牵连速度中心 P_e 的绝对速度(图7.20a): $\vec{v}_{P_e} = \vec{v}_r + \vec{v}_e = \vec{v}_r + 0 = \vec{v}_r$. 该向量的模 $v_{P_e} = \omega_r P_eP_r$ 并且方向按右手螺旋法则确定. 类似地,我们可以定义相对速度中心 P_r 的绝对速度: $\vec{v}_{P_r} = \vec{v}_r + \vec{v}_e = 0 + \vec{v}_e = \vec{v}_e$).

Точка P_r в переносном движении вращается вокруг оси Ω_e против хода часовой стрелки, если смотреть с конца вектора $\vec{\omega}_e$. Следовательно, вектор $\vec{v}_{P_r}$ направлен 《на себя》. Модуль вектора $\vec{v}$ будет равен $v_{P_r} = \omega_e P_eP_r$. На рис. 7.20(a), а показано, что $\vec{\omega}_e > \vec{\omega}_r$, поэтому $v_{P_r} > v_{P_e}$ (当从 $\vec{\omega}_e$ 矢量的末端观察时,牵连运动中心的 P_r 点逆时针方向绕 Ω_e 轴旋转. 因此,向量 $\vec{v}_{P_r}$ 指向由右手螺旋法则确定,指向朝外. 向量 $\vec{v}_{P_r}$ 的大小将等于 $v_{P_r} = \omega_e P_eP_r$.

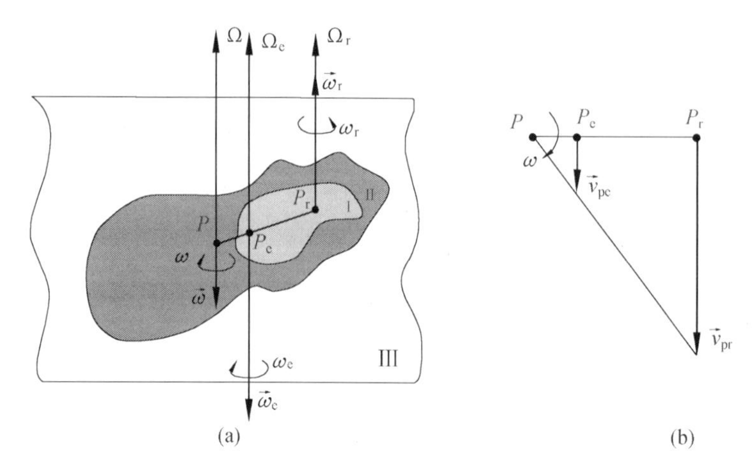

图 7.20 相对转动和牵连转动方向角速度相反,大小不相等

在图中 7.20(a),显示 $\omega_e > \omega_r$,因此 $v_{P_r} > v_{P_e}$).

Отложим из точек P_e и P_r векторы скоростей v_{P_e} и v_{P_r} (рис. 7.20(b)) и графически найдем мгновенный центр скоростей, т. е. точку P. Из рисунка видно, что абсолютное вращение будет происходить по часовой стрелке, если смотреть с конца мгновенной оси вращения Ω(我们截取点 P_e 和 P_r 的速度向量 v_{P_e} 和 v_{P_r}(图 7.20(b))并用利用图形找到瞬时速度中心,即点 P. 如图所示,如果从瞬时旋转轴 Ω 的末端观察时,绝对转动将沿着顺时针方向进行).

Из подобия треугольников (см. рис. 7.20(b)) следует, что $v_{P_e}/v_{P_r} = PP_e/PP_r$. Подставив значения скоростей v_{P_r} и v_{P_e}, выраженные через угловые скорости относительного и переносного движений, получим(根据三角形的相似性(见图 7.20(b)),得出 $v_{P_e}/v_{P_r} = PP_e/PP_r$. 代入表示相对运动和牵连运动的角速度的 v_{P_r} 和 v_{P_e} 的值,我们得到)

$$\frac{PP_e}{PP_r} = \frac{\omega_r}{\omega_e}$$

Таким образом, мгновенная ось абсолютного вращения плоской фигуры параллельна осям переносного и относительного вращений; она лежит в плоскости, проходящей через эти оси, и делит расстояние между этими осями внешним образом обратно пропорционально угловым скоростям(因此,平面图形绝对转动的瞬时轴平行于牵连转动和相对转动的轴;该轴穿过平面,并在外侧与这些轴之间的距离跟角速度大小成反比).

Для определения модуля угловой скорости абсолютного вращения воспользуемся зависимостью $v_{P_r} = \omega PP_r$ (см. рис. 7.20(b)). В то же время, как было установлено ранее, $v_{P_r} = P_eP_r\omega_e$. Приравняв правые части и учитывая, что $P_eP_r = PP_r - PP_e$, получим(为了确定绝对转动的角速度大小,我们使用关系式 $v_{P_r} = \omega PP_r$(见图 7.20(b)). 与此同时,如上所述,$v_{P_r} = P_eP_r\omega_e$. 使等式右边相等,并考虑到 $P_eP_r = PP_r - PP_e$,我们得到)

$$\omega PP_r = \omega_e(PP_r - PP_e) \text{ , или } \omega PP_r = \omega_e PP_r - \omega_e PP_e .$$

Ранее было доказано, что $\omega_e PP_e = \omega_r PP_r$ учетом этого равенства получаем $\omega PP_r = \omega_e PP_r - \omega_r PP_r$ после сокращения на множитель PP_r имеем(事先已证明了 $\omega_e PP_e = \omega_r PP_r$ 这

个等式,我们得到了 $\omega PP_r = \omega_e PP_r - \omega_r PP_r$,在去掉因子 PP_r 后,可得到)

$$\omega = \omega_e - \omega_r ,$$

Модуль абсолютной угловой скорости равен разности угловых скоростей составляющих разнонаправленных вращений. Вектор абсолютной угловой скорости направлен в сторону большей угловой скорости и расположен со стороны той оси, угловая скорость вращения вокруг которой больше (см. рис. 7.20(a))(也就是说,绝对角速度大小等于相反方向转动分量的角速度之差. 绝对角速度的矢量与较大的角速度矢量一致,并且位于转动角速度较大的轴一侧(图 7.20(a))).

(3) Относительное и переносное вращения направлены в разные стороны, модули их угловых скоростей равны (рис. 7.21(a))(相对转动和牵连转动方向相反,它们的角速度大小相等(图 7.21(a))).

Определим для данного случая абсолютное движение плоской фигуры I. Поскольку модули угловых скоростей равны, то(针对这种情况我们可以确定平面图形 I 的绝对运动. 由于角速度的大小相等,那么)

$$\vec{\omega}_e = - \vec{\omega}_r$$

Относительное вращение вокруг оси Ω_r совершает фигура I, а переносное вращение вокруг оси Ω_e — фигура II. Поскольку для любой точки фигуры I имеет место равенство (图形 I 绕轴 Ω_r 做相对转动,并且图形 II 绕轴 Ω_e 做牵连转动. 因为对于图 I 中的任何一点都有)

$$\vec{v} = \vec{v}_e + \vec{v}_r$$

то для точки M это равенство также будет справедливо. Определим ее относительную скорость. Вектор $\vec{v}_r$ будет направлен по перпендикуляру к отрезку MP_r в направлении угловой скорости ω_r (рис. 7.21(b)). Вычислим его модуль(那么对于 M 点来说,该等式也是正确的. 我们确定它的相对速度. 矢量 $\vec{v}_r$ 将顺着角速度 ω_r 的转向垂直于 MP_r 段(如图 7.21(b)). 计算其大小)

$$v_r = \omega_r MP_r \text{ , или (或者) } v_r = \omega_e MP_r \text{ , так как (因为) } \omega_r = \omega_e$$

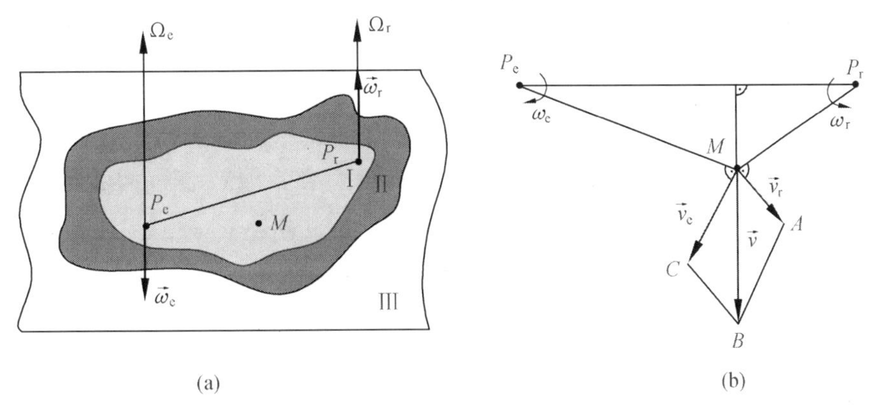

图 7.21 相对转动和牵连转动角速度方向相反,大小相等

Переносная скорость точки M будет направлена перпендикулярно отрезку MP_e в сторону переносной угловой скорости ω_e. Вычислим модуль переносной скорости $\vec{v}_e$ (点 M 的牵连速度将顺着牵连角速度 ω_e 转向垂直于线段 MP_e. 计算牵连速度大小 $\vec{v}_e$)

$$v_e = \omega_e MP_e$$

Построим параллелограмм на векторах скоростей $\vec{v}_r$ и $\vec{v}_e$ (см. рис. 7.21(b)). Треугольники MBC и P_eMP_r подобны, так как стороны их пропорциональны и взаимно-перпендикулярны. Из подобия треугольников имеем(我们依据速度矢量 $\vec{v}_r$ 和 $\vec{v}_e$ 构建一个平行四边形(如图 7.21(b)). 三角形 MBC 和 P_eMP_r 是相似的,因为它们的边成比例且互相垂直. 从三角形的相似性我们得到)

$$\frac{v}{P_eP_r} = \frac{v_e}{MP_e} = \frac{v_r}{MP_r} = \omega_e = \omega_r = \omega$$

Так как стороны MC и CB перпендикулярны соответственно сторонам MP_e и MP_r, то третьи стороны этих треугольников будут также перпендикулярны, т. е. вектор $\vec{v}$ перпендикулярен стороне P_eP_r. Значит, вектор скорости любой точки, выбранной произвольно, должен быть перпендикулярен отрезку P_eP_r, а ее модуль равен(由于 MC 和 CB 边分别垂直于 MP_e 和 MP_r,因此这些三角形的第三边也是垂直的,即矢量 $\vec{v}$ 垂直于侧面 P_eP_r. 因此,任意点的速度矢量必垂直于 P_eP_r 段,并且其大小等于)

$$v = \omega P_eP_r$$

Если скорости всех точек тела одинаковы по модулю и направлению, то мгновенный центр скоростей такого тела лежит в бесконечности — тело совершает поступательное движение(如果物体所有点的速度在大小和方向上是相同的,那么该物体的瞬时速度中心位于无限远处,即物体做平动).

Таким образом,при сложении двух вращений с равными по модулю, но противоположно направленными угловыми скоростями результирующим движением является поступательное(因此,当两个角速度大小相等、方向相反的转动合成时,所产生的运动是平动).

Совокупность двух вращений, направленных в противоположные стороны и имеющих равные по модулю угловые скорости, называется парой вращений(两个角速度方向相反、大小相等的转动合成称为转动偶).

例题 12 Механизм приводится в движение кривошипом OB, который вращается с угловой скоростью ω_0 (рис. 7.22(a)). Определить, с какой скоростью звено AC вращается относительно кривошипа OB и его мгновенную абсолютную угловую скорость, используя теорему о сложении вращений относительно параллельных осей(该机构由一个 OB 曲柄驱动,它以角速度 ω_0 转动(图 7.22(a)). 运用平行轴的转动合成定理,确定连杆 AC 相对于 OB 曲柄转动的速度及其瞬时绝对角速度).

解:(1) Определяем относительную угловую скорость звена AC. Звено AC совершает сложное движение. Его точка B принадлежит одновременно звену OB и AC, поэтому скорость ее в относительном вращательном движении равна нулю. (确定连杆 AC 的相对角速度. 连杆 AC 做复合运动. 它的 B 点同时属于 OB 和 AC 连杆,因此其相对转动的速度为

零).

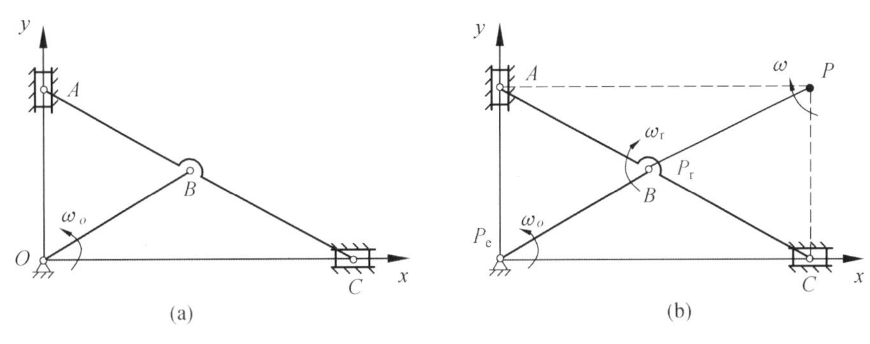

图 7.22　例题 12 图

Значит, это мгновенный центр скоростей звена AC в его относительном вращательном движении; обозначим его P_r (рис. 7.22(b)). Переносным вращением является вращение кривошипа OB относительно неподвижной точки O; обозначим эту точку P_e. Оси переносного и относительного вращений перпендикулярны плоскости чертежа, т. е. параллельны между собой. Следовательно, можно применить теорему о сложении вращательных движений относительно параллельных осей(这意味着它是 AC 连杆在其相对转动运动中的瞬时速度中心;由 P_r 表示(图 7.22(b)).牵连转动是曲柄 OB 相对于固定点 O 的转动,用 P_e 表示该点.牵连转动和相对转动的轴垂直于图面,即彼此平行.因此,可以应用平行轴转动合成定理).

Поскольку известны направления скоростей точек A и C звена AC (соответственно вдоль осей Ox и Oy), то можно найти МЦС этого звена, т. е. точку P (см. рис. 7.22(b))(由于连杆 AC 的点 A 和点 C 的速度方向是已知的(分别沿着轴 Ox 和 Oy),因此可以找到该连杆的速度瞬心,即点 P(图 7.22(b))).

$$\frac{\omega_r}{\omega_e} = \frac{PP_e}{PP_r} = \frac{2OB}{OB} = 2$$

Отсюда относительная угловая скорость вращения(相对角速度) $\omega_r = 2\omega_r = 2\omega_O$

(2) Определяем мгновенную абсолютную угловую скорость звена AC. Точка P (МЦС абсолютного вращательного движения) лежит на отрезке P_eP_r и делит его внешним образом, следовательно, направления переносной и относительной угловых скоростей противоположные. А так как точка P находится ближе к P_r, чем к P_e, то $\omega_r > \omega_e$, и тогда абсолютная угловая скорость звена AB будет равна(确定连杆 AC 的瞬时绝对角速度.点 P(绝对转动速度瞬心)位于区段 P_eP_r 的外部,因此,牵连角速度和相对角速度的方向相反.并且由于点 P 更靠近 P_r 而不是 P_e,那么 $\omega_r > \omega_e$,故连杆 AB 的绝对角速度等于)

$$\omega = \omega_r - \omega_e = 2\omega_O - \omega_O = \omega_O$$

Ответ. Относительная угловая скорость звена AC в данный момент в два раза больше, чем угловая скорость кривошипа OB, и направлена в противоположную сторону(答案:AC 连杆的相对角速度是 OB 曲柄角速度的两倍,方向相反).

Абсолютная угловая скорость звена AC в данный момент равна угловой скорости кривошипа OB, но направлена в другую сторону(此时,AC 连杆的绝对角速度等于 OB 曲

柄的角速度,但是方向相反).

7.5 Подумать(思考题)

1. 在点的合成运动中,动点的绝对加速度总是等于牵连加速度与相对加速度的矢量和吗?

2. 刨床的急回机构如图 7.23 所示. 曲柄 OA 的一端 A 与滑块用铰链连接. 当曲柄 OA 以匀角速度 ω 绕固定轴 O 转动时,滑块在摇杆 O_1B 上滑动,并带动摇杆 O_1B 绕固定轴 O_1 摆动. 设曲柄长 $OA=r$,两轴间距离 $OO_1=l$. 当曲柄在水平位置求摇杆的角速度 ω_1 时,为什么不宜以曲柄 OA 为动参考系? 若以 O_1B 上的点 A 为动点,以曲柄 OA 为动参考系,是否可求出 O_1B 的角速度、角加速度?

3. 图 7.24 中取动点为滑块 A,动参考系为杆 OC,则

$$v_e = \omega \cdot OA\ ,\ v_a = v_e \cos\varphi$$

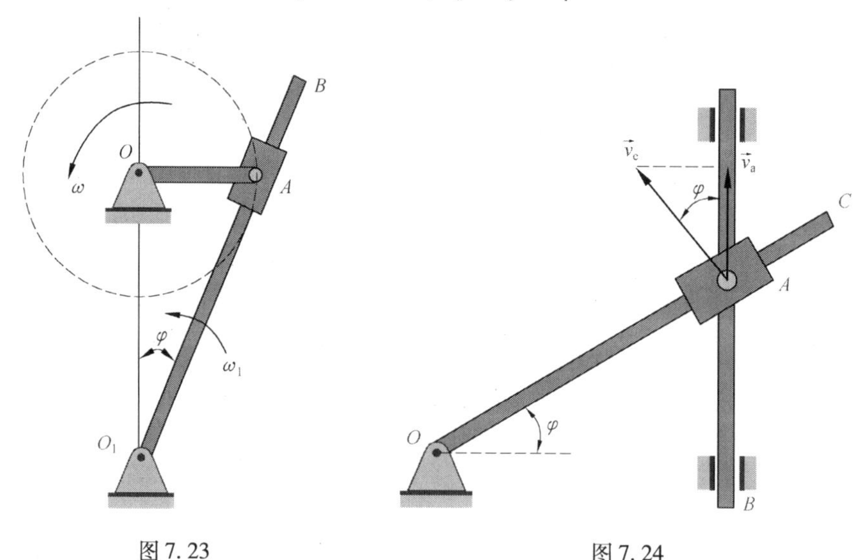

图 7.23　　　　图 7.24

4. 当牵连运动为转动时,相对加速度就等于相对速度对时间的一阶导数吗?

5. 速度合成定理及加速度合成定理的投影方程在形式上与静力学中的平衡方程有何不同?

6. 试引用点的合成运动的概念,证明在极坐标中点的加速度公式为

$$a_\rho = \ddot{\rho} - \rho\dot{\varphi}^2\ ,\ a_\varphi = \ddot{\varphi}\rho - 2\dot{\varphi}\dot{\rho}$$

其中,ρ 和 φ 是用极坐标表示的运动方程,a_ρ 和 a_φ 是点的加速度沿极径和其垂直方向的投影.

7.6 Упражнение(习题)

1. 如图 7.25, 汽车 A 以 $v_1=40$ km/h 沿直线道路行驶,汽车 B 以 $v_1=40\sqrt{2}$ km/h 沿另一岔道行驶. 求在 B 车上观察到 A 车的速度.

2. 河的两岸相互平行，一船由 A 点沿与岸垂直的方向向对岸匀速驶去，经过 10 min 后到达对岸，这时船到达对岸下游 120 m 处的 C 点，如图 7.26 所示，为使船从 A 点出发能到达对岸的 B 点处，船应逆流并保持与 AB 线成某角度的方向航行，在此情况下，船经过 12.5 min 到达对岸. 求河宽 l，船相对水的相对速度 $\vec{u}$ 和水流的速度 $\vec{v}$ 的大小.

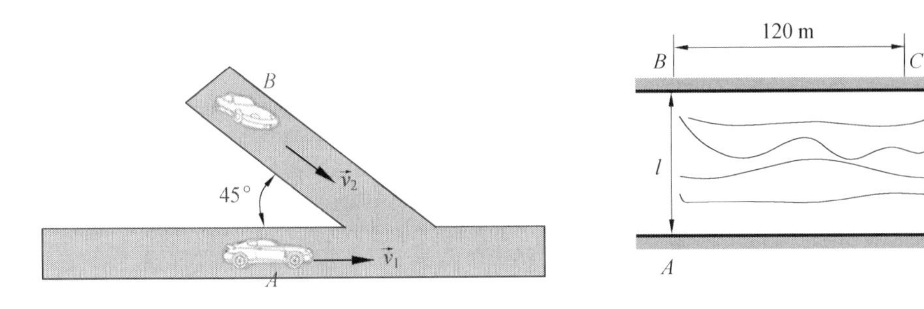

图 7.25　　　　图 7.26

3. 如图 7.27 所示，光点 M 沿 y 轴做谐振动，其运动方程为

$$x = 0 \ , \ y = a\cos(kt + \beta)$$

如将点 M 投影到感光记录纸上，此纸以等速度 $\vec{v}_e$ 向左运动. 求点 M 在记录纸上的轨迹.

4. 一斜边与水平线成 φ 角的光滑斜面沿水平方向运动，如图 7.28 所示. 杆 AB 的 A 端与一小轮相铰接，小轮沿斜面滚动时，可带动 AB 杆沿导轨在垂直方向上下滑动，如斜面以匀加速度 $\vec{a}_0$ 向右运动，求 AB 杆的加速度.

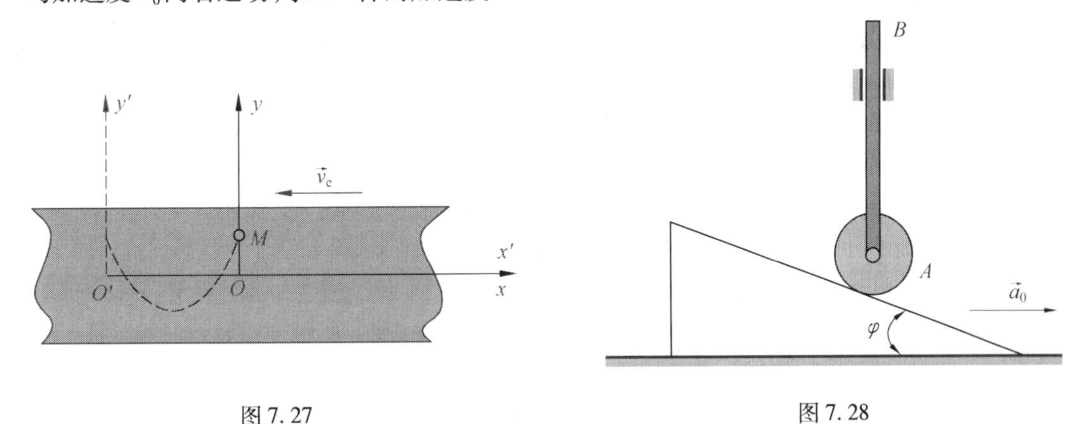

图 7.27　　　　图 7.28

5. 杆 OA 长 l，由推杆推动而在图面内绕点 O 转动，如图 7.29 所示. 假定推杆的速度为 $\vec{v}$，其弯头高为 a. 求杆端 A 的速度的大小(表示为 x 的函数).

6. 车床主轴的转速 $n=30$ r/min，工件的直径 $d=40$ mm，如图 7.30 所示. 如车刀横向走刀速度为 $v=10$ mm/s，证明车刀对工件的相对运动轨迹为螺旋线，并求出该螺旋线的螺距.

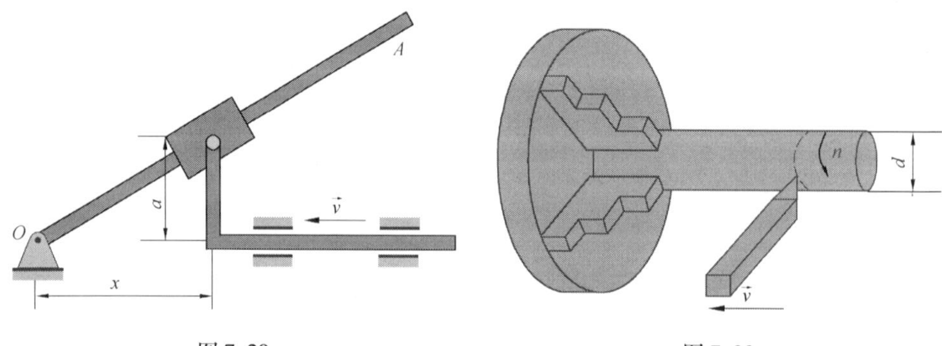

图 7.29　　图 7.30

7. 如图 7.31 所示,点 M 沿圆盘直径 AB 以 v 匀速运动,当开始时,点 M 在圆盘中心,且直径 AB 与 x 轴重合. 如圆盘以均匀角速度 ω 绕 O 点转动,求点 M 的绝对轨迹.

8. 半径为 r,偏心距为 e 的凸轮,以均匀角速度 ω 绕 O 轴转动,AB 杆长 l,A 端置于凸轮上,B 端用铰链支撑. 在如图 7.32 所示瞬间,AB 杆处于水平位置,试求 AB 杆的角速度.

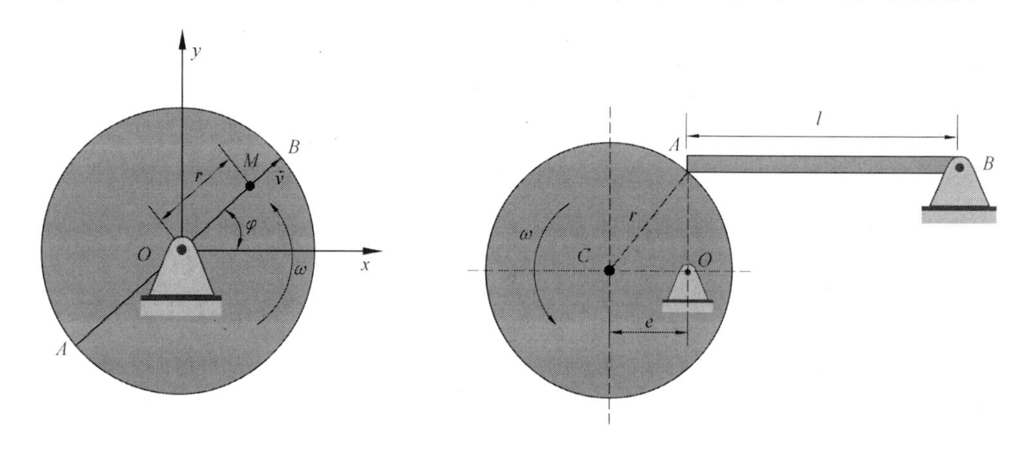

图 7.31　　图 7.32

9. 图 7.33 小环 M 沿杆 OA 运动,杆 OA 绕 O 轴转动,从而使小环在 Oxy 平面内具有如下运动方程

$$x = 10\sqrt{3}t, y = 10\sqrt{3}t^2$$

式中,t 以 s 计;x 和 y 以 mm 计. 求 $t=1$ s 时,小环 M 相对于杆 OA 的速度和加速度,杆 OA 转动的角速度及角加速度.

10. 图 7.34 示铰接四边形结构中,$O_1A = O_2B = 100$ mm,又 $O_1O_2 = AB$,杆 O_1A 以等角速度 $\omega = 2$ rad/s 绕轴 O_1 转动. 杆 AB 上有一套筒 C,此套筒与杆 CD 相铰接. 机构的各部件都在同一铅垂面内. 求当 $\varphi = 60°$ 时,杆 CD 的速度和加速度.

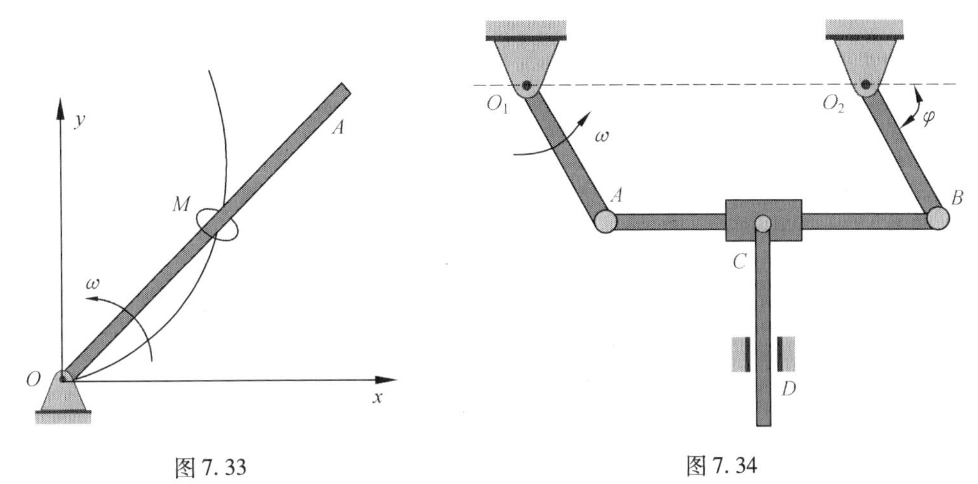

图 7.33　　　　图 7.34

11. 如图 7.35 所示,曲柄 OA 长 0.4 m,以等角速度 $\omega=0.5$ rad/s 绕 O 轴逆时针转动. 由于曲柄的 A 端推动水平板 B,使滑杆 C 沿铅直方向上升. 求当曲柄与水平线间的夹角 $\theta=30°$ 时,滑杆 C 的速度和加速度.

12. 如图 7.36 所示,半径为 r 的半圆形凸轮以匀速 $\overrightarrow{v_0}$ 在水平面上滚动,长为 $\sqrt{2}r$ 的直杆 OA 可绕 O 轴转动. 求图示所示瞬时点 A 的速度与加速度,并求杆 OA 的角速度和角加速度.

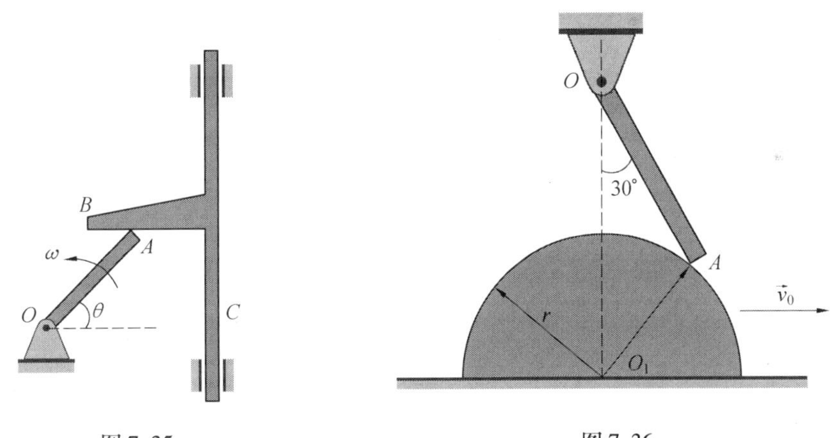

图 7.35　　　　图 7.36

13. 如图 7.37 所示,半径为 r 的圆环内充满液体,液体按箭头方向以相对速度 $\vec{v}$ 在环内做匀速运动. 如图环以等角速度 ω 绕 O 轴转动,求在圆环内点 1 和 2 处液体的绝对加速度的大小.

14. 图 7.38 所示圆盘绕 AB 轴转动,其角速度 $\omega=2t$ (φ 以 rad 计,t 以 s 计). 点 M 沿圆盘直径离开中心向外缘运动,其运动规律为 $OM=40t^2$(式中 OM 以 mm 计,t 以 s 计). 半径 OM 与 AB 轴间成 60°角. 求当 $t=1$ s 时点 M 的绝对加速度大小.

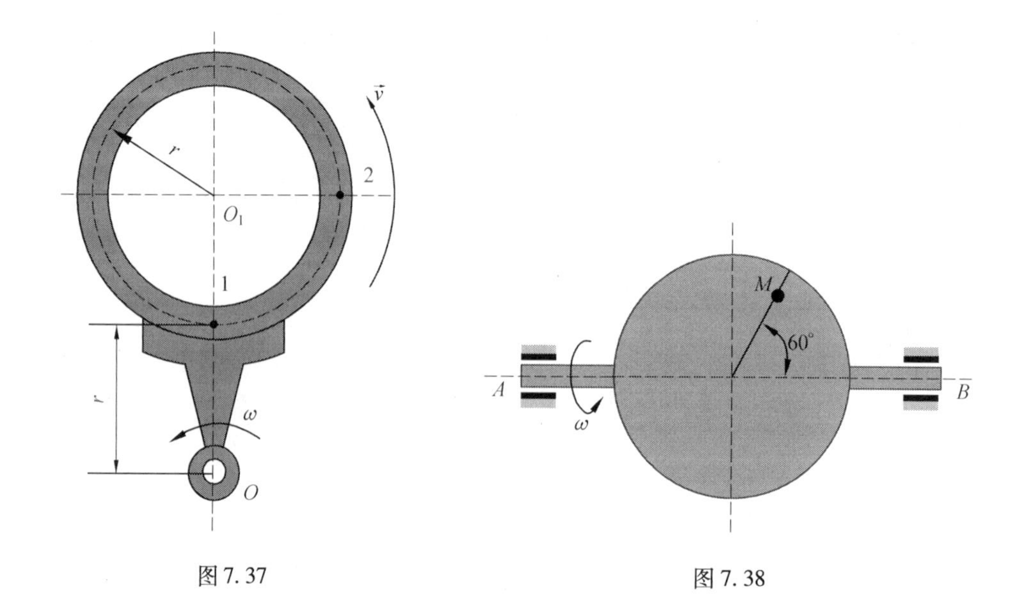

图 7.37

图 7.38

Глава 8 Плоское движение твердого тела (刚体的平面运动)

В главе 6 обсуждается поступательное и неподвижное вращение твердых тел. Это два наиболее распространенных и простых движения твердого тела. Твердое тело имеет более сложные формы движения. Плоское движение твердых тел является одним из наиболее распространенных в строительной технике. Вид движения, который можно рассматривать как комбинацию перемещения и вращения твердого тела, а также можно рассматривать как вращение вокруг оси, которая постоянно движется. В этой главе описывается разложение движения плоского твердого тела, угловая скорость и угловое ускорение твердого тела плоского движения, а также метод решения для скорости и ускорения каждой точки на твердом теле(第6章讨论了刚体的平动和定轴转动,这是两种最常见的、最简单的刚体运动,刚体还有更复杂的运动形式,其中刚体的平面运动是工程机械中较为常见的一种运动.它可视为刚体的平动和转动的合成,也可视为绕不断运动的轴的转动.本章介绍刚体平面运动的分解、平面运动刚体的角速度与角加速度、刚体上各点的速度及加速度的求解方法).

8.1 Обзор и разложение движения плоского движения твердого тела (刚体平面运动的概述和运动分解)

Плоским, или плоско-параллельным движением твердого тела называется такое движение, при котором каждая точка тела движется в плоскости, параллельной некоторой неподвижной плоскости(在运动过程中,刚体上任意一点与某固定平面的距离始终保持不变,刚体的这种运动称为平面运动.平面运动时,其上各点都在平行于某一固定平面的平面内运动).

图8.1中连杆AB、滑块B及车轮C的运动都是平面运动.

图8.2中与固定面垂直的直线A_1A_2始终做平动,其与平面图形S的交点为A,根据刚体平动的性质,交点A的运动可代表直线A_1A_2的运动;无数与A_1A_2平行的直线组成了刚体,每一直线都与平面图形S有一交点,于是平面图形S的运动就代表了平面运动中刚体的运动.即,刚体平面运动可简化为平面图形在其自身平面内的运动.

Поэтому для исследования движения всех точек тела достаточно определить движение только точек, расположенных в каком-нибудь сечении S, параллельном плоскости движения(因此,只需确定平面运动刚体内某一截面S上各点的运动,就可以研究平面运动刚体上所有点的运动).

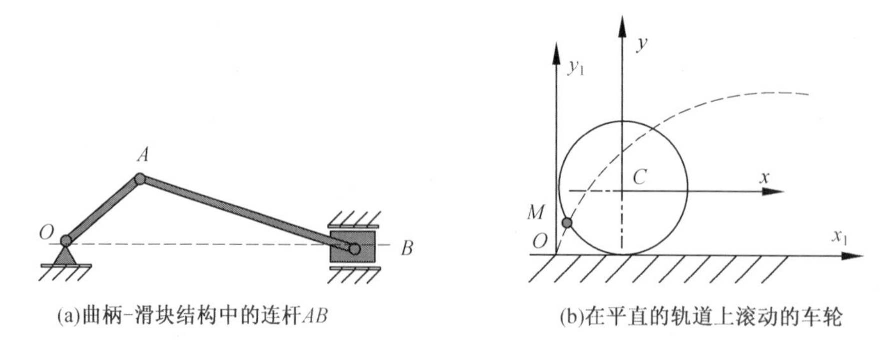

(a)曲柄-滑块结构中的连杆AB　　　　(b)在平直的轨道上滚动的车轮

图 8.1　平面运动实例

В дальнейшем на чертеже будем изображать лишь это сечение S, точки которого движутся в плоскости чертежа (рис. 8.3)(在后面的图上我们仅画了截面 S,而这一截面的各点是在图示 8.3 所示平面上运动的.)

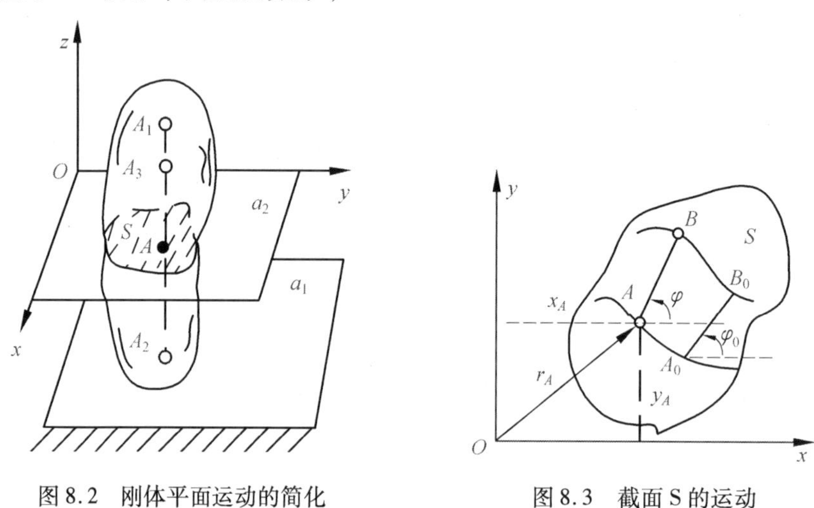

图 8.2　刚体平面运动的简化　　　　图 8.3　截面 S 的运动

Положение сечения S и его точек будем определять в системе двух осей x и y. Сечение S при движении тела, перемещаясь по плоскости, ещё и поворачивается. Поэтому положение сечения будем определять с помощью координат x_A и y_A какой-нибудь точки A (полюса) и углом между произвольно проведённой прямой AB и осью x(截面 S 及其点的位置将通过 xy 坐标轴系确定. 在刚体运动时,S 截面在平面上移动的同时也会转动. 因此,将使用某点 A(基点)的坐标 x_A和 y_A以及任意绘制的线段 AB 与 x 轴之间的角度 φ 来确定截面的位置).

图 8.3 中平面图形上任意线段 AB 的运动可以代表平面图形的运动,也就是刚体的平面运动.

Чтобы определить положение сечения S и его точек в любой момент времени, достаточно задать функции времени(要实时确定截面 S 及其各点在任意时间的位置,只需设定时间函数即可).

$$x_A = f_1(t), y_A = f_2(t), \varphi = f_3(t) \tag{8.1}$$

Эти функции называются уравнениями плоско-параллельного движения. Конечно, если полюсом назвать другую точку, например B, то первые два уравнения изменятся, так как точка B движется иначе и по другой траектории(这些函数称为平面运动方程. 当然,如果我们将另一个点选为基点,例如 B 点,则前两个方程式将发生变化,因为 B 点的运动方式不同并且沿着不同的运动轨迹).

如果平面图形中的 A 点固定不动,则平面图形的运动为刚体的定轴转动;如果线段 AB 的方位不变,即 φ 不变,则平面图形的运动为刚体的平动;因此,刚体的平面运动包含刚体简单运动的两种形式:平动和定轴转动.

Плоское движение тела можно разложить на поступательное и вращательное относительно выбранного центра. На рис. 8.4 показано, что тело из положения I можно переместить в положение II двумя способами(刚体的平面运动可以分为随所选基点的平移和相对于所选基点的旋转. 在图 8.4 中位置 I 的刚体可以通过两种方式移动到位置 II):

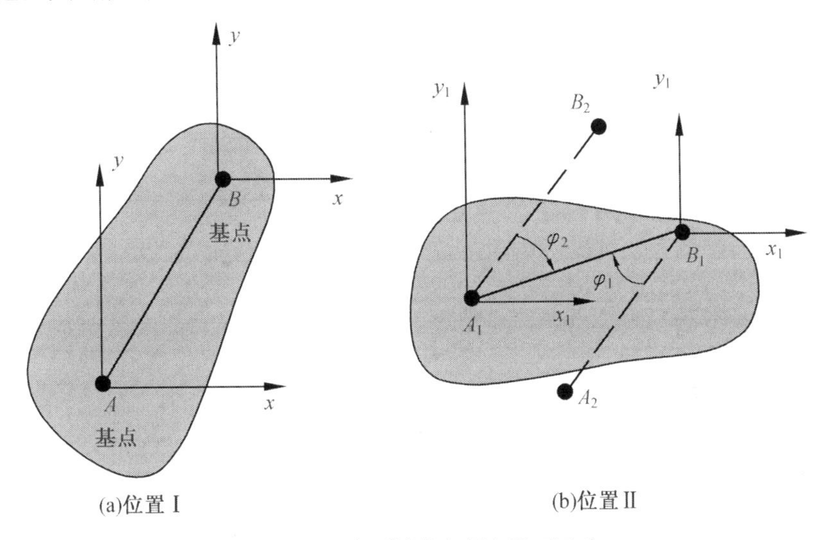

图 8.4 选取不同基点研究平面运动

(1) Перемещаем тело поступательно так, чтобы прямая AB, перемещаясь параллельно первоначальному положению, заняла в пространстве положение A_2B_1. После этого повернем тело вокруг точки B_1 на угол φ_1(平行移动刚体,使平行于原始位置的直线 AB 在空间中占据位置 A_2B_1后,我们围绕点 B_1以角度 φ_1旋转刚体).

(2) Переместим тело поступательно из положения I так, чтобы прямая AB совместилась с прямой A_1B_2, параллельной ей. После этого будем вращать тело вокруг точки A_1 до тех пор, пока точка B_2 не попадет в точку B_1. Поскольку $A_1B_2 \parallel A_2B_1$, то углы $\varphi_1=\varphi_2$ (从位置 I 平行移动刚体,使得直线 AB 与平行于它的直线 A_1B_2对齐. 之后,我们将围绕 A_1点旋转刚体,直到 B_2点转到 B_1点. 由于 $A_1B_2 \parallel A_2B_1$,角度 $\varphi_1=\varphi_2$).

Значит, и угловые скорости(所以,角速度关系如下)

$$\omega_1 = \dot{\varphi}_1, \omega_2 = \dot{\varphi}_2$$

и угловые ускорения(角加速度关系如下)

$$\varepsilon_1 = \ddot{\varphi}_1, \varepsilon_2 = \ddot{\varphi}_2$$

будут соответственно одинаковы(角速度和角加速度均相等).

Следовательно, чтобы занять положение II, тело может совершить различные поступательные движения (в зависимости от выбранного полюса), а вращение, как в первом, так и во втором случае, будет одинаковым. Следовательно, любое плоское движение тела можно разложить на поступательное движение тела вместе с выбранным полюсом и вращательное движение относительно полюса(因此,为了占据位置 II,刚体可以执行各种平移运动(取决于所选择的基点),并且在上述两种情况下的旋转是相同的. 因此,刚体的任何平面运动都可以分解为刚体跟随基点的平移运动及相对于基点的转动).

结论:刚体平面运动中平动部分的轨迹及速度与基点的选取有关,而转动的角度及角速度、角加速度与基点的选取无关.因此,平面图形相对于基点转动的相对角速度、相对角加速度也称为平面图形的绝对角速度、绝对角加速度,简称为平面图形的角速度、角加速度.

8.2 Метод базовой точки для вычисления скорости точек в графике плоскости (求平面图形内各点速度的基点法)

Теорема о скоростях точек плоской фигуры и ее следствия. Скорость любой точки плоской фигуры равна геометрической сумме скорости полюса и линейной скорости этой точки при вращении ее относительно полюса(平面图形内点的速度定理及其推论:平面图形上任意点的速度等于基点速度与该点相对于基点转动的线速度的矢量和).

Примем за полюс точку O, скорость которой известна и равна $\vec{v}_0$. Определим скорость любой точки, например точки A, принадлежащей этой плоской фигуре (рис. 8.5). Проведем из произвольной неподвижной точки плоскости O_1 в точки O и A радиусы-векторы $\vec{\rho}_O$ и $\vec{\rho}_A$, а из полюса O — радиус-вектор $\vec{r}_{OA}$ в точку A. Так как радиус-вектор $\vec{r}_{OA}$ соединяет две точки плоской фигуры, то при ее движении он вращается вокруг полюса O с угловой скоростью плоской фигуры $\vec{\omega}$, причем модуль этого вектора остается постоянным, так как не меняется расстояние между точкой A и полюсом(取 O 点作为基点,其速度已知且等于 $\vec{v}_0$. 可以确定属于这个平面图形的任何点的速度,例如点 A(图 8.5). 从平面内任意定点 O_1 至 O 点和 A 点,我们绘制矢径 $\vec{\rho}_O$ 和 $\vec{\rho}_A$,以及从 O 点到 A 点的矢径 $\vec{r}_{OA}$. 它以平面图形的角速度 $\vec{\omega}$ 绕基点 O 旋转运动,并且该矢量的大小保持不变,因为点 A 和基点 O 之间的距离不会改变).

Кроме того, как видно из рис. 8.5(另外,从图 8.5 中可以看出)

$$\vec{\rho}_A = \vec{\rho}_O + \vec{r}_{OA}$$

Определим отсюда скорость точки A(由此确定点 A 的速度)

$$\vec{v}_A = \mathrm{d}\vec{\rho}_A/\mathrm{d}t = \mathrm{d}\vec{\rho}_O/\mathrm{d}t + \mathrm{d}\vec{r}_{OA}/\mathrm{d}t \tag{8.2}$$

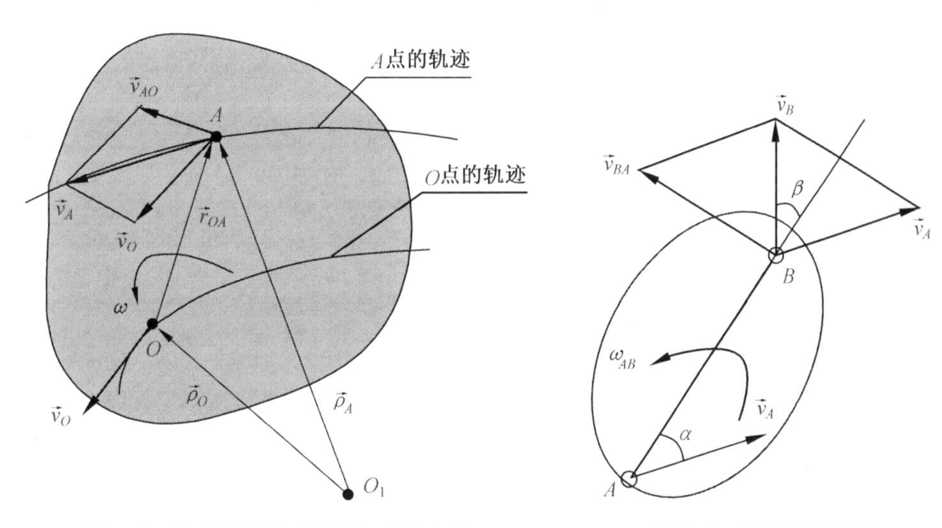

图 8.5 基点法求平面图形内点的速度　　图 8.6 速度投影定理

Производная по времени от радиуса-вектора $\vec{\rho}_O$ является скоростью полюса, а производная по времени от радиуса-вектора $\vec{r}_{OA}$ —не что иное, как линейная скорость точки A при вращении вокруг полюса O, которую обозначим $\vec{v}_{AO}$. Таким образом, теорема доказана(矢径 $\vec{\rho}_O$ 的时间导数是基点的速度,矢径 $\vec{r}_{OA}$ 的时间导数正是 A 点围绕 O 旋转时的线速度,我们将其表示为 $\vec{v}_{AO}$. 因此,可以证明该定理)

$$\vec{v}_A = \vec{v}_O + \vec{v}_{AO} \tag{8.3}$$

Скорость $\vec{v}_{AO}$ можно представить в виде векторного произведения вектора угловой скорости плоской фигуры на радиус-вектор $\vec{r}_{OA}$(速度 $\vec{v}_{AO}$ 可表示为矢径 $\vec{r}_{OA}$ 与平面图形的角速度向量的矢量乘积)

$$\vec{v}_{AO} = \vec{\omega} \times \vec{r}_{OA}$$

Вектор скорости $\vec{v}_{AO}$ направлен перпендикулярно отрезку OA в сторону вращения тела (рис. 8.5); его модуль $v_{AO} = \omega \times OA$(速度矢量 $\vec{v}_{AO}$ 顺着刚体的转向垂直于 OA 线段(图 8.5),其大小 $v_{AO} = \omega \times OA$).

Следствие 1. Проекции скоростей точек плоской фигуры на ось, проходящую через эти точки, равны(推论 1:平面图形的各点在通过这些点的连线上的速度投影相等).

如图 8.6,以 A 点为基点,B 点的速度为

$$\vec{v}_B = \vec{v}_A + \vec{v}_{BA} \tag{8.4}$$

其中

$$v_{BA} = \omega_{AB} \cdot BA$$

将式(8.4)向 AB 两点连线的轴投影,得到

$$(\vec{v}_B)_{AB} = (\vec{v}_A)_{AB} + 0$$

即

$$(\vec{v}_B)_{AB} = (\vec{v}_A)_{AB}$$

即:平面图形上任意两点的速度在这两点连线上的投影相等. 下面证明推论 1.

Предположим, что в данный момент времени известна угловая скорость ω плоской фигуры (ее модуль и направление) и скорость $\vec{v}_M$ точки M этой фигуры (см. рис. 8.7). Принимаем точку M за полюс и определяем на основе доказанной теоремы скорости точек B и C этой плоской фигуры, лежащих на одной прямой с полюсом M(假设在给定的时刻,平面图形的角速度 ω(其大小和方向)和该图中点 M 的速度 $\vec{v}_M$ 是已知的(见图 8.7). 取基点 M,并根据平面图形点的速度定理确定与基点 M 位于同一直线上的点 B 和 C 的速度)

$$\vec{v}_B = \vec{v}_M + \vec{v}_{BM}\ ,\ \vec{v}_C = \vec{v}_M + \vec{v}_{CM} \tag{8.5}$$

Векторы скоростей $\vec{v}_{BM}$ и $\vec{v}_{CM}$ перпендикулярны отрезку MB и направлены в сторону вращения плоской фигуры. Проведем ось x через точки M, C и B и спроецируем на нее скорости(速度矢量 $\vec{v}_{BM}$ 和 $\vec{v}_{CM}$ 垂直于 MB 段并且顺着平面图形的转向. 通过点 M、C 和 B 绘制 x 轴并将速度投射到 x 轴上)

$$v_{Bx} = v_{Mx} + v_{BMx}\ ,\ v_{Cx} = v_{Mx} + v_{CMx} \tag{8.6}$$

Проекции v_{BMx} и v_{CMx} на ось x равны нулю, так как векторы $\vec{v}_{BM}$ и $\vec{v}_{CM}$ перпендикулярны этой оси. Следовательно, $v_{Bx}=v_{Mx}=v_{Cx}$(x 轴上的 v_{BMx} 和 v_{CMx} 投影为零, 因为 $\vec{v}_{BM}$ 和 $\vec{v}_{CM}$ 矢量与此轴垂直. 因此, $v_{Bx} = v_{Mx} = v_{Cx}$).

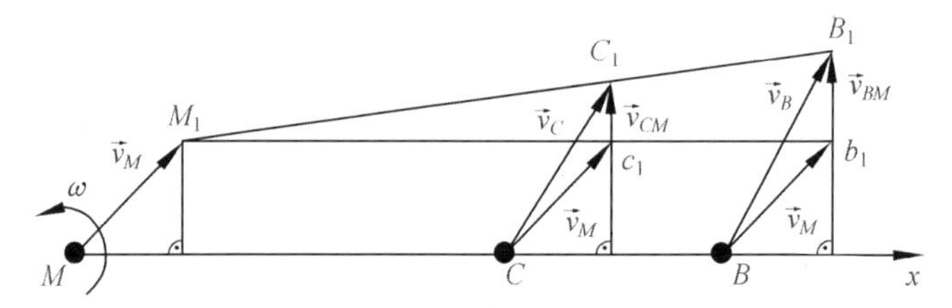

图 8.7 平面图形内各点在通过这些点的连线上的速度投影相等

Следствие 2. Концы векторов скоростей точек неизменяемого отрезка лежат на одной прямой и делят ее на части, пропорциональные расстояниям между соответствующими точками этого отрезка(推论 2:位于一条线段上的点的速度矢量的末端位于一条直线上,并将其分成与该段相应点之间距离成比例的几段).

Из рис. 8.7 очевидно, что(由图 8.7 很明显有)

$$b_1B_1 = v_{BM} = MB \cdot \omega;\ c_1C_1 = v_{CM} = MC \cdot \omega,$$

Поэтому(因此)

$$\frac{c_1C_1}{b_1B_1} = \frac{MC}{MB}$$

$MC=M_1c_1$ и $MB=M_1b_1$ как противоположные стороны паралле лограммов($MC=M_1c_1$ 和 $MB=M_1b_1$ 平行四边形的对边相等). Таким образом(由此可得),

$$\frac{c_1C_1}{b_1B_1} = \frac{M_1c_1}{M_1b_1}$$

Отсюда следует, что $M_1C_1B_1$— отрезок прямой. Из подобия треугольников $M_1c_1C_1$ и $M_1b_1B_1$ имеем(由此可得, 它遵循 $M_1C_1B_1$ 是一条直线. 从 $M_1c_1C_1$ 和 $M_1b_1B_1$ 的三角形相似性可得)

$$\frac{M_1C_1}{M_1B_1} = \frac{M_1c_1}{M_1b_1}\ \text{или (或)}\ \frac{M_1C_1}{M_1B_1} = \frac{MC}{MB}\ \text{и (和)}\ \frac{M_1C_1}{C_1B_1} = \frac{MC}{CB}$$

что и требовалось доказать(以上便是我们需要的证明).

例题1　已知：图 8.8(a)中 $AB=l=200$ mm；$v_A=200$ mm/s，

求：(1)杆端 B 的速度 $\vec{v}_B$.

(2)AB 杆角速度 ω_{AB}.

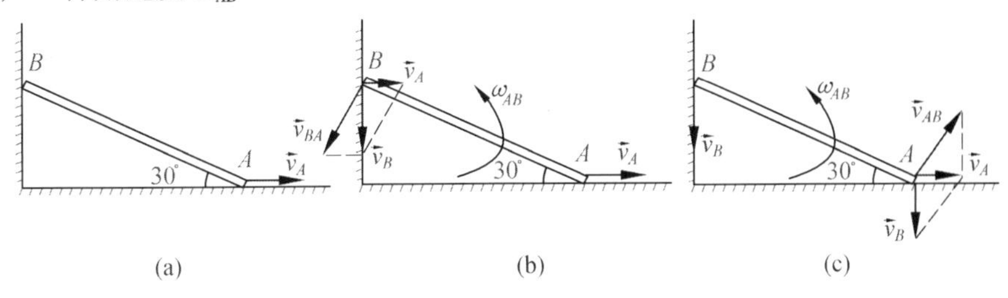

图 8.8　例题 1 图

解 1：取 A 点为基点，分析 B 点的速度，画速度矢量图(图 8.8(b))，由速度合成定理

$$\vec{v}_B=\vec{v}_A+\vec{v}_{BA}$$

得到

$$v_B=v_A\cot 30°=200\sqrt{3}\,\text{mm/s}\ ,\ v_{BA}=v_A/\sin 30°=400\ \text{mm/s}$$

则

$$\omega_{AB}=\frac{v_{BA}}{AB}=2\ \text{rad/s}$$

解 2：取 B 点为基点，分析 A 点的速度，画速度矢量图(图 8.8(c)). 由速度合成定理

$$\vec{v}_A=\vec{v}_B+\vec{v}_{AB}$$

得到

$$v_B=v_A\cot 30°=200\sqrt{3}\ \text{mm/s}\ ,\ v_{AB}=v_A/\sin 30°=400\ \text{mm/s}$$

$$\omega_{AB}=\frac{v_{AB}}{AB}=2\ \text{rad/s}$$

例题2　已知：图 8.9(a)曲柄-滑块机构中，曲柄 $OA=r$，以等角速度 ω_0 绕 O 轴转动，连杆 $AB=l$. 在图示情形下连杆与曲柄垂直.

求：(1)滑块的速度 $\vec{v}_B$.

(2)连杆 AB 的角速度 ω_{AB}.

解：取 A 点为基点，分析 B 点的速度，画速度矢量图(图 8.9(b))，由速度合成定理

$$\vec{v}_B=\vec{v}_A+\vec{v}_{BA}$$

已知 $v_A=r\omega_0$

得到

$$v_B=\frac{v_A}{\cos\varphi_0}=\frac{r\omega_0}{\cos\varphi_0}$$

$$v_{BA}=v_A\tan\varphi_0=r\omega\tan\varphi_0$$

$$\omega_{AB}=\frac{v_{BA}}{l}=\frac{r\omega_0}{l}\tan\varphi_0$$

例题3　已知：图 8.10(a)中 $OA=OO_1=r$，$BC=2r$，$O_1B\perp AB$，$\angle OAB=45°$，ABC 是一根

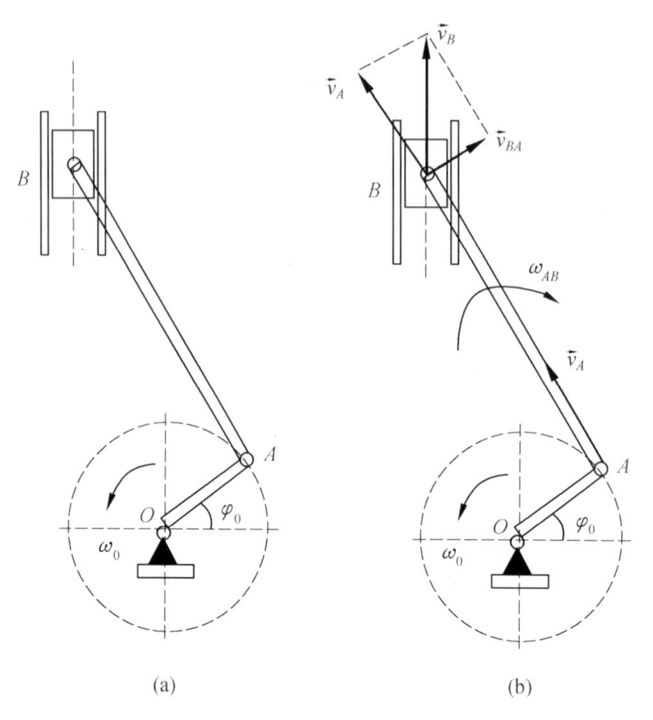

(a) (b)

图 8.9 例题 2 图

折杆. 求:此瞬时 C 点的速度 $\vec{v}_C$.

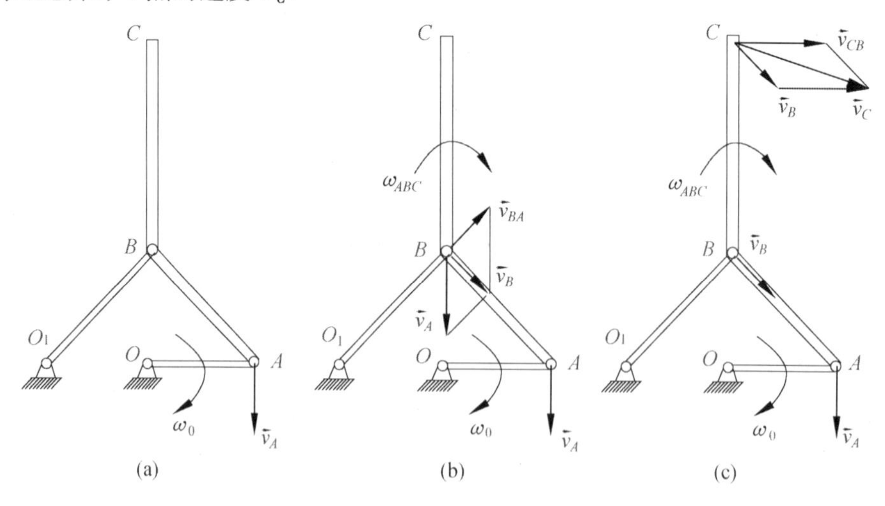

(a) (b) (c)

图 8.10 例题 3 图

解:(1) 对机构进行运动分析.

(2)取 A 为基点,研究 B 点的速度,其速度矢量图如图 8.10(b)所示. 由速度合成定理

$$\vec{v}_B = \vec{v}_A + \vec{v}_{BA}$$

其中

$$v_A = r\omega_0$$

得到

$$v_B = v_{BA} = v_A \cos 45° = \frac{\sqrt{2}}{2} r\omega_0$$

$$\omega_{ABC} = \frac{v_{BA}}{AB} = \frac{1}{2}\omega_0$$

(3)再取 B 为基点,研究 C 点的速度,其速度矢量图如图 8.10(c)所示. 由速度合成定理

$$\vec{v}_C = \vec{v}_B + \vec{v}_{CB}$$

其中

$$v_{CB} = BC \cdot \omega_{ABC} = r\omega_0$$

得到

$$v_B = \frac{\sqrt{2}}{2} r\omega_0$$

$$v_C = \sqrt{v_B^2 + v_{CB}^2 + 2v_B v_{CB} \cos 45°} = \frac{\sqrt{10}}{2} r\omega_0$$

例题 4　用速度投影法求例题 1 中的速度 $\vec{v}_B$(图 8.11).

已知: $AB = l = 200$ mm; $v_A = 200$ mm/s

求:杆端 B 的速度 $\vec{v}_B$.

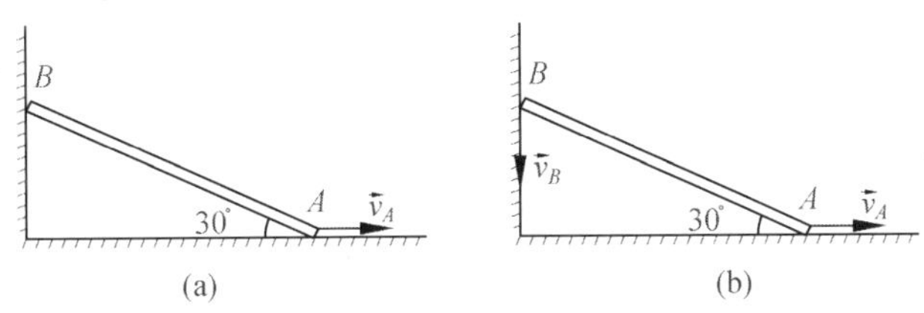

图 8.11　例题 4 图

解:由速度投影定理,得到

$$v_B \cos 60° = v_A \cos 30°$$

即

$$v_B = v_A \cot 30° = 200\sqrt{3}\ \text{mm/s}$$

8.3　Мгновенный метод определения скорости каждой точки на плоском графе (求平面图形内各点速度的瞬心法)

1. Мгновенный центр скоростей(瞬时速度中心)

Неизменно связанная с телом точка, скорость которой в данный момент времени равна нулю, называется мгновенным центром скоростей(位于刚体上的点,在给定时刻的速度为零,这一点称为瞬时速度中心).

2. Особенность мгновенного центра скоростей(瞬时速度中心的特点)

根据基点法求平面图形点的速度公式

$$\vec{v}_B = \vec{v}_A + \vec{v}_{BA}$$

图 8.12 中若使 $v_B=0$,则 $\vec{v}_{BA}$ 应该与 $\vec{v}_A$ 反向共线,而 $\vec{v}_{BA}$ 又与 AB 垂直,则 $\vec{v}_A$ 也应与 AB 垂直. 故 $v=0$ 的点应在与基点速度垂直的直线上.

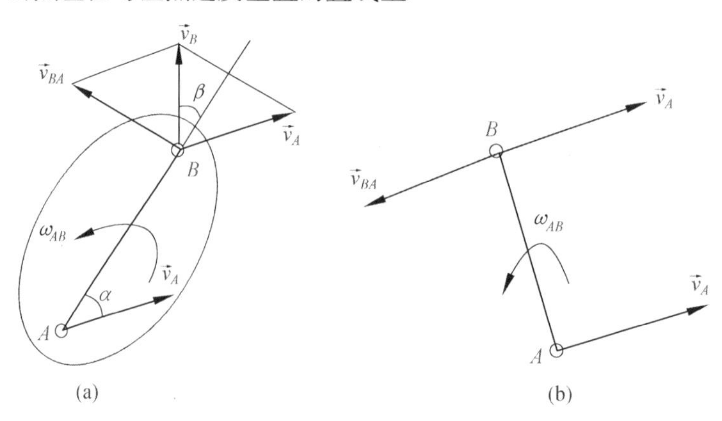

图 8.12　平面图形的瞬时速度中心

Следовательно, при плоскопараллельном движении тела всегда можно найти такую точку, скорость которой в данный момент времени равна нулю. Эта точка называется мгновенным центром скоростей(因此,当物体在做平面运动时,总是可以找到这样的点,其速度在给定时刻为零. 这一点称为瞬时速度中心).

速度瞬心的特点:

(1)瞬时性:不同的瞬时,有不同的速度瞬心.

(2)唯一性:某一瞬时只有一个速度瞬心.

(3)瞬时转动特性:平面图形在某一瞬时的运动都可以视为绕这一瞬时的速度瞬心作瞬时转动.

图 8.13 中,若 C 为速度瞬心,则可选该点为基点,计算平面图形上其他点的速度,这些点的绝对速度也就是绕速度瞬心的相对速度.

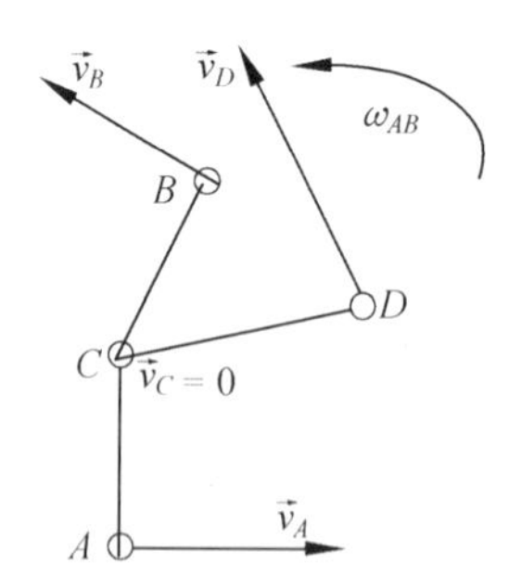

图 8.13　以点 C 为瞬时速度中心的平面图形

Следовательно, если известен мгновенный центр скоростей, то определение скоростей точек значительно упрощается. Предполагаем, что тело просто вращается вокруг оси, проходящей через мгновенный центр скоростей, и находим скорости при таком вращении(因此,如果已知瞬时速度中心,则极大地简化了点速度的计算. 我们假设物体只是围绕通过瞬时速度中心的轴旋转并在这种旋转条件下得到速度).

3. Положение мгновенного центра скоростей в частном случае
(几种特殊情况下的瞬时速度中心位置)

纯滚动:已知平面图形沿一个固定表面做无滑动的滚动,则图形与固定面的接触点就是其速度瞬心,如图 8.14 所示.

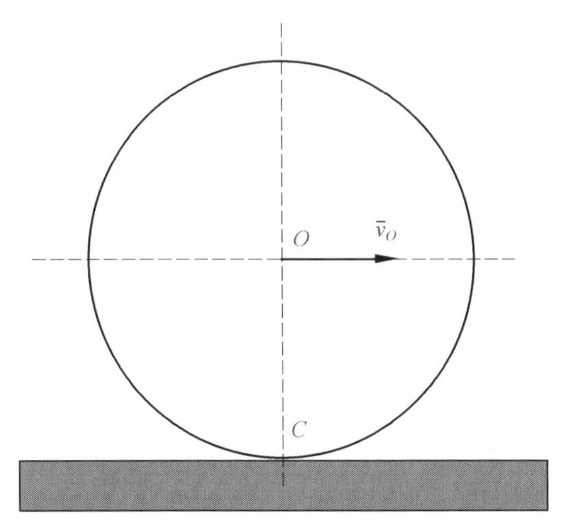

图 8.14　做无滑动滚动的平面图形

Мгновенный центр скоростей лежит на перпендикулярах к скоростям точек тела, опущенных из этих точек (рис. 8.15(a)). Различные случаи определения МЦС (обозначен буквой P) показаны на рис. 8.15(b) ~ (d)(瞬时速度中心位于垂直于刚体各点速度的垂线的交点上(图 8.15(a)). 确定速度瞬心(由字母 P 表示)的不同情况如图 8.15(b) ~ (d)所示).

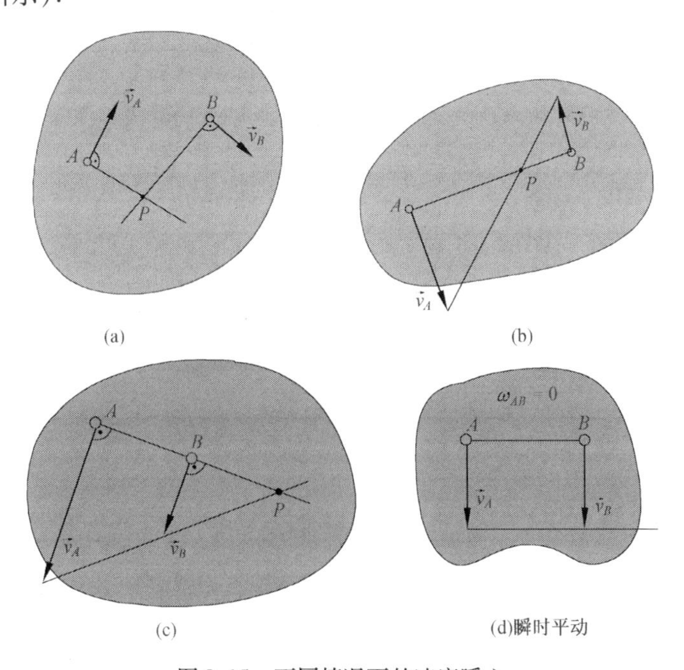

图 8.15　不同情况下的速度瞬心

注意:图 8.15(d)中,已知平面图形上两点的速度矢量互相平行、方向相同,两者大小相等且垂直于二点的连线.此时速度瞬心位于无穷远处,则 $\omega=0$,此种情形称为瞬时平动,该瞬时,图形上各点的速度分布如同图形做平动的情形一样,但加速度不同.

4. Преобразование движений(运动的转换).

В машинах очень часто происходит преобразование одного движения в другое. Например, в криво шипно-шатунном механизме (рис. 8.16) кривошип *OA* совершает вращательное движение, которое преобразуется в поступательное перемещение ползуна *B*. При решении практических задач быва ет необходимо найти законы этого движения или скорости(在机器中,通常一个运动被转换成另一个运动. 例如,在曲柄滑块机构(图 8.16)中,*OA* 曲柄做定轴转动,该旋转运动被转换成滑块 *B* 的平动. 在解决实际问题时,有必要找到该运动或速度的规律).

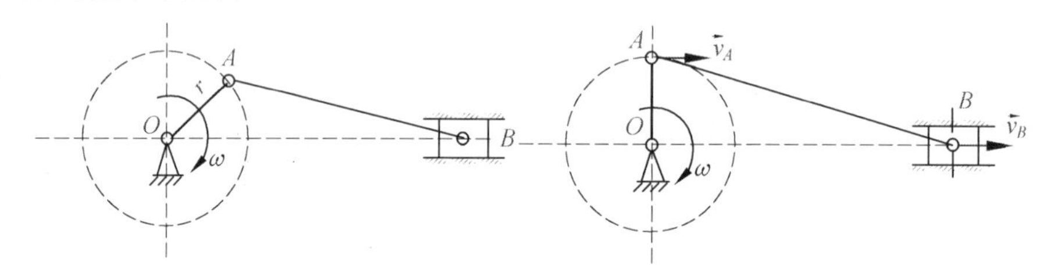

图 8.16　曲柄滑块机构

例题 5　В кривошипно-шатунном механизме (см. рис. 8.16) за один оборот кривошипа ползун проходит путь, равный 400 мм. Какой путь пройдет за это время точка *A*? Где будет находиться МЦС звена *AB*, когда кривошип ОА займет вертикальное положение(在曲柄机械中(图 8.16),在曲柄的一次旋转中,滑块的行程等于 400 mm. 在这个行程时间内点 *A* 的路程为多少? 当 *OA* 曲柄处于垂直位置时,*AB* 连杆的速度瞬心在哪里)?

解:　(1) Рассмотрим, по каким траекториям движутся точки *A*, *B* и какие движения совершают тела, которым они принадлежат. Точка *A* принадлежит двум телам, движения которых различны. С одной стороны, точка *A* участвует во вращательном движении кривошипа *OA*, а с другой стороны, она принадлежит шатуну *AB*, который совершает плоское движение. Точка *B* также сочленяет две детали: шатун *AB* и ползун *B*. Поскольку точка *B* принадлежит ползуну, совершающему поступательное движение, при котором все его точки движутся прямолинейно, то для нее всегда известна траектория движения — это горизонтальная прямая. Таким образом, зная направления скоростей точек *A* и *B*, можно найти положение мгновенного центра скоростей для кривошипно-шатунного механизма, когда кривошип *OA* занимает вертикальное положение. Из рис. 8.16 видно, что МЦС лежит в бесконечности. Следовательно, все точки звена *AB* имеют одинаковые скорости(考虑 *A*、*B* 点运动的路径及它们所属的物体有哪些运动方式. *A* 点属于两个运动形式不同的物体. 一方面,点 *A* 涉及曲柄 *OA* 的旋转运动,另一方面,它属于连杆 *AB*,做平面运动. *B* 点也连接两部分:连杆 *AB* 和滑块 *B*. 由于 *B* 点属于一个做平动的滑块,其中所有点都沿直线移动,故运动轨迹始终不变,是一条水平直线. 因此,当知道点 *A* 和 *B* 的速度方向,同时曲柄 *OA* 处于垂直位置时,可以找到曲柄机构的瞬时速度中心的位置. 从

图 8.16 可知速度瞬心位于无穷远处. 因此,连杆 AB 的所有点都具有相同的速度).

(2) За один оборот кривошипа точка A проходит путь $S=2\pi r$. Ползун B за один оборот пройдет путь, равный $4r$. Следовательно, можно найти радиус кривошипа, если известен пройденный путь точки B(在曲柄的一次旋转中,点 A 通过路径 $S=2\pi r$. 一次旋转中的滑块 B 将覆盖 $4r$ 的路程. 因此,如果知道 B 点的路程,则可以得到曲柄的半径)

$$4r = 400\ \text{мм};\ r = 100\ \text{мм}\ (4r = 400\ \text{mm};\ r = 100\ \text{mm})$$

(3) Зная радиус r кривошипа, можно определить пройденный точкой A путь за один оборот кривошипа(已知曲柄的半径 r,可以确定曲柄转一周中 A 点经过的路程)

$$S=2\pi r=2\pi\times 100=628\ \text{mm}$$

例题 6　如图 8.17 所示, $AB=l=200$ mm; $v_A=200$ mm/s. 求:

(1) 杆端 B 的速度 $\vec{v}_B$.

(2) AB 杆角速度 ω_{AB}.

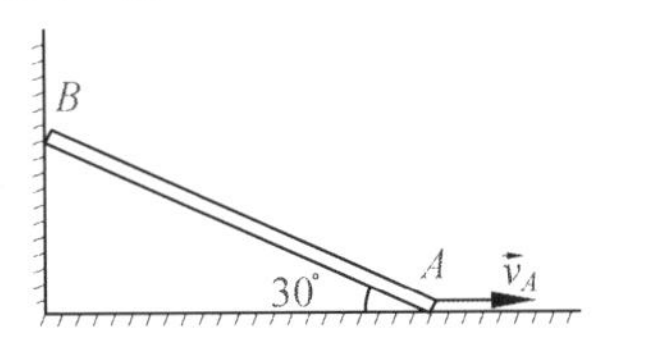

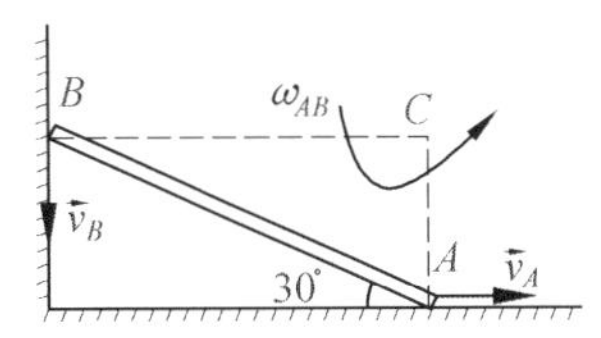

图 8.17　例题 6 图

解:由其速度分布可知其瞬心为 C 点.

$$\omega_{AB}=\frac{v_A}{AC}=2\ \text{rad/s}$$

$$v_B=\omega_{AB}\cdot BC=200\sqrt{3}\ \text{mm/s}$$

例题 7　已知:图 8.18 中半径为 R 的圆轮在直线轨道上作纯滚动. 轮心速度为 $\vec{v}_O$. 求:轮缘上 A,B,C,D 四点的速度.

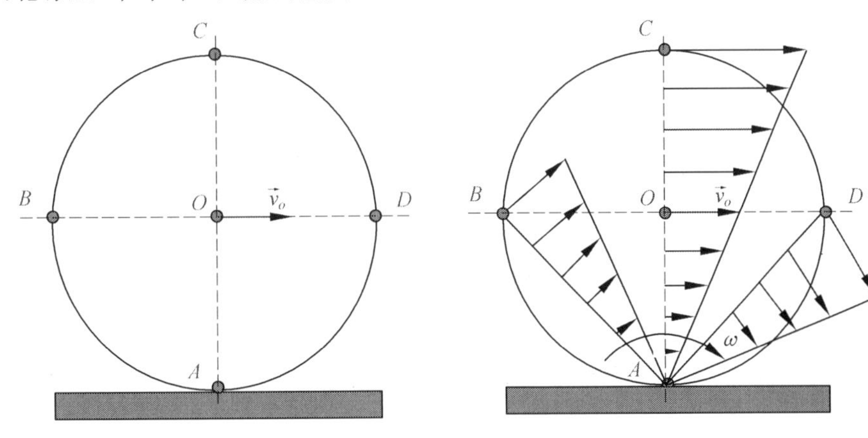

图 8.18　例题 7 图

解:圆轮与地面接触点 A,由于没有相对滑动,因而在这一瞬时,A 点的速度 $v_A=0$. A 点即为速度瞬心. 假设这一瞬时的角速度为 ω.

由 $v_O=\omega R$ 得到 $\omega=\frac{v_O}{R}$

$$\frac{v_B}{v_O}=\frac{BA}{OA}, \text{得到 } v_B=\sqrt{2}v_0,\ v_C=2v_0,\quad v_D=\sqrt{2}v_0.$$

8.4 Ускорения точек тела. Мгновенный центр ускорений (物体内点的加速度．瞬时加速度中心)

8.4.1 Найдем ускорение точки внутри плоского графика (求平面图形内点的加速度)

Например, скорость точки A(рис. 8.19)(例如,图 8.19 中点 A 的速度)

$$\vec{v}_A=\vec{v}_C+\vec{v}_{AC}$$

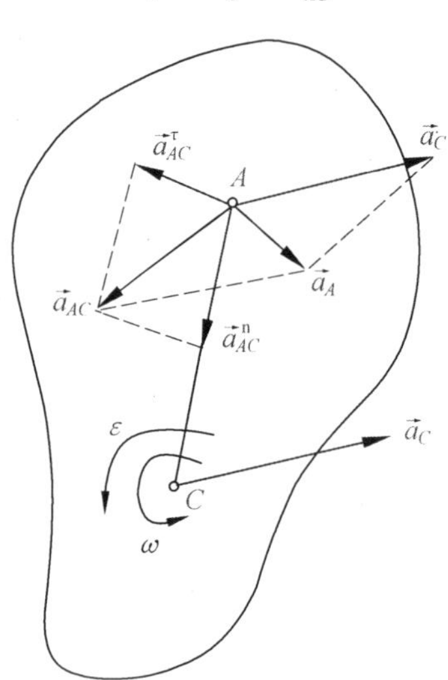

图 8.19 求平面图形内点的加速度

Ускорение её(它的加速度)

$$\vec{a}_A=\frac{\mathrm{d}\vec{v}_A}{\mathrm{d}t}=\frac{\mathrm{d}\vec{v}_C}{\mathrm{d}t}+\frac{\mathrm{d}\vec{v}_{AC}}{\mathrm{d}t}$$

Первое слагаемое этой суммы есть ускорение полюса (该总和的第一项是基点加速度)

$$\frac{\mathrm{d}\vec{v}_C}{\mathrm{d}t}=\vec{a}_C$$

Если остановить движение полюса C, положив $v_C=0$, оставив лишь вращение тела, то окажется, что производная то (如果基点 C 的运动停止,使 $v_C=0$,只保留物体的旋转,则其导数为)

$$\frac{\mathrm{d}\vec{v}_{AC}}{\mathrm{d}t}=\vec{a}_A$$

то есть равна ускорению точки A, предполагая, что тело вращается вокруг неподвижного полюса $\vec{a}_{AC}$. Следовательно (即点 A 的加速度,等于假设物体绕着静止的基点旋转时的加速度 a_{AC},因此)

$$\vec{a}_A = \vec{a}_C + \vec{a}_{AC}$$

Но так как при вращении ускорение точки—сумма нормального и касательного ускорений, то(但是,因为在旋转中,点加速度是法向加速度和切向加速度的总和,即)

$$\vec{a}_A = \vec{a}_C + \vec{a}_{AC}^{\tau} + \vec{a}_{AC}^{n} \qquad (8.7)$$

Где(其中)

$$a_{AC}^{n} = AC \cdot \omega^2$$

а вектор $\vec{a}_{AC}^{n}$ направлен к полюсу C (рис. 8.19)(而矢量 $\vec{a}_{AC}^{n}$ 方向指向基点 C(图 8.19))

$$a_{AC}^{\tau} = AC \cdot \varepsilon$$

и вектор его направлен перпендикулярно AC в сторону, соответствующую направлению углового ускорения ε (并且其矢量的方向垂直于 AC,顺着角加速度 ε 的转动方向).

例题 8 Диск катится без скольжения по прямой. Центр его C имеет скорость $\vec{v}_C$ и ускорение $\vec{a}_C$ (рис. 8.20). найдем ускорение точки A(圆盘沿直线滚动而不滑动. 它的中心 C 具有速度 $\vec{v}_C$ 和加速度 $\vec{a}_C$ (图 8.20). 求点 A 加速度).

解:Угловую скорость находим с помощью мгновенного центра скоростей(利用瞬时速度中心求得角速度).

$$\omega = \frac{v_C}{CP} = \frac{v_C}{R}$$

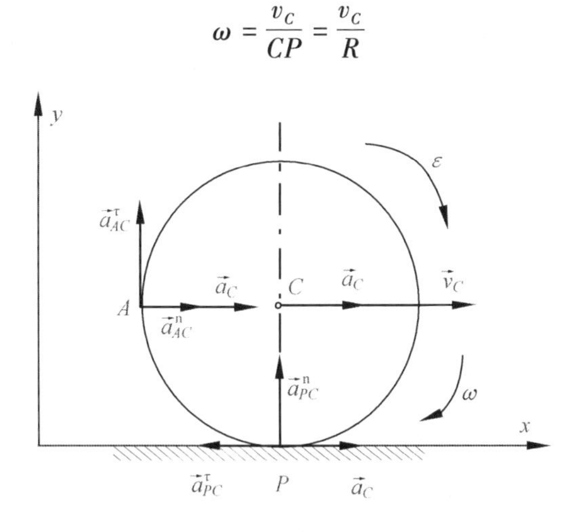

图 8.20 例题 8 图

Угловое ускорение при таком движении можно найти как производную от угловой скорости. Имея в виду, что $CP = R = \text{const}$, а точка C движется по прямой, получим(当点 C 沿直线运动时, 即 $CP = R = \text{const}$,可以发现在这种运动中的角加速度是角速度的导数. 我们得到)

$$\varepsilon = \frac{d\omega}{dt} = \frac{d}{dt}\frac{v_C}{CP} = \frac{1}{R}\frac{dv_C}{dt} = \frac{a_C}{R}$$

если C—полюс, то(若点 C 为基点,则)

$$\vec{a}_A = \vec{a}_C + \vec{a}_{AC}^{\tau} + \vec{a}_{AC}^{n} \tag{8.8}$$

$$a_{AC}^{n} = AC \cdot \omega^2 = \frac{v_C^2}{R}$$

$$a_{AC}^{\tau} = AC \cdot \varepsilon = a_C$$

Величину ускорения найдём с помощью проекций на оси x и y(利用在 x 轴和 y 轴上的投影得到加速度的大小为)

$$a_{Ax} = a_C + a_{AC}^{n} = a_C + \frac{v_C^2}{R}, a_{Ay} = a_{AC}^{\tau} = a_C$$

Тогда

$$a_A = \sqrt{a_{Ax}^2 + a_{Ay}^2} = \frac{1}{R}\sqrt{(v_C^2 + Ra_C)^2 + R^2 a_C^2}$$

Ускорение мгновенного центра скоростей P(瞬时速度中心 P 的加速度为)

$$\vec{a}_P = \vec{a}_C + \vec{a}_{PC}^{\tau} + \vec{a}_{PC}^{n}$$

Где(其中)

$$a_{PC}^{n} = R\omega^2 = \frac{v_C^2}{R}; a_{PC}^{\tau} = R\varepsilon = a_C \text{ и так как (且由于) } \vec{a}_{PC}^{\tau} = -\vec{a}_C,$$

ускорение(加速度) $\vec{a}_P = \vec{a}_{PC}^{n}$ и(且) $a_P = \dfrac{v_C^2}{R} \neq 0$

Таким образом, ускорение мгновенного центра скоростей не равно нулю(因此,瞬时速度中心的加速度不等于零).

例题 9 Найдём ускорение точки A(рис. 8.21), полагая $\vec{v}_B = \vec{u} = \text{const}$ т. е. $\vec{a}_B = 0$, $AB = l$ (求点 A 的加速度(图 8.21),设 $\vec{v}_B = \vec{u} = \text{const}$ 及 $\vec{a}_B = 0, AB = l$).

По (8.8) имеем (根据式(8.8)有)

$$\vec{a}_A = \vec{a}_B + \vec{a}_{AB}^{\tau} + \vec{a}_{AB}^{n} \tag{8.9}$$

Где(式中)

$$a_{AB}^{n} = l\omega^2 = \frac{u^2}{l\sin^2\alpha}; a_{AB}^{\tau} = l\varepsilon$$

но направление вектора $\vec{a}_{AB}^{\tau}$ неизвестно, неизвестно и угловое ускорение ε(但向量 $\vec{a}_{AB}^{\tau}$ 的方向未知,角加速度 ε 未知).

Предположим, что вектор $\vec{a}_{AB}^{\tau}$ направлен перпендикулярно AB, влево. Ускорение $\vec{a}_A$ конечно, направлено по траектории прямолинейного движения точки A, предположим, вниз. Спроектируем векторное равенство (8.9) на оси x и y, получим(假设向量 $\vec{a}_{AB}^{\tau}$ 朝左垂直于 AB. 加速度 $\vec{a}_A$ 沿着点 A 直线运动的轨迹,假设方向向下. 式(8.9)两边分别在 x 和 y 轴上的投影相等,我们得到两个方程为)

$$0 = a_{AB}^{n}\cos\alpha - a_{AB}^{\tau}\sin\alpha$$

и(和)

$$-a_A\sin\alpha = -a_{AB}^{n}$$

Из второго уравнения сразу находим ускорение точки A(由第二个方程我们可得到点 A 的加速度为)

$$a_A = \frac{a}{\sin\alpha} = \frac{u^2}{l\sin^3\alpha}$$

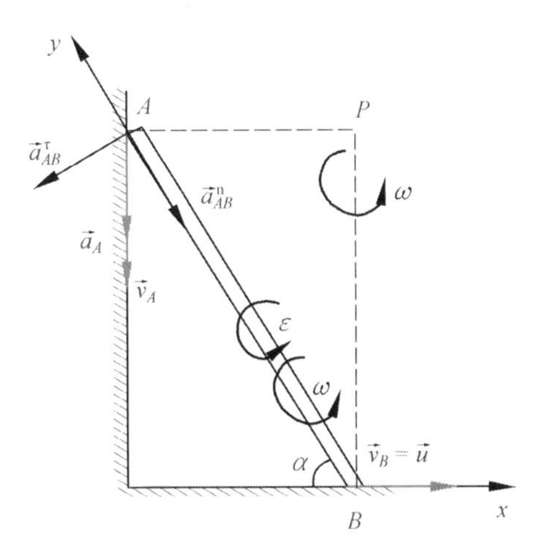

图 8.21 例题 9 图

Положительного значение a_A указывает то, что направление вектора $\vec{a}_A$ выбрано правильно(a_A 的值为正值,则表明矢量 $\vec{a}_A$ 假设的方向是正确的).

Из первого уравнения можно найти ускорение(由第一个方程可得加速度为)

$$a_{AB}^{\tau} = a_{AB}^{n} \frac{\cos \alpha}{\sin \alpha} = \frac{u^2}{l \sin^3 \alpha} \cos \alpha$$

и угловое ускорение(角加速度为)

$$\varepsilon = \frac{a_{AB}^{\tau}}{l} = \frac{u^2}{l^2 \sin^3 \alpha} \cos \alpha$$

направления $\vec{a}_{AB}^{\tau}$ и ε также угаданы верно($\vec{a}_{AB}^{\tau}$ 和 ε 假设的方向也是正确的).

8.4.2 Мгновенный центр ускорений(瞬时加速度中心)

Рассмотрим ещё раз плоско-параллельное движение тела (рис. 8.22). Пусть известны ускорение полюса $\vec{a}_C$, угловая скорость ω и угловое ускорение ε тела(再次分析物体的平面平行运动(图 8.22). 已知基点加速度 $\vec{a}_C$,角速度 ω 和物体的角加速度 ε).

Проведём из полюса C прямую под углом α таким, что(从基点 C 我们以角度 α 绘制一条直线,使得)

$$\tan \alpha = \frac{\varepsilon}{\omega^2} \tag{8.10}$$

отложив его от вектора $\vec{a}_C$ по направлению ε(使其沿着 ε 转动方向远离矢量 $\vec{a}_C$).

И на этой прямой найдём точку C_a на расстоянин от C, равном $CC_a = \frac{a_C}{\sqrt{\varepsilon^2 + \omega^4}}$(在这条直线上,我们找到点 C_a,其与 C 点的距离为

$$CC_a = \frac{a_C}{\sqrt{\varepsilon^2 + \omega^4}}\text{)}$$

Докажем, что ускорение этой точки C_a равно нулю(让我们来证明点 C_a 的加速度为零).

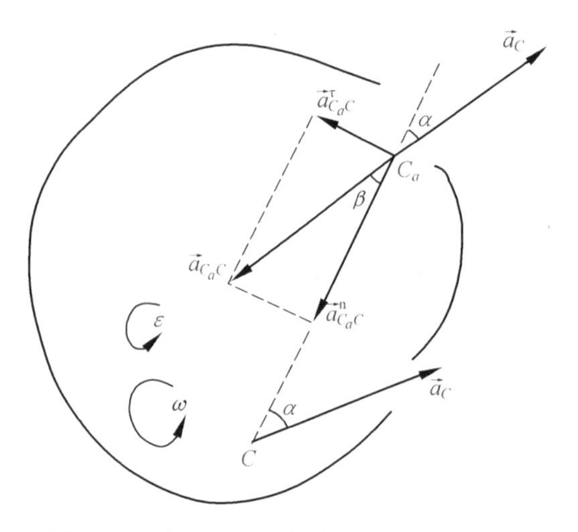

图 8.22　平面图形上瞬时加速度中心的位置

$$\vec{a}_{C_a} = \vec{a}_C + \vec{a}_{C_aC} = \vec{a}_C + \vec{a}^n_{C_aC} + \vec{a}^{\tau}_{C_aC}$$

Где(其中)

$$a^{n}_{C_aC} = CC_a \cdot \omega^2 \text{ , } a^{\tau}_{C_aC} = CC_a \cdot \varepsilon$$

и(和)

$$a_{C_aC} = \sqrt{(a^{n}_{C_aC})^2 + (a^{\tau}_{C_aC})^2} = CC_a\sqrt{\varepsilon^2 + \omega^4} = a_C$$

Найдём угол β между вектором $\vec{a}_{C_aC}$ и прямой CC_a（得到矢量 $\vec{a}_{C_aC}$ 和直线 CC_a 之间的角度 β.）

Тангенс его(它的正切)

$$\tan\beta = \frac{a^{\tau}_{CaC}}{a^{n}_{CaC}} = \frac{\varepsilon}{\omega^2} = \tan\alpha$$

значит $\beta=\alpha$. И сумма векторов $\vec{a}_C$ и $\vec{a}_{C_aC}$ равна нулю, то есть ускорение точки C_a равно нулю(即 $\beta=\alpha$. 且 $\vec{a}_C$ 与 $\vec{a}_{C_aC}$ 之矢量和为零,即该点 C_a 的加速度为零).

Следовательно, при плоско-параллельном движении у тела можно отыскать точку, ускорение которой в этот момент времени равно нулю. Такая точка C_a называется мгновенным центром ускорений(因此,在平面平行运动中,可以在物体上找到一个在该时刻其加速度为零的点. 这个点 C_a 被称为瞬时加速度中心).

Если у тела удастся найти эту точку, то определение ускорения точек тела значительно упрощается. Действительно, назначив точку полюсом ускорение которого равно нулю, формула сложения ускорений получится проще(如果能设法在物体上找到这个点,那么则大大简化了物体上点的加速度的定义. 事实上,通过指定一个其加速度为零的点,加速度合成公式将更容易得到)

$$\vec{a}_A = \vec{a}_{ACa} = \vec{a}^{\tau}_{AC_a} + \vec{a}^{n}_{AC_a} \tag{8.11}$$

То есть ускорение точек тела определяется как при вращении вокруг оси, проходящей через мгновенный центр ускорений перпендикулярно плоскости движения. Например, в примере 9 мгновенный центр ускорений находится в точке B и ускорение точки A

будет определяться как при вращении её вокруг оси C_a проходящей через точку B(也就是说,物体上点的加速度被定义为绕通过垂直于运动平面的瞬时加速度中心轴旋转. 例如,在例题 9 中,瞬时加速度中心位于点 B,A 点的加速度将以绕通过点 B 的轴 C_a 旋转来计算).

Так как угол α между вектором ускорения точки и прямой, соединяющей её с мгновенным центром ускорений определяется лишь угловым ускорением и угловой скоростью (8.10), одинаковыми для всех точек, то эти углы, определяющие направление ускорений, для всех точек будут равными(由于点的加速度矢量和连接该点与瞬时加速中心的直线之间的角度 α 仅由角加速度和角速度确定,见式(8.10),对所有点都相同. 因此确定加速度方向的角度对于所有点都是相同的).

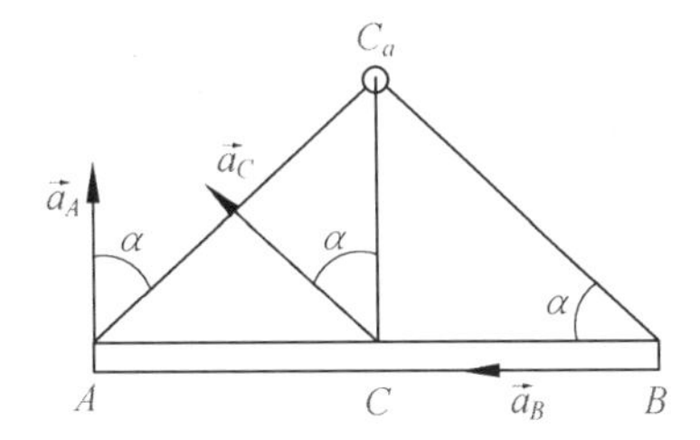

图 8.23　杆 AB 上点的加速度

Например, на рис. 8.23 показано распределение ускорений точек стержня AB (при $a_A = a_B$ угол 45°)(例如,图 8.23 显示了杆 AB 上点的加速度($a_A = a_B$,角度为 45°)).

Следует заметить, что мгновенный центр ускорений C_a и мгновеный центр скоростей P тела—это, как правило, разные точки(应该注意的是,瞬时加速中心 C_a 和物体的瞬时速度中心 P 通常是不同的点).

8.5　Подумать(思考题)

1. 如图 8.24 所示,平面图形上点 A,B 的速度方向可能是这样的吗? 为什么?

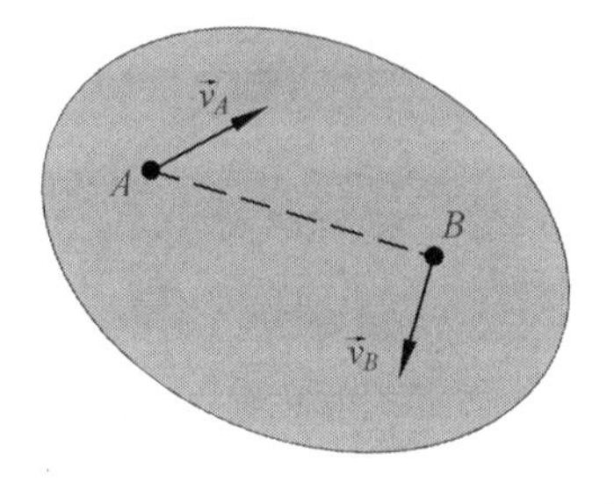

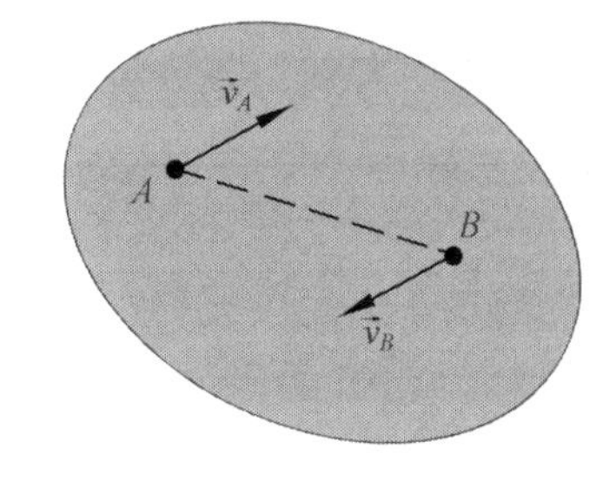

图 8.24

2. 如图 8.25 所示,杆 O_1A 的加速度为 ω_1,板 ABC 和杆 O_1A 铰接. 问图中 O_1A 和 AC 上各点的速度分布规律对不对?

3. 如图 8.26 所示,车轮沿曲面滚动. 已知轮心 O 在某一瞬时的速度 $\vec{v}_O$和加速度 $\vec{a}_O$. 问车轮的角加速度是否等于 $a_O\cos\beta/R$? 速度瞬心 C 的加速度大小和方向如何确定?

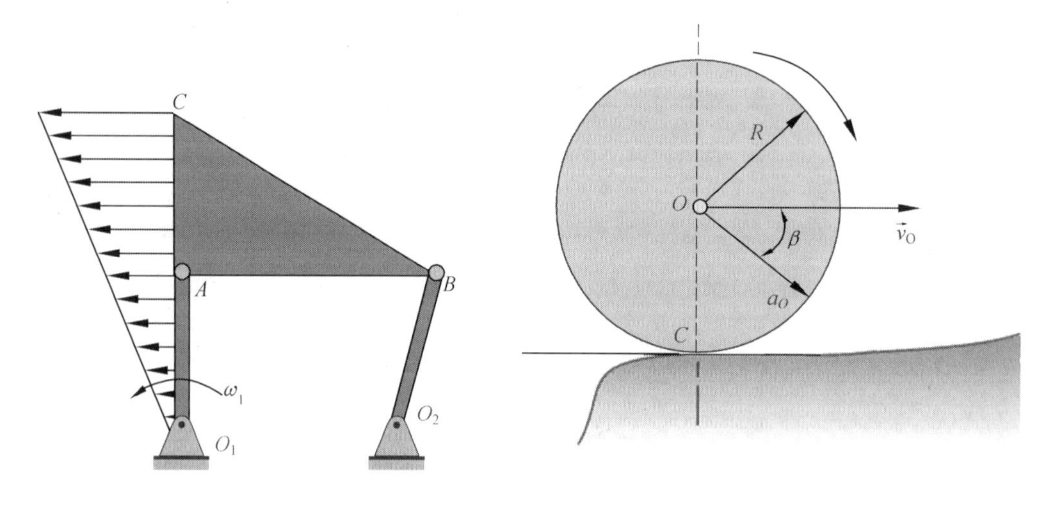

图 8. 25　　　　图 8. 26

4. 平面图形在其平面内运动,某瞬时其上有两点的加速度矢量相同. 试判断下述说法是否正确:

(1)其上各点速度在该瞬时一定都相等.

(2)其上各点加速度在该瞬时一定都相等.

5. 如图 8. 27 所示,刚体作平面运动,某瞬时平面图形的角速度为 ω,角加速度为 α,试确定其上任意两点 A、B 的加速度在 A、B 连线上的投影关系.

6. 在图 8. 28 所示的四杆机构瞬时,已知 $O_1A \mathrel{\underline{\parallel}} O_2B$,连杆 AB 瞬时平动,问 ω_1 与 ω_2,α_1 与 α_2是否相等?

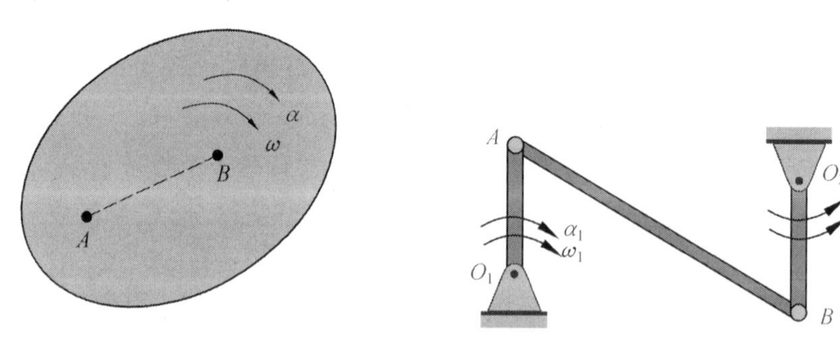

图 8. 27　　　　图 8. 28

7. 杆 AB 做平面运动,图示瞬时 A,B 两点速度 $\vec{v}_A$,$\vec{v}_B$的大小、方向均为已知,C,D 两点分别是 $\vec{v}_A$,$\vec{v}_B$的矢端,如图 8. 29 所示. 试问:

(1)杆 AB 上各点速度矢的端点是否都在直线 CD 上?

(2)对杆 AB 上任意一点 E,设其速度矢端为 H,那么点 H 在什么位置?

(3)设杆 AB 为无限长,它与 CD 的延长线交于点 P. 试判断下述说法是否正确.

a. 点 P 的瞬时速度为零.

b. 点 P 的瞬时速度必须不为零,其速度矢端必须在直线 AB 上.

c. 点 P 的瞬时速度必不为零,其速度矢端必在 CD 的延长线上.

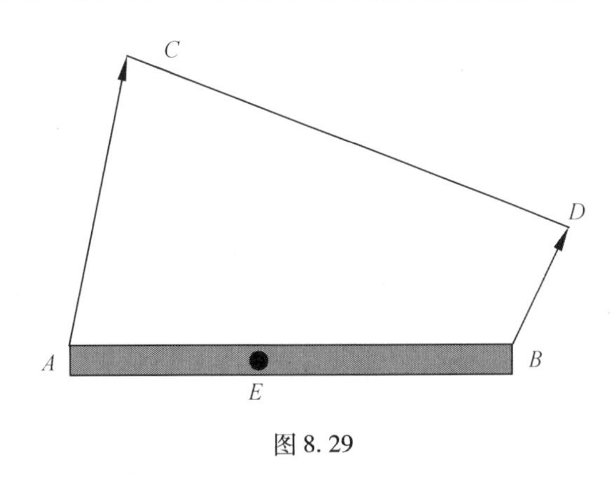

图 8.29

8.6 Упражнение(习题)

1. 椭圆规尺 AB 由曲柄 OC 带动,曲柄以角速度 ω_O 绕 O 轴匀速转动,如图 8.30 所示. 如 $OC=BC=AC=r$,并取 C 为基点,求椭圆规尺 AB 的平面运动方程.

2. 如图 8.31 所示,圆柱 A 缠以细绳,绳的 B 端固定在天花板上. 圆柱自静止落下,其轴心的速度为 $v=\frac{2}{3}\sqrt{3gh}$,其中 g 为常量,h 为圆柱轴心到初始位置的距离. 如圆柱半径为 r,求圆柱的平面运动方程.

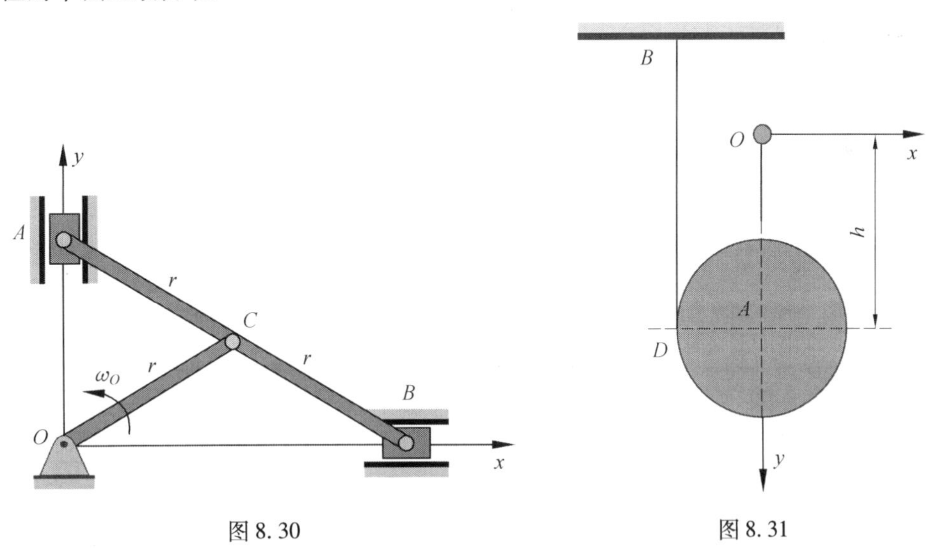

图 8.30　　图 8.31

3. 半径为 r 的齿轮由曲柄 OA 带动,沿半径为 R 的固定齿轮滚动,如图 8.32 所示. 如曲柄 OA 以等角加速度 α 绕 O 轴转动,当运动开始时,角速度 $\omega_0=0$,转角 $\varphi=0$. 求动齿轮以中心 A 为基点的平面运动方程.

4. 如图 8.33 所示,在筛动机构中,筛子的摆动是由曲柄连杆机构所带动. 已知曲柄 OA 的转速 $n_{OA}=40$ r/min,$OA=0.3$ m. 当筛子 BC 运动到点 O 在同一水平线上时,$\angle BAO=90°$. 求此瞬时筛子 BC 的速度.

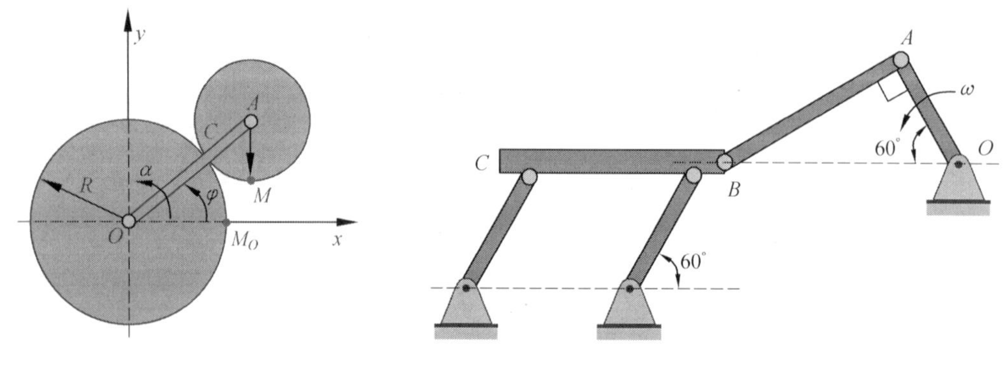

图 8.32　　　　　　　　　　　　　图 8.33

5. 如图 8.34 所示,滚压机构的滚子沿水平面滚动而不滑动,已知曲柄 OA 长 $r=10$ cm,以匀转速 $n=30$ r/min 转动. 连杆 AB 长 $l=17.3$ cm,滚动半径 $R=10$ cm. 求在图示位置时滚子的角速度及角加速度.

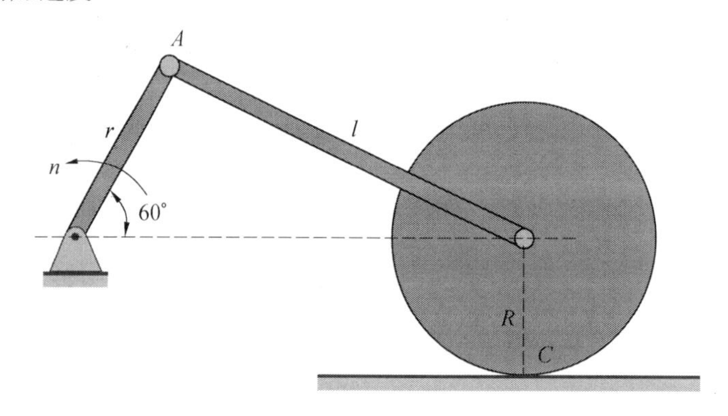

图 8.34

6. 在瓦特行星传动机构中,平衡杆 O_1A 绕 O_1 轴转动,并借连杆 AB 带动曲柄 OB;而曲柄 OB 活动地装置在 O 轴上,如图 8.35 所示. 在 O 轴上装有齿轮Ⅰ,齿轮Ⅱ与连杆 AB 固连于一体. 已知:$r_1=r_2=0.3\sqrt{3}$ m,$O_1A=1.5$ m;又平衡杆的角速度 $\omega=6$ rad/s. 求当 $\gamma=60°$ 且 $\beta=90°$ 时,曲柄 OB 和齿轮Ⅰ的角速度.

7. 如图 8.36,齿轮Ⅰ在齿轮Ⅱ内滚动,其半径分别为 r 和 $R=2r$. 曲柄 OO_1 绕 O 轴以等角速度 ω_O 转动,并带动行星齿轮Ⅰ. 求该瞬时轮Ⅰ上瞬时速度中心 C 的加速度.

8. 如图 8.37 所示的四杆机构,已知:曲柄 $OA=r=0.5$ m,以匀角速度 $\omega_O=4$ rad/s 转动,$AB=2r$,$BC=\sqrt{2}r$;图示瞬时 OA 水平,AB 铅直,$\varphi=45°$. 试求该瞬时点 B 的加速度和摇杆 BC 的角速度和角加速度.

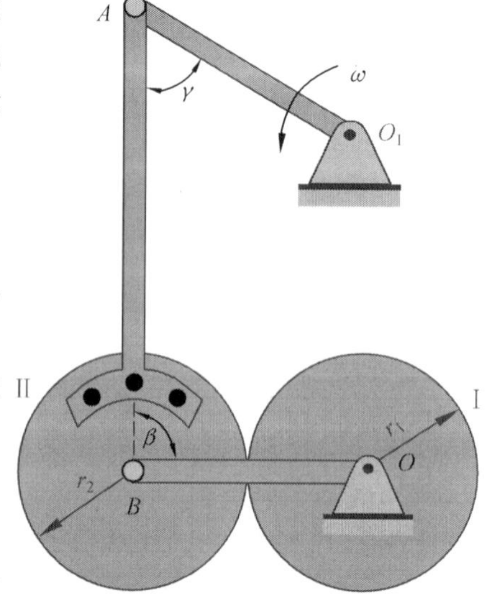

图 8.35

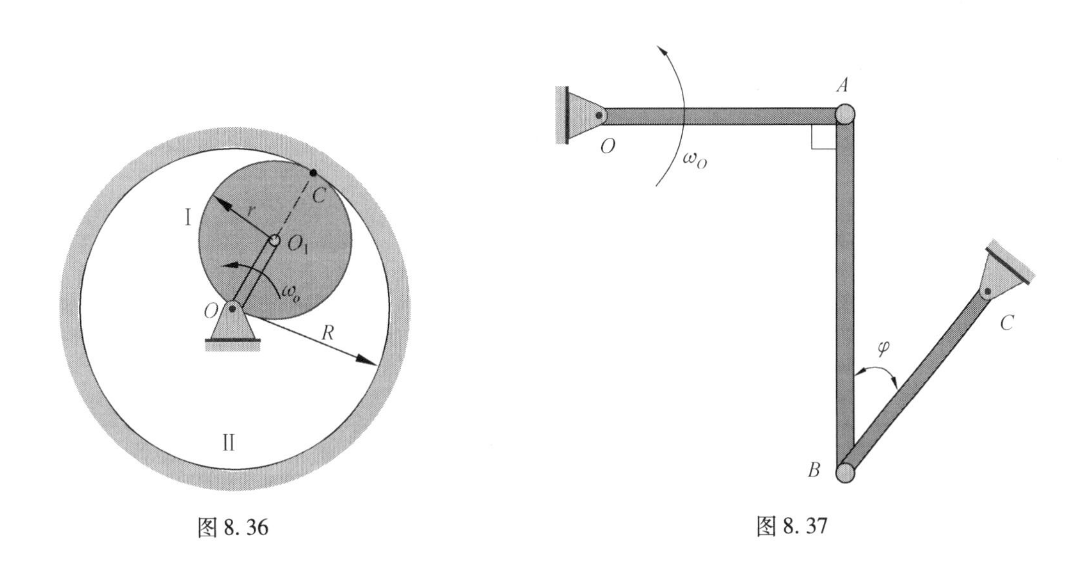

图 8.36

图 8.37

9. 在曲柄齿轮椭圆规中，齿轮 A 和曲柄 O_1A 固结为一体，齿轮 C 和齿轮 A 半径均为 r 并相互啮合，如图 8.38 所示. 图中 $AB=O_1O_2$，$O_1A=O_2B=0.4$ m. O_1A 以恒定的角速度 ω 绕 O_1 转动，$\omega=0.2$ rad/s. M 为轮 C 上一点，$CM=0.1$ m. 在图示瞬时，CM 铅垂，求此时点 M 的速度和加速度.

10. 在图 8.39 机构中，曲柄 OA 长为 r，绕 O 轴以等角速度 ω_O 转动，$AB=6r$，$BC=2\sqrt{3}r$. 求图示位置时，滑块 C 的速度和加速度.

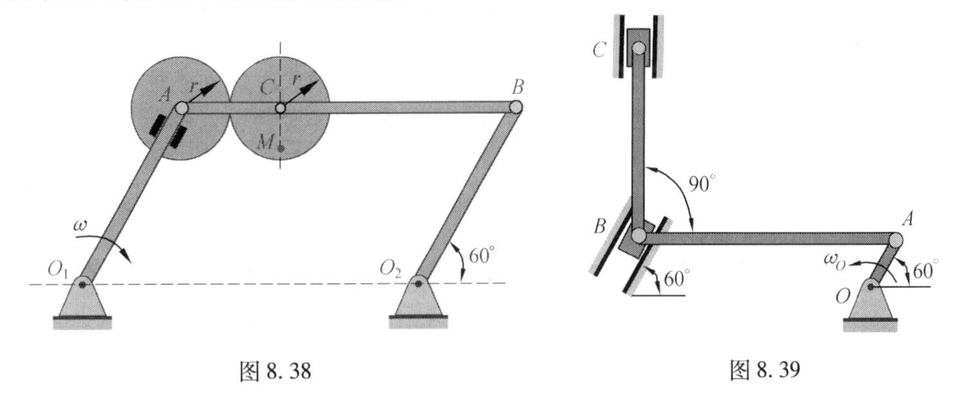

图 8.38

图 8.39

11. 图 8.40 所示塔轮 1 半径为 $r=0.1$ m 和 $R=0.2$ m，绕轴 O 转动的规律是 $\varphi=t^2-3t$（式中 φ 以 rad 计，t 以 s 计），并通过不可伸长的绳子卷动动滑轮 2，滑轮 2 的半径为 $r_2=0.15$ m. 设绳子与各轮之间无相对滑动，求 $t=1$ s 时，轮 2 的角速度和角加速度；并求该瞬时水平直径上 C，D，E 各点的速度和加速度.

12. 半径为 R 的轮子沿水平面滚动而不滑动，如图 8.41 所示. 在轮上有圆柱部分，其半径为 r. 将线绕于圆柱上，线的 B 端以速度 v 和加速度 a 沿水平方向运动. 求轮的轴心 O 的速度和加速度.

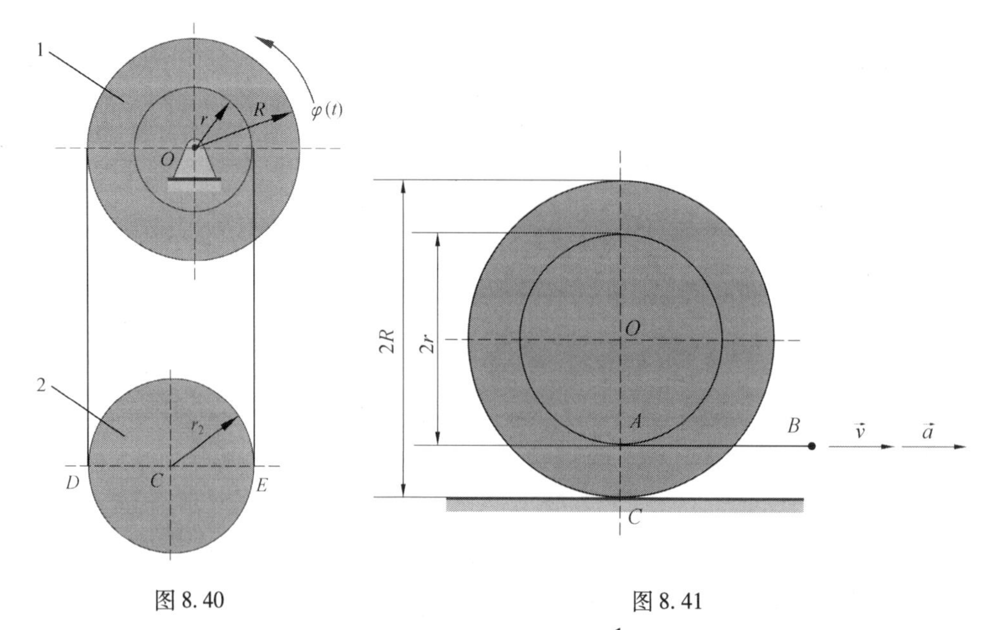

图 8.40　　　　图 8.41

13. 如图 8.42 所示,曲柄 OA 以恒定的角速度 $\omega=\dfrac{1}{2}$ rad/s 绕轴 O 转动,并借助连杆 AB 驱动半径为 r 的轮子在半径为 R 的圆弧槽中做无滑动滚动. 设 $OA=AB=R=2r=1$ m,求图示瞬时所示点 B 和点 C 的速度与加速度.

14. 轻型杠杆式推钢机,曲柄 OA 借连杆 AB 带动连杆 O_1B 绕 O_1 轴摆动,杆 EC 以铰链与滑块 C 相连,滑块 C 可沿杆 O_1B 滑动;摇杆摆动时带动杆 EC 推动钢材,如图 8.43 所示. 已知 $OA=r, AB=\sqrt{3}\,r, O_1B=\dfrac{2}{3}l\ (r=0.2\text{ m}, l=1\text{ m})$, $\omega_{OA}=\dfrac{1}{2}$ rad/s, $\alpha_{OA}=0$. 在图示位置时,$BC=\dfrac{4}{3}l$. 求:

(1)滑块 C 的绝对速度和相对于摇杆 O_1B 的速度.

(2)滑块 C 的绝对加速度和相对于摇杆 O_1B 的加速度.

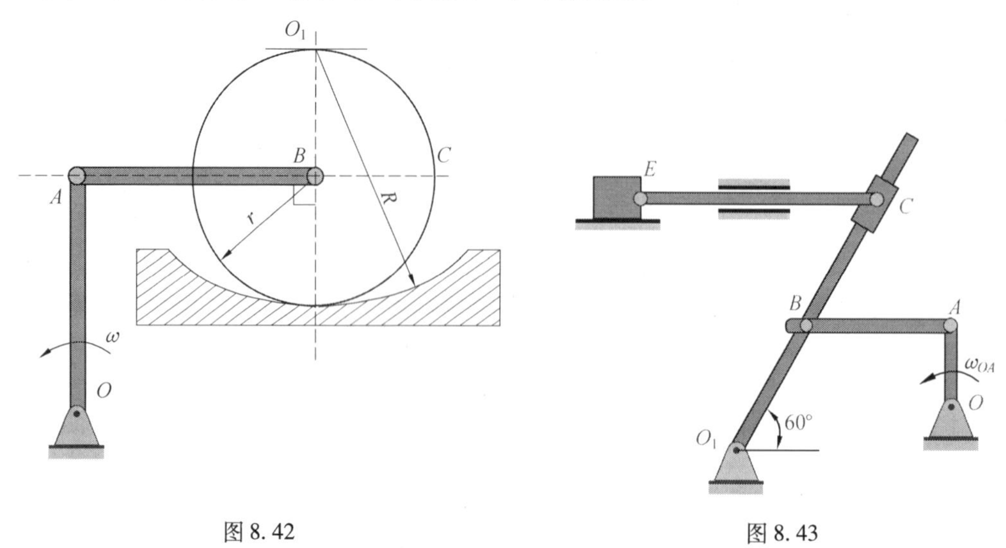

图 8.42　　　　图 8.43

15. 杆 OC 与轮 I 在轮心 O 处铰接并以均匀 $\vec{v}$ 水平向左平移,如图 8.44 所示. 起始时点 O 与点 A 相距 l,杆 AB 可绕 A 轴定轴转动,与轮 I 在点 D 接触,接触处有足够大的摩擦使之不打滑,轮 I 的半径为 r. 求当 $\theta=30°$时,轮 I 的角速度 ω_1和杆 AB 的角速度.

16. 如图 8.45 所示,半径 $R=0.2$ m 的两个相同的大圆环沿地面向相反的方向无滑动地滚动,环心的速度为常数;$v_A=0.1$ m/s,$v_B=0.4$ m/s. 当$\angle MAB=30°$时,求套在这两个大圆环上的小圆环 M 相对于每个大圆环的速度和加速度,以及小圆环 M 的绝对速度和绝对加速度.

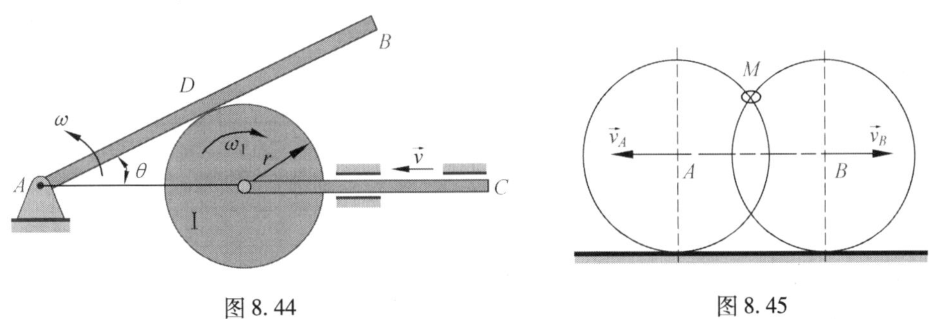

图 8.44　　图 8.45

Часть 3　Динамика(动力学)

Вступление (引言)

Динамика изучает взаимосвязь между механическим движением и силой объекта(动力学研究物体的机械运动与作用力之间的关系).

В статике мы анализируем силы, действующие на объект, и изучаем проблему равновесия объекта в системе сил. В кинематике мы анализируем только движение объекта с векторной стороны, а не силу. Динамика—это всесторонний анализ механического движения объекта, изучение взаимосвязи между силой объекта и изменением состояния движения объекта и установление общего закона механического движения объекта(在静力学中,我们分析了作用于物体的力,研究了物体在力系作用下的平衡问题. 在运动学中,我们仅从矢量方面分析了物体的运动,而不涉及作用力. 动力学则对物体的机械运动进行全面的分析,研究作用于物体的力与物体运动状态变化之间的关系,建立物体机械运动的普遍规律).

动力学的形成和发展与生产的发展联系密切,特别是在现代工业和科学技术迅速发展的今天,对动力学提出了更加复杂的课题. 例如,高速运转机械的动力计算、高层结构受风载及地震的影响、宇宙飞行及火箭推进技术,以及机器人的动态特性等,都需要应用动力学的理论.

Абстрактные модели объектов в динамике имеют системы частиц и частица. Частица—это объект, имеющий определенную массу, форма и размер которого ничтожны(动力学中物体的抽象模型有质点和质点系. 质点是具有一定质量而其形状和尺寸大小可以忽略不计的物体).

例如,在研究人造地球卫星的轨道时,卫星的形状和大小对所研究的问题几乎没有影响,可将卫星抽象为一个质量集中在质心的质点. 刚体作平移时,因刚体内各点的运动情况完全相同,也可以不考虑这个刚体的形状和大小,而将它抽象为一个质点来研究.

Если форма и размер объекта не являются пренебрежимо малыми в исследуемой задаче, объект следует абстрагировать как систему частиц. Так называемая система частиц—это система, состоящая из нескольких или бесконечного числа взаимно связанных частиц(如果物体的形状和大小在所研究的问题中不可忽略,则物体应抽象为质点系. 所谓质点系是由几个或无限个相互有联系的质点所组成的系统).

我们常见的固体、流体、由几个物体组成的机构,以及太阳系等都是质点系. 刚体是质点系的一种特殊情形,其中任意两个质点间的距离保持不变,也称为不变的质点系. 例如,在研究人造卫星的运动姿态时,就要把它抽象为质点系的力学模型.

Кинетику можно разделить на динамику частиц и динамику системы частиц, первая из которых является основой последней(动力学可分为质点动力学和质点系动力学,前者是后者的基础).

Глава 9 Фундаментальные уравнения динамики частиц (质点动力学的基本方程)

Частица является самой простой и самой базовой моделью и основой для движения сложных объектов. В этой главе приведены основные уравнения для динамики частиц, основанные на фундаментальных законах динамики. Основное уравнение динамики частиц описывает взаимосвязь между силой частицы и изменяется его движение. Кинетическая задача частицы может быть решена с помощью основного уравнения методом исчисления(质点是构成复杂物体运动最简单、最基本的模型和基础.本章根据动力学基本定律得出质点动力学的基本方程.质点动力学基本方程描述质点受力与其运动变化之间的关系.由基本方程运用微积分方法,可以求解质点的动力学问题).

9.1 Законы динамики. Уравнения движения материальной точки. Принцип даламбера (动力学定律.质点的运动方程.达朗贝尔原理)

Динамикой называется раздел механики, в котором изучается движение материальных тел под действием приложенных к ним сил. В основе динамики лежат законы, сформулированные Ньютоном(动力学为力学的一部分,研究质点在受力作用下的运动规律.牛顿创建的定律是动力学的基础).

(1) Первый закон — закон инерции, установленный Галилеем, гласит: материальная точка сохраняет состояние покоя или равномерного прямолинейного движения, пока воздействие других тел не изменит это состояние(第一定律:由伽利略创建的惯性定律,内容是:任何物体都保持静止或匀速直线运动状态,直到受到其他物体的作用力迫使它改变这种状态为止).

(2) Второй закон — основной закон динамики — устанавливает связь между ускорением $\vec{a}$, массой m материальной точки M и силой F(рис. 9.1(a)): ускорение материальной точки пропорционально приложенной к ней силе и имеет одинаковое с ней направление(第二定律——运动学基本定律,确定了质点 M 的加速度 $\vec{a}$、质量 m 和力 $\vec{F}$ 之间的关系(图 9.1(a))):质点的加速度与所受到的作用力成正比,且加速度的方向与作用力的方向相同).

Запишем этот закон в форме, которую придал ему Эйлер(我们可以将此定律用欧拉公式表述为)

$$m\vec{a} = \vec{F} \tag{9.1}$$

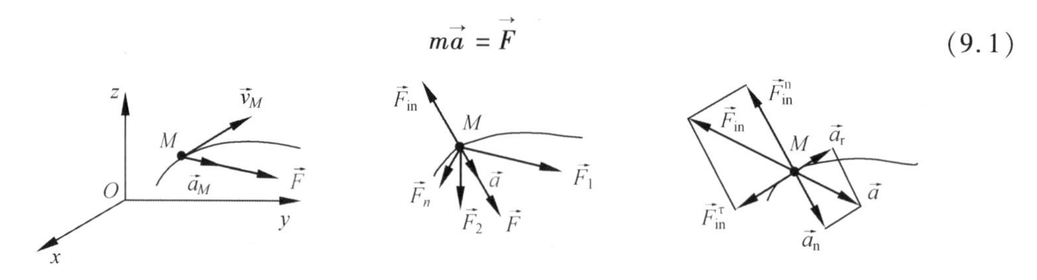

图 9.1 质点的加速度、质量与作用力的关系

В классической механике масса m принята за постоянную величину. Масса является мерой инертности материальных тел в их поступательном движении. Запишем основной закон динамики в скалярном виде, проецируя векторные величины, входящие в равенство, на оси координат(在经典力学中质量 m 为固定值. 质量是质点在平移运动中的惯性度量. 我们可以将运动学的基本定律表述为标量形式,将等式中的矢量投影到坐标轴上得)

$$ma_x = F_x,\ ma_y = F_y,\ ma_z = F_z$$

(3) Третий закон формулируется следующим образом: всякому действию соответствует равное и противоположно направленное противодействие(第三定律的内容是:任何作用力都有大小相等、方向相反的反作用力).

Этот закон устанавливает, что при взаимодействии двух тел, в каком бы кинематическом состоянии они не находились, силы, приложенные к каждому из них, равны по модулю и направлены по одной прямой в противоположные стороны(该定律说明在两个物体相互作用时,不论它们处于什么运动状态,它们受到的力在同一条直线上,大小相等,方向相反).

(4) Четвертый закон не был сформулирован Ньютоном как отдельный закон механики, но таковым можно считать сделанное им обобщение правила параллелограмма сил: несколько одновременно действующих сил сообщают точке такое ускорение, какое сообщала бы одна сила, равная их геометрической сумме(第四定律. 牛顿没有将第四定律作为单独的力学定律阐述,但是该定律可以视为牛顿对力的平行四边形规则的概述:多个同时作用的作用力会对质点产生加速度,该加速度相当于这些作用力的合力产生的加速度).

Основной закон динамики можно записать в скалярном виде, спроецировав векторы либо на декартовы, либо на естественные оси координат. В первом случае получим уравнения движения материальной точки в прямоугольной декартовой системе координат(力学的基本定律可以表述为标量形式,或者将矢量投影到笛卡尔坐标上,或者投影到自然坐标轴上. 在第一种情况下,我们可以得出质点在直角笛卡尔坐标系中的运动公式为)

$$m\ddot{x} = F_x,\ m\ddot{y} = F_y,\ m\ddot{z} = F_z$$

где (其中)

$$\ddot{x} = a_x, \ddot{y} = a_y, \ddot{z} = a_z$$

Во втором случае получим естественные уравнения движения(在第二种情况下,我们可以得出自然坐标下的运动公式为)

$$ma_n = F_n, \; ma_\tau = F_\tau, \; ma_b = F_b$$

где
$$a_n = \frac{v^2}{r}, \; a_\tau = \frac{d^2S}{dt^2}$$

Проекция ускорения на бинормаль всегда равна нулю($a_b = 0$), поэтому $F_b = 0$(加速度在次法线上的投影等于零（$a_b = 0$），所以 $F_b = 0$）.

例题 1 Уравнения движения материальной точки M массой m имеют вид(质量为 m 的质点 M 的运动公式为)

$$x = r\cos kt, \; y = r\sin kt$$

Определить равнодействующую приложенных к материальной точке сил и траекторию ее движения(确定质点所受的合力,以及质点的运动轨迹).

解:

(1) Определяем проекции ускорения на оси координат. Для этого сначала определим проекции скорости на те же оси(确定加速度在坐标轴上的投影.为此,首先确定速度在相应轴上的投影):

$$v_x = \dot{x} = -kr\sin kt, \; v_y = \dot{y} = kr\cos kt$$

С учетом этого получаем（由此我们可以得出）

$$a_x = \dot{v}_x = -k^2r\cos kt, \; a_y = \dot{v}_y = -k^2r\sin kt$$

(2) Определяем проекции равнодействующей силы(确定合力的投影). Поскольку(因为) $F_x = m\ddot{x} = ma_x$ и(和) $F_y = m\ddot{y} = ma_y$, то(则)

$$F_x = -mk^2r\cos kt, \; F_y = -mk^2r\sin kt$$

(3) Определяем модуль равнодействующей(确定合力的大小为)

$$F = \sqrt{F_x^{\,2} + F_y^{\,2}} = mk^2r$$

(4) Определяем направление равнодействующей(确定合力的方向为)

$$\cos\alpha = \frac{F_x}{F} = -\cos kt = -\frac{x}{r}, \cos\beta = \frac{F_y}{F} = -\sin kt = -\frac{y}{r}$$

Очевидно, что угол наклона равнодействующей силы по отношению к осям координат меняется(显然,合力与坐标轴的夹角随时间发生改变).

(5) Определяем траекторию движения материальной точки. Для исключения переменной t возведем в квадрат и сложим уравнения движения. В результате получим уравнение окружности с радиусом r(确定质点的运动轨迹.为消除变量 t 我们进行乘方并推导轨迹公式.结果我们可以得到半径为 r 的圆方程为)

$$x^2 + y^2 = r^2$$

Из полученного решения можно сделать следующий вывод: материальная точка движется по окружности радиусом r под воздействием приложенной к ней силы, которая все время направлена к центру этой окружности(根据所给解答可以得出下列结论:质点在力的作用下沿半径为 r 的圆周运动,作用力始终指向该圆周的中心).

(5) Принцип Даламбера(达朗贝尔原理). Принципом Даламбера называют общий метод, с помощью которого уравнениям динамики придается вид уравнений статики.

Для этого вводится понятие《сила инерции материальной точки》— сила, равная произведению массы точки на ее ускорение и направленная противоположно ускорению(达朗贝尔原理是普遍方法,使用该方法可使动力方程具有静力学方程的形式.为此引入了“质点惯性力”的概念,质点惯性力的大小等于质点质量与其加速度的乘积,方向与加速度方向相反).

$$\vec{F}_{in} = -m\vec{a}$$

Положим, что материальная точка M под действием системы сил $\vec{F}_1, \vec{F}_2, \cdots, \vec{F}_n$ движется с ускорением $\vec{a}$(рис. 9.1(b)), в этом случае основное уравнение динамики будет иметь вид(我们可以假设质点 M 在 $\vec{F}_1, \vec{F}_2, \cdots \vec{F}_n$ 力系作用下以加速度 $\vec{a}$ 运动(图 9.1(b)),此时基本的动力学方程为)

$$m\vec{a} = \vec{F}_1 + \vec{F}_2 + \cdots + \vec{F}_n$$

Перенесем член $m\vec{a}$ из левой части уравнения в правую. Тогда(把等式左边的 $m\vec{a}$ 挪到右边去.那么)

$$\vec{F}_1 + \vec{F}_2 + \cdots + \vec{F}_n - m\vec{a} = 0$$

Так как $-m\vec{a} = \vec{F}_{in}$, то(因为 $-m\vec{a} = \vec{F}_{in}$,那么)

$$\vec{F}_1 + \vec{F}_2 + \cdots + \vec{F}_n + \vec{F}_{in} = 0$$

Полученное соотношение выражает принцип Даламбера и формулируется следующим образом: геометрическая сумма всех приложенных к точке сил и силы инерции этой точки равна нулю(所得的关系式反映了达朗贝尔原理,可以表述为:所有作用于点上的外力与该点的惯性力的矢量和等于零).

Принцип Даламбера применим как для свободной, так и для несвободной материальной точки, так как, освобождая материальную точку от связей и заменяя их действие пассивными силами, мы рассматриваем движение точки под действием активных и пассивных сил, которые сообщают ей ускорение(达朗贝尔原理既适用于自由质点,也适用于非自由质点,因为质点去掉了约束,并用约束反力替代了其作用,我们可以认为质点在主动力和约束力的作用下发生运动,产生了加速度).

Следует помнить, что к материальной точке инерционная сила приложена лишь условно. Фактически сила инерции приложена не к материальной точке, а к телу, сообщающему ей ускорение. Этот метод получил широкое применение при расчетах на прочность при динамических нагрузках(要记住,惯性力是假想作用于质点上的.实际上惯性力并没有作用于质点上,而是作用于使其产生加速度的物体上.在计算动载荷作用的强度时该方法得到了广泛应用).

Силу инерции можно разложить на касательную F_{in}^{τ}(тангенциальную) и нормальную F_{in}^{n}(центробежную) составляющие (рис. 9.1(c))(惯性力可以分解为切向的 F_{in}^{τ}(切向惯性力)及法向的 F_{in}^{n}(离心惯性力)分量(图 9.1(c)))

$$F_{in}^{\tau} = m a^{\tau}; F_{in}^{n} = m v^2/\rho$$

где r — радиус кривизны траектории（在等式中 ρ 为轨迹的曲率半径）.

В случае круговой траектории точки（радиус окружности r），принадлежащей телу，вращающемуся с угловой скоростью ω и угловым ускорением ε，тангенциальная и центробежная составляющие силы инерции имеют вид（如果物体以角速度 ω 和角加速度 ε 旋转，其上的点轨迹为圆（圆周半径为 r），则惯性力的切向和离心分量可表述为）

$$F_{\text{in}}^{\tau} = m\varepsilon r; F_{\text{in}}^{\text{n}} = m\,\omega^2 r$$

9.2 Силы，действующие на точки механической системы（作用于质点系上的力）

Механической системой называют мысленно выделенную совокупность материальных точек，взаимодействующих между собой. Механическую систему иногда называют материальной системой или системой материальных точек. Существуют системы свободных（например，Солнечная система）и несвободных материальных точек（их движения ограничены связями）. Примером системы несвободных точек может служить любой механизм или машина. Все силы，действующие на систему несвободных точек，подразделяют на задаваемые（активные）силы и реакции связей（пассивные силы）（相互作用的质点的集合称为质点系统. 质点系统有时也称为物系或质点系. 存在自由质点系（例如太阳系）和非自由质点系（其运动受到约束限制）. 非自由质点系的范例可以是任何机械或机床. 所有作用于非自由点系上的力可分为给定力（主动力）和约束反力（被动力））.

По другому признаку силы，действующие на точки любой механической системы，делят на внешние и внутренние. Условимся обозначать внешние силы $\vec{F}^{\text{E}}$，а внутренние силы $\vec{F}^{\text{J}}$（也可以按照另外一种方法，将作用于任何质点系统点上的力分为外力和内力. 用 $\vec{F}^{\text{E}}$ 代表外力，用 $\vec{F}^{\text{J}}$ 代表内力）.

Внешними называют силы，действующие на точки системы со стороны материальных точек，не входящих в состав данной системы（不属于该系统的质点对该系统内质点的作用力称为外力）.

Внутренними силами называются силы взаимодействия между материальными точками данной механической системы. Примером внутренних сил могут служить силы упругости，действующие между частицами упругого тела，принятого за механическую систему（该质点系统质点间相互作用的力称为内力. 例如可视为质点系统的弹性体质点间相互作用的弹力）.

Одна и та же сила может быть как внешней，так и внутренней в зависимости от того，какая механическая система рассматривается. Например，реакции подшипников вала являются внешними силами по отношению к валу. Эти же реакции можно отнести к внутренним силам，если рассматривать всю установку вместе с машиной（根据研究的力系，同一种力既可以是外力，也可以是内力. 例如，轴承的约束反力对于轴来说是外力. 而对整个机器及装置，这一约束反力就可以视为内力）.

Таким образом, любая сила может быть внешней или внутренней, в то же время она может быть задаваемой или реакцией связи. Движение точек системы зависит как от внешних, так и от внутренних сил(这样一来,任何力都可以是外力或内力.同时它也可以是给定力或约束反力.系统质点的运动既取决于外力,也取决于内力).

По закону равенства действия и противодействия каждой внутренней силе соответствует другая внутренняя сила, равная ей по модулю и противоположная по направлению. На основании этого можно сделать следующие выводы(按照作用和反作用定律,每个内力都有另一个大小相等、方向相反的内力.在这一基础上可以得出以下结论):

(1)Главный вектор всех внутренних сил системы равен нулю(系统所有内力的总矢量和等于零)

$$\vec{R}^J = \sum_{i=1}^{k} \vec{F}_i^J = 0$$

Следовательно, и суммы их проекций на координатные оси также равны нулю(因此它们在坐标轴上投影的代数和也等于零)

$$\sum_{i=1}^{k} \vec{F}_{ix}^{\mathrm{J}} = 0,\ \sum_{i=1}^{k} \vec{F}_{iy}^{\mathrm{J}} = 0,\ \sum_{i=1}^{k} \vec{F}_{iz}^{\mathrm{J}} = 0$$

(2)Главный вектор-момент всех внутренних сил системы относительно любого центра и координатных осей равен нулю(系统所有内力相对于任何中心和坐标轴的主矩等于零)

$$\vec{M}_O^{\mathrm{J}} = \sum_{i=1}^{k} \vec{M}_{iO}^{\mathrm{J}} = 0$$

или(或者)

$$\sum_{i=1}^{k} M_x(\vec{F}_i^{\mathrm{J}}) = 0,\ \sum_{i=1}^{k} M_y(\vec{F}_i^{\mathrm{J}}) = 0,\ \sum_{i=1}^{k} M_z(\vec{F}_i^{\mathrm{J}}) = 0$$

Эти уравнения имеют вид уравнений равновесия сил, произвольно приложенных в пространстве, однако в них входят внутренние силы, которые не уравновешиваются, так как они приложены к разным точкам системы и могут вызвать перемещение этих точек относительно друг друга(这些等式具有空间任意力系平衡方程的形式,但是其中还包括不平衡的内力,因为它们作用于体系的不同点上,并且可以引起这些点发生相对位移).

9.3 Теорема о движении центра масс механической системы (质点系统重心运动定律)

Представим, что механическая система массой m состоит из k материальных точек (рис. 9.2). Известно, что можно найти положение центра масс такой системы, если заданы массы m_i точек и их координаты(假设质量为 m 的质点系统由 k 个质点组成(图 9.2).众所周知,如果给出点的质量 m_i 和其坐标,那么可以找到该系统的重心位置)

$$x_C = \frac{\sum_{i=1}^{k} m_i x_i}{m},\ y_C = \frac{\sum_{i=1}^{k} m_i y_i}{m},\ z_C = \frac{\sum_{i=1}^{k} m_i z_i}{m}$$

или(或) $$m x_C = \sum_{i=1}^{k} m_i x_i,\ m y_C = \sum_{i=1}^{k} m_i y_i,\ m z_C = \sum_{i=1}^{k} m_i z_i$$

Дважды продифференцировав эти равенства, получим(对这些等式两次求微分,我们可以得出)

$$m\ddot{x}_C = \sum_{i=1}^{k} m_i \ddot{x}_i,\ m\ddot{y}_C = \sum_{i=1}^{k} m_i \ddot{y}_i,\ m\ddot{z}_C = \sum_{i=1}^{k} m_i \ddot{z}_i$$

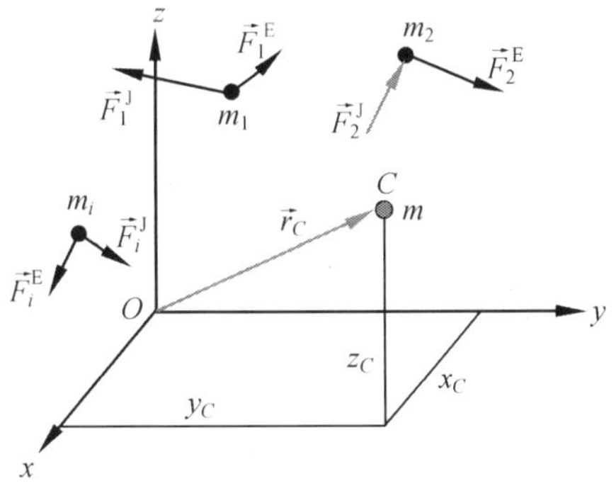

图 9.2 由 k 个质点组成的质点系 m

Правые части полученных уравнений в соответствии с осн-овным законом-динамики представляют собой сумму внешних $\vec{F}_i^{\mathrm{E}}$ и внутренних $\vec{F}_i^{\mathrm{J}}$ сил, действующих на эти материальные точки, в проекциях на соответствующие оси координат. Следовательно, последние уравнения можно переписать так(按照动力学的主要定律,所获等式的右边部分是作用于质点的外力 $\vec{F}_i^{\mathrm{E}}$ 和内力 $\vec{F}_i^{\mathrm{J}}$ 在相应坐标轴投影的代数和. 因此,最后的等式可以转化为)

$$m\ddot{x}_C = \sum_{i=1}^{k} F_{ix}^{\mathrm{E}} + \sum_{i=1}^{k} F_{ix}^{\mathrm{J}};\ m\ddot{y}_C = \sum_{i=1}^{k} F_{iy}^{\mathrm{E}} + \sum_{i=1}^{k} F_{iy}^{\mathrm{J}};\ m\ddot{z}_C = \sum_{i=1}^{k} F_{iz}^{\mathrm{E}} + \sum_{i=1}^{k} F_{iz}^{\mathrm{J}}$$

Учитывая, что главный вектор внутренних сил равен нулю $\vec{R}^{J} = 0$), получим(考虑到内力的主矢量等于零($\vec{R}^{\mathrm{J}} = 0$),可以得出)

$$m\ddot{x}_C = \sum_{i=1}^{k} F_{ix}^{\mathrm{E}};\ m\ddot{y}_C = \sum_{i=1}^{k} F_{iy}^{\mathrm{E}};\ m\ddot{z}_C = \sum_{i=1}^{k} F_{iz}^{\mathrm{E}}$$

Эти уравнения выражают теорему о движении центра масс системы, которая формулируется следующим образом(这些等式可以反映系统重心运动的规律,表述如下)

Центр масс механической системы движется как материальная точка с массой, равной массе системы, к которой приложены все внешние силы, действующие на эту систему(物体系统重心的运动与受到相同外力作用的同质量质点的运动相同).

Отсюда следует, что внутренние силы не оказывают влияния на движение центра масс механической системы(由此可以得出,内力不会影响物体系统重心的运动).

例题 2 Определить перемещение плавучего крана, поднимающего груз массой 2 000 кг, при повороте стрелы крана до вертикального положения (рис. 9. 3). Масса крана 20 т. Длина стрелы AB равна 8 м. Сопротивлением воды пренебречь(在起重臂转

动至垂直位置时确定提升质量2 000 kg重物的浮游起重机的位移(图9.3).起重机重量为20 t. AB起重臂长度8 m,可以忽略水的阻力).

解:(1) Выбираем систему отсчета (рис. 9.3(a)) (选择坐标系(图9.3(a))).

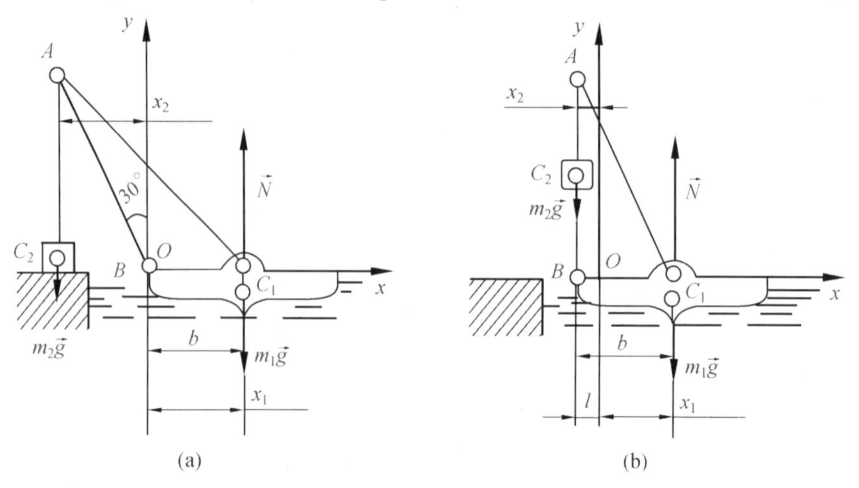

图9.3 浮游起重机

(2) Проставляем все внешние силы, действующие на материальные тела данной механической системы. На плавучий кран действуют сила тяжести $m_1\vec{g}$ (заданная сила) и сила $\vec{N}$ (пассивная сила); к грузу приложена только одна внешняя сила — его вес $m_2\vec{g}$ (写出所有作用于该物体系统上的外力.重力 $m_1\vec{g}$ (已知力)和力 $\vec{N}$ (被动力)作用于浮游起重机;只有一个外力作用于重物,其重力为 $m_2\vec{g}$).

(3) Запишем уравнения движения центра масс механической системы(质点系统的重心运动方程可表述为)

$$m\ddot{x}_C = \sum_{i=1}^{2} F_{ix}^{\mathrm{E}},\ m\ddot{y}_C = \sum_{i=1}^{2} F_{iy}^{\mathrm{E}}$$

Или(或)

$$m\ddot{x}_C = 0,\ m\ddot{y}_C = -m_1 g - m_2 g + N$$

(4) Будем исследовать первое уравнение, так как нас интересует движение центра масс по горизонтали. Поскольку $m\ddot{x}_C = 0$, то скорость центра масс вдоль оси Ox $v_{x_C} = \text{const}$. Это означает, что скорость центра масс в этом направлении в любой момент времени неизменна, т. е. справедливо равенство $v_{x_{C\text{нач}}} = v_{x_{C\text{кон}}}$ (研究第一个等式,因为我们关心的是重心沿水平方向的运动.由于 $m\ddot{x}_C = 0$,那么重心沿 Ox 轴的速度 $v_{x_C} = \text{const}$.这说明重心在该方向上的速度在任何时候都是不变的,也就是说 $v_{x_{C\text{起始}}} = v_{x_{C\text{结束}}}$ 真实成立).

В начальный момент система находилась в покое, следовательно, $v_{x_{C\text{нач}}} = v_{x_{C\text{кон}}} = 0$. А так как $v_{x_C} = \dfrac{\mathrm{d}x_C}{\mathrm{d}t}$, то $x_C = \text{const}$ (在初始时,系统处于静止,因此 $v_{x_{C\text{起始}}} = v_{x_{C\text{结束}}} = 0$.因为 $v_{x_C} = \dfrac{\mathrm{d}x_C}{\mathrm{d}t}$,所以 $x_C = \text{const}$).

Таким образом, анализ уравнения движения центра масс вдоль оси Ox показал, что начальная и конечная координаты центра масс совпадают: $x_{C\text{нач}} = x_{C\text{кон}}$（这样一来，对重心沿 Ox 轴运动方程的分析表明，重心的初始和最终坐标是重合的：$x_{C\text{起始}} = x_{C\text{结束}}$）.

（5）Запишем формулы для определения начального и конечного положений центра масс механической системы（我们可以写出用于确定质点系统重心的初始和最终位置的公式）

$$x_{C\text{起始}} = \frac{m_1 x_{1\text{起始}} + m_2 x_{2\text{起始}}}{m_1 + m_2}$$

$$x_{C\text{结束}} = \frac{m_1 x_{1\text{结束}} + m_2 x_{2\text{结束}}}{m_1 + m_2}$$

（6）Выразим начальные и конечные координаты материальных тел системы в соответствии с выбранной системой отсчета（см. рис. 9.3(a),(b)）（我们可以按照选择的坐标系写出系统质心的初始和最终坐标（图 9.3(a)和 9.3(b)）

$$x_{1\text{起始}} = b\ ;x_{2\text{起始}} = -AB\sin30° = -8 \cdot \frac{1}{2} = -4\ \text{m}$$

$$x_{1\text{结束}} = b - l;x_{2\text{结束}} = -l$$

（7）Определяем перемещение l плавучего крана. Приравнивая $x_{C\text{нач}} = x_{C\text{кон}}$, получим（我们可以确定浮游起重器的位移 l. 使 $x_{C\text{起始}} = x_{C\text{结束}}$，可以得出）

$$m_1 x_{1\text{起始}} + m_2 x_{2\text{起始}} = m_1 x_{1\text{结束}} + m_2 x_{2\text{结束}}$$

或

$$m_1 b + m_2(-4) = m_1(b - l) + m_2(-l);m_1 b - m_2 \cdot 4 = m_1 b - m_1 l - m_2 l$$

$$-2\ 000 \cdot 4 = -2\ 000l - 2\ 000l;l = (4 \cdot 2\ 000)/(2\ 000 + 2\ 000) = 0.36\ \text{m}$$

Ответ. l = 0.36 м（答案：l=0.36 m）.

9.4　Подумать（思考题）

1. 已知一个自由质点 M，沿曲线 AB 移动，质点上受一个力 $\vec{F}$，$\vec{F}$ 能否出现图 9.4 中所示的情况？

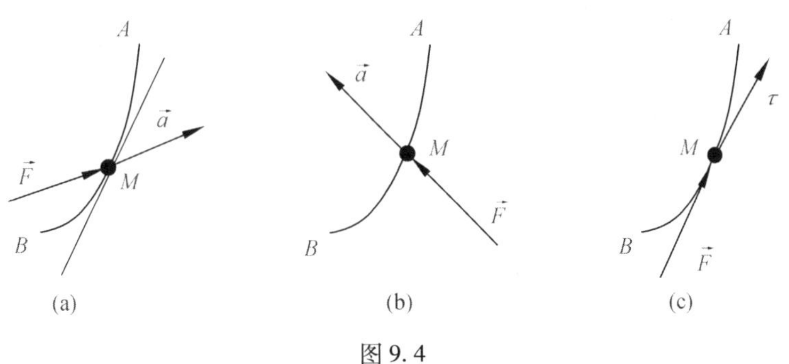

图 9.4

2. 在力 $\vec{F}$ 作用下，一小车沿 x 轴正方向运动，其初始速度为 $\vec{v}_0$ 为正，如果 $\vec{F}$ 的方向指向 x 轴正方向，且随时间减小，则小车的速度是否也随时间逐渐减小？

3. 质点上受到的力越大,该质点运动的速度也越大,对否?

4. 相同地点,相同坐标系内,斜抛两质量相同的小球,初速度相等,空气阻力不计,则两小球落地时速度大小相等,对否?

5. 质点在空间内运动,已知作用于质点上的作用力,则其运动方程的运动初始条件有几个?若质点作平面运动呢?若质点沿一个固定的轨迹运动呢?

6. 一个物体被抛出,设空气阻力与该物体速度的平方成正比,则物体垂直向上、垂直向下及斜抛时的运动微分方程分别是什么?

9.5 Упражнение(习题)

1. 单摆,摆长为 l,摆锤质量为 m,单摆由图示 A 点位置无初速度释放,如图 9.5 所示. 当单摆摆到铅垂位置时,绳的中点被钉子 C 挡住,而下半段继续摆动. 求当摆绳升到与铅垂线成 φ 角时,摆锤的速度和摆绳的拉力.

2. 桥式起重机,梁上一小车悬吊着质量为 10 t 的重物,绳索长度为 5 m,如图 9.6 所示. 小车以 $v_0=1$ m/s 向右匀速运动时,绳索保持铅直方向. 当小车紧急刹车,重物因惯性绕悬挂点 O 点摆动. 试求重物刚开始摆动的瞬时,绳索受到的拉力 $\vec{F}$ 及重物的最大摆角 φ.

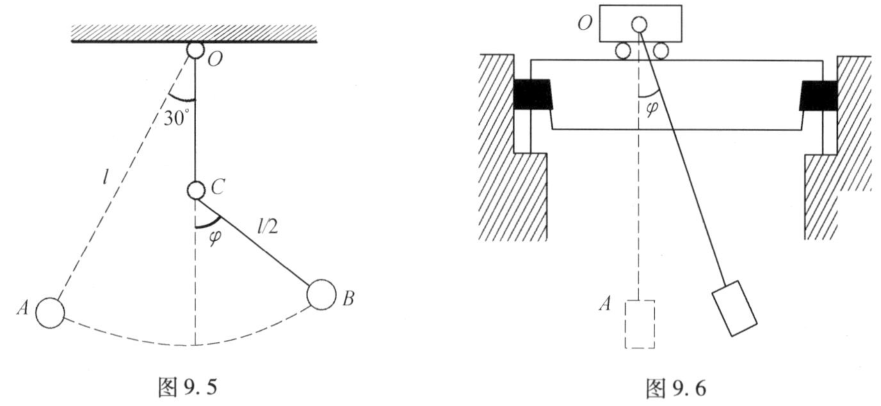

图 9.5　　　　图 9.6

3. 气球的总质量为 m,以匀加速度 $\vec{a}$ 上升,如图 9.7 所示. 问使它以相同的加速度下降,则气球的质量需要增加多少?

4. 以弹簧互相连接的两个物块 A,B 的质量分别为 $m_1=20$ kg 和 $m_2=40$ kg,如图 9.8 所示. 物块 A 沿铅垂线以 $y=H\cos\frac{2\pi}{T}t$ 做简谐运动,式中振幅 $H=10$ mm,周期 $T=0.25$ s,忽略弹簧的质量. 求支撑面 CD 所受的最大压力和最小压力.

5. 质量分别为 m_1 和 m_2 的两个物体,用绳跨过一半径为 r 的滑轮,如图 9.9 所示. 初始状态,两物体的高度差为 h,且 $m_1>m_2$,不计滑轮质量. 静止释放后,求两物体达到相同的高度时所需的时间.

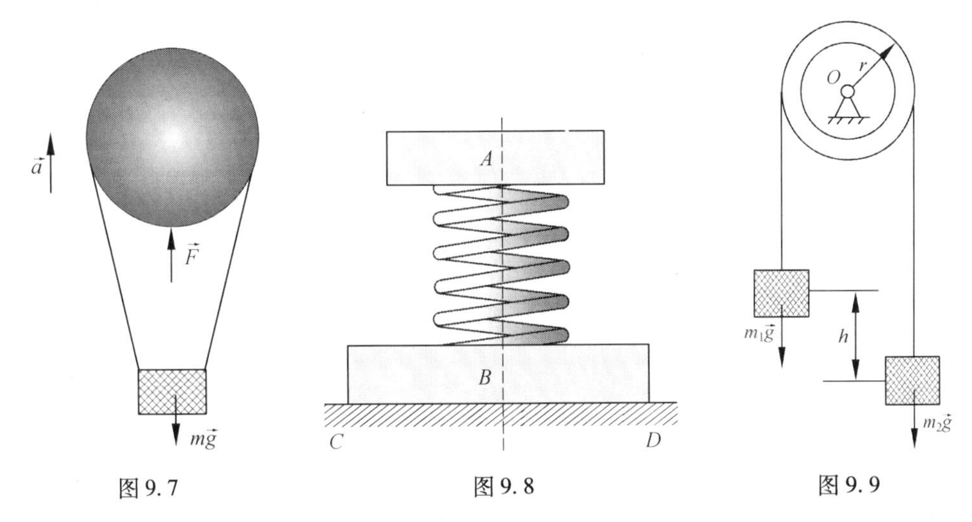

图 9.7　　图 9.8　　图 9.9

6. 质量为 m 的船，按 $s = \frac{m}{b}v_0(1 - e^{\frac{-b}{m}t})$ 规律沿直线行驶直至停止，式中 $\vec{v}_0$ 为初速度，b 为常数. 求船所受的阻力与速度 v 的关系.

7. 单摆的摆长为 l，摆锤的质量为 m. $t = 0$ 时，摆绳与铅垂线的夹角为 φ_0，且按 $\dot{\varphi} = \pm\sqrt{2\frac{g}{l}(\cos\varphi - \cos\varphi_0)}$ 的角速度规律摆动. 求当摆锤经过铅垂位置时，绳所受的拉力.

8. 质量为 m 的车轮，沿水平路面以速度 $\vec{v}$ 做匀速运动，如图 9.10 所示. 路面上有一凹坑，其形状由方程 $y = \frac{\delta}{2}\left(1 - \cos\frac{2\pi}{l}x\right)$ 确定. 路面和车轮均看作刚体，车厢通过弹簧给车轮一个压力 $\vec{F}$. 当车子经过凹坑时，求路面给车轮的最大和最小约束力.

9. 半径为 R 的偏心轮绕 O 点以匀速转动，角速度为 ω，推动导板沿铅直轨道运动，如图 9.11 所示. 导板顶部放置一物块 A，质量为 m，设偏心距 $OC = e$，开始时 OC 沿水平线. 求：(1)物块 A 对导板的最大压力. (2)使物块 A 不离开导板的最大角速度 ω_{max}.

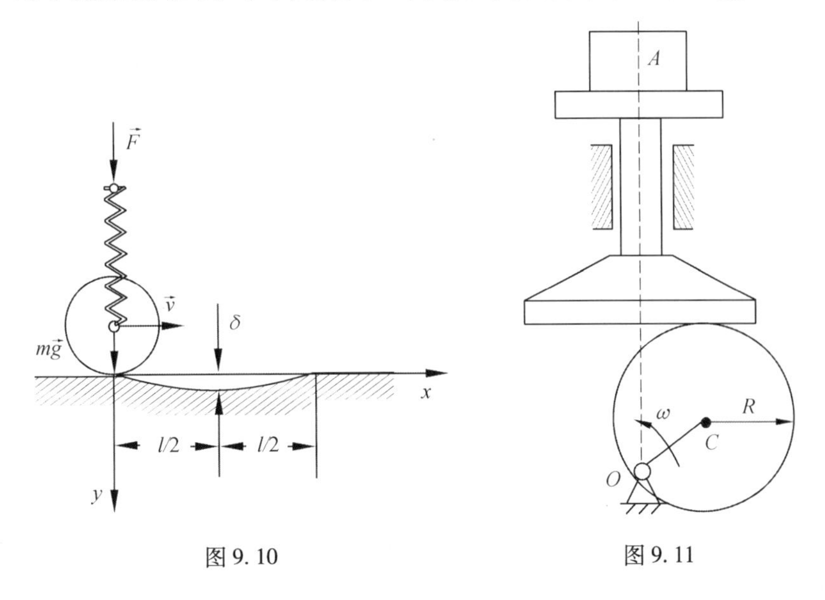

图 9.10　　图 9.11

10. 质量为0.001 kg的小球在重力作用下降落,并受到空气阻力,其运动方程为$x = 4.9t - 2.45 + 0.01e^{-2t}$,其中,$Ox$轴铅垂向下,$x$的单位为m,$t$的单位为s. 求小球所受阻力$\vec{F}$与速度的关系.

11. 一汽车转过半径为R的圆弯,车道向圆心方向的倾斜角为θ,如图9.12所示. 车胎与路面间的静摩擦因数为f_s. 已知$R=20$ m,$\tan\theta = 2f_s = 0.5$. 求汽车经过弯道时的最大速度.

12. 一小车以等加速度a沿与水平面夹角为θ的斜面向上运动,在小车顶上放一质量为m的物块,随车一同运动,如图9.13所示. 问物块与小车间的最小静摩擦因数f_s为多少?

13. 质量为m的套管A,因受绳子牵引沿铅垂杆向上滑动,绳子的另一端绕过滑车B而缠在鼓轮上,滑车B离杆距离为l,如图9.14所示. 当鼓轮转动时,其边缘上各点的速度为$\vec{v}$. 若不计摩擦,求绳子的拉力和距离x之间的关系.

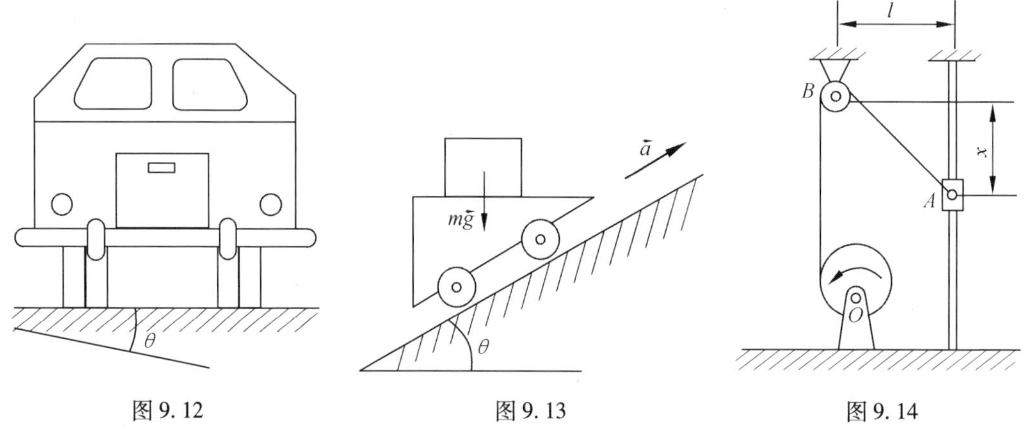

图9.12　　图9.13　　图9.14

14. 一质量为$m=10$ kg的物体,在变力$F=100(1-t)$的作用下沿光滑水平面作直线运动,其中t以s计,$\vec{F}$以N计. 设物体的初速为$v_0=200$ mm/s,且此时力的方向与速度方向相同,问经过多长时间物体停止运动?停止前走了多少路程?

15. 从地面上垂直向上射出一物体,欲使它去而不返,问物体初速度为多少?已知地球半径为6 370 km,在地球表面的重力加速度$g=9.8$ m/s^2,若只考虑地心引力,此力与物体到地心的距离的平方成反比.

16. 质量为m的质点M沿圆上的弦运动,如图9.15所示. 此质点受一指向圆心O的吸力$\vec{F}$的作用,吸力大小与质点到O的距离成反比,比例常数为k. 开始时,质点处于M_0位置,初速为零. 若圆的半径为R,O点到弦的垂直距离为r. 求质点M经过弦中点O_1时的速度.

17. 图9.16所示,质点的质量为m,受指向原点O的力$F = kr$作用,力与质点到O点的距离成正比. 如开始时,质点坐标为$x=x_0$,$y=0$,而速度的分量为$v_x=0$,$v_y=v_0$. 求质点的轨迹.

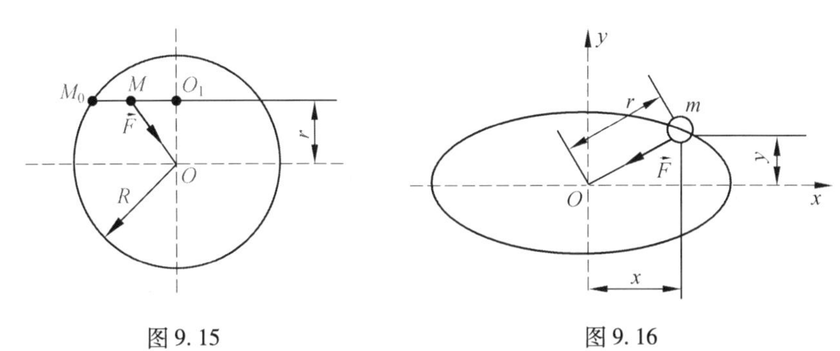

图 9.15　　图 9.16

18. 质量为 m 的质点在介质中以初速度 $\vec{v}_0$ 与水平成仰角 φ 抛出,在重力和介质阻力的作用下运动. 设阻力可视为与速度的一次方成正比,即 $F=kmgv$,k 为已知常数. 试求该质点的运动方程和轨迹.

19. 伞兵带降落伞从高空落下,初速度为 0,伞兵的质量为 65 kg,所受空气阻力 $F=\frac{1}{2}c\rho Av^2$,其中 c 为量纲一的阻力系数,A 为垂直运动方向的最大截面积,ρ 为空气密度. 对完全张开的球面降落伞而言,$c=0.96$,$A=50\ \text{m}^2$,在标准状态下,$\rho=1.225\ \text{kg/m}^3$. 求伞兵下降的极限速度和达到 95% 的极限速度值所需的时间.

20. 质量为 m 的不前进的潜水艇,受到较小的沉力 $\vec{F}$ 向水底下沉,在沉力不大时,水的阻力为与下沉速度的一次方成正比,即 kAv. 其中 k 为比例常数,A 为潜水艇的水平投影面积,$\vec{v}$ 为下沉速度. 如当 $t=0$ 时,$v=0$,求下沉速度及在时间 t 内潜水艇下沉的路程 H.

Глава 10 Теорема о количестве движения. Теорема о моменте количества движения. Теорема живых сил (动量定理. 动量矩定理. 动能定理)

В этой главе вводятся три теоремы динамики: теорема о количестве движения, теорема о моменте количества движения и теорема живых сил. Эти три теоремы показывают взаимосвязь между изменением движения и величиной действия частицы и системы частиц в разных аспектах для решения проблемы динамики системы частиц. Теорема о количестве движения, теорема о моменте количества движения и теорема живых сил называется общей теоремой динамики(本章介绍动力学的三大定理:动量定理、动量矩定理、动能定理. 这三个定理从不同的侧面揭示了质点和力系总体的运动变化和作用量之间的关系,用以求解力系动力学问题. 动量、动量矩和动能定理被称为动力学普遍定理).

10.1 Работа и мощность силы(力的功和功率)

1. Работа силы(力的功)

(1) Работа постоянной силы(常力的功).

Вычислим работу силы, постоянной по модулю и направлению (рис. 10.1 (a)). Предположим, что точка M перемещается в точку M_1. Вектор силы $\vec{F}$ с вектором перемещения составляет угол α. В этом случае работу выполняет только та составляющая силы, которая совпадает с направлением вектора перемещения U (通过力的大小和方向计算力的功,如图 10.1(a)所示. 假设,点 M 移动到点 M_1. 力 F 的方向是角度 α. 此时,力做的功等于力 $\vec{F}$ 在位移方向的投影 $F\cos\alpha$ 与位移 U 的乘积).

$$A = FU\cos\alpha = FU\cos\langle \vec{F}, \vec{U} \rangle$$

Из векторной алгебры известно, что скалярное произведение двух векторов(在矢量代数中,已知两个矢量的积)

$$\vec{F} \cdot \vec{U} = FU\cos\langle \vec{F}, \vec{U} \rangle$$

Следовательно, работа постоянной по модулю и направлению силы на прямолинейном перемещении определяется скалярным произведением вектора силы на вектор перемещения ее точки приложения(因此,力在直线位移上做功的大小和方向由该点的力矢量和其位移矢量的积来确定)

$$A = \vec{F} \cdot \vec{U}$$

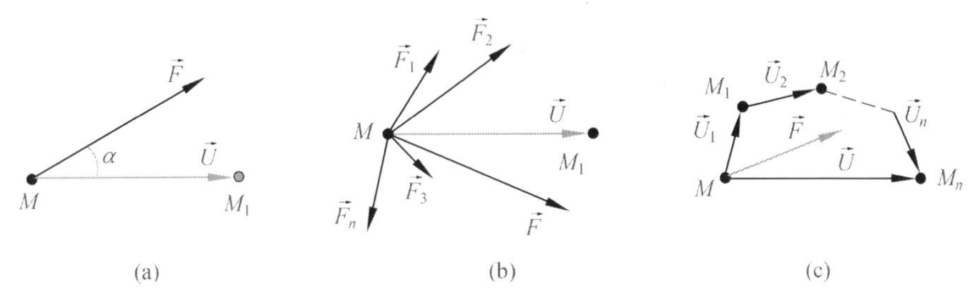

图 10.1 常力的功

Рассмотрим частные случаи определения работы постоянной силы(对以下几种常力做功的特例进行研究):

① Сила $\vec{F}$ действует на тело в направлении вектора перемещения $\vec{U}$ (力 $\vec{F}$ 与位移矢量 $\vec{U}$ 的方向一致)

$$A = FU$$

② Сила $\vec{F}$ направлена перпендикулярно вектору перемещения $\vec{U}$(力 $\vec{F}$ 垂直于位移矢量 $\vec{U}$)

$$A = 0$$

③ Сила $\vec{F}$ направлена в сторону, противоположную вектору перемещения $\vec{U}$ (力 $\vec{F}$ 与位移矢量 $\vec{U}$ 的方向相反)

$$A = -FU$$

Теорема 1 Работа равнодействующей силы на некотором перемещении равна алгебраической сумме работ составляющих силы на том же перемещении(**定理** 1 合力在一定位移上做的功等于各分力在相同位移上做功的代数和).

Положим, что на точку M действуют постоянные по модулю и направлению силы $\vec{F}_1, \vec{F}_2, \cdots, \vec{F}_n$ (рис. 10.1(b)). Равнодействующая этих сил $\vec{F} = \vec{F}_1 + \vec{F}_2 + \cdots + \vec{F}_n$. Если точка получает перемещение $\vec{U}$ то работа силы $\vec{F}$ на этом перемещении будет равна(假设方向与大小确定的力 $\vec{F}_1, \vec{F}_2, \cdots, \vec{F}_n$ 作用于点 M (图 10.1(b)). 这些力的合力是 $\vec{F} = \vec{F}_1 + \vec{F}_2 + \cdots + \vec{F}_n$. 如果一个点的位移为 $\vec{U}$,则力 $\vec{F}$ 在该位移上所做的功将等于)

$$A = \vec{F} \cdot \vec{U} = (\vec{F}_1 + \vec{F}_2 + \cdots + \vec{F}_n) \cdot \vec{U} = \vec{F}_1 \cdot \vec{U} + \vec{F}_2 \cdot \vec{U} + \cdots + \vec{F}_n \cdot \vec{U}$$

Полученная сумма представляет собой сумму работ отдельных сил на перемещении $\vec{U}$. Таким образом, имеем(得到的总功等于各个力在位移 $\vec{U}$ 做功的代数和,所以有)

$$A = A_1 + A_2 + \cdots + A_n$$

Теорема 2 Работа силы на результирующем перемещении равна алгебраической сумме работ этой силы на составляющих перемещениях(**定理** 2 力的功等于该力在各个位移上做功的代数和).

Положим, что точка приложения постоянной силы $\vec{F}$ получает совокупность последовательных перемещений $\vec{U}_1, \vec{U}_2, \cdots \vec{U}_n$, (рис. 10.1(c)). Результирующее перемещение точки M(假设常力 $\vec{F}$ 的作用点获得连续位移 $\vec{U}_1, \vec{U}_2, \cdots \vec{U}_n$, (图 10.1(c)), 点 M 的合成位移)

$$\vec{U} = \vec{U}_1 + \vec{U}_2 + \cdots + \vec{U}_n$$

Определим работу силы F на этом перемещении(定义力 $\vec{F}$ 沿位移 U 做的功为)

$$A = \vec{F} \cdot \vec{U} = \vec{F} \cdot (\vec{U}_1 + \vec{U}_2 + \cdots + \vec{U}_n) = \vec{F} \cdot \vec{U}_1 + \vec{F} \cdot \vec{U}_2 + \cdots + \vec{F} \cdot \vec{U}_n$$

Полученная сумма представляет собой сумму работ силы $\vec{F}$ на составляющихперемещениях. Таким образом, имеем(得到的总和是力 $\vec{F}$ 在各个位移上做功的总和. 因此,得到)

$$A = A_1 + A_2 + \cdots + A_n$$

Напомним, что единицей измерения работы в системе СИ является джоуль (1Дж = 1Нм)(请注意,功在国际单位制中的测量单位是焦耳(1 J = 1 N · m)).

Работа силы тяжести не зависит от вида траектории, а определяется только расстоянием по вертикали между начальной и конечной точками перемещения (перепадом высот H): если точка перемещается сверху вниз, то работа силы тяжести положительная (重力的功与运动轨迹无关,而是仅由初始和最终运动点之间的垂直距离确定(高度差 H): 如果点从顶部移动到底部,则重力做功为正)

$$A = mgH$$

если точка перемещается снизу вверх, то работа силы тяжести отрицательная(如果该点向上移动,则重力做功为负)

$$A = - mgH$$

Из этого следует важный вывод: работа силы тяжести на замкнутом пути равна нулю(由此得出一个重要结论:重力沿着闭合路径所做的功为零).

例题 1 Пренебрегая сопротивлением воздуха, определить работу силы тяжести при снижении планера массой 1 200 кг из точки A в точку B (рис. 10.2)(重 1 200 kg 的滑翔机从 A 点降到 B 点 (图 10.2),忽略空气阻力,计算重力所做的功).

解:На планер, который мы принимаем за материальную точку, действует только сила тяжести. Работа силы тяжести при перемещении ее точки приложения сверху вниз определяется так(我们将滑翔机作为一点,仅受重力影响. 从顶部到底部移动时其点的重力做功计算如下)

$$A = mgH = 1\,200 \times 9.8 \times 2\,800 = 32\,928\,000 \text{ N} \cdot \text{m} = 32.92 \text{ MN} \cdot \text{m}.$$

(2) Элементарная работа(元功).

Пусть точка, к которой приложена переменная по направлению и модулю сила $\vec{F}$, перемещается по криволинейной траектории из M_1 в M_2 (рис. 10.3). Разобьем траекто-

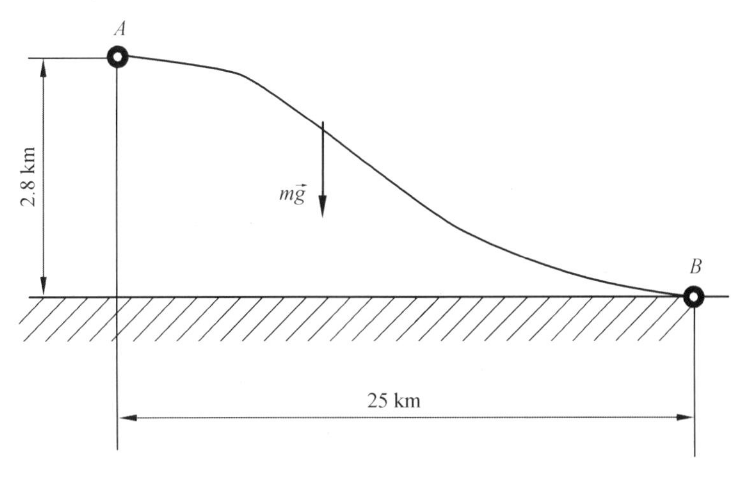

图 10.2　例题 1 图

рию на элементарные участки ΔS_i，в пределах которых можно считать，что сила $\vec{F}_i$ остается постоянной. Вычислим элементарную работу на i-м участке(假设一个点在方向和大小可变的力 $\vec{F}$ 作用下沿着从 M_1 到 M_2 的曲线路径移动(图 10.3).在轨迹上取微小位移 ΔS_i，在这个位移上可以假设力 $\vec{F}_i$ 保持不变,计算微段上的元功为)

$$\delta A = F_i \Delta S_i \cos \alpha_i$$

где α_i — угол между касательной к траек тории в данной точке и силой $\vec{F}_i$ (其中 α_i 为给定点处轨迹的切线与力 $\vec{F}_i$ 之间的角度).

Фактически это зависимость для определения работы постоянной силы на элементарном перемещении. Работа силы при перемещении точки ее приложения из M_1 в M_2 определяется суммой элементарных работ(事实上,这是确定常力在微段位移上做功的一个公式.将点从 M_1 移动到 M_2 时的功的总和由元功决定)

$$A = \sum \delta A$$

Следует заметить，что $\delta A \neq \mathrm{d}A$，так как в общем случае элементарная работа не является дифференциалом функции(应该注意 $\delta A \neq \mathrm{d}A$,因为在一般情况下,元功不是函数的微分).

Переходя к пределу при условии，что число участков n неограниченно возрастает，а ΔS_i неограниченно убывает，получим выражение для определения работы при перемещении точки из M_1 в M_2 (在区间数 n 无限增加且 ΔS_i 无限减小的极限条件下,我们得到点从 M_1 移动到 M_2 做功的表达式为)

$$A_{1,2} = \lim_{\substack{n\to\infty \\ \Delta S\to 0}} \sum_{i=1}^{n} F_i \Delta S_i \cos \alpha_i$$

Такой предел называется криволинейным интегралом первого рода по дуге $M_1 M_2$ и обозначается(这种极限称为沿弧长 $M_1 M_2$ 的第一类曲线积分,表示为)

$$A_{1,2} = \int_{\overset{\frown}{M_1M_2}} F\cos\alpha \mathrm{d}S$$

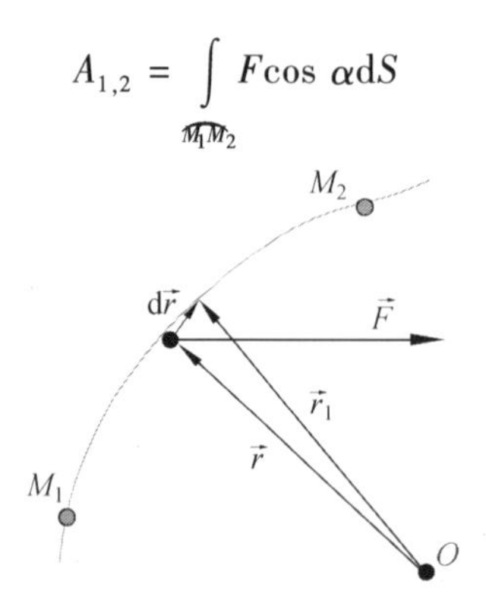

图 10.3　力沿曲线路径做功

В то же время элементарную работу на элементарном перемещении можно выразить как скалярное произведение двух векторов (вектора силы $\vec{F}$ и вектора перемещения $\mathrm{d}\vec{r}$) (рис. 10.3) (同时,微小位移的元功可以表示为两个矢量(力向量 $\vec{F}$ 和位移向量 $\mathrm{d}\vec{r}$)的标量积(图 10.3))

$$\delta A = \vec{F} \cdot \mathrm{d}\vec{r}$$

что позволит вычислить элементарную работу через проекции этих векторов(可以通过这些矢量的投影来计算元功)

$$\delta A = F_x \mathrm{d}x + F_y \mathrm{d}y + F_z \mathrm{d}z$$

(3) Работа силы на конечном пути(力在总路径上做的功).

Пусть на материальную точку действуют силы, которые заменим равнодействующей силой $\vec{F}$, переменной по направлению и модулю. Поскольку элементарная работа может быть выражена через их проекции на оси координат $\delta A = F_x \mathrm{d}x + F_y \mathrm{d}y + F_z \mathrm{d}z$, то работа на конечном перемещении точки из положения M_1 в M_2 определится криволинейным интегралом, взятым вдоль дуги M_1M_2 (用方向和大小上可变的等效力 $\vec{F}$ 代替作用在质点上的力. 由于元功可以用它们在坐标轴上的投影来表示 $\delta A = F_x \mathrm{d}x + F_y \mathrm{d}y + F_z \mathrm{d}z$,因此确定了点从位置 M_1 到 M_2 的最终位移上的功,沿弧线 M_1M_2 的曲线积分为)

$$A_{1,2} = \int_{\overset{\frown}{M_1M_2}} (F_x \mathrm{d}x + F_y \mathrm{d}y + F_z \mathrm{d}z)$$

Или(或者)

$$A_{1,2} = \int_{t_1}^{t_2} (F_x \dot{x} + F_y \dot{y} + F_z \dot{z}) \mathrm{d}t$$

Итак, из полученной зависимости для работы силы на конечном пути видно, что $F_x \dot{x} \mathrm{d}t$ — это работа составляющей силы, а следовательно, работа равнодействующей сил, приложенных к материальной точке на некотором перемещении, равна сумме работ составляющих сил на том же перемещении(根据上述关于力在总路径上做功的关系式可知,式中 $F_x \dot{x} \mathrm{d}t$ 是分力做的功,因此,在给定位移上合力做的功,等于各分力在同一位移上做功之和)

$$A = A_1 + A_2 + \cdots + A_n$$

(4) Работа сил, приложенных к вращающемуся твердому телу(定轴转动刚体上作用力的功).

Твердое тело представляет собой механическую систему, расстояния между точками которой остаются неизменными. Положим, что к твердому телу (рис. 10.4), вращающемуся вокруг неподвижной оси, приложены внешние силы $\vec{F}_1^{\mathrm{E}}, \vec{F}_2^{\mathrm{E}}, \cdots, \vec{F}_n^{\mathrm{E}}$,в результате действия которых в опорах A и B возникают реакции связей (их проекции показаны на рисунке). Необходимо определить работу сил, в результате действия которых тело вращается. Помимо внешних существуют и внутренние силы и моменты, но для абсолютно твердого тела работа внутренних силовых факторов равна нулю. Вычислим элементарную работу отдельной силы $\vec{F}_i^{\mathrm{E}}$ на элементарном перемещении ее точки приложения dS_i . Траектория точки D_i —окружность с радиусом $r_i = D_i O$. При элементарном перемещении тела угол его поворота получает приращение $\mathrm{d}\varphi$, а дуговая координата точки D_i — приращение $\mathrm{d}\,S_i = r_i \mathrm{d}\varphi$. Вычислим элементарную работу силы $\vec{F}_i^{\mathrm{E}}$, предварительно разложив ее на три составляющиепо естественным осям траектории точки D_i . Работа сил $\vec{F}_{\mathrm{in}}^{\mathrm{E}}$ и $\vec{F}_{\mathrm{ib}}^{\mathrm{E}}$, перпендикулярных вектору скороститочки D_i , равна нулю, поэтому элементарная работа силы $\vec{F}_i^{\mathrm{E}}$ будет определяться только ее тангенциальной составляющей(刚体是点之间的距离保持不变的力系,假设刚体绕定轴转动,刚体上作用有外力 $\vec{F}_1^{\mathrm{E}}, \vec{F}_2^{\mathrm{E}}, \cdots, \vec{F}_n^{\mathrm{E}}$ (图 10.4),在支承 A 和 B 处产生约束反力(它们的投影如图所示). 需要确定使物体旋转的作用力的功. 除了外力,还有内力和力矩,但对于绝对刚体,内力的功为零. 计算单独的力 $\vec{F}_i^{\mathrm{E}}$ 对其作用点微小位移 $\mathrm{d}\,S_i$ 的元功. 点 D_i 的轨迹是半径为 $r_i = D_i O$ 的圆. 刚体产生微小位移的情况下,其转角获得增量 $\mathrm{d}\varphi$,而 D_i 点的弧坐标为增量 $\mathrm{d}\,S_i = r_i \mathrm{d}\varphi$. 计算 $\vec{F}_i^{\mathrm{E}}$ 的元功,先把它沿着 D_i 的轨迹按三个坐标轴分解为三个分力. 因为与点 D_i 的速度矢量垂直的力 $\vec{F}_{\mathrm{in}}^{\mathrm{E}}$ 和 $\vec{F}_{\mathrm{ib}}^{\mathrm{E}}$ 的功为零,因此力 $\vec{F}_i^{\mathrm{E}}$ 的元功仅由其切向分量 $\vec{F}_{i\tau}^{\mathrm{E}}$ 确定)

$$\delta A_i^{\mathrm{E}} = F_{i\tau}^{\mathrm{E}} \mathrm{d}\,S_i = F_{i\tau}^{\mathrm{E}}\, r_i \mathrm{d}\varphi = M_{iz}^{\mathrm{E}} \mathrm{d}\varphi$$

Элементарная работа всех внешних сил, приложенных к твердому телу(作用于刚体的所有外力的元功为)

$$\delta A = \sum \delta A_i^{\mathrm{E}} = \sum M_{iz}^{\mathrm{E}} \mathrm{d}\varphi = \mathrm{d}\varphi \sum M_{iz}^{\mathrm{E}}$$

где $\sum M_{iz}^{\mathrm{E}} = M_z^{\mathrm{E}}$ —главный момент внешних сил относительно оси вращения Oz. Здесь следует отметить,что реакции связей не создают моментов относительно оси Oz, так как пересекают эту ось. Таким образом, имеем т. е. (其中 $\sum M_{iz}^{\mathrm{E}} = M_z^{\mathrm{E}}$ 是外力相对于转轴 Oz 的主矩. 这里应该注意约束反力不会产生相对于 Oz 轴的力矩,因为它们通过该轴. 因此,我们有)

$$\delta A = \sum \delta A_i^{\mathrm{E}} = M_z^{\mathrm{E}} \mathrm{d}\varphi$$

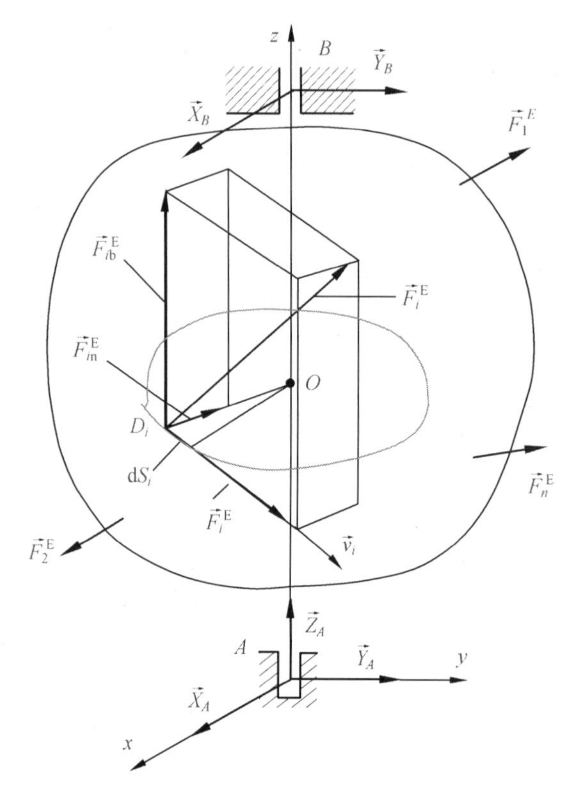

图 10.4 定轴转动的刚体上力做功

Элементарная работа сил, приложенных к твердому телу, вращающемуся вокруг неподвижной оси, равна произведению главного момента внешних сил относительно оси вращения на приращение угла поворота(作用在定轴转动刚体上力的元功等于外力对转轴主矩与转角增量的乘积).

Если при вращении тела угол поворота изменяется от φ_1 до φ_2 ,то сумма работ сил на этом конечном перемещении будет(如果转角从 φ_1 变为φ_2 ,那么力在总路径上做功的总和将是)

$$\sum A_i = \int_{\varphi_1}^{\varphi_2} M_z^E \mathrm{d}\varphi$$

Если главный момент внешних сил относительно оси Oz постоянный, то(如果外力相对于轴 Oz 的主力矩是恒定的,那么)

$$\sum A_i = M_z^{\mathrm{E}} \int_{\varphi_1}^{\varphi_2} \mathrm{d}\varphi = M_z^{\mathrm{E}}(\varphi_2 - \varphi_1)$$

В этом случае сумма работ на конечном угловом перемещении равна произведению главного момента внешних сил относительно оси вращения на конечное изменение угла поворота тела(在这种情况下,最终角位移上做功的总和等于相对于转轴的外力主矩与刚体转角最终变化的乘积).

2. Мощность(功率)

Одна и та же работа может быть выполнена за различные промежутки времени.

Поэтому вводят понятие “мощность”; единицей измерения мощности в системе СИ является ватт (1 Вт = 1 Дж/с)(同样的功可以在不同的时间内完成,因此引入“功率”的概念; 国际单位制中的功率测量单位是瓦特(1W=1J/s)).

Если сила совершает за равные промежутки времени равную работу, то мощность можно определить как отношение работы ко времени. При равномерном прямолинейном движении точки, когда $\vec{U}=\vec{v}t$, мощность можно представить через силу и скорость движения(如果力在相同时间内做相同的功,则可以将功率定义为功与时间的比率. 当点进行 $\vec{U}=\vec{v}t$ 的匀速直线运动位移时,可以通过力和运动速度来表示功率)

$$N = Fv\cos\alpha$$

Для равномерного вращательного движения тела с постоянной угловой скоростью ω справедлива следующая формула(若物体以角速度 ω 匀速转动,可以使用以下公式)

$$N = M_{\text{kp}}\omega = M_{\text{kp}}\frac{\pi n}{30}$$

Где $\vec{M}_{\text{kp}}$ — крутящий момент относительно оси вращения; n — частота вращения, тур · мин$^{-1}$(M_{kp} :作用在刚体上的转矩,n 为转速,r · min^{-1}).

Рассмотрим общий случай, когда работа совершается неравномерно. Вычислим работу от некоторой фиксированной точки M_1 до текущего положения M(考虑一般情况,当力非匀速做功时. 从某个固定点 M_1 到当前位置 M 的功的计算式为)

$$A = \int_{M_1}^{M}(F_x\mathrm{d}x + F_y\mathrm{d}y + F_z\mathrm{d}z)\ ,\text{или(或)}\ A = \int_{t_1}^{t}(F_x\dot{x} + F_y\dot{y} + F_z\dot{z})\mathrm{d}t$$

Мощность N силы $\vec{F}$ определяется как скорость изменения работы(功率 N 定义为力 $\vec{F}$ 做功的速度)

$$N = \lim_{\Delta t\to 0}\frac{\Delta A}{\Delta t} = \frac{\mathrm{d}A}{\mathrm{d}t}$$

где A рассматривается как функция времени t. В этом случае полный дифференциал работы $\mathrm{d}A = (F_x\dot{x} + F_y\dot{y} + F_z\dot{z})\mathrm{d}t$ выраженный как функция времени t, равен элементарной работе $\mathrm{d}A(t) = \delta A$ или, как ранее было сказано, $\mathrm{d}A = \vec{F}\cdot\mathrm{d}\vec{r}$. Тогда(其中 A 被认为是时间 t 的函数. 在这种情况下,功的全微分 $\mathrm{d}A = (F_x\dot{x} + F_y\dot{y} + F_z\dot{z})\mathrm{d}t$,表示为时间 t 的函数,等于元功 $\mathrm{d}A(t) = \delta A$,或者如前所述,$\mathrm{d}A = \vec{F}\cdot d\vec{r}$. 此时)

$$\mathrm{d}A(t) = F_x\mathrm{d}x + F_y\mathrm{d}y + F_z\mathrm{d}z$$

Таким образом(这样得到)

$$N = \frac{\mathrm{d}A}{\mathrm{d}t} = \vec{F}\cdot\frac{\mathrm{d}\vec{r}}{\mathrm{d}t} = \vec{F}\cdot\vec{v} = F_x\dot{x} + F_y\dot{y} + F_z\dot{z}$$

т. е. мощность N равна скалярному произведению силы $\vec{F}$ на скорость точки приложения силы(即功率 N 表示在力的作用点的速度与力 $\vec{F}$ 的标量乘积).

Коэффициент полезного действия(效率系数):

Чтобы произвести полезную работу, необходимо затратить несколько большую работу, чем это требуется исходя из расчетов, так как часть ее расходуется на преодоление сил сопротивления (сил трения в зубчатых передачах и опорах, сопротивления воздуха и другой среды, в которой перемещается материальная точка). Эффективность работы какой-либо установки или машины оценивается коэффициентом полезного действия η (为了完成有用功,需要做的功比预期的要多些,因为其中一部分功用于克服阻力(齿轮和轴承中的摩擦力,和质点在空气及其他环境中运动的阻力).任何装置或机器的工作效率应根据效率系数 η 加以评估).

Коэффициентом полезного действия (КПД) машины называют отношение полезной работы к полной затраченной работе(机器的效率系数是指有用功与全部功的比值)

$$\eta = \frac{A_{\text{полез}}}{A_{\text{полн}}} < 1$$

$A_{\text{полез}}$ 为有用功, $A_{\text{полн}}$ 为输入功或全部功.

10.2 Моменты инерции твердого тела(刚体的惯性矩)

1. Определение момента инерции(惯性矩的定义)

При поступательном движении твердого тела мерой инерции является его масса, при вращательном движении—момент инерции. Момент инерции можно рассматривать относительно плоскости, оси и полюса(在刚体平动时,惯性的度量是其质量,而在刚体转动时是惯性矩.可以从平面、轴和极点的角度来考虑惯性矩).

Моментом инерции тела J относительно плоскости, оси или полюса называется сумма произведений элементарных масс тела на квадраты их расстояний до плоскости, оси или полюса соответственно (рис. 10.5)(物体相对于平面、轴或极点的惯性矩 J 是物体的质量与它们到平面、轴或极点距离的平方的乘积之和(图 10.5)).

$$J = \int r^2 \mathrm{d}m = \sum r_i^2 m_i$$

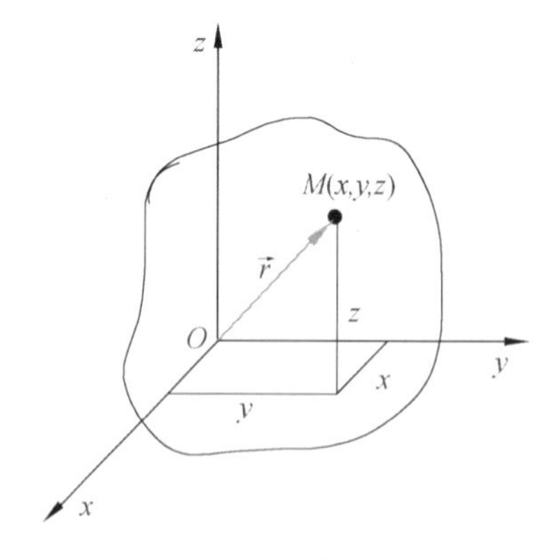

图 10.5 惯性矩

Согласно этому определению выразим момент инерции относительно плоскости(根据这一定义,对于平面的惯性矩表示为)

$$J_{yoz} = \sum m_i x_i^2; \ J_{xoy} = \sum m_i z_i^2; \ J_{zox} = \sum m_i y_i^2$$

относительно координатных осей(相对于坐标轴)

$$J_x = \sum m_i(y_i^2 + z_i^2); J_y = \sum m_i(z_i^2 + x_i^2); J_z = \sum m_i(x_i^2 + y_i^2);$$

относительно полюса (полярный момент)(相对于极点 O)

$$J_o = \sum m_i(x_i^2 + y_i^2 + z_i^2)$$

Между моментами инерции существуют следующие соотношения(惯性矩之间存在以下关系)

$$J_o = \sum m_i(x_i^2 + y_i^2 + z_i^2) = J_{xoy} + J_{yoz} + J_{zox}$$

$$J_x + J_y + J_z = 2\sum m_i(x_i^2 + y_i^2 + z_i^2) = 2J_o$$

2. Теорема о моментах инерции относительно параллельных осей (惯性矩的平行轴定理)

Момент инерции относительно любой оси равен сумме момента инерции относительно оси, параллельной ей и проходящей через центр масс, и произведения массы тела на квадрат расстояния между этими осями(刚体对于任何轴的惯性矩,等于刚体对于通过质心并与该轴平行的轴的惯性矩加上刚体的质量与轴间距离平方的乘积).

Для доказательства теоремы проведем через центр масс тела C три взаимно-перпендикулярные оси (рис. 10.6(a)). Необходимо найти момент инерции тела относительно оси, проходящей параллельно оси C на расстоянии d. Выразим для произвольной точки A_i моменты инерции относительно осей Oz_1 и Cz(为了证明该定理,我们通过刚体的质心 C 绘制三个相互垂直的轴(如图 10.6(a)). 需要得到刚体相对于轴的惯性矩,该轴平行于质心 C 轴,两轴相距为 d. 任意点A_i 关于轴 Oz_1 和 Cz 的惯性矩表示为)

$$J_{iz1} = m_i h_i^2 \text{ и(和) } J_{izC} = m_i r_i^2$$

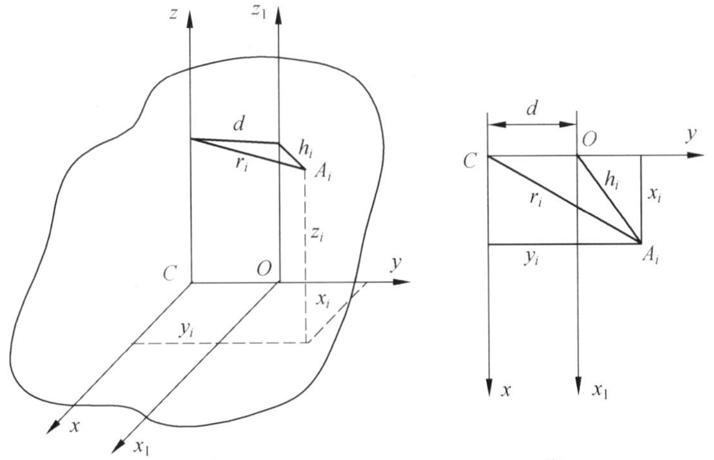

图 10.6 惯性矩的平行轴定理

Из рис. 10.6(b) видно, что(从图 10.6(b)可以看到)

$$r_i^2 = x_i^2 + y_i^2, \text{ а(而) } h_i^2 = (y_i - d)^2 + x_i^2 = r_i^2 - 2y_i d + d^2$$

Теперь определим момент инерции тела относительно оси Oz_1(定义物体相对于轴Oz_1的惯性矩)

$$J_{z1} = \sum m_i r_i^2 - 2\sum m_i y_i d + \sum m_i d^2$$

Или(或者)

$$J_{z1} = J_{zC} - 2d\sum m_i y_i d + d^2 \sum m_i$$

Так как $\sum m_i = m$ (массе всего тела) и $\sum m_i y_i = m y_C$ и, учитывая, что $y_C = 0$, получим(因为 $\sum m_i = m$ (物体的质量)且 $\sum m_i y_i = m y_C$,给定 $y_C = 0$,我们得到)

$$J_{z_1} = J_{zC} + md^2$$

что и требовалось доказать(以上即为所需证明).

例题 2 Вычислить полярный момент инерции обода относительно центра тяжести, если известны радиус обода R, его толщина h и плотность ρ (若已知圆轮半径为 R,其厚度为 h、密度为 ρ ,试计算圆轮相对于质心的极惯性矩).

解: Поскольку ободом называется тело вращения малой толщины, у которого масса равномерно распределена по окружности, то можно, выделив на окружности (рис. 10.7) элементарную массу $m_i = \rho h \mathrm{d}S$, вычислить момент инерции обода относительно центра тяжести(由于圆轮是一个小厚度的旋转体,其质量均匀分布在圆周上,因此可以通过圆上的微元质量 $m_i = \rho h \mathrm{d}S$ (图 10.7)来计算圆轮相对于质心的惯性矩)

$$J_{zc} = \int_0^{2\pi R} \rho h \mathrm{d}S\, R^2 = \rho h\, R^2 2\pi R = MR^2$$

Ответ. Момент инерции обода относительно его центра тяжести равен произведению массы обода на квадрат его радиуса(答:相对于圆轮重心的惯性矩为圆轮质量与半径平方的乘积).

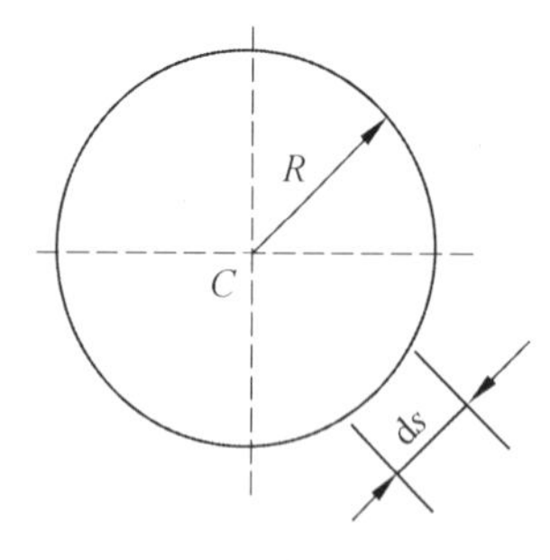

图 10.7 例题 2 图

10.3 Теоремы об изменении количества движения материальной точки и механической системы(质点和质点系的动量定理)

10.3.1 Импульс силы(冲量)

Если сила в течение промежутка времени $t_2 - t_1$ постоянна по модулю и по направлению, то она сообщает материальной точке импульс(如果力在 $t_2 - t_1$ 时间间隔内大小和方向恒定,那么质点动量的变化,即冲量为)

$$\vec{S} = \vec{F}(t_2 - t_1)$$

Направление этого вектора совпадает с направлением действующей силы, а его модуль равен(冲量的方向与力的方向相同,它的大小是)

$$S = F(t_2 - t_1)$$

Импульс силы характеризует передачу механического движения материальной точке со стороны действующих на нее тел за данный промежуток времени(力的冲量描述了对质点作用一段时间而改变质点机械运动状态的物理量).

Импульс переменной силы, которая меняет свое направление и величину, т. е. $\vec{F} = \vec{F}(t)$, определяют таким образом(大小和方向发生变化的变力 $\vec{F} = \vec{F}(t)$ 的冲量由以下公式表示)

$$\vec{S} = \lim_{t_k \to 0} \sum \vec{S}_k = \lim_{t_k \to 0} \sum \vec{F} \cdot t_k \text{ или(或) } \vec{S} = \int_{t_1}^{t_2} \vec{F} \mathrm{d}t$$

Проекции этого вектора на оси координат будут равны(该矢量在坐标轴上的投影等于)

$$S_x = \int_{t_1}^{t_2} F_x \mathrm{d}t; S_y = \int_{t_1}^{t_2} F_y \mathrm{d}t; S_z = \int_{t_1}^{t_2} F_z \mathrm{d}t$$

Модуль импульса(冲量大小为)

$$S = \sqrt{S_x^2 + S_y^2 + S_z^2}$$

а его направление определится направляющими косинусами(它的方向由方向余弦决定)

$$\cos\langle \vec{S}, \vec{i} \rangle = S_x/S; \ \cos\langle \vec{S}, \vec{j} \rangle = S_y/S; \ \cos\langle \vec{S}, \vec{k} \rangle = S_z/S$$

Если на точку действует несколько сил, то под $\vec{F}$ следует понимать равнодействующую силу и ее проекции на оси координат F_x, F_y, F_z, а импульс будет представлять собой импульс равнодействующей силы(如果一个点上有多个作用力,那么 $\vec{F}$ 应该被理解为合力, F_x, F_y, F_z 为力在坐标轴上的投影,而冲量将是合力的冲量).

10.3.2 Теорема об изменении количества движения материальной точки(质点的动量定理)

Количеством движения материальной точки называется вектор, имеющий направление скорости и модуль, равный произведению массы m на скорость ее движения $\vec{v}$. Количество движения точки является мерой ее механического движения(质点的动量是与速度方向相同的矢量,大小等于质量 m 与其速度 $\vec{v}$ 的乘积. 质点的动量是其机械运动的度量).

Понятие《количество движения》было введено в механику Декартом, а положено в основу механики Ньютоном(动量的概念是由笛卡尔引入力学的,是牛顿力学的基础).

Пусть на материальную точку действует сила $\vec{F}$. Запишем основное уравнение динамики (设一质点上的作用力为 $\vec{F}$. 我们引入动力学的一个基本方程)

$$m\vec{a} = \vec{F}$$

Преобразуем это равенство следующим образом, подставив вместо $\vec{a} = \mathrm{d}\vec{v}/\mathrm{d}t$ (替换 $\vec{a} = \mathrm{d}\vec{v}/\mathrm{d}t$,将此等式转换为以下形式)

$$\frac{\mathrm{d}(m\vec{v})}{\mathrm{d}t} = \vec{F}$$

Полученная зависимость выражает теорему об изменении количества движениямате-риальной точки в дифференциальной форме. Формулируется эта теорема следующим образом. Производная по времени от вектора количества движения материальной точки равна геометрической сумме сил, приложенных к этой точке(所得的关系式表示质点动量定理的微分形式. 将此定理表述如下:质点动量矢量的时间导数等于施加在该点的力的矢量和).

Установим зависимость между изменением количества движения и импульсами сил, действующих на материальную точку. Для этого проинтегрируем обе части равенства $\mathrm{d}(m\vec{v}) = \vec{F}\mathrm{d}t$ (建立作用在质点上力的动量变化量和冲量之间的关系. 为此,我们对等式 $\mathrm{d}(m\vec{v}) = \vec{F}\mathrm{d}t$ 的两边进行积分)

$$\int_{\vec{v}_1}^{\vec{v}_2} m\mathrm{d}\vec{v} = \int_{t_1}^{t_2} \vec{F}\mathrm{d}t$$

Так как правая часть этого равенства представляет собой импульс $\vec{S}$ силы $\vec{F}$ за промежуток времени $t_2 - t_1$, то получим(上式右边部分是 力 $\vec{F}$ 在时间间隔 $t_2 - t_1$ 内的冲量 $\vec{S}$,因此我们得到)

$$m\vec{v}_2 - m\vec{v}_1 = \sum \vec{S}_i \text{ или(或) } m\vec{v}_2 = \vec{S} + m\vec{v}_1$$

т. е. вектор $m\vec{v}_2$ является диагональю параллелограмма, построенного на векторах $m\vec{v}_1$ и $\vec{S}$ (рис. 10.8). (也就是说,矢量 $m\vec{v}_2$ 是用以 $m\vec{v}_1$ 和 $\vec{S}$ 为邻边画的平行四边形的对角线(图 10.8)).

Если на материальную точку действует не одна сила, а несколько, то $\vec{S} = \sum \vec{S}_i$ и в этом случае изменение количества движения материальной точки запишется следующим образом(如果在质点上作用的不是一个力,而是几个,那么 $\vec{S} = \sum \vec{S}_i$,此时,质点的动量变化将写成下面形式)

$$m\vec{v}_2 - m\vec{v}_1 = \sum \vec{S}_i$$

Полученное уравнение выражает теорему об изменении количества движения материальной точки в конечной форме: изменение количества движения за некоторый промежуток времени равно геометрической сумме импульсов, приложенных к точке за тот же промежуток времени(这一方程表示质点动量定理的积分形式,即一定时间内动量的变

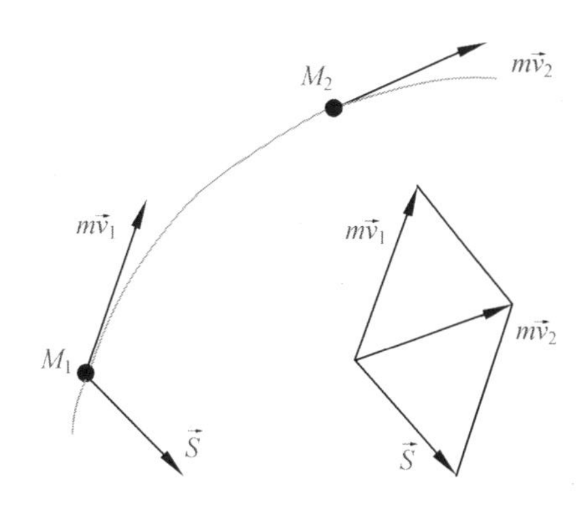

图 10.8 质点的冲量与动量的变化关系示意图

化等于在同一时间内作用于该点的冲量的矢量和).

10.3.3 Теорема об изменении количества движения механической системы(质点系的动量定理)

Количеством движения механической системы называется вектор, равный геометрической сумме количеств движения всех материальных точек этой системы. Если количество движения материальной точки $\vec{K} = \sum m_i \vec{v}_i$, то вектор количества движения всей механической системы определится так(质点系的动量是矢量,等于这个质点系所有质点动量的矢量和. 如果质点的动量为 $\vec{K} = \sum m_i \vec{v}_i$,则整个质点系的动量为)

$$\vec{K} = \sum m_i \vec{v}_i$$

Преобразуем полученное равенств(变换后得到等式)

$$\vec{K} = \sum m_i \vec{v}_i = \sum (m_i \mathrm{d} \vec{r}_i / \mathrm{d}t) = \mathrm{d}(\sum m_i \vec{r}_i) / \mathrm{d}t$$

Так как(因为)

$$\sum m_i \vec{r}_i = m \vec{r}_C \text{ ,то(则) } \vec{K} = m \mathrm{d} \vec{r}_C / \mathrm{d}t \text{ или (或)}$$

$$\vec{K} = m \vec{v}_C$$

т. е. вектор количества движения механической системы равен произведению массы системы m на скорость движения ее центра масс и имеет направление этой скорости(也就是说力系的动量等于该系统的质量 m 乘以它质心的运动速度并且和速度方向相同).

Проецируя векторна $\vec{K} = m\vec{v}_C$ на оси координат, получим(把矢量 $\vec{K} = m\vec{v}_C$ 投影在坐标轴上,得到)

$$K_x = \sum m_i v_{ix} = m v_{Cx}; \ K_y = \sum m_i v_{iy} = m v_{Cy}; \ K_z = \sum m_i v_{iz} = m v_{Cz}$$

Найдем производные от проекций количества движения(对动量的投影进行求导)

$$\mathrm{d}K_x / \mathrm{d}t = m \mathrm{d}v_{Cx} / \mathrm{d}t = m \ddot{x}_C$$

$$\mathrm{d}K_y / \mathrm{d}t = m \mathrm{d}v_{Cy} / \mathrm{d}t = m \ddot{y}_C$$

$$\mathrm{d}K_z / \mathrm{d}t = m \mathrm{d}v_{Cz} / \mathrm{d}t = m \ddot{z}_C$$

В соответствии с теоремой о движении центра масс механической системы(依据质点系的动量定理)

$$m\ddot{x}_C = \sum F_{ix}^{E},\ m\ddot{y}_C = \sum F_{iy}^{E},\ m\ddot{z}_C = \sum F_{iz}^{E}$$

Следовательно(因而)

$$dK_x/dt = \sum F_{ix}^{E},\ dK_y/dt = \sum F_{iy}^{E},\ dK_z/dt = \sum F_{iz}^{E}$$

Таким образом, мы доказали теорему об изменении количества движения механической системы, выраженную в дифференциальной форме(因此,我们得到了用微分形式表达的质点系动量定理).

Производная по времени от проекции количества движения механической системы на любую ось равна проекции главного вектора (на ту же ось) внешних сил, действующих на эту систему(质点系的动量在每一个轴上投影的时间导数等于作用于该系统的外力在同一轴上投影的代数和).

Обозначив главный вектор внешних сил $\vec{R}^{E} = \sum \vec{F}_i^{E}$ запишем теорему об изменении количества движения механической системы в векторном виде(外力的主矢量 $\vec{R}^{E} = \sum \vec{F}_i^{E}$,用矢量形式写下关于质点系动量定理)

$$\frac{d\vec{K}}{dt} = \vec{R}^{E}$$

которая будет формулироваться следующим образом:производная по времени от вектора количества движения механической системы равна главному вектору внешних сил, действующих на эту систему(其可以用以下方法表示:质点系的动量对于时间的导数等于作用在该质点系上所有外力的矢量和).

Из этой теоремы следует, что изменение количества движения системы вызывается только внешними силами(从这个定理可以得出质点系动量的变化仅仅是由外力引起的).

Следствие из теоремы: если главный вектор внешних сил все время равен нулю, то количество движения системы остается постоянным(推论:如果在所有时间内作用于质点系外力的主矢量恒等于零,那么质点系的动量保持不变).

$$\vec{R}^{E} = 0,\ d\vec{K}/dt = 0,\ \vec{K} = \text{const}$$

Это положение называют законом сохранения количества движения механической системы(这就是质点系的动量守恒定律).

Найдем зависимость между изменением количества движения системы и импульсами действующих на эту систему сил. Для этого воспользуемся теоремой об изменении количества движения применительно к материальным точкам системы. На каждую точку M_i системы действуют как внешние $\vec{F}_i^{E}$ так и внутренние $\vec{F}_i^{J}$ силы; в этом случае изменение количества движения материальной точки системы будет равно(为了找到质点系动量的变化量和作用于该系统外力的冲量的关系,我们利用质点的动量定理,对于系统内的每一点 M_i 作用有外力 $\vec{F}_i^{E}$ 和内力 $\vec{F}_i^{J}$;这种情况下系统质点的动量变化量等于)

$$(m_i v_i)_2 - (m_i v_i)_1 = \vec{S}_i^E + \vec{S}_i^J$$

где $\vec{S}_i^{\rm E}$ и $\vec{S}_i^{\rm J}$ — соответственно импульсы внешних и внутренних сил, действующих на материальную точку в промежутке времени $t_2 - t_1$. Суммируя правые и левые части k равенств, получим(其中,$\vec{S}_i^{\rm E}$ 和 $\vec{S}_i^{\rm J}$ 为 $t_2 - t_1$ 的时间间隔内作用于质点的外力和内力的冲量. 对 k 个等式的左边和右边分别求和,得到)

$$\sum (m_i v_i)_2 - \sum (m_i v_i)_1 = \sum \vec{S}_i^{\rm E} + \sum \vec{S}_i^{\rm J}$$

Так как главный вектор внутренних сил $\vec{R}^{\rm J} = 0$, то и геометрическая сумма импульсов внутренних сил равна нулю, т. е. $\sum \vec{S}_i^{\rm J} = 0$. Отсюда(因为内力主矢量 $\vec{R}^{\rm J} = 0$,即内力的冲量之和等于零,也就是说 $\sum \vec{S}_i^{\rm J} = 0$. 由此)

$$\vec{K}_2 - \vec{K}_1 = \sum \vec{S}_i^{\rm E}$$

Полученное уравнение выражает теорему об изменении количества движения механической системы в конечной форме(所得方程表示了质点系动量定理的积分形式):

Изменение количества движения механической системы за некоторый промежуток времени равно геометрической сумме импульсов внешних сил, приложенных к системе, за тот же промежуток времени(质点系在一定时间内动量的变化量等于在相同时间内施加给系统的外力冲量的矢量和).

例题 3 Определить количество движения диска массой m и радиусом R , вращающегося относительно неподвижной оси (рис. 10.9) с угловой скоростью ω(质量为 m 和半径为 R 的圆盘以角速度 ω 绕固定轴(图 10.9)旋转,确定圆盘动量).

解: В точке C находится МЦС диска и одновременно его центр масс, поэтому скорость центра масс равна нулю, а следовательно, количество движения диска $\vec{K} = m\vec{v}_C$ также будет равно нулю(点 C 为圆盘的速度瞬心,并且同时是其质心,质心的速度为零,因此,盘的动量 $\vec{K} = m\vec{v}_C$ 也将为零).

Ответ. Количество движения диска, вращающегося относительно оси, проходящей через его центр масс, равно нулю(围绕质心轴旋转的圆盘动量为零).

例题 4 Вокруг неподвижной оси O (рис. 10. 10) равномерно вращается стержень (весом $\vec{G}_1$ и длиной l) с угловой скоростью ω . На конце стержня закреплен шарик весом $\vec{G}_2$. Вычислить количество движения системы, если $G_1 = 4G_2 = 4G$(重量为 $\vec{G}_1$、长度为 l 的杆绕固定轴 O(图 10. 10) 以角速度 ω 匀速转动,在杆的末端是刚球,其重量为 $\vec{G}_2$. 如果 $G_1 = 4G_2 = 4G$, 试计算力系的动量).

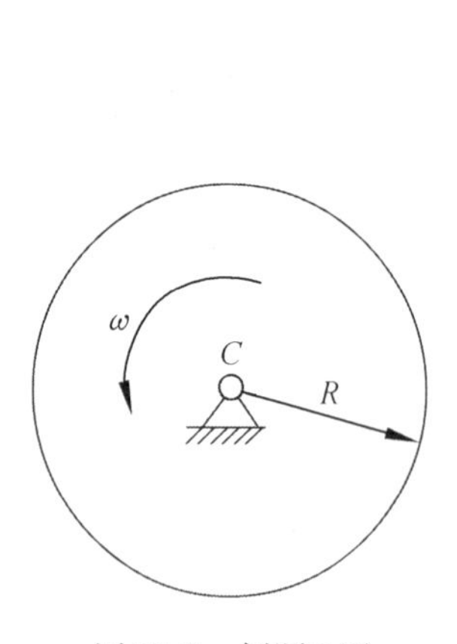

图 10.9　例题 3 图

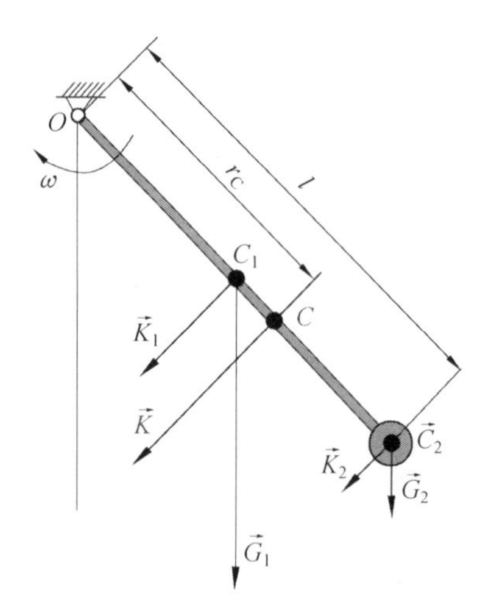

图 10.10　例题 4 图

解:Задача имеет два варианта решения: ① с использованием зависимости $\vec{K} = \sum \vec{K}_i$; ② с применением формулы $\vec{K} = m\vec{v}_C$ (该问题有两种可能的解决方案:①使用关系式 $\vec{K} = \sum \vec{K}_i$;②使用公式 $\vec{K} = m\vec{v}_C$).

解 1:(1) Определяем количество движения стержня(确定杆的动量).

$$\vec{K}_1 = m_1\vec{v}_1,\ \vec{K} = (4G/g)\omega(l/2) = 2(G/g)\omega l$$

(2) Определяем количество движения шарика(确定球的动量).

Принимая шарик за материальную точку, вычисляем его количество движения(以球为质点,我们计算其动量为)

$$\vec{K}_2 = m_2\vec{v}_2,\ \vec{K}_2 = (G/g)v_2 = (G/g)\omega l$$

(3) Вычисляем количество движения всей системы (计算整个质点系的动量为)

$$\vec{K} = \vec{K}_1 + \vec{K}_2$$

а так как векторы $\vec{K}_1$ и $\vec{K}_2$ параллельны, то (由于 $\vec{K}_1$ 和 $\vec{K}_2$ 向量是平行的,则)

$$\vec{K} = \vec{K}_1 + \vec{K}_2 = 2(G/g)\omega l + (G/g)\omega l = 3(G/g)\omega l$$

解 2:(1) Определяем положение центра масс системы (确定系统质心的位置).

$$r_C = \frac{\sum m_i r_i}{\sum m_i} = \frac{G_1(l/2) + G_2 l}{G_1 + G_2} = \frac{4G(l/2) + Gl}{4G + G} = 0.6l$$

(2) Вычисляем количество движения всей системы (计算质点系的动量).

$$\vec{K} = m\vec{v}_C;\ \vec{K} = \frac{G_1 + G_2}{g}\omega \cdot 0.6l = 3(G/g)\omega l$$

10.4 Теорема моментов количества движения(动量矩定理)

10.4.1 Теорема об изменении момента количества движения материальной точки(质点动量矩定理)

Положим, что движение точки A происходит под действием силы $\vec{F}$ (рис. 10. 11 (a)). Соединим произвольно выбранный центр O с этой точкой радиусом-вектором $\vec{r}$. Определим момент силы $\vec{F}$ относительно центра O(如图 10. 11(a),假设点的运动是由力 $\vec{F}$ 引起的. 连接任意选定的中心点 O 与该点的矢径 $\vec{r}$. 确定力 $\vec{F}$ 对点 O 的力矩的关系式为)

$$\vec{M}_O = \vec{r} \times \vec{F}$$

Вычислим момент количества движения этой точки относительно того же центра(计算这个点的动量对同一中心点 O 的矩)

$$\vec{L}_O = \vec{r} \times m\vec{v}$$

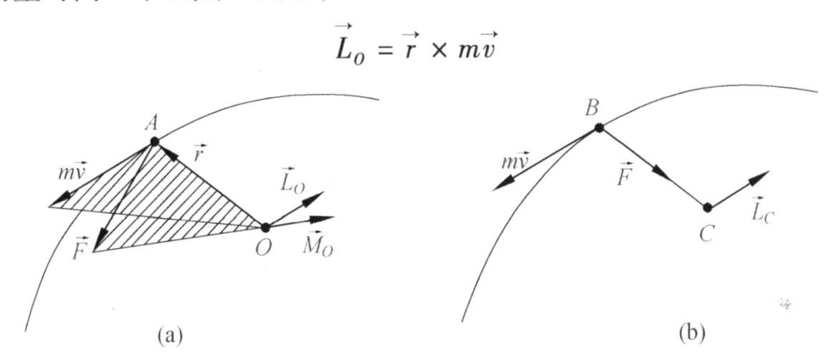

图 10.11 质点动量矩

Установим зависимость между векторами $\vec{M}_O$ и $\vec{L}_O$. Для этого найдем производную по времени от момента количества движения(确定矢量 $\vec{M}_O$ 与 $\vec{L}_O$ 之间的关系,为此我们对动量矩求时间导数)

$$\frac{\mathrm{d}}{\mathrm{d}t}\vec{L}_O = \frac{\mathrm{d}}{\mathrm{d}t}(\vec{r} \times m\vec{v}) = \frac{\mathrm{d}\vec{r}}{\mathrm{d}t} \times m\vec{v} + \vec{r} \times \frac{\mathrm{d}}{\mathrm{d}t}m\vec{v} = \vec{v} \times m\vec{v} + \vec{r} \times m\vec{a} = 0 + \vec{r} \times \vec{F} = \vec{M}_O$$

Если на материальную точку действует несколько сил, то M_O следует рассматривать как момент их равнодействующей. Таким образом(如果有几个力作用在质点上,则应将 M_O 视为其合力的力矩)

$$\frac{\mathrm{d}}{\mathrm{d}t}\vec{L}_O = \sum \vec{M}_{iO}$$

что выражает теорему об изменении момента количества движения материальной точки относительно центра: производная по времени от вектора момента количества движения материальной точки относительно некоторого центра равна геометрической сумме моментов сил, действующих на точку, относительно того же центра(因此,质点的动量对于某一固定点之矩对时间的导数,等于作用在质点上的各力对于同一点之矩的矢量和,这就是质

点的动量矩定理).

Последнюю зависимость можно записать в проекциях на оси координат(最后的关系式可用在坐标轴上的投影表示为)

$$\mathrm{d}L_x/\mathrm{d}t = \sum M_{ix},\ \mathrm{d}L_y/\mathrm{d}t = \sum M_{iy};\mathrm{d}L_z/\mathrm{d}t = \sum M_{iz}$$

Эти равенства представляют собой теорему об изменении момента количества движения точки относительно оси: производная по времени от момента количества движения материальной точки относительно некоторой оси равна алгебраической сумме моментов сил, действующих на точку, относительно этой же оси(即质点对于某一固定轴的动量矩的时间导数,等于作用在该质点上的力对于同轴之矩的代数和,这就是投影形式的质点动量矩定理).

Следствия из теоремы(定理的推论):

(1) Если линия действия равнодействующей сил, приложенных к материальной точке, все время проходит через некоторый центр, то момент количества движения материальной точки относительно этого центра остается постоянным(如果作用在质点上合力的作用线总是通过某个中心,那么质点相对于该中心的动量矩保持不变).

В этом случае сила $\vec{F}$ всегда направлена по радиусу-вектору точки B (рис. 10. 11 (b)), следовательно, векторное произведение $\vec{r} \times \vec{F}$ равно нулю, т. е. момент силы $\vec{F}$ относительно точки C равен нулю, а следовательно, $\vec{L}_C = \mathrm{const}$(在这种情况下力 $\vec{F}$ 总是沿着点 B 的矢径方向(图 10. 11(b)),因此向量积 $\vec{r} \times \vec{F}$ 等于零,即力 $\vec{F}$ 相对于 C 点的矩保持不变. 即可表示为 $\vec{L}_C = \mathrm{const}$).

(2) Если момент равнодействующей приложенных к материальной точке сил относительно некоторой оси все время равен нулю, то момент количества движения материальной точки относительно этой оси остается постоянным(如果质点所受合力对某个轴的力矩始终为零,那么质点相对于该轴的动量矩保持不变).

Например, если $\sum M_{iy} = 0$, то, следовательно, $\mathrm{d}L_y/\mathrm{d}t = 0$ и $L_y = \mathrm{const}$(例如,若 $\sum M_{iy} = 0$,那么 $\mathrm{d}L_y/\mathrm{d}t = 0$ 且 $L_y = \mathrm{const}$).

10.4.2 Теорема об изменении кинетического момента механической системы(质点系的动量矩定理)

Кинетическим моментом количества движения механической системы относительно данного центра называют вектор, равный геометрической сумме моментов количества движения всех материальных точек системы относительно этого центра(质点系对于某一固定中心的动量矩,等于作用于质点系上的所有外力对于这一中心点之矩的矢量和).

Кинетический момент количества движения механической системы называют также главным моментом количества движения механической системы. Например, относительно некоторого центра B он будет вычисляться так (质点系的动量矩也称为质点系的主矩.

例如,对某个中心点 B 它可以通过下式计算)

$$\vec{L}_B = \sum \vec{L}_{iB} = \sum (\vec{r}_i \times m_i \vec{v}_i)$$

где $\vec{r}_i$ — радиус-вектор i-й материальной точки относительно центра B; $m_i \vec{v}_i$ — количество движения материальной точки(式中 $\vec{r}_i$ 是第 i 个质点相对于中心 B 的矢径; $m_i \vec{v}_i$ 为该质点的动量).

Кинетический момент системы относительно оси равен алгебраической сумме моментов количества движения материальных точек, входящих в данную систему, относительно той же оси. Например, относительно оси Oz (质点系内所有质点相对于轴的动量矩的代数和等于质点系对该轴的动量矩,例如,相对于 Oz 轴为)

$$L_z = \sum L_{iz}$$

Рассмотрим механическую систему, состоящую из k материальных точек. Материальные точки находятся в движении под действием внешних $\vec{F}_i^{\mathrm{E}}$ и внутренних $\vec{F}_i^{\mathrm{J}}$ сил. Для каждой материальной точки относительно выбранного неподвижного центра O на основании теоремы об изменении момента количества движения запишем(对由 k 个质点组成的质点系进行研究. 质点系在外力 $\vec{F}_i^{\mathrm{E}}$ 和内力 $\vec{F}_i^{\mathrm{J}}$ 的作用下运动,根据质点的动量矩定理,质点系中每个质点对定点 O 可写出)

$$\frac{\mathrm{d}}{\mathrm{d}t} \vec{L}_{iO} = \vec{M}_{iO}^{\mathrm{E}} + \vec{M}_{iO}^{\mathrm{J}}$$

Получим k таких уравнений; просуммируем их(对 k 个此类方程求和)

$$\sum \frac{\mathrm{d}}{\mathrm{d}t} \vec{L}_{iO} = \sum \vec{M}_{iO}^{\mathrm{E}} + \sum \vec{M}_{iO}^{\mathrm{J}}$$

Как указывалось ранее, главный момент всех внутренних сил относительно любого центра равен нулю, т. е. (如前所述,作用在质点系上的内力对某固定点之矩的矢量和恒为零,也就是说)

$$\vec{M}_{iO}^{\mathrm{J}} = 0. \text{ Тогда(此时) } \sum \frac{\mathrm{d}}{\mathrm{d}t} \vec{L}_{iO} = \sum \vec{M}_{iO}^{\mathrm{E}} \text{ или(或) } \frac{\mathrm{d}}{\mathrm{d}t} \sum \vec{L}_{iO} = \sum \vec{M}_{iO}^{\mathrm{E}}$$

В соответствии с определением, подставив вместо $\sum \vec{L}_{iO}$ кинетический момент системы $\vec{L}_O$, получим(根据定义,我们用 $\vec{L}_O$ 代替质点系的动量矩 $\sum \vec{L}_{iO}$,得到)

$$\frac{\mathrm{d}}{\mathrm{d}t} \vec{L}_O = \sum \vec{M}_{iO}^{\mathrm{E}} = M_O^{\mathrm{E}}$$

Это равенство представляет собой теорему об изменении кине тического момента механической системы:производная по времени от вектора кинетического момента механической системы относительно некоторого центра равна главному моменту внешних сил, действующих на эту систему, относительно того же центра(这个关系式即是质点系动量矩定理:质点系对固定点的动量矩矢量对时间的导数等于作用于质点系上的外力对该点之矩的矢量和).

Векторному равенству соответствуют три равенства в проекциях на оси координат

(矢量式在相应三个直角坐标轴上的投影式为)

$$\mathrm{d}L_x/\mathrm{d}t = M_x^{\mathrm{E}};\mathrm{d}L_y/\mathrm{d}t = M_y^{\mathrm{E}};\mathrm{d}L_z/\mathrm{d}t = M_z^{\mathrm{E}}$$

где L_x, L_y, L_z — кинетические моменты механической системы относительно осей координат; $M_x^{\mathrm{E}}, M_y^{\mathrm{E}}, M_z^{\mathrm{E}}$ — главные моменты внешних сил, действующих на систему, относительно тех же осей(式中, L_x, L_y, L_z 为质点系相对于坐标轴的动量矩. $M_x^{\mathrm{E}}, M_y^{\mathrm{E}}, M_z^{\mathrm{E}}$ 为系统外力对相同轴的主矩).

Следствия из теоремы(定理的推论):

(1) Если главный момент внешних сил относительно некоторого центра все время равен нулю, то кинетический момент механической системы относительно этого центра остается постоянным(若作用在质点系上的外力对某固定点的主矩恒为零,则质点系对该点的动量矩保持不变)

$$\frac{\mathrm{d}\vec{L}_O}{\mathrm{d}t} = 0 \text{ ,следовательно(因此)}, \vec{L}_O = \text{const.}$$

Это положение называется законом сохранения кинетического момента механической системы относительно центра(这一原理称为质点系的动量矩守恒定律).

(2) Если главный момент внешних сил относительно некоторой оси все время равен нулю, то кинетический момент механической системы относительно этой оси остается постоянным(若作用在质点系上的外力对某固定轴之矩的代数和恒为零,则质点系对该轴的动量矩保持不变).

Например, $M_z = 0$, тогда $\mathrm{d}L_z/\mathrm{d}t = 0$ и, следовательно, $L_z = \text{const}$(例如, $M_z = 0$,然后 $\mathrm{d}L_z/\mathrm{d}t = 0$,因此 $L_z = \text{const}$).

10.5 Теорема об изменении кинетической энергии материальной точки(质点的动能定理)

Из курса физики известно, что кинетическая энергия материальной точки массой m, движущейся со скоростью $\vec{v}$, равна половине произведения массы этой точки на квадрат скорости ее движения(从物理学教程可知,质量为 m, 以速度 $\vec{v}$ 运动的质点的动能,等于该点质量与其速度平方的乘积的一半)

$$T = mv^2/2$$

Рассмотрим движение материальной точки M под действием приложенной к ней системы сил $\vec{F}_1, \vec{F}_2, \ldots, \vec{F}_n$ (рис. 10.12). Выберем положительное направление отсчета и запишем основное уравнение динамики(考虑点 M 在力系 $\vec{F}_1, \vec{F}_2, \ldots, \vec{F}_n$ 的作用下运动(图 10.12). 选择一个正的参考方向写出质点动力学的基本方程).

$$m\vec{a} = \vec{F}$$

Здесь сила $\vec{F}$ является равнодействующей сходящейся системы сил $\vec{F}_1, \vec{F}_2, \ldots, \vec{F}_n$. Спроецируем это векторное равенство на ось τ(在这里,力 $\vec{F}$ 是汇交力系 $\vec{F}_1, \vec{F}_2, \ldots, \vec{F}_n$ 的

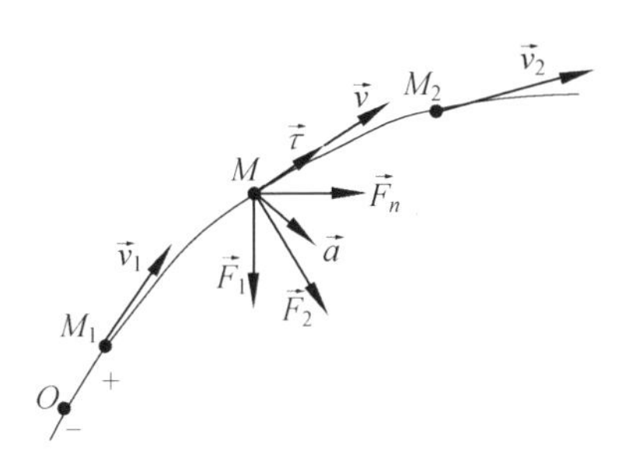

图 10.12 在力系作用下运动的点 *M*

合力,把它投影到 τ 轴上)

$$ma_{\tau} = F_{\tau}$$

(о естественном способе задания траектории движения точки см. подразд. 5.1)(关于点运动轨迹的自然坐标方法,请参阅 5.1 节).

Учитывая, что, $a_{\tau} = \dfrac{\mathrm{d}v}{\mathrm{d}t} = \dfrac{\mathrm{d}v}{\mathrm{d}S} \cdot \dfrac{\mathrm{d}S}{\mathrm{d}t} = \dfrac{\mathrm{d}v}{\mathrm{d}S} \cdot v$ подставим полученное значение касательного ускорения в уравнение движения вдоль орта $\vec{\tau}$ (鉴于 $a_{\tau} = \dfrac{\mathrm{d}v}{\mathrm{d}t} = \dfrac{\mathrm{d}v}{\mathrm{d}S} \cdot \dfrac{\mathrm{d}S}{\mathrm{d}t} = \dfrac{\mathrm{d}v}{\mathrm{d}S} \cdot v$,我们将获得的切向加速度值代入沿着切向的运动方程)

$$mv\mathrm{d}v/\mathrm{d}S = F_{\tau} \text{ или(或) } mv\mathrm{d}v = F_{\tau}\mathrm{d}S$$

Или(或者)

$$\mathrm{d}(mv^2/2) = F\mathrm{d}S\cos\langle \vec{F}, \vec{\tau} \rangle$$

Левая часть полученного равенства представляет собой дифференциал кинетической энергии точки, а правая часть—элементарную работу равнодействующей на перемещении dS (работу совершает только касательная составляющая равнодействующей)(该公式的左侧是质点动能的微分,右侧是导致位移 dS 的元功(合力只有切线分量做功))

$$\mathrm{d}(mv^2/2) = \delta A$$

Поскольку $F_{\tau} = \sum F_{i\tau}$, перемещение точки приложения у всех сил одинаковое, то $\delta A = \sum \delta A_i$, следовательно, можно записать дифференциал кинетической энергии по-другому(因为 $F_{\tau} = \sum F_{i\tau}$,所有力作用点的位移相同,则 $\delta A = \sum \delta A_i$, 因此,动能的微分还可写为)

$$\mathrm{d}(mv^2/2) = \sum \delta A_i$$

т. е. дифференциал кинетической энергии точки равен сумме элементарных работ сил, приложенных к точке(质点动能的微分等于在该质点上各力所做元功的总和).

При перемещении точки из положения M_1 в M_2 скорость точки будет меняться от $\vec{v}_1$ до $\vec{v}_2$; в этом случае изменится и кинетическая энергия(当一个质点从 M_1 移动到 M_2 的位置时,该质点的速度将从 $\vec{v}_1$ 变化到 $\vec{v}_2$. 在这种情况下,动能会发生变化)

$$m\int_{v_1}^{v_2} v\mathrm{d}v = \sum \int_{M_1}^{M_2} F_i\mathrm{d}S\cos\langle \vec{F}_i, \vec{\tau} \rangle$$

Откуда(由此)

$$mv_2^2/2 - mv_1^2/2 = \sum \delta A_i$$

Полученное уравнение представляет собой теорему об изменении кинетической энергии материальной точки: изменение кинетической энергии материальной точки на некотором ее перемещении равно алгебраической сумме работ всех действующих на эту точку сил на том же перемещении(所得方程是质点动能的变化定理:质点在任意位移中的动能变化,等于同一位移上作用在该质点上所有力做功的代数和).

Если сумма работ сил положительна, то $v_2 > v_1$, т. е. кинетическая энергия возрастает. Если же сумма работ отрицательна, то кинетическая энергия убывает(如果做功的总和为正,那么 $v_2 > v_1$,则动能增加. 如果做功的总和为负,则动能减小).

10.6 Дифференциальные уравнения поступательного движения твердого тела(刚体平行移动的微分方程)

При поступательном движении твердого тела все его точки движутся так же, как и его центр масс, поэтому дифференциальные уравнения движения центра масс описывают поступательное движение твердого тела(刚体在平行移动时,其所有质点都以与质心相同的方式运动,所以质心运动的微分方程描述了刚体的平行移动)

$$m\ddot{x}_C = \sum_{i=1}^{k} F_{ix}^{\mathrm{E}};\ m\ddot{y}_C = \sum_{i=1}^{k} F_{iy}^{\mathrm{E}};\ m\ddot{z}_C = \sum_{i=1}^{k} F_{iz}^{\mathrm{E}}.$$

Здесь m — масса твердого тела; $\ddot{x}_C, \ddot{y}_C, \ddot{z}_C$ — проекции ускорения центра масс тела на оси координат; $F_{ix}^{\mathrm{E}}, F_{iy}^{\mathrm{E}}, F_{iz}^{\mathrm{E}}$ — проекции внешних сил, приложенных k твердому телу, на соответствующие оси координат(这里 m 是刚体的质量, $\ddot{x}_C, \ddot{y}_C, \ddot{z}_C$ 是刚体质心加速度在坐标轴上的投影; $F_{ix}^{\mathrm{E}}, F_{iy}^{\mathrm{E}}, F_{iz}^{\mathrm{E}}$ 是刚体外力在相应坐标轴上的投影).

10.7 Дифференциальное уравнение вращательного движения твердого тела вокруг неподвижной оси(刚体定轴转动微分方程)

Твердое тело вращается вокруг неподвижной оси под действием внешних сил F_i^{E} (рис. 10.13) с угловой скоростью ω. Его кинетический момент относительно оси Az равен сумме моментов количеств движения материальных точек относительно этой же оси, т. е. (刚体在外力 F_i^{E} 作用下(图 10.13)以角速度 ω 绕定轴转动. 其相对于轴 Az 的动量矩等于质点相对于同一轴的动量矩的总和,即)

$$L_z = \sum m_i v_i r_i = \sum m_i r_i \omega r_i = \sum m_i \omega r_i^2 == \omega \sum m_i r_i^2 = \omega J_z$$

Таким образом, мы получили, что кинетический момент вращающегося твердого тела относительно неподвижной оси равен произведению момента инерции тела относительно той же оси на угловую скорость тела(因此,我们得到了刚体对固定转轴的动量矩等于刚体对于该轴的惯性矩与其角速度的乘积)

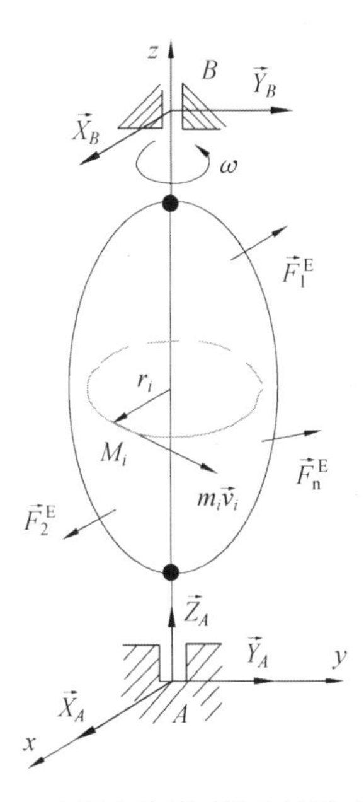

图 10.13 在外力作用下绕定轴转动的刚体

$$L_z = J_z\omega$$

В соответствии с теоремой об изменении кинетического момента относительно оси запишем производную по времени от кинетического момента относительно оси Az(根据质点系对轴的动量矩定理,我们将它写成相对于轴 Az 的动量矩的时间导数)

$$\mathrm{d}L_z/\mathrm{d}t = \sum M_{iz}^{\mathrm{E}} \text{ или(或) } \mathrm{d}(J_z\omega)/\mathrm{d}t = \sum M_{iz}^{\mathrm{E}}$$

Откуда(由此)

$$J_z\mathrm{d}\omega/\mathrm{d}t = \sum M_{iz}^{\mathrm{E}} \text{ или(或) } J_z\varepsilon = \sum M_{iz}^{\mathrm{E}}$$

Учитывая, что угловое ускорение ε представляет собой вторую производную от угла поворота тела φ, полученную зависимость можно записать в следующем виде(角加速度 ε 是转角 φ 对时间的二阶导数)

$$J_z\ddot{\varphi} = \sum M_{iz}^{\mathrm{E}}$$

В результате мы получили дифференциальное уравнение вращательного движения твердого тела относительно неподвижной оси. Следует иметь в виду, что его правая часть — это главный момент внешних заданных сил F_i^{E}, а момент реакции связей относительно оси Az равен нулю, так как реакции пересекают ось Az (因此,我们获得了刚体定轴转动的微分方程.应该注意的是它右边的部分是给定外力 F_i^{F} 的主矩,而约束反力对转轴 Az 的矩是零,因为反力与 Az 轴相交)

$$J_z\ddot{\varphi} = \sum M_z^{\mathrm{E}}$$

Если главный момент внешних сил относительно оси вращения равен нулю, кинетический момент системы остается постоянным(如果相对于转轴的外力主矩为零,系统的动量矩保持不变)

$$J_z\omega = \mathrm{const}$$

В этом случае, если момент инерции системы будет неизменным, система будет вращаться с постоянной угловой скоростью. Если же изменится момент инерции, то угловая скорость тоже изменится(在这种情况下,如果系统的惯性矩保持不变,该刚体以恒定的角速度转动.如果惯性矩改变,角速度也会改变)

$$J_{z1}\omega_1 = J_{z2}\omega_2$$

10.8 Дифференциальные уравнения плоского движения для твердых тел (刚体的平面运动微分方程)

Из теоремы о движении центра масс и теоремы о моменте количества движения относительно центра масс, мы получаем(由质心运动定理和相对于质心的动量矩定理,得到)

$$m\vec{a}_C = \sum \vec{F}_i^{\mathrm{E}}$$

$$\frac{\mathrm{d}}{\mathrm{d}t}J_C\omega = J_C\varepsilon = \sum M_C(\vec{F}_i^{\mathrm{E}})$$

得到

$$m\vec{a}_C = \sum \vec{F}_i^{\mathrm{E}}$$

$$J_C\frac{\mathrm{d}^2\varphi}{\mathrm{d}t^2} = \sum M_C(\vec{F}_i^{\mathrm{E}})$$

上式即为刚体平面运动的微分方程.

用投影形式表示为

$$m\ddot{x}_C = \sum_i F_x$$

$$m\ddot{y}_C = \sum_i F_y$$

$$J_C\ddot{\varphi} = \sum_i M_C(\vec{F}_i^{\mathrm{E}})$$

例题 5 如图 10.14 所示,均质圆轮半径为 R、质量为 m,圆轮对转轴的转动惯量为 J_O.圆轮在重物 P 带动下绕固定轴 O 转动,已知重物重量为 $\vec{W}$.

求:重物下落的加速度 $\vec{a}$.

解:取系统为研究对象

$$L_O = J_O\omega + \frac{W}{g}vR\ ,$$

$$L_O = (\frac{J_O}{R} + \frac{W}{g}R)v\ ,\omega = \frac{v}{R}\ ,$$

$$M_O^{\mathrm{E}} = WR\ ,$$

$$\frac{\mathrm{d}L_O}{\mathrm{d}t} = M_O^{\mathrm{E}}\ ,$$

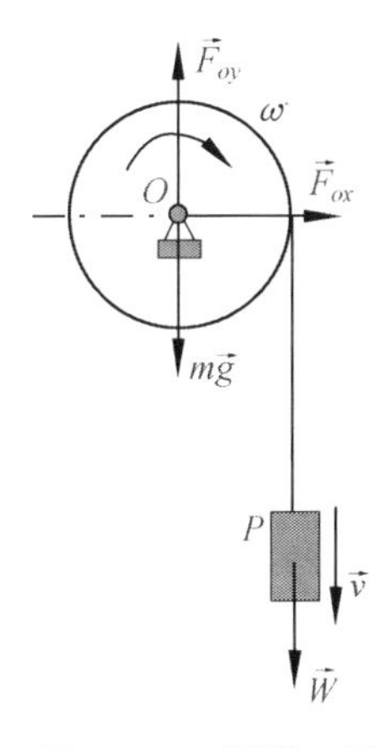

图 10.14　例题 5 图

$$\left(\frac{J_O}{R} + \frac{W}{g}R\right)\frac{\mathrm{d}v}{\mathrm{d}t} = WR\ ,$$

得到重物的加速度为

$$a = \frac{WR^2}{\left(J_O + \frac{W}{g}R^2\right)}$$

例题 6　如图 10.15 所示,已知:小球质量为 m,摆长为 a,转动惯性矩为 J_O.

求:微小摆动的周期.

解:取摆为研究对象,列出定轴转动的微分方程

$$J_O\frac{\mathrm{d}^2\varphi}{\mathrm{d}t^2} = -mga\sin\varphi$$

摆作微小摆动,有: $\sin\varphi \approx \varphi$

$$\frac{\mathrm{d}^2\varphi}{\mathrm{d}t^2} + \frac{mga}{J_O}\varphi = 0$$

此方程的通解为

$$\varphi = \varphi_0\sin\left(\sqrt{\frac{mga}{J_O}}t + \theta\right)$$

周期为 $T = 2\pi\sqrt{\frac{J_O}{mga}}$

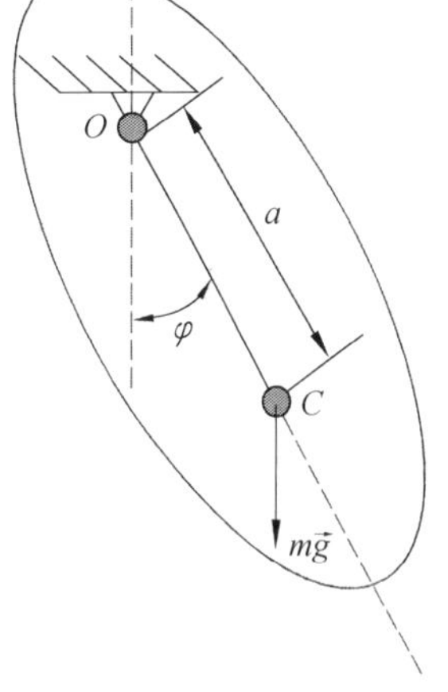

图 10.15　例题 6 图

例题 7　如图 10.16 所示,已知:飞轮转动惯性矩为 J_O,角速度 ω_0,在制动时受到闸瓦的正压力为 F_N,摩擦系数为 f.

求:制动所需的时间 t .

解:取飞轮为研究对象,列定轴转动动力学方程

$$J_O\varepsilon = J_O\frac{\mathrm{d}\omega}{\mathrm{d}t} = FR = fF_NR$$

$$\int_{-\omega_0}^{0}J_O\mathrm{d}\omega = \int_0^t fF_NR\mathrm{d}t$$

解得

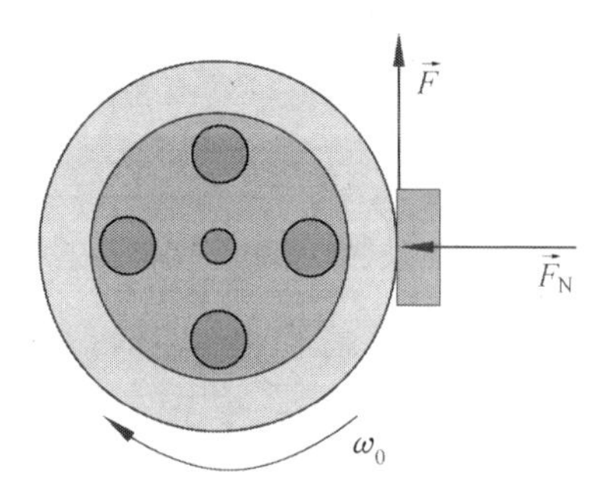

图 10.16　例题 7 图

$$t=\frac{J_O\omega_0}{f\ F_N R}$$

例题 8　如图 10.17 所示,已知:均质圆轮质量为 m,半径为 R. 定轴转动的角加速度为 ε.

求:O 处动约束反力.

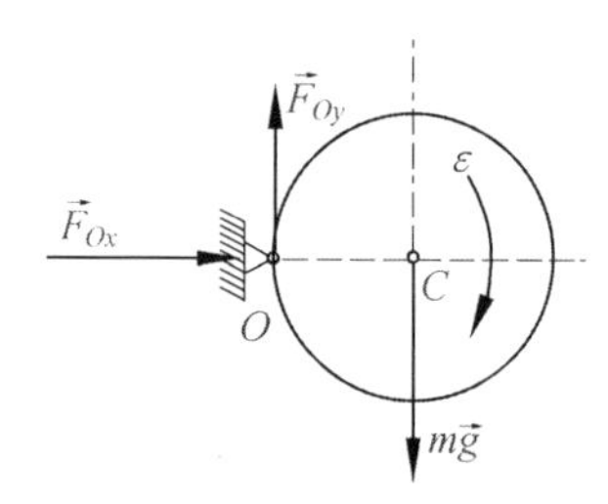

图 10.17　例题 8 图

解:取圆轮为研究对象,由定轴转动的微分方程

$$J_O\varepsilon = mgR$$

其中,$J_O=\frac{1}{2}mR^2+mR^2=\frac{3}{2}mR^2$

解得:$\varepsilon=\frac{2g}{3R}$

由质心运动定理

$$\sum F_x^E = F_{Ox} = ma_{Cx}$$

$$\sum F_y^E = F_{Oy} - mg = ma_{Cy}$$

其中,$a_{Cx}=0$,$a_{Cy}=-R\varepsilon=-\frac{2}{3}g$

解得:

$$F_{Ox}=0,\ F_{Oy}=\frac{1}{3}mg$$

例题 9　如图 10.18 所示,已知:均质圆轮质量为 m,半径为 R,受到主动力矩 M 的作用在平面上只滚不滑,角角速度为 ε. 求轮心的加速度 $\vec{a}_C$ 以及纯滚动时力偶矩 M 满足的条件.

解:取圆轮为研究对象,平面运动微分方程为

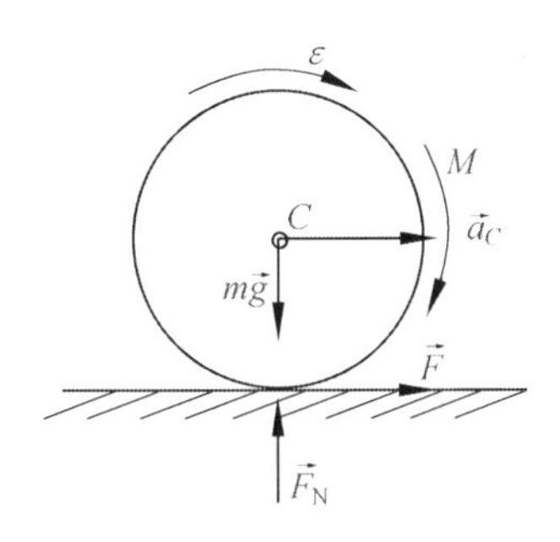

图 10.18　例题 9 图

$$\sum F_x^E = ma_{Cx} = ma_C = F$$

$$\sum F_y^E = F_N - mg = ma_{Cy} = 0$$

$$J_C\varepsilon = M - FR$$

因为圆轮只滚不滑,则 $a_C = R\varepsilon$.

得到

$$F = ma_C,\ F_N = mg\ ,\ a_C = \frac{MR}{J_C + mR^2}$$

因为静滑动摩擦力满足

$$F \leqslant f_s F_N = f_s mg$$

可得到

$$M \leqslant f_s g\frac{J_C + mR^2}{R}$$

例题 10　关于突然解除约束问题,如图 10.19(a)所示,保持平衡状态的系统突然剪短绳索,如图 10.19(b),求此时铰链 O 的约束反力.

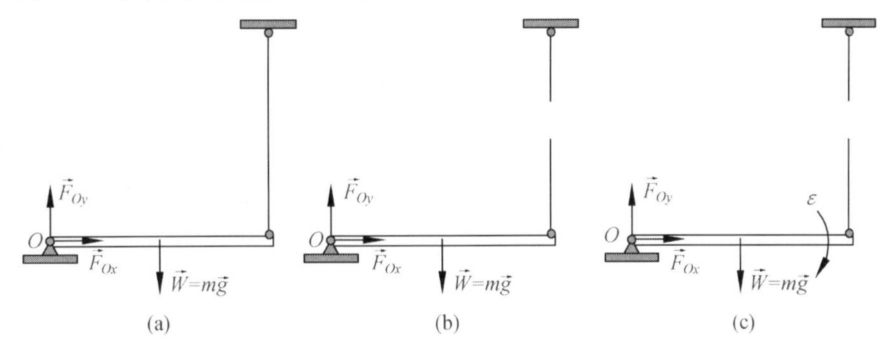

图 10.19　例题 10 图

解:解除约束前

$$F_{Ox} = 0,\ F_{Oy} = mg/2$$

突然解除约束瞬时,杆 OA 将绕 O 轴转动,不再是静力学问题. 这时,$\omega = 0$,$\varepsilon \neq 0$. 需要先求出 ε ,再确定约束力.

应用定轴转动微分方程

$$\frac{1}{3}ml^2\varepsilon = mg \times \frac{l}{2}$$

得到

$$\varepsilon = \frac{3g}{2l}$$

应用质心运动定理

$$m \times \frac{l}{2}\omega^2 = 0 = F_{Ox}$$

$$m \times \frac{l}{2}\varepsilon = mg - F_{Oy}$$

得到

$$F_{Ox} = 0, F_{Oy} = mg - m \times \frac{l}{2}\varepsilon = \frac{mg}{4}$$

突然解除约束问题的特点:

系统的自由度一般会增加;解除约束的前、后瞬时,速度与角速度连续,加速度与角加速度将发生突变.

例题 11　如图 10.20 所示,已知送料车装满货物时的质量为 $\vec{G}$,在平台上运行时的摩擦阻力为车重的 0.2 倍,设到达卸货地点时弹簧的压缩变形量为 δ_m,卸载后空车重为 $\vec{G}_0$,求:G/G_0.

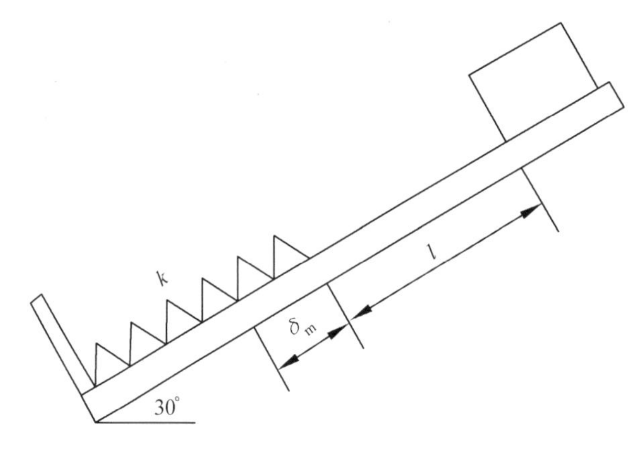

图 10.20　例题 11 图

解:取车研究对象,设弹簧的最大变形为 δ_m .

(1)车下滑到弹簧压缩量至最大时,外力做的功

$$W_{12} = G(l + \delta_m)\sin 30° - 0.2G(l + \delta_m) - \frac{k}{2}\delta_m^2$$

根据动能定理,可得

$$0 - 0 = G(l + \delta_m)\sin 30° - 0.2G(l + \delta_m) - \frac{k}{2}\delta_m^2$$

(2)车卸料后又弹回原位置,由动能定理得

$$0 - 0 = - G_0(l + \delta_m)\sin 30° - 0.2G_0(l + \delta_m) + \frac{k}{2}\delta_m^2$$

解得

$$\frac{G}{G_0}=\frac{\sin 30^\circ+0.2}{\sin 30^\circ-0.2}=\frac{7}{3}$$

例题 12　如图 10.21 所示,均质圆轮半径为 R、质量为 m,圆轮对转轴的转动惯量为 J_O. 圆轮在重物 P 带动下绕固定轴 O 转动,已知重物重为 $\vec{W}$.

求:重物下落的加速度.

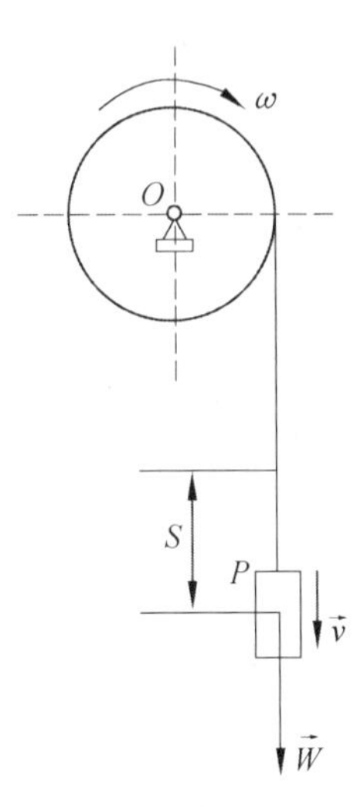

图 10.21　例题 12 图

解:取系统为研究对象

$$T_1=0,T_2=\frac{1}{2}\frac{W}{g}v^2+\frac{1}{2}J_O\omega^2,\ \omega=\frac{v}{R}$$

主动力的功

$$W_{12}=WS$$

由动能定理得

$$\frac{1}{2}\frac{W}{g}v^2+\frac{1}{2}\frac{J_O}{R^2}v^2-0=WS$$

将上式对时间求导,并注意

$$\frac{\mathrm{d}v}{\mathrm{d}t}=a,\frac{\mathrm{d}S}{\mathrm{d}t}=v$$

解得

$$a=\frac{WR^2}{\left(J_O+\frac{W}{g}R^2\right)}$$

例题 13　如图 10.22 所示,均质圆盘质量为 m,半径为 R,圆盘与斜面静摩擦系数为 f,斜面倾角为 φ. 求:纯滚时盘心的加速度.

解:取系统为研究对象

$$T_1=0,T_2=\frac{1}{2}mv_C^2+\frac{1}{2}J_C\omega^2,\omega=\frac{v_C}{R}$$

得到

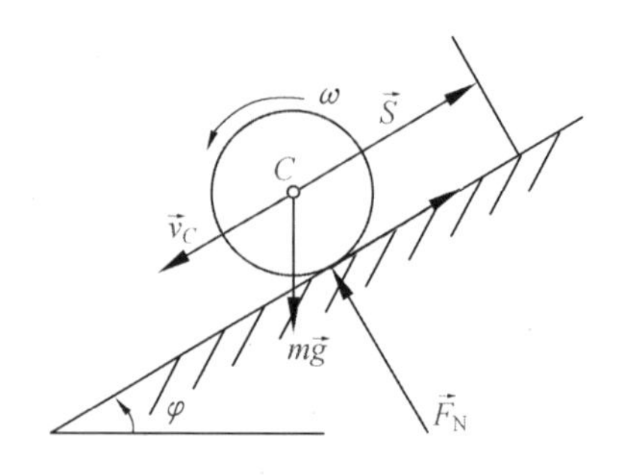

图 10.22　例题 13 图

$$T_2 = \frac{3}{4} m v_C^2$$

主动力的功

$$W_{12} = mgS\sin\varphi$$

由动能定理得

$$\frac{3}{4} m v_C^2 - 0 = mgS\sin\varphi$$

解得

$$a = \frac{2}{3} g\sin\varphi$$

例题 14　如图 10.23 所示,已知:轴Ⅰ、轴Ⅱ转动惯量分别为 J_1, J_2,啮合齿轮半径分别为 R_1, R_2,传到比 $i_{12} = R_2/R_1$,作用在两轴上的力矩分别为 M_1, M_2.

求:轴Ⅰ的角加速度.

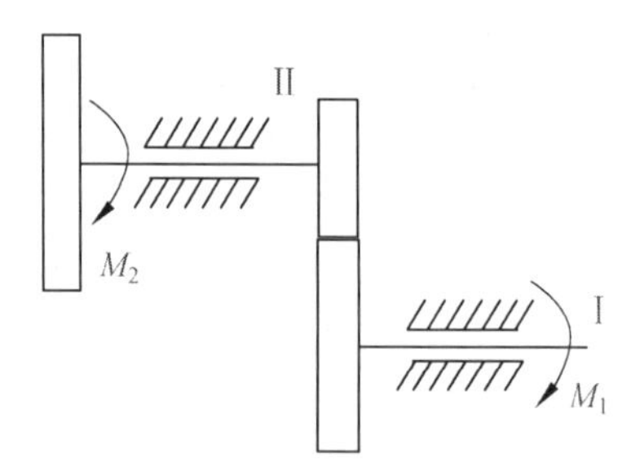

图 10.23　例题 14 图

解:取系统为研究对象,动能

$$T_1 = 0, T_2 = \frac{1}{2} J_1 \omega_1^2 + \frac{1}{2} J_2 \omega_2^2$$

设两齿轮的角速度分别为 ω_1, ω_2,转角分别为 φ_1, φ_2,由运动学可知

$$\frac{\omega_1}{\omega_2} = i_{12} = \frac{R_2}{R_1} = \frac{\varphi_1}{\varphi_2}$$

得到

$$T_2 = \frac{1}{2}\left(J_1 + \frac{J_2}{i_{12}^2}\right)\omega_1^2$$

主动力的功

$$W_{12} = M_1 \varphi_1 - M_2 \varphi_2 = (M_1 - \frac{M_2}{i_{12}}) \varphi_1$$

由动能定理得

$$\frac{1}{2}(J_1 + \frac{J_2}{i_{12}^2}) \omega_1^2 - 0 = (M_1 - \frac{M_2}{i_{12}}) \varphi_1$$

将上式对时间求导,并注意 $\frac{\mathrm{d}\omega_1}{\mathrm{d}t} = \varepsilon_1, \frac{\mathrm{d}\varphi_1}{\mathrm{d}t} = \omega_1$

解得

$$\varepsilon_1 = (M_1 - \frac{M_2}{i_{12}})/(J_1 + \frac{J_2}{i_{12}^2})$$

10.9 Подумать(思考题)

1. 有两相同重力的物体 A 与 B,设在相同时间间隔内,使 A 水平移动 s,使 B 垂直移动 s,问在此时间间隔内这两物体的重力的冲量是否相同?

2. 质点系中质点越多,其动量越大,对否? 设各物体质量均为 m. 求图 10.24 所示各均质物体的动量.

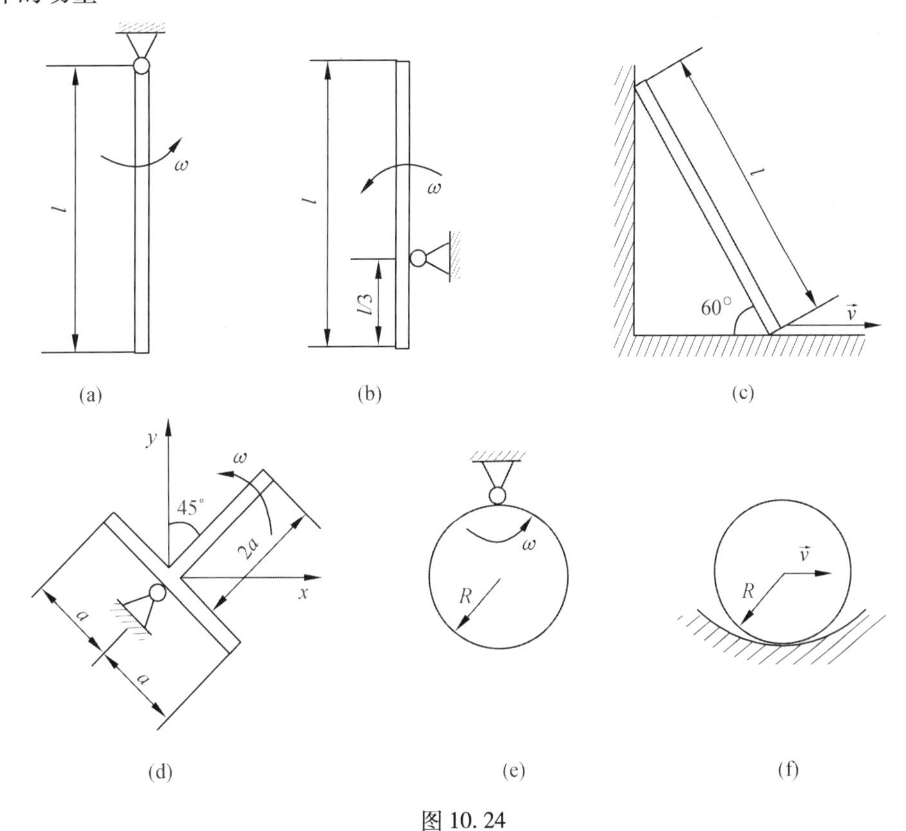

图 10.24

3. 有三根相同的均质杆悬空放置,质心皆在同一水平线上. 其中一杆水平,一杆垂直,另一杆倾斜. 若同时自由释放此三杆,则三杆质心的运动规律是否相同?

4. 如图 10.25 所示,在光滑面上放两个相同的均质圆盘,在两圆盘的不同位置上,各作用一大小和方向相同的水平力 $\vec{F}$ 和 $\vec{F}'$,使圆盘由静止开始运动. 试问哪个圆盘的质心运动得快? 为什么?

5. 在地面的上空停着一气球,气球下面吊一软梯,并挂着一人,当此人沿着软梯往上爬时,气球是否运动?

6. 均质杆 AC 和 BC,长度相同,质量分别为 m_1 和 m_2,两杆在点 C 铰接,初始时维持在铅垂面内不动,如图 10.26 所示. 设地面绝对光滑,两杆被释放后将分开倒向地面. 问 m_1 和 m_2 相等或不相等时,C 点的运动轨迹是否相同?

7. 刚体受一力系作用,不论各力作用点如何,此刚体质心的加速度都一样吗?

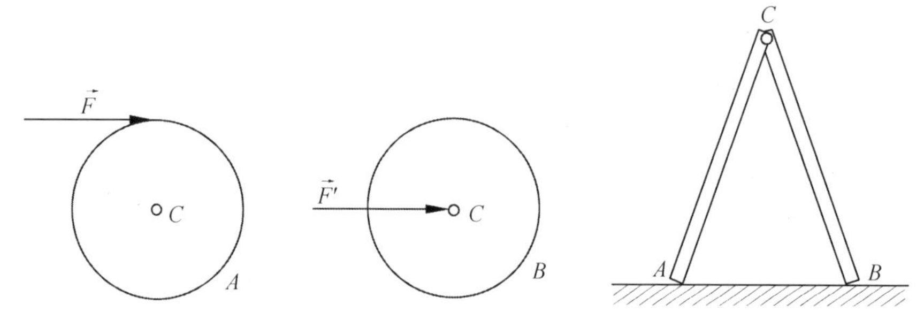

图 10.25　　　　图 10.26

8. 刚体绕定轴转动时,当角速度很大时,所受的合外力矩是否一定很大? 当角速度为零时,合外力矩是否一定为零? 角速度的转向是否一定与合外力矩的转向相同?

9. 什么是回转半径? 它是否等于刚体质心到转轴的垂直距离?

10. 图 10.27 中质量为 m 的连杆以角速度 ω 绕 O 点摆动,其角速度为 ω. 连杆质心 C 到支点 O 的距离为 $OC = l$. 用下式计算连杆对 O 点的动量矩对吗? 为什么?

$$L_O = \text{动量} \times \text{距离} = (mv_C)\ l = m(l\omega)\ l = ml^2\omega$$

11. 如图 10.28 所示一直杆,长为 l,质量为 m,绕 z 轴的转动惯量为 $J_z = \frac{7}{48}ml^2$,现通过平行轴定理求 z' 轴的转动惯量,列出算式 $J_{z'} = J_z + m\left(\frac{l}{2}\right)^2 = \frac{19}{48}ml^2$,是否正确?

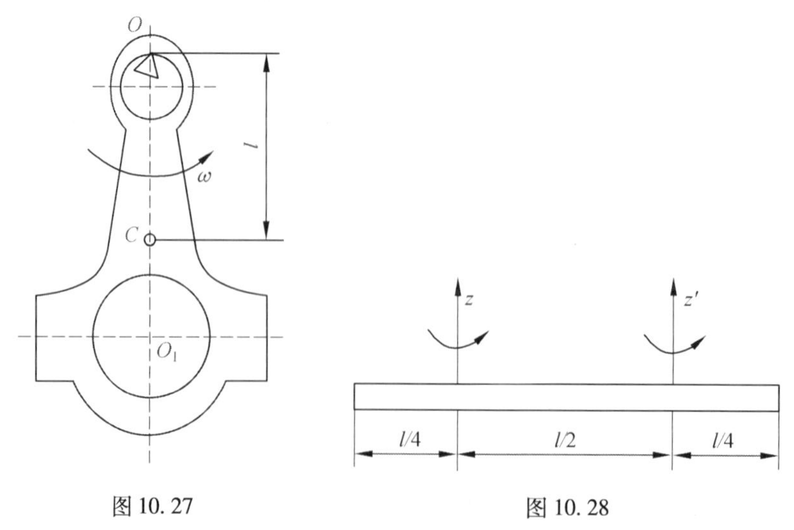

图 10.27　　　　图 10.28

12. 试求图 10.29 中各物体对转轴的动量矩.

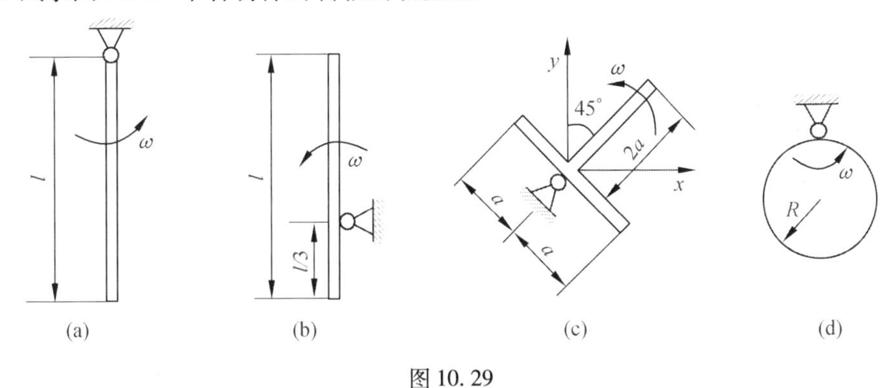

图 10.29

13. 如图 10.30 所示传动系统中 J_1,J_2为轮 I、轮 II 的转动惯量,轮 I 的角加速度 $\alpha_1 = \dfrac{M_1}{J_1 + J_2}$,对不对?

14. 如图 10.31 所示,均质杆、均质圆盘质量均为 m,杆长为 $2R$,圆盘半径为 R,两者铰接于点 A,系统放在光滑水平面上,初始静止. 现受一矩为 M 的力偶作用,则下列哪些说法正确?

A. 如 M 作用于杆上,则杆绕 A 点转动,盘不动.

B. 如 M 作用于杆上,则盘为平移.

C. 如 M 作用于圆盘上,则盘绕 A 点转动,杆不动.

D. 不论 M 作用于哪个物体上,系统运动都一样.

15. 图 10.32 所示两个完全相同的均质轮,图 10.32(a)轮中绳的一端挂一重物,重量为 $\vec{P}$,图 10.32(b)中绳的一端受拉力 $\vec{F}$,且 $F=P$,问两轮的角加速度是否相同? 绳了受的拉力是否相同? 为什么?

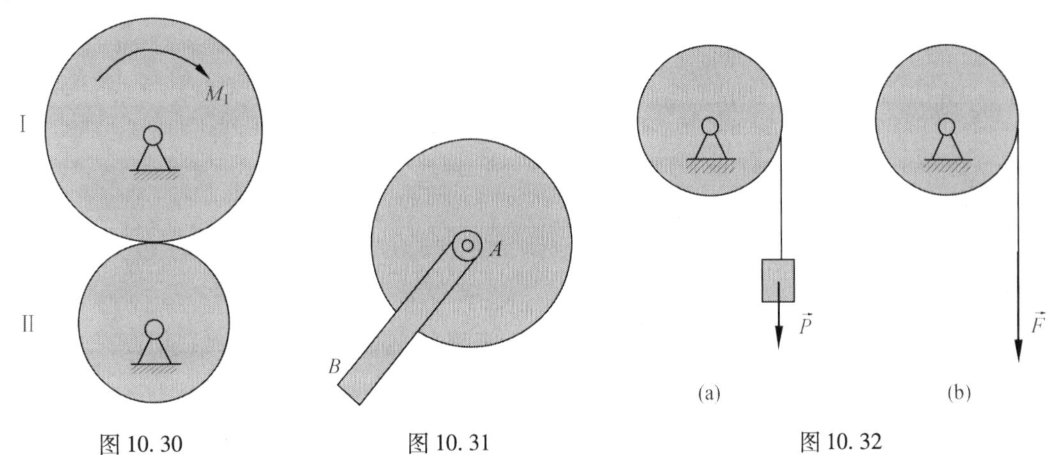

图 10.30 图 10.31 图 10.32

16. 一般来说,用动能定理时,是否要考虑系统约束反力做的功? 能否求出系统的约束反力?

17. 对非保守系统,是否一定不能用机械能守恒定律? 为什么?

18. 力做功的计算公式 $W_{12} = \int_{M_1}^{M_2} (F_x \mathrm{d}x + F_y \mathrm{d}y + F_z \mathrm{d}z)$,能否理解为计算功的投影式?

如果 x,y,z 轴不垂直,该式成立吗?

19. 从某一高度同时抛出三个质量相同的小球,速度大小相等,但抛出方向各不相同,不计空气阻力,这三个小球落到同一水平面时,三个小球的速度大小是否相同?三个小球重力的功是否相同?三个小球落地的时间是否相同?

20. 质量为 m 的物块 A,从高为 h 的顶点由静止沿平、凹、凸三种不同形状的光滑面下滑,如图 10.33 所示,在图示三种情况下,物块 A 滑到底部时的速度是否相同?为什么?

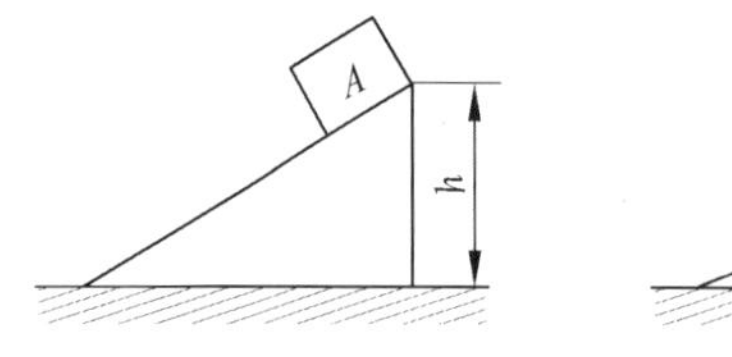

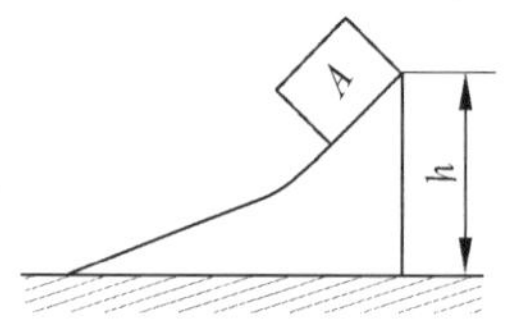

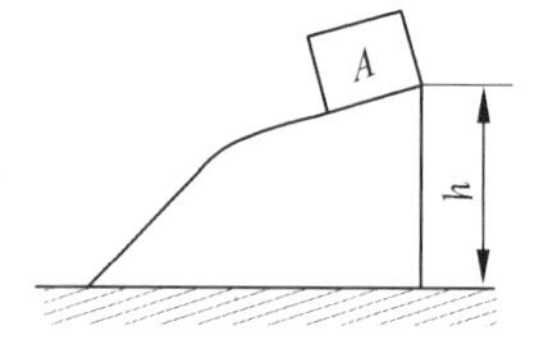

图 10.33

21. 人们开始走动或起跑时,什么力可以使人做加速运动?什么力使人的动能增加?产生加速度的力一定做功吗?

22. 甲将弹簧由原长拉伸 0.03 m,乙继甲之后再将弹簧继续拉伸 0.02 m. 问:甲乙二人谁做的功多?

23. 三个质量相同的质点,同时由点 A 抛出,初速度 $\vec{v}_0$ 大小相同,而方向各不相同,如图 10.34 所示. 如不计空气阻力,这三个质点落到水平面 $H-H$ 时,三者的速度大小是否相等?三者重力的功是否相等?三者重力的冲量是否相等?

24. 相同重量的甲乙两人,沿绕过无重滑轮的细绳,由静止起同时向上爬升,细绳重量不计,如图 10.35 所示. 如甲比乙更努力上爬,问:(1)谁先到达上端?(2)谁的动能大?(3)谁做的功多?(4)如何对甲、乙两人分别应用动能定理?

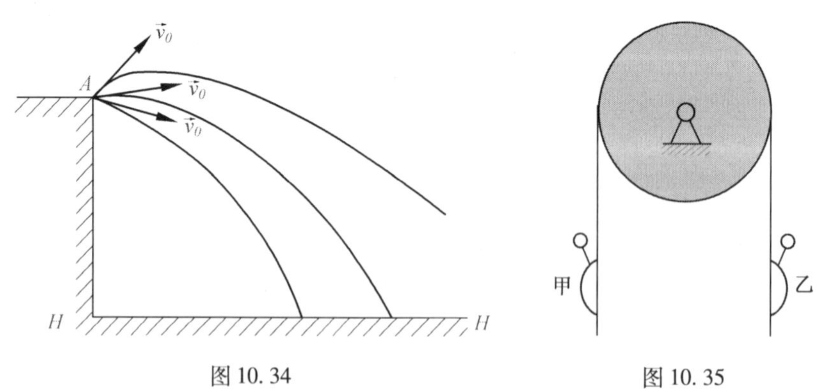

图 10.34　　图 10.35

25. “动量守恒就意味着速度守恒,速度守恒就意味着动能守恒,因此动量守恒时动能必守恒.”上述说法对吗?为什么?

10.10 Упражнение(习题)

1. 动量定理部分习题

(1)一沿直线轨迹运动的质点上作用一力 $\vec{F}$,此力的作用线始终与轨迹重合,力的大小和指向则随时间变化,如图 10.36 所示. 求此力在最初 3 s 和最初 4 s 的时间间隔内的冲量分别是多少?

(2)物块 A 和 B 用一轻杆连接,A、B 质量分别为 $m_A=12$ kg,$m_B=10$ kg,分别放在铅直墙面和水平地板上,如图 10.37 所示. 在物块 A 上作用一常力 $F=250$ N,使它从静止开始向右运动. 假设经过 1 s 后,物块 A 移动了 1.0 m,速度 $v_A=4.15$ m/s,摩擦忽略不计,求作用在墙面和地面的冲量.

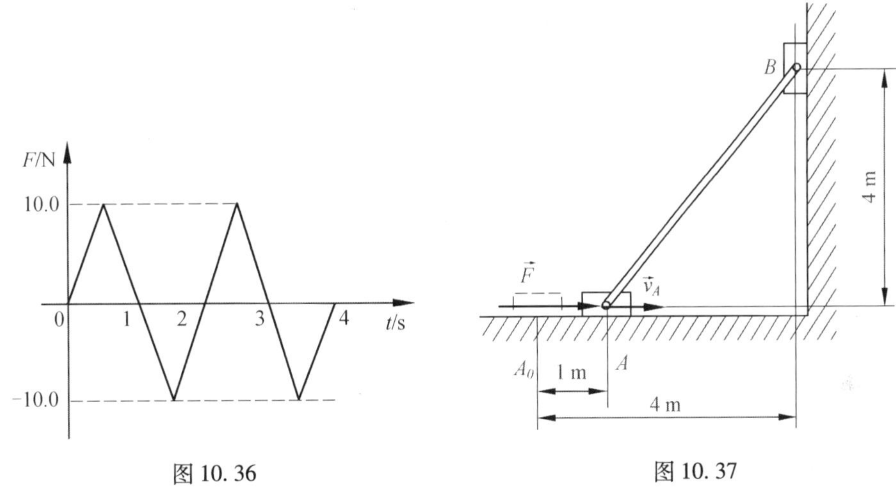

图 10.36　　图 10.37

(3)跳伞者的质量为 70 kg,从停留在高空中的直升机中跳出,落下 100 m 后将降落伞打开. 假设打开伞以前,空气阻力不计;伞张开后,所受的空气阻力不变;经 5 s 后,跳伞者的速度减至 4.3 m/s. 求将人系于伞上之绳索受到的拉力.

(4)机枪每分钟射出 600 发子弹,子弹质量 $m=12.5$ g,以 $v_0=800$ m/s 的水平速度射入铅直的靶档内. 求靶档所受的平均压力.

(5)某人的质量为 70 kg,从高 0.6 m 的站台上跳下,忽略其初速度. 设地面对人脚底的支撑力,在前 0.075 s 内按线性变化增加至最大值,在后 0.075 s 内又按线性变化递减至其体重. 试求此人着地时,脚底受到的最大约束力.

(6)如图 10.38 所示,物块 D 质量为 $m=5$ kg,在开始时支承物块 D 的胶带以匀速 $v=1.6$ m/s 向右运动,以相对于胶带的速度 $v_{Dr}=0.6$ m/s向左运动,设物块与胶带间的动滑动摩擦因数 $f=0.3$,试问经过多长时间,物块相对胶带的速度将减少一半(方向仍向右)?

(7)如图 10.39 所示,质量 $m=50$ kg 的箱子 A,受挡块 B 的阻挡,停放在斜面上. 斜面与箱子间的摩擦因数 $f_s=0.3$. 今有一平行于斜面的力 $\vec{F}$ 作用于箱子上,其大小为 $F=300t$ N,式中 t 以 s 计. 试问过多长时间,该力才能使箱子 A 获得一个大小为 $v=2$ m/s、方向向上的速度?(提示:先求克服摩擦力而开始向上运动所需的时间.)

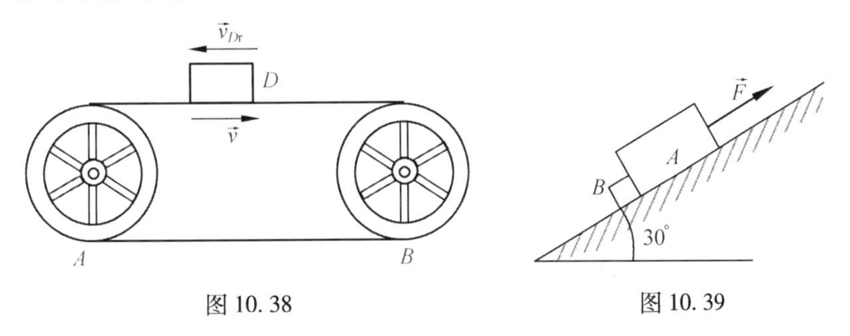

图 10.38　　图 10.39

(8)质量为 $m_1=630$ kg 的平台车,沿光滑的水平轨道运动.车上站有一人,质量 $m_2=70$ kg.开始时,车与人以共同速度 $\vec{v}_0$ 向右方运动.如人相对平台车以速度 $v_r=2$ m/s 向左方跳出,问平台车增加的速度为多少?

(9)在重 100 kN 的一艘驳船上,用绞车拉动一重 5 kN 的箱子.设开始时,船与箱子均处于静止状态,水的阻力忽略不计.求:(1)当箱子在船上移动的速度为 3 m/s 时,驳船移动的速度;(2)当箱子在船上拉过 10 m 时,驳船移动的水平距离.

(10)如图 10.40 所示,一颗质量 $m_1=30$ g 的子弹,以 $v_0=500$ m/s 的速度射入质量 $m_A=4.5$ kg 的物块 A 中.物块 A 与小车 BC 之间的动摩擦系数 $f=0.5$.已知小车的质量 $m=3.5$ kg,可以在光滑的水平地面上自由运动.求:(1)小车与物块 A 的末速度;(2)物块 A 在车上距离 B 端的最终位置.

(11)在图 10.41 所示曲柄滑槽机构中,长为 l 的均质曲柄以匀角速度 ω 绕 O 轴转动,初始状态 φ 角等于零.已知均质曲柄的质量为 m_1,滑块 A 的质量为 m_2,导杆 BD 的质量为 m_3;点 G 为其质心,且 $BG=\dfrac{l}{2}$.求:①机构质心 G 的运动方程;②作用在 O 轴的最大水平力.

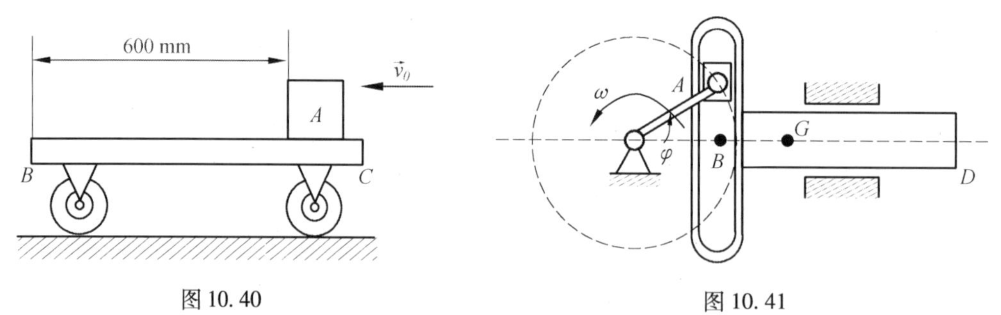

图 10.40　　图 10.41

(12)三个物块的质量分别为 $m_1=20$ kg,$m_2=15$ kg,$m_3=10$ kg,由一根绳连接,并绕过两个定滑轮 M 与 N,放在质量 $m_4=100$ kg 的截头锥 $ABED$ 上,如图 10.42 所示.当物块 m_1 下降时,物块 m_2 沿着 BE 向右移动,而物块 m_3 则沿斜面上升.如略去一切摩擦和绳子的质量,求当重物 m_1 下降 1 m 时,截头锥相对地面的位移.

(13)光滑水平面上放一均质三棱柱 A,在其斜面上又放一均质三棱柱 B,如图 10.43 所示.两个三棱柱的横截面均为直角三角形,A 的质量为 B 的 3 倍.求当柱 B 沿柱 A 滑下刚接触水平面时,三棱柱 A 所移动的距离.

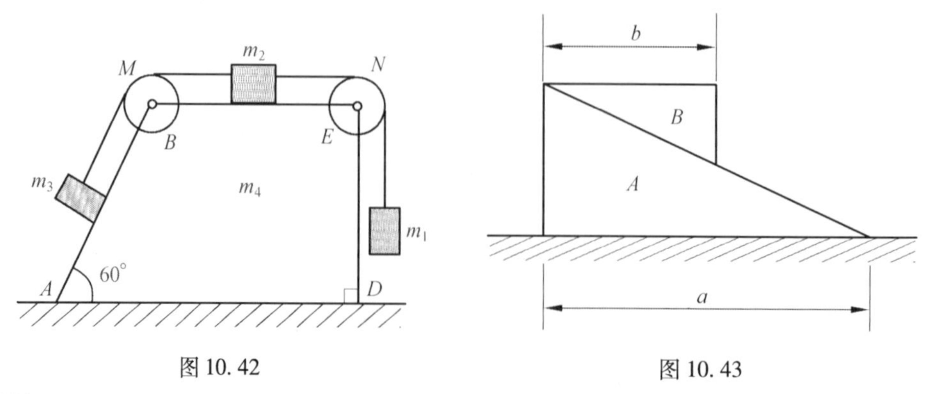

图 10.42　　图 10.43

(14)质量为m_1的质点,沿斜角为θ、质量为m_2的光滑直角三棱柱滑下,三棱柱又可在光滑水平面上自由滑动,试求:(1)质点沿水平方向的加速度$\ddot{x}_1$.(2)三棱柱的加速度$\ddot{x}_2$.(3)三棱柱对质点的反作用力$\vec{F}_1$.(4)水平面对三棱柱的反作用力$\vec{F}_2$.

(15)如图10.44所示,重$\vec{P}$的电动机,在转动轴上装一重$\vec{P}_1$的偏心轮,偏心距为e.电动机以匀角速度ω转动.(1)设电动机的外壳用螺杆固定在基础上,求作用在螺杆上的最大水平剪力;(2)如不用螺杆固定,问转速多大时,电动机会跳离地面?

(16)如图10.45所示,均质杆OA绕水平轴O在铅直面内转动,OA长为$2l$,重$\vec{P}$,当转到与水平线成φ角时,角速度和角加速度分别为ω和α.求此时O端的约束力.

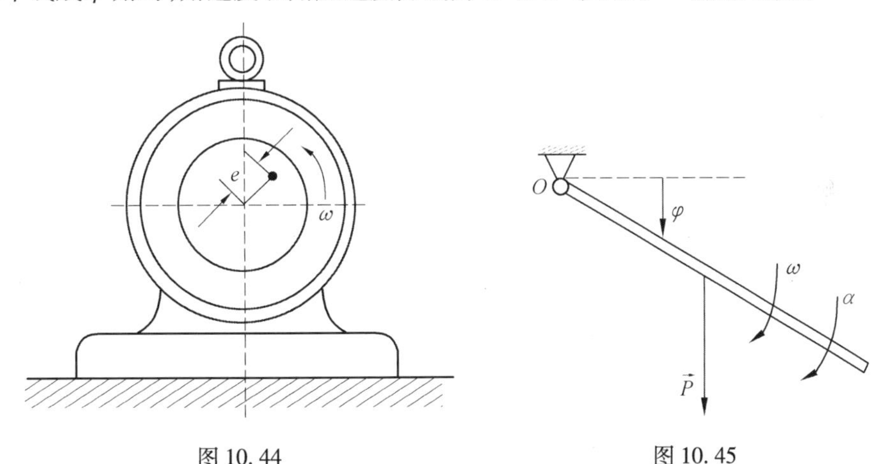

图10.44　　　　图10.45

(17)岸边停靠一质量为210 kg的小船.设船头站立一人,质量为70 kg.此人估计如跨出一步0.8 m即可上岸.不过,当他跨出0.8 m的一步时,由于其重心相应地向前移动了0.4 m,导致船体后移,他却踏入水中,只好涉水上岸.假设他原来估计离岸边的距离是正确的,试求此人跨步着水时,脚离岸边的距离.船所受的阻力可以忽略.

2.动量矩定理部分习题

(1)质量为m的质点在平面Oxy内运动,其运动方程为$x=a\cos pt$,$y=b\sin 2pt$;其中a、b和p为常量.求质点对原点O的动量矩.

(2)图10.46所示质量为m的小球M系于线MOA的一端,此线穿过一铅垂小管.开始时,小球绕管轴沿半径$MC=R$作圆周运动,今缓慢地向下拉动OA线段.(1)若开始时,小球的转速为120 r/min,求当其运动到$M_1C_1=\frac{1}{2}R$时,转速为多少?(2)若$m=1$ kg,$OM=300$ mm,$R=150$ mm,$M_1C_1=100$ mm,求线段OA向下拉动的距离.

(3)质量$m=1$ kg的小球以$\omega_0=15$ rad/s的角速度绕铅直轴转动.该球用两根长$l=0.6$ m不可伸长的绳连接在铅直的轴上,$\theta=30°$,如图10.47所示.若滑块A向上移动0.15 m,求此球的角速度ω.

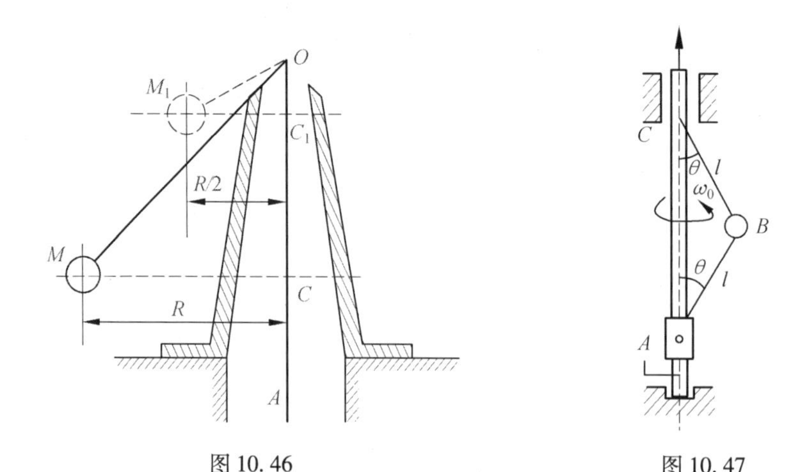

图 10.46　　图 10.47

(4)质量为 m_1,半径为 R 的均质圆盘,置于铅直面内,绕其铅垂直径 AB 以初角速度 ω_0 转动. 另有一质量为 m_2 的质点从位置 A 开始沿圆盘的边缘运动. 求质点运动到离转轴 AB 的距离为最大时圆盘的角速度.

(5)质量为 m 的小球 A,连接在长为 l 的杆 AB 上,并被放在盛有液体的容器内,如图 10.48 所示. 杆以初速度 ω_0 绕铅直轴 O_1O_2 转动,液体的阻力与小球质量和角速度的乘积 $m\omega$ 成正比,即 $F = km\omega$,其中 k 是比例常数. 问经过多少时间,角速度减为初角速度的一半?

(6)如图 10.49 所示,一构架支撑着一 5 kg 的小球 A,初始处于静止状态. 一力矩 $M=3t$ 作用于 CD 轴上,一水平力 $F=10$ N 垂直作用于横臂 AB 上,其中 M 以 N · m 计,t 以 s 计. 假若构架的质量可以忽略,求 $t=4$ s 时小球 A 的速度.

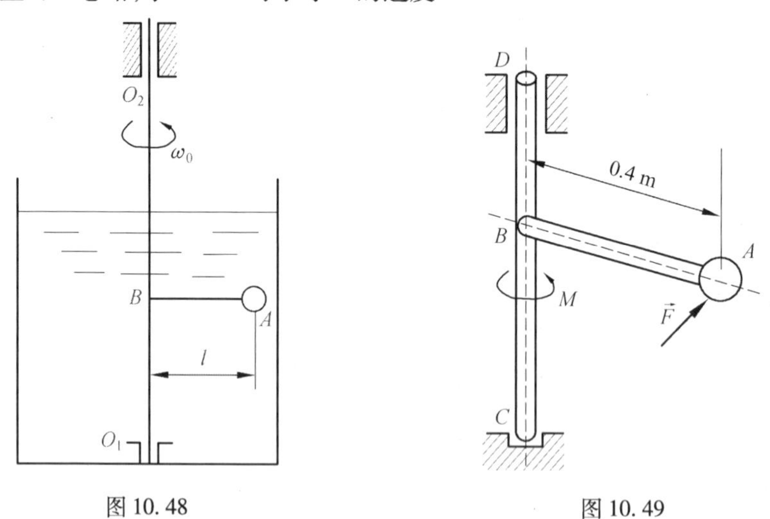

图 10.48　　图 10.49

(7)图 10.50 所示均质细杆 OA 的质量为 m,长为 l,绕定轴 Oz 以匀角速度转动. 设杆与 Oz 轴夹角为 θ,求当杆运动到 Oyz 平面内的瞬时,杆对 x,y,z 轴及 O 点的动量矩.

(8)图 10.51 所示直角曲尺 ADB 可绕其铅垂边 AD 旋转,在 BD 边上有一质量为 m 的物体 E. 开始时,系统以角速度 ω 绕 AD 轴转动,物体 E 距 D 点距离为 a. 设曲尺对 AD 轴的转动惯量为 J,求曲尺转动的角速度 ω 与距离 $x=ED$ 之间的关系.

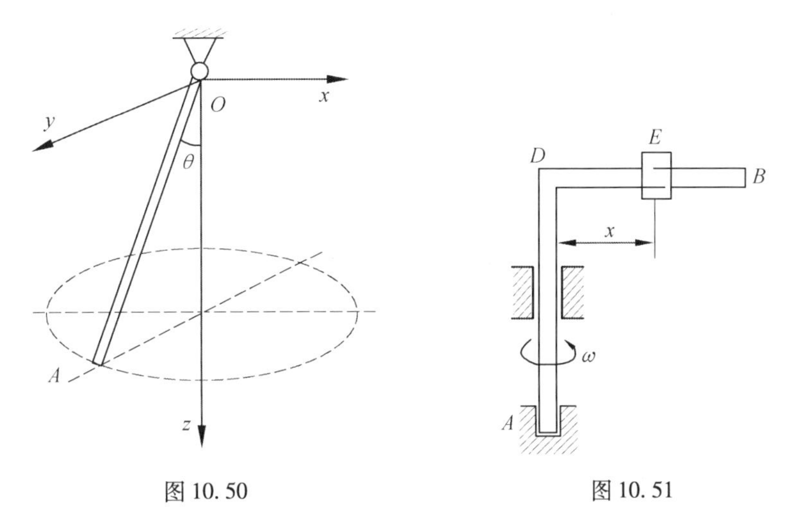

图 10.50　　图 10.51

(9)一半径为 R,质量为 m_1 的均质圆盘,可绕通过其中心的铅垂轴转动,摩擦不计. 另一质量为 m 的人由 B 点按规律 $s=\frac{1}{2}at^2$ 沿距 O 轴半径为 r 的圆周行走,如图 10.52 所示. 开始时,圆盘与人均静止,求圆盘的角速度和角加速度.

(10)如图 10.53 所示,质量为 m 的均质矩形薄板,其边长分别为 a 和 b. 求薄板对于每条边的转动惯量 J_x 和 J_y,以及它对于板面垂直的质心轴 $z_{C'}$ 的转动惯量 $J_{zC'}$.

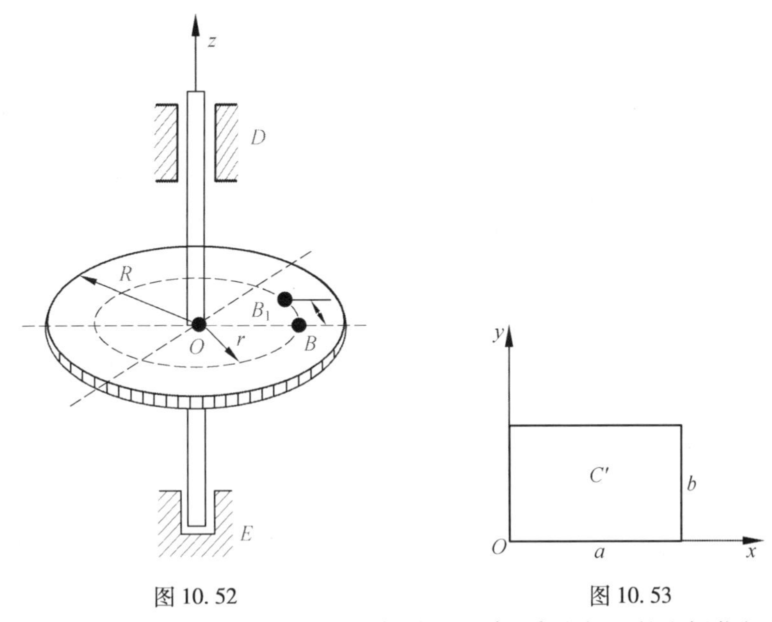

图 10.52　　图 10.53

(11)图 10.54 所示一绳跨过一滑车,滑车质量不计,质量为 m 的人抓住绳的 A 点,而绳的 B 点系有一等质量的物体. 如人沿绳以相对速度 $\vec{v}_r$ 上爬,则此物体将怎样运动,它的速度如何(不计绳的质量及轴承摩擦)?

(12)质量分别为 m_1 和 m_2 的两重物 A 和 B,各系在两条绳上,这两条绳又分别围绕在半径为 r_1 和 r_2 的鼓轮上,如图 10.55 所示. 鼓轮和绳的质量及轴的摩擦均略去不计. 求鼓轮的角加速度.

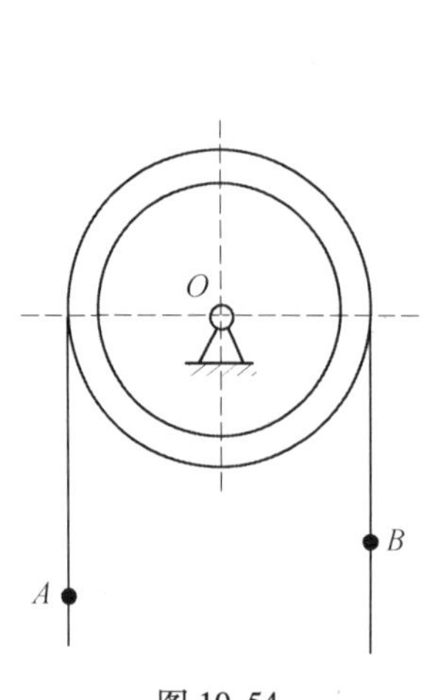

图 10.54

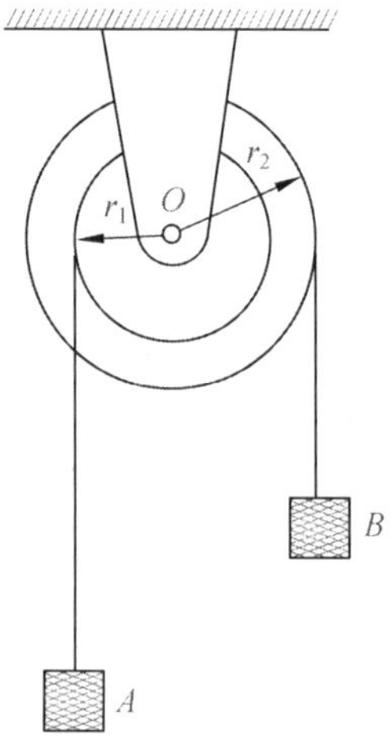

图 10.55

(13)如图 10.56 所示,为求半径 $R = 500$ mm 的飞轮 A 对于通过其质心轴的转动惯量,在飞轮上绕一细绳,绳的末端系一质量为 $m_1 = 8$ kg 的重锤,重锤自高度 $h = 2$ m 处落下,测得落下时间 $t_1 = 16$ s. 为消去轴承摩擦的影响,再用质量为 $m_2 = 4$ kg 的重锤作第二次试验,此重锤自同一高度处落下的时间为 $t_2 = 25$ s. 假定摩擦力矩是一常数,且与重锤的质量无关,求飞轮对于通过其质心轴的转动惯量.

(14)图 10.57 所示飞轮在力矩 $M_0\cos\omega t$ 作用下绕定轴转动,沿飞轮辐条有质量为 m 的两等质量物体,各作周期性运动. 问距离 r 应满足什么条件,才能使飞轮以角速度 ω 匀速转动.

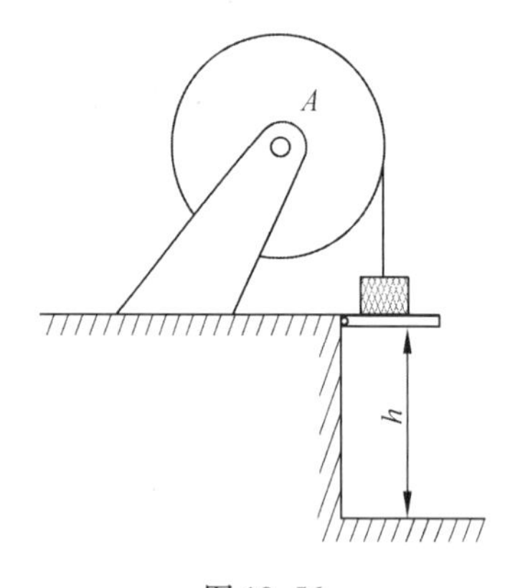

图 10.56

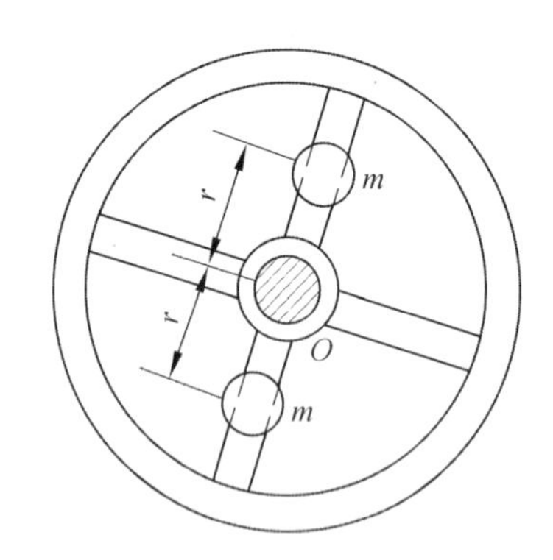

图 10.57

(15)如图 10.58 所示,为使质量为 8 kg 的 B 物体以 400 mm/s^2 向上的加速度,求作用于绳索 A 端的力 $\vec{F}_{TA}$. 假设均质圆盘质量为 20 kg,半径为 150 mm,绳索在圆盘表面上无相对滑动. 并计算物体 B 上所受的绳的张力,说明此张力不同于 A 端绳的拉力.

(16)有两个不同物体,一为均质细杆,其质量为 m,长为 l;另一为质量 m 的小球,固结于可忽略自重的长为 l 的轻杆的杆端,如图 10.59 所示. 两者均铰接于固定水平面上,并在同一微小倾斜位置释放. 问哪一个先到达水平位置? 为什么?

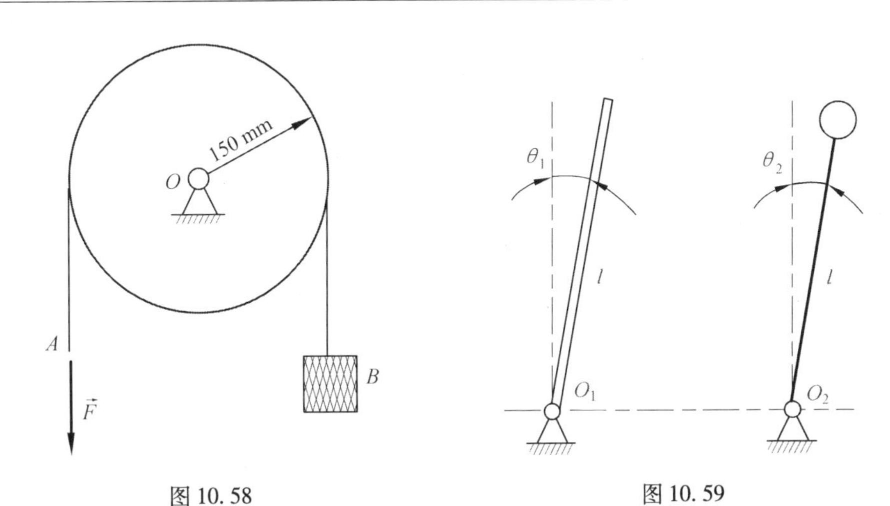

图 10.58　　图 10.59

(17)图 10.60 所示钟表的摆由杆和圆盘组成.杆长 $l=1$ m,质量 $m_1=4$ kg;圆盘的半径 $R=0.2$ m,质量 $m_2=6$ kg.如杆和圆盘视为均质,求摆对于 O 轴的转动惯量.

(18)在图 10.61 所示两系统中,OA 杆在 O 端铰接,在 B 点由于铅直弹簧的作用而使 OA 杆处于水平位置.弹簧刚度系数为 k,图中 a,l 已知.图 10.61(a)中 OA 杆质量不计,小球 A 的质量为 m;图 10.61(b)中的 OA 为均质细杆,其质量为 m.如杆在铅垂面内作微小摆动,求上述两系统自由振动的周期.

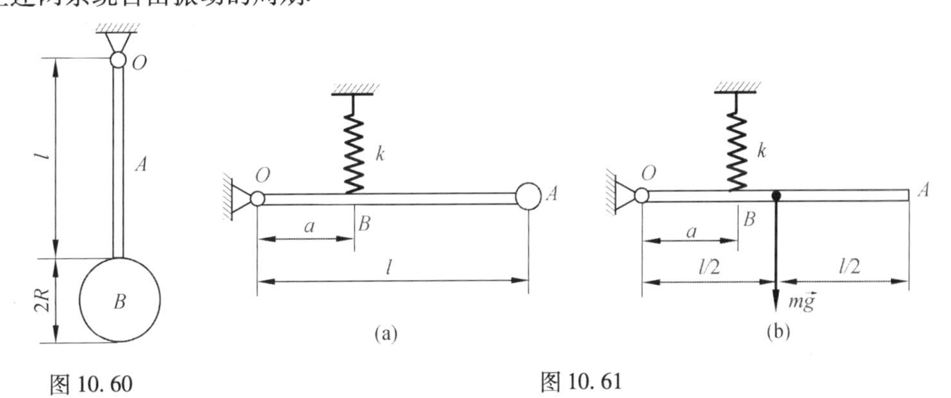

图 10.60　　图 10.61

(19)图 10.62 所示均质滚子的质量为 m,半径为 R,对其质心 C 轴的回转半径为 ρ.滚子静止在水平面上,且受一水平拉力 $\vec{F}$ 作用.设拉力 $\vec{F}$ 的作用线的高度为 h,滚子只滚不滑,滚动摩阻忽略不计.求静滑动摩擦力 $\vec{F}_s$,并分析 $\vec{F}_s$ 的大小和方向与高度 h 的关系.

(20)如图 10.63 所示均质圆柱体 A 和 B,两圆柱质量均为 m,半径均为 r,一绳缠在绕固定轴 O 转动的圆柱 A 上,绳的另一端绕在圆柱 B 上,直线绳段铅垂,摩擦不计.求:(1)圆柱体 B 下落时质心的加速度;(2)若在圆柱体 A 上作用一逆时针转向,矩为 M 的力偶,试问在什么条件下圆柱体 B 的质心加速度将向上.

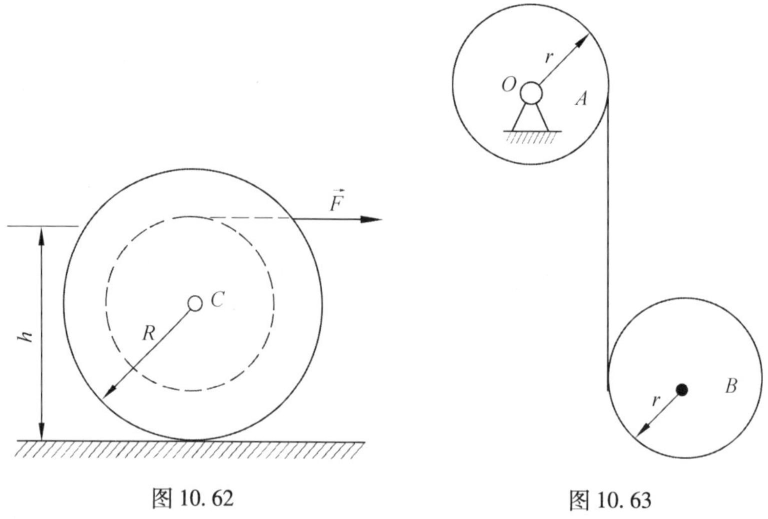

图 10.62　　　　图 10.63

3. 动能定理部分习题

(1)一弹簧自然长度 $l_0 = 100$ mm,刚度系数 $k = 0.5$ N/mm,一端固定在半径 $R = 100$ mm的圆轴的 O 点上,另一端由图 10.64 所示的 B 点拉至 A 点. 其中 OA 与 BC 垂直,OA 为圆轴截面直径. 求弹簧力所做的功.

(2)图 10.65 所示质点 M 沿轨迹 $\frac{x^2}{25}+\frac{y^2}{9}=1$ 运动. 求其上某一作用力 $\vec{F}=-5x\vec{i}-5y\vec{j}$($\vec{F}$ 以 N 计,距离以 m 计),在由 $M_0(5,0)$ 至 $M_1(0,3)$ 的路程上所做的功.

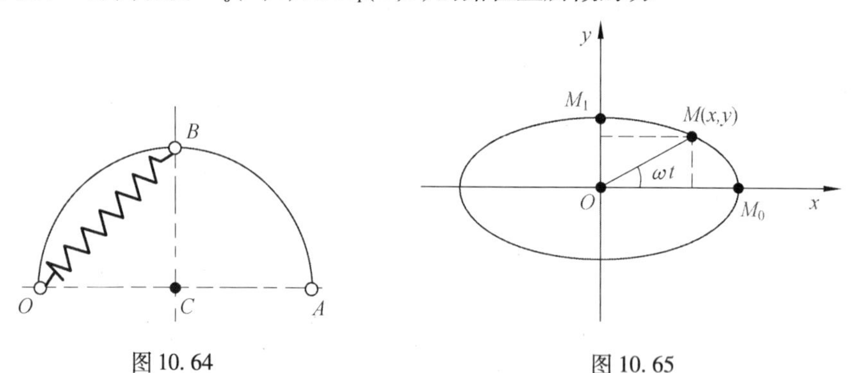

图 10.64　　　　图 10.65

(3)如图 10.66 所示,两根弹簧用布条连在一起,弹簧的拉力最初为 600 N,弹簧的刚度系数均为 $k = 2$ N/mm. 质量为 40 kg 的物体 M 从高 h 处自由落下,重物落在布条上以后,下沉的最大距离为 1 m. 弹簧与布条的质量均略去,求高度 h.

(4)如图 10.67 所示质量为 10 kg 的滑块可沿铅直导杆 CD 滑动,最初静置于 A 处,现在用绳拉动. 已知绳的拉力 $F=400$ N,各处的摩擦均可略去. 求物块到达 B 处时的速度.

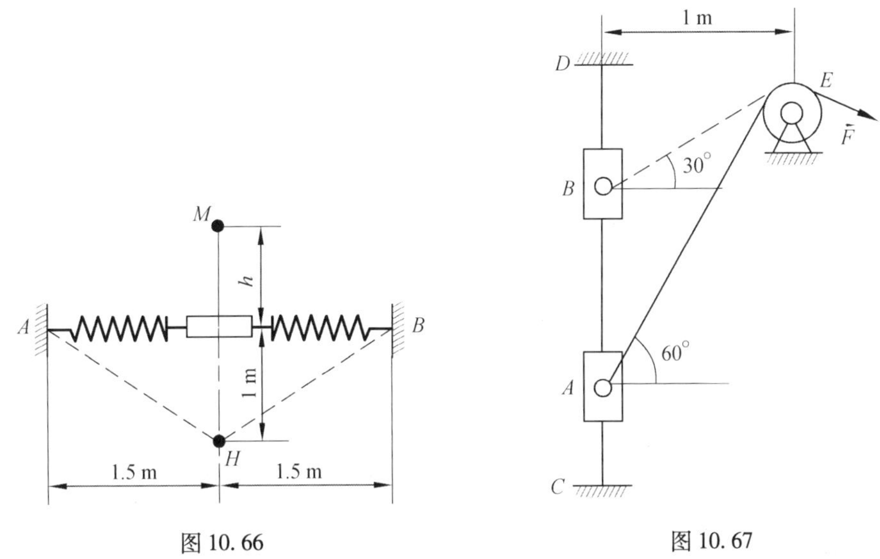

图 10.66　　图 10.67

(5)用于码头的两种能量吸震防冲装置,可以承受变形不大的载荷,它们的力-变形曲线如图 10.68 所示. 当没有面积仪时,第二种装置的力-变形曲线方程可假设为 $F=31.4x^{1.6}$,其中 x 以 mm 计,$\vec{F}$ 以 N 计. 如果一艘重 100 kN 的轮船以 1.8 km/h 的速度撞击防冲装置,求轮船静止下来的时候,每种装置的最大变形量.

(6)半径为 r,质量为 m 的均质圆柱体在固定的圆柱面内滚动而不滑动,如图 10.69 所示. 固定圆柱面的半径为 R,将圆柱体的动能表达为 φ 角的函数.

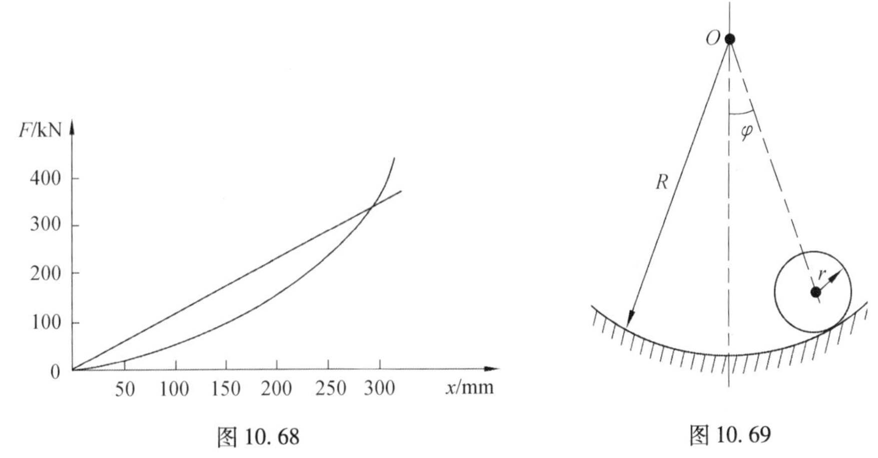

图 10.68　　图 10.69

(7)如图 10.70 所示位于水平面内的行星轮系,由连杆 OA 带动. 连杆则以角速度 ω 转动. 此连杆和三个相同的齿轮的轴相连. 齿轮 I 是固定的,连杆则以角速度 ω 转动. 每个齿轮的质量为 m_1,半径为 r,连杆的质量为 m_2. 设齿轮及连杆皆为均质,(1)计算此行星齿轮机构的动能. (2)作用于齿轮 III 之力的功等于多少?

(8)在图 10.71 所示滑轮组中悬挂两个物块,其中 A 的质量 $m_A=30$ kg,B 的质量 $m_B=10$ kg. 定滑轮 O_1 的半径 $r_1=0.1$ m,质量 $m_1=3$ kg;动滑轮 O_2 的半径 $r_2=0.1$ m,质量 $m_2=4$ kg. 设两滑轮均视为均质圆盘,绳重和摩擦都略去不计. 求重物 A 由静止下降距离 $h=0.5$ m时的速度.

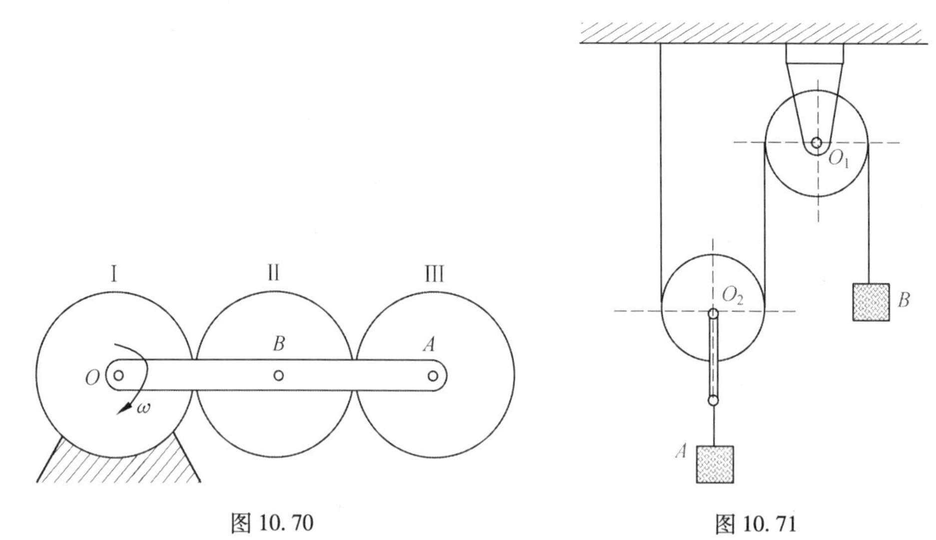

图 10.70　　图 10.71

(9)图 10.72 示 A,B,C 三个可以忽略大小的球,质量均为 1 kg. 球 A,B 可在光滑水平杆上自由滑动,球 C 则用两根长 1 m 的细线与 A,B 连接,细线不可伸长. 若三球在成等边三角形的位置时静止释放,问球 A,B 将以多大的速度碰撞?

(10)图 10.73 所示轴 I 和轴 II 连同安装在其上的带轮和齿轮的转动惯量分别为 $J_1 = 5\ \mathrm{kg \cdot m^2}$ 和 $J_2 = 4\ \mathrm{kg \cdot m^2}$,传动比 $\dfrac{\omega_2}{\omega_1} = \dfrac{3}{2}$,在轴 I 上的转矩 $M = 50\ \mathrm{N \cdot m}$ 作用下,系统由静止开始运动. 问轴 II 经过多少转后,它的转速可达 $n_2 = 120\ \mathrm{r/min}$.

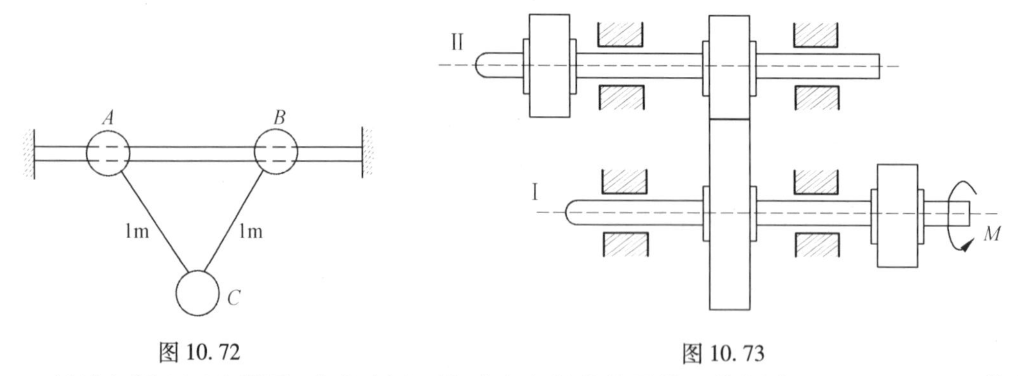

图 10.72　　图 10.73

(11)如图 10.74 所示,冲床冲压工件时冲头所受的平均工作阻力 $F = 520\ \mathrm{kN}$,工作行程 $s = 10\ \mathrm{mm}$,飞轮的转动惯量 $J = 39.2\ \mathrm{kg \cdot m^2}$,转速 $n_0 = 415\ \mathrm{r/min}$. 假定冲压工件所需的全部能量都由飞轮供给,计算冲压结束后飞轮的转速.

(12)均质圆盘 A 绕 O 轴转动,A 的质量为 m_A,半径为 r,一细绳绕在盘上,其端部挂一质量为 m_B 的物块 B,如图 10.75 所示. 今在距轮心上部 $OD = e$ 的 D 点处,沿水平方向固结一弹簧加以约束,弹簧的刚度系数为 k. 该系统在图示位置处于平衡状态,绳及弹簧质量均不计. 试求该系统作微小运动的微分方程.

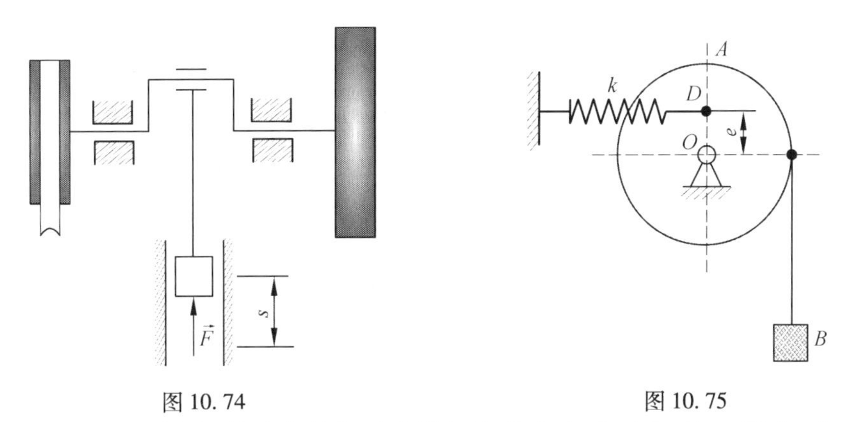

图 10.74　　图 10.75

(13)如图 10.76 所示,外啮合的行星齿轮机构放在水平面内,轮 II 固定. 今在曲柄 OA 上作用不变转矩 M_0,来带动齿轮 I 沿定齿轮 II 纯滚动. 已知轮 I 和 II 的质量分别是 m_1 和 m_2,并可看成半径是 r_1 和 r_2 的均质圆盘;曲柄质量是 m,并可看成是均质细杆. 假设机构由静止开始运动,试求曲柄的角速度与其转角 φ 之间的关系. 摩擦不计.

(14)如图 10.77 所示,铅直平面内有两均质细杆在 B 点铰接,两杆的长度均为 b,质量均为 m. 今在 AB 杆上作用一不变力偶矩 M,并从图示位置静止释放,不计摩擦. 求当 A 碰到支座 O 时,A 端之速度.

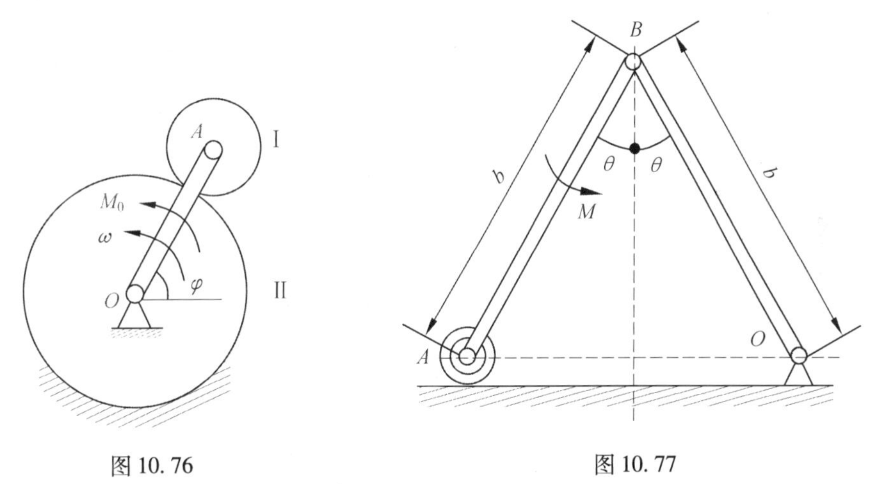

图 10.76　　图 10.77

(15)一水泵抽水量 $Q = 0.06\ \mathrm{m^3/s}$,扬程 $h=20$ m. 假若抽水机的总效率 $\eta=0.6$,需选用多大功率的电动机? 假若选用一台 20 kW 的电动机与此水泵配套,需要多少时间才能完成抽水 5 000 $\mathrm{m^3}$ 的任务?

10.11 Контрольные вопросы(测验题)

1. Что называется абсолютно твердым телом (什么是绝对刚体)?

2. Какие системы сил называются эквивалентными (什么力系称作等价力系)?

3. В чем состоит принцип освобождаемости твердого тела от связей(刚体解除约束的原理是什么)?

4. Чем отличаются активные силы от пассивных(主动力和被动力的区别是什么)?

5. Что называется плоской и пространственной системой сил(平面力系和空间力系是什么)?

6. Чем отличаются сходящиеся силы от произвольно расположенных в пространстве(空间汇交力和空间任意力的区别是什么)?

7. Как определяется момент силы относительно точки(怎么定义力相对于点的力矩)?

8. Запишите основные уравнения равновесия произвольной пространственной системы сил(写出任意空间力系的平衡方程).

9. Что такое главный вектор сил и чему он равен? Зависит ли гланый вектор сил от выбора центра приведения(力系的主矢量是什么,它等于什么? 主矢量取决于简化中心的选择吗)?

10. Перечислите способы определения положения центра тяжести твердого тела(列出确定刚体重心的方法).

11. Имеет ли материальная точка ускорение при равномерном движении по криволинейной траектории(质点在沿曲线做匀速运动时是否具有加速度)?

12. Могут ли точки тела, движущегося поступательно, иметь криволинейные траектории(平移运动刚体上的点能否有曲线轨迹)?

13. Что такое мгновенный центр скоростей плоской фигуры(平面物体的瞬时速度中心是什么)?

14. Если пассажир идет в салоне самолета в направлении полета, его скорость по отношению к Земле будет больше или меньше, чем скорость самолета(如果一个乘客在飞机的机舱内沿飞行方向行走,他相较于地面的速度是否大于飞机的速度)?

15. Какое движение будет совершать тело при сложении двух вращательных движений, у которых угловые скорости одинаковые, а направления разные(两个角速度大小相同、方向不同的转动运动作用下物体将做什么运动)?

16. Запишите основной закон динамики(写出动力学的基本定律).

17. Чему равна работа силы тяжести? Зависит ли она от вида траектории точки приложения силы(重力的功等于什么? 它是否取决于力作用点的轨迹类型?)

18. Дайте определение коэффициента полезного действия. Для чего введено это понятие(给出效率系数的定义. 为什么引入这个概念)?

19. Как определить центр тяжести грузовика(如何确定卡车的重心)?

20. Определите количество движения колеса весом $\vec{G}$ и радиусом R, катящегося по прямолинейному рельсу без скольжения с угловой скоростью ω(确定车轮的动量. 车轮的重量为 $\vec{G}$、半径为 R,沿着一条直线以角速度 ω 滚动).

21. При каком расположении вектора количества движения материальной точки его момент относительно оси будет равен нулю(当对轴的力矩为零时,质点动量矢量的位置是什么)?

22. При каких условиях кинетический момент механической системы относительно центра остается постоянным(在什么条件下,质点系相对中心的动量矩保持不变)?

23. Почему для того чтобы остановиться, быстро вращающийся на коньках фигурист раскидывает в стороны руки(为什么花样滑冰运动员在冰上快速旋转时,为了停下来会张开双臂)?

习题答案

第1章 习题答案

1.

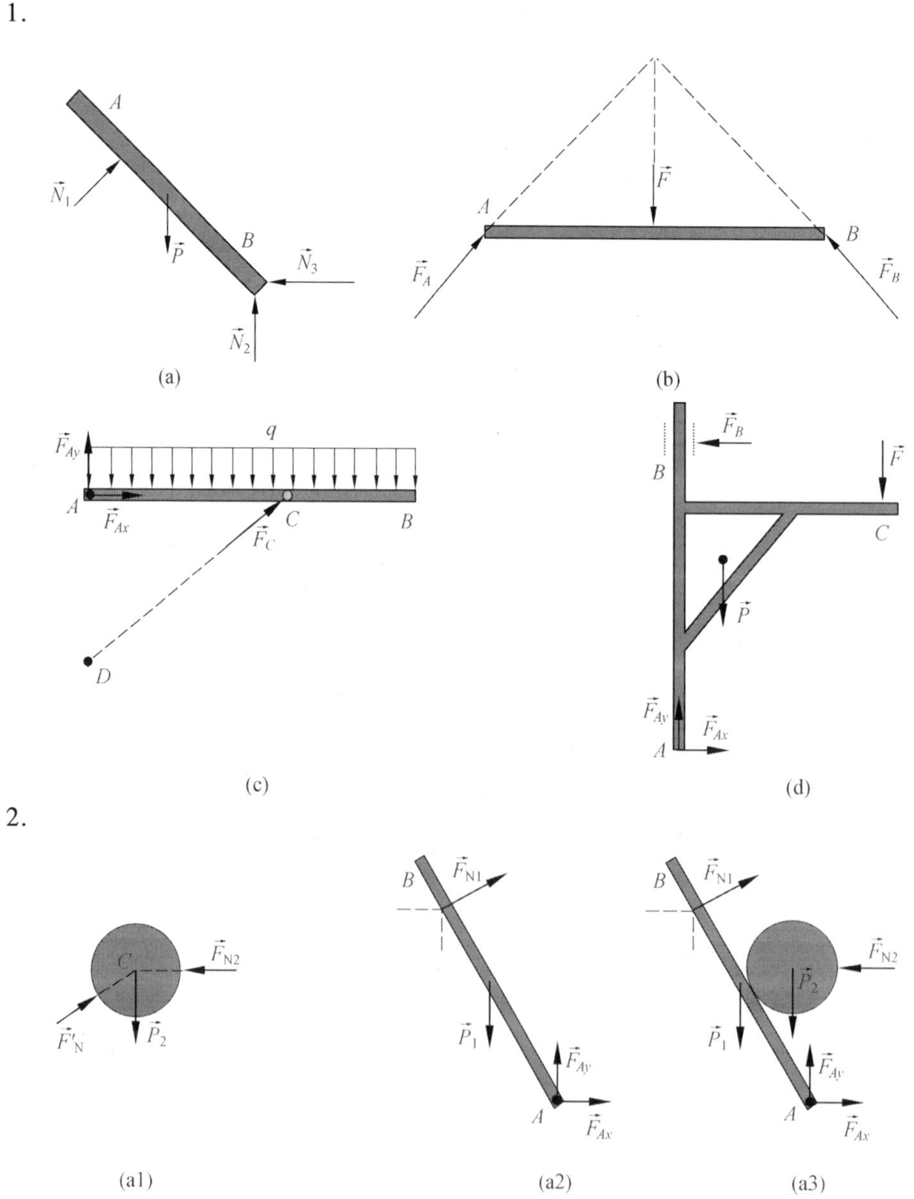

(a) (b) (c) (d)

2.

(a1) (a2) (a3)

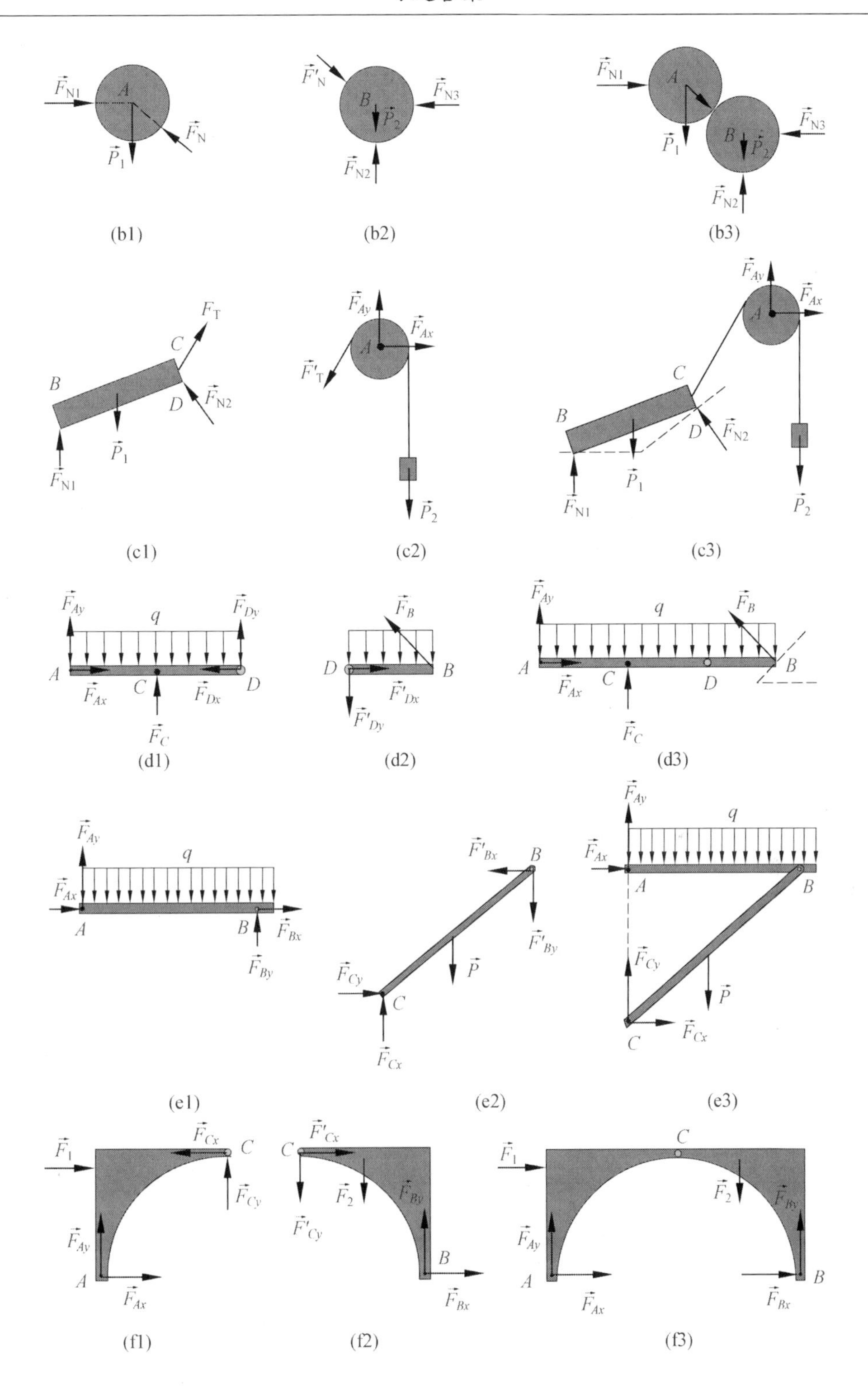

(b1) (b2) (b3)

(c1) (c2) (c3)

(d1) (d2) (d3)

(e1) (e2) (e3)

(f1) (f2) (f3)

3.

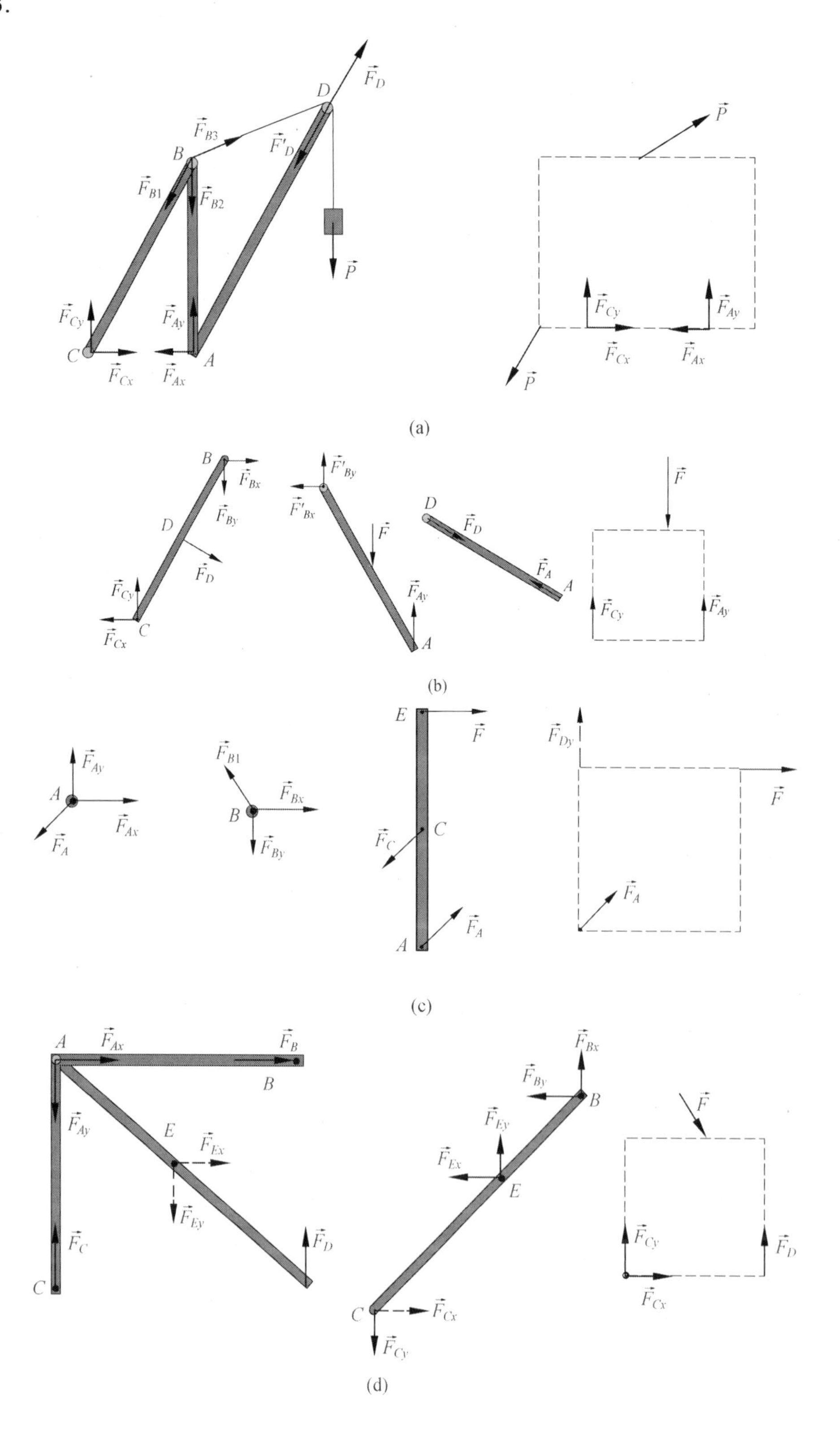

D
$\vec{F}_D$
$\vec{F}_{B3}$
$\vec{F'}_D$
B
$\vec{F}_{B1}$
$\vec{F}_{B2}$
$\vec{P}$
$\vec{F}_{Cy}$
$\vec{F}_{Ay}$
C
A
$\vec{F}_{Cx}$
$\vec{F}_{Ax}$
$\vec{P}$
$\vec{F}_{Cy}$
$\vec{F}_{Ay}$
$\vec{F}_{Cx}$
$\vec{F}_{Ax}$
$\vec{P}$
B
$\vec{F}_{Bx}$
$\vec{F}_{By}$
D
$\vec{F}_D$
$\vec{F}_{Cy}$
C
$\vec{F}_{Cx}$
$\vec{F'}_{By}$
$\vec{F'}_{Bx}$
$\vec{F}$
$\vec{F}_{Ay}$
A
D
$\vec{F}_D$
$\vec{F}_A$
A
$\vec{F}$
$\vec{F}_{Cy}$
$\vec{F}_{Ay}$
E
$\vec{F}$
$\vec{F}_{Dy}$
$\vec{F}_{Ay}$
A
$\vec{F}_{Ax}$
$\vec{F}_A$
$\vec{F}_{B1}$
B
$\vec{F}_{Bx}$
$\vec{F}_{By}$
$\vec{F}_C$
C
$\vec{F}_A$
A
$\vec{F}$
$\vec{F}_A$
A
$\vec{F}_{Ax}$
$\vec{F}_B$
B
$\vec{F}_{Ay}$
E
$\vec{F}_{Ex}$
$\vec{F}_{Ey}$
$\vec{F}_C$
$\vec{F}_D$
C
$\vec{F}_{Bx}$
$\vec{F}_{By}$
B
$\vec{F}_{Ey}$
$\vec{F}_{Ex}$
E
C
$\vec{F}_{Cx}$
$\vec{F}_{Cy}$
$\vec{F}$
$\vec{F}_{Cy}$
$\vec{F}_D$
$\vec{F}_{Cx}$

(a)

(b)

(c)

(d)

第2章　习题答案

1. $F_A = -\frac{\sqrt{5}}{2}F$, $F_D = -\frac{1}{2}F(\uparrow)$

2. $F_{Ay} = 750$ N (↓) , $F_{By} = 750$ N (↑)

3. $F_{BC} = -74.64$ kN (压) , $F_{BA} = 54.64$ kN (拉)

4. $\theta = 30°$, $P_B = 100$ N

5. (a) $M_O(\vec{F}) = 0$, (b) $M_O(\vec{F}) = Fl$,

(c) $M_O(\vec{F}) = -F\cos\alpha Fl_2 - \sin(l_1 + l_3)$, (d) $M_O(\vec{F}) = Fl\sin\beta\sqrt{l_1^2 + l_2^2}$

6. (1) $M_O = -900$ N · m , $F_R = 150$ N(沿 x 轴负方向) , $y = -6$ mm

7. $F_{AB} = 500$ N (拉) , $M_2 = 300$ N · m

8. (a) $F_{Ax} = 0$, $F_{NB} = \frac{1}{2}\left(3F + \frac{M}{a}\right)$, $F_{Ay} = -\frac{1}{2}\left(F + \frac{M}{a}\right)$

(b) $F_{Ax} = 0$, $F_{NB} = \frac{1}{2}\left(3F + \frac{M}{a} - \frac{1}{2}qa\right)$, $F_{Ay} = -\frac{1}{2}\left(F + \frac{M}{a} - \frac{5}{2}qa\right)$

9. (a) $F_{Ax} = \frac{M}{a}\tan\theta$, $F_{Ay} = -\frac{M}{a}$, $M_A = -M$, $F_{NC} = \frac{M}{a\cos\theta}$

(b) $F_{Ax} = \frac{1}{2}qa\tan\theta$, $F_{Ay} = \frac{1}{2}qa$, $M_A = \frac{1}{2}qa^2$, $F_{NC} = \frac{qa}{2\cos\theta}$

10. $F_{Ax} = F_{Bx} = \frac{ql^2}{8h}$, $F_{Ay} = F_{By} = \frac{ql}{2}$

11. $F_{Ax} = 0$, $F_{Ay} = 0.25P + 1.5qa$, $F_B = 0.75P + 0.5qa$

12. $F_{Ax} = 0$, $F_{Ay} = -\frac{M}{2a}$, $F_{Dx} = 0$, $F_{Dy} = \frac{M}{a}$, $F_{Bx} = 0$, $F_{By} = -\frac{M}{2a}$

13. $F_{Ax} = 1\ 200$ N , $F_{Ay} = 150$ N , $F_{NB} = 1\ 050$ N , $F_{BC} = -1\ 500$ N (压)

14. $F_{Ax} = 0$, $F_{Ay} = 15.1$ kN , $M_A = 68.4$ kN · m , $F_{Bx} = -22.8$ kN , $F_{By} = -17.85$ kN , $F_{Cx} = 22.8$ kN , $F_{Cy} = 4.55$ kN

15. $F_{Dx} = -qa$, $F_{Dy} = \frac{1}{2}qa$ 或 $F_D = \frac{\sqrt{5}}{2}qa$

第3章习题答案

1. $F_{OB} = F_{OC} = 707$ N (拉) , $F_{OA} = 1\ 414$ N (压)

2. $M_x = F_z a = aF_1\sin\beta + aF_2\cos\alpha$, $M_y = aF_1\sin\beta$,

$M_z = F_y a - F_x a = -aF_1\cos\beta\cos\alpha - aF_2\sin\alpha - aF_1\cos\beta\sin\alpha$

3. $M_x = 84.85$ kN · m , $M_y = 70.71$ kN · m , $M_z = 108.84$ kN · m

4. $M_{AB}(\vec{F}) = Fa\sin\beta\sin\theta$

5. $M_x(\vec{F})=\frac{F}{4}(h-3R)$, $M_y(\vec{F})=\frac{\sqrt{3}}{4}F(h+R)$, $M_z(\vec{F})=-\frac{1}{2}RF$

6. $\vec{F'}_R=-100k$ kN , $M_C=-(12.5\vec{i}+5\vec{j})$ kN · m

7. $F_1=F$, $F_2=-\sqrt{2}F$, $F_3=F$, $F_4=\sqrt{2}F$, $F_5=\sqrt{2}F$, $F_6=F$

8. $\vec{F'}_R=0$, $M_A=(-32\vec{i}-30\vec{j}+24\vec{k})$ N · m

9. $x_C=90$ mm , $y_C=0$

10. $x=49.44$ mm , $y_C=46.5$ mm

第4章　习题答案

1. $\vec{F}_{\mathrm{T}}=\frac{P\sin(\beta+\varphi_{\mathrm{f}})}{\cos(\beta-\varphi_{\mathrm{f}})}$, $\vec{F}_{\mathrm{Tmin}}=P\sin(\beta+\varphi_{\mathrm{f}})$

2. $f_s=0.223$

3. $f_s=\frac{1}{2\sqrt{3}}$

4. $s=0.456l$

5. 50 N,57.2 N

6. $F_{\min}=3\ 200$ N

7. $b<d\left(1-\sqrt{\frac{1}{1+f_s^2}}\right)=7.84$ mm

8. $\alpha=1°9'$

9. $\vec{F}_{\min}=240$ N

10. $F_{\min}=180$ N

11. $\vec{F}=\frac{P(\delta_1+\delta_2)+2P_1\delta_2}{2r}$

第5章　习题答案

1. $a_\tau=0$, $a_n=10$ m/s , $\rho=2.5$ m

2. $v_x=3$ m/s , $v_y=4$ m/s , $a=3.6$ m/s^2

3. $x=200\cos\frac{\pi}{5}t$ (式中 x 以 mm 计), $y=200\sin\frac{\pi}{5}t$ (式中 x 以 mm 计)

轨迹 $\frac{x^2}{40\ 000}+\frac{y^2}{10\ 000}=1$

4. $\frac{(x-a)^2}{(b+l)^2}+\frac{y^2}{l^2}=1$

5. 运动方程: $x=20t-\sin 20$, $y=1-\cos 20$

$v=0$, $a=400$ m/s^2,向上

6. $t = 0$ s, $a = 10\ m/s^2$;

$t = 1$ s, $a = 10\ m/s^2, a_n = 106.7\ m/s^2$;

$t = 2$ s, $a = 10\ m/s^2, a_n = 83.3\ m/s^2$;

7. $\rho = \frac{v_o}{\omega_o}\varphi$

8. $a_{max} = \sqrt{16\pi^4 f^4 z_o^2 + \omega^4 r^2}$

9. $v_{M'} = v_o \sec^2 \frac{v_o}{R}t$, $a_{M'} = \frac{2v_o^2}{R} \frac{\sin \frac{v_o}{R}t}{\cos^3 \frac{v_o}{R}t}$

10. $\omega = 8\ rad/s, \varepsilon = -38.4\ rad/s^2$

第6章　习题答案

1. $v = 0.859\ 9\ m/s$

2. $v_m = \frac{Rn\pi}{30}$, $a_m = \frac{Rn^2\pi^2}{900}$

3. $\varphi = \frac{\sqrt{3}}{3}\ln \frac{1}{1 - \sqrt{3}\omega_0 t}$, $\omega = \omega_0 e^{\sqrt{3}\varphi}$

4. N=30 000 转

5. $\varphi = \frac{1}{30}t$（式中 φ 以 rad 计），$x^2 + (y + 0.8)^2 = 1.5^2$

6. $\omega = \frac{v}{2l}$, $\alpha = -\frac{v^2}{2l^2}$

7. $a_M = \arctan \frac{\sin\omega_0 t}{\frac{h}{r} - \cos\omega_0 t}$

8. $v_M = 15\sqrt{3}\ cm/s$

9. (1) $v_G = (-400i - 400j + 200k)mm/s$, $v_G = 600\ mm/s$

(2) $a_{Gn} = (2\ 400i - 1\ 200j + 2\ 400k)\ mm/s^2$, $a_{Gn} = 3\ 600\ mm/s^2$

(3) $a_{G\tau} = (200i + 200j - 100k)\ mm/s^2$, $a_{G\tau} = 300\ mm/s^2$

(4) $a_G = (2\ 600i - 1\ 000j + 2\ 300k)\ mm/s^2$, $a_G = 3\ 613\ mm/s^2$

10. $\omega = 27\pi, \alpha = 18\pi$

11. $v = (19.9596e_\theta + 1.27e_z)\ m/s$, $a = -795.13e_r\ mm/s^2$

第7章　习题答案

1. $v = 40\ km/h$

2. $l = 200\ m, v_r = 20\ m/min; v = 12\ m/min$

3. $x' = v_e t$, $y' = a\cos(kt + \beta)$; $y' = a\cos\left(\frac{k}{v_e}x' + \beta\right)$

4. $a_{AB} = a_0 \tan\varphi$,铅垂向上

5. $v_A = \frac{lav}{x^2 + a^2}$

6. $v_r = 63.62$ mm/s , $\angle(v_r, v)v_r = 80°57'$

7. 轨迹方程:$r = \frac{v}{\omega}\varphi$

8. $\omega_{AB} = \frac{\sqrt{r^2 - e^2}}{l}\omega$

9. $v_r = 36.74$ mm/s , $a_r = 30.62$ mm/s^2

$\omega = 0.5$ rad/s , $\alpha = -0.5$ rad/s^2

10. $v = 0.1$ m/s , $a = 0.346$ mm/s^2

11. $v_C = 0.173$ m/s , $a_C = 0.05$ m/s^2

12. $v_A = (\sqrt{3} - 1)v_0$, $a_A = \sqrt{2}(2 - \sqrt{3})\frac{v_0^2}{r}$, $\omega = \frac{1}{2}\sqrt{2}(\sqrt{3} - 1)\frac{v_0^2}{r}$, $\alpha = (2 - \sqrt{3})\frac{v_0^2}{r^2}$

13. $a_1 = r\omega^2 - \frac{v^2}{r} - 2\omega v$, $a_2 = \sqrt{\left(r\omega^2 + \frac{v^2}{r} + 2\omega v\right)^2 + 4r^2\omega^4}$

14. $a_M = 255.5$ mm/s^2

第8章　习题答案

1. $x_C = r\cos\omega_0 t$, $y_C = r\sin\omega_0 t$; $\varphi = \omega_0 t$

2. $x_A = 0$, $y_A = \frac{1}{3}gt^2$; $\varphi = \frac{g}{3r}t^2$

3. $x_A = (R + r)\cos\frac{\alpha t^2}{2}$, $y_A = (R + r)\sin\frac{\alpha t^2}{2}$; $\varphi_A = \frac{1}{2r}(R + r)\alpha t^2$

4. $v_{BC} = 2.513$ m/s

5. $\omega_B = 3.62$ rad/s , $\alpha_B = 2.2$ rad/s

6. $\omega_{OB} = 3.75$ rad/s , $\omega_1 = 6$ rad/s

7. $a_C = 2r\omega_0^2$

8. $a_B^n = 8\sqrt{2}$ m/s^2, $a_B^\tau = -4\sqrt{2}$ m/s^2, $\omega_{BC} = 4$ rad/s , $\alpha_{BC} = -8$ rad/s^2(逆时针)

9. $v_M = 0.098$ m/s , $a_M = 0.013$ m/s^2

10. $v_C = \frac{3}{2}r\omega_0$, $a_C = \frac{\sqrt{3}}{12}r\omega_0^2$

11. $\omega = -1$ rad/s , $\alpha = 2$ rad/s^2, $v_C = 0.05$ m/s(↑) , $a_C = 0.1$ m/s^2(↓) , $v_D = 0.2$ m/s(↑) , $a_D = 0.427$m/s^2(↘) , $v_E = 0.1$ m/s(↓) , $a_E = 0.25$ m/s^2(↖)

12. $\omega_{O_2D} = 0.577$ rad/s ,逆时针转向

13. $v_B = 2$ m/s , $v_C = 2.828$ m/s , $a_B = 8$ m/s^2, $a_C = 11.31$ m/s^2

14. (1) $v_C = 0.4\ \mathrm{m/s}$, $v_r = 0.2\ \mathrm{m/s}$

(2) $a_C = 0.159\ \mathrm{m/s^2}$, $a_r = 0.139\ \mathrm{m/s^2}$

15. $\omega_1 = \dfrac{\sqrt{3}}{2}\dfrac{v}{r}$（顺时针），$\omega = \dfrac{\sqrt{3}}{6}\dfrac{v}{r}$（逆时针）

16. $v_{r1} = 0.6\ \mathrm{m/s}$, $v_{r2} = 0.9\ \mathrm{m/s}$, $v_M = 0.459\ \mathrm{m/s}$

$a_{r1} = 2.816\ \mathrm{m/s^2}$, $a_{r2} = 4.592\ \mathrm{m/s^2}$, $a_M = 2.5\ \mathrm{m/s^2}$

第9章　习题答案

1. 解：以摆锤为研究对象，选取一般状态，如图(a)所示。

$$ma_{\tau1} = mg\sin\theta \text{，其中 } a_{\tau1} = \ddot{\theta}l$$

即 $\ddot{\theta} = \dfrac{g}{l}\sin\varphi$，其中 $\ddot{\theta} = \dfrac{\mathrm{d}\dot{\theta}}{\mathrm{d}\theta}\dfrac{\mathrm{d}\theta}{\mathrm{d}t} = \dot{\theta}\dfrac{\mathrm{d}\dot{\theta}}{\mathrm{d}\varphi}$

得 $\dot{\theta}\mathrm{d}\dot{\theta} = \dfrac{g}{l}\sin\theta\mathrm{d}\theta$，初始条件 $\dot{\theta} = 0$, $\theta = 30°$

积分得
$$\frac{1}{2}\dot{\theta}^2\Big|_0^{\omega_1} = -\frac{g}{l}\cos\theta\Big|_{30°}^{0}$$

即
$$\frac{1}{2}\omega_1{}^2 = \frac{g}{l}\left(\frac{\sqrt{3}}{2} - 1\right)$$

$$\omega_1{}^2 = \frac{g}{l}(\sqrt{3} - 2)$$

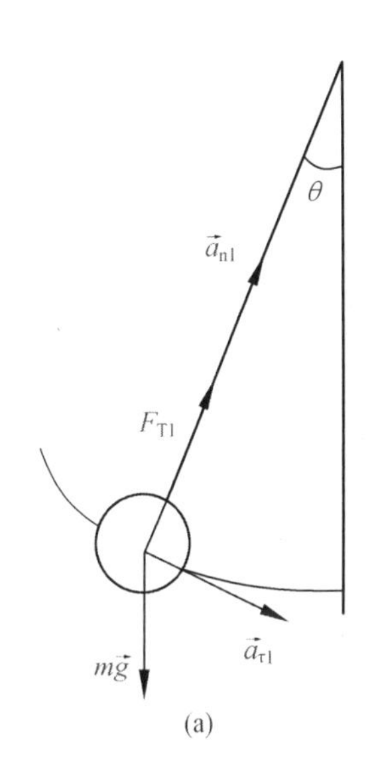

(a)

绳接触到 C 点的瞬间

角速度
$$\omega_2{}^2 = \frac{v_1{}^2}{\left(\frac{1}{2}l\right)^2} = \frac{\omega_1^2 l^2}{\frac{1}{4}l^2} = \frac{4g}{l}(\sqrt{3} - 2)$$

当摆绳升到与铅垂线成 φ 角时，如图(b)所示，有

$$ma_\tau = -mg\sin\varphi \quad (1)$$

$$ma_n = F_T - mg\cos\varphi \quad (2)$$

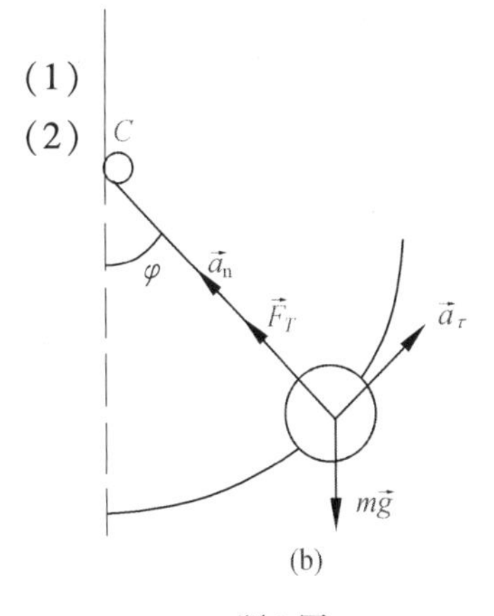

(b)

题1图

由(1)式得 $a_\tau + g\sin\varphi = 0$，其中 $a_\tau = \ddot{\varphi}\dfrac{1}{2}l$

即 $\ddot{\varphi} + \dfrac{g}{\frac{1}{2}l}\sin\varphi = 0$，其中 $\ddot{\varphi} = \dfrac{\mathrm{d}\dot{\varphi}}{\mathrm{d}\varphi}\dfrac{\mathrm{d}\varphi}{\mathrm{d}t} = \dot{\varphi}\dfrac{\mathrm{d}\dot{\varphi}}{\mathrm{d}\varphi}$

得 $\dot{\varphi}\mathrm{d}\dot{\varphi} = -\dfrac{g}{\frac{1}{2}l}\sin\varphi\mathrm{d}\varphi$，初始条件 $\dot{\varphi} = \omega_2$, $\varphi = 0$

积分得
$$\frac{1}{4}\dot{\varphi}^2\Big|_{\omega_2}^{\omega} = \frac{g}{l}\cos\varphi\Big|_0^{\varphi}$$

即
$$\frac{1}{4}\omega^2 - \frac{1}{4}\omega_2^2 = \frac{g}{l}(\cos\varphi - 1)$$

$$\frac{1}{4}\omega^2 = \frac{g}{l}(\cos\varphi + 1 - \sqrt{3})$$

$$v^2 = \omega^2\left(\frac{1}{2}l\right)^2 = gl(\cos\varphi + 1 - \sqrt{3})$$

因此,摆锤的速度 $v == \sqrt{gl(\cos\varphi + 1 - \sqrt{3})}$

由(2)式得 $F_{\mathrm{T}} = ma_{\mathrm{n}} + mg\cos\varphi$,其中 $a_{\mathrm{n}} = \dfrac{v^2}{\frac{1}{2}l} = 2g(\cos\varphi + 1 - \sqrt{3})$

得 $$F_{\mathrm{T}} = ma_{\mathrm{n}} + mg\cos\varphi = mg(3\cos\varphi + 2 - 2\sqrt{3})$$

2. 解:以重物为研究对象,选取一般状态。

$$ma_{\tau} =- mg\sin\varphi \quad (1)$$

$$ma_{\mathrm{n}} = F_{\mathrm{T}} - mg\cos\varphi \quad (2)$$

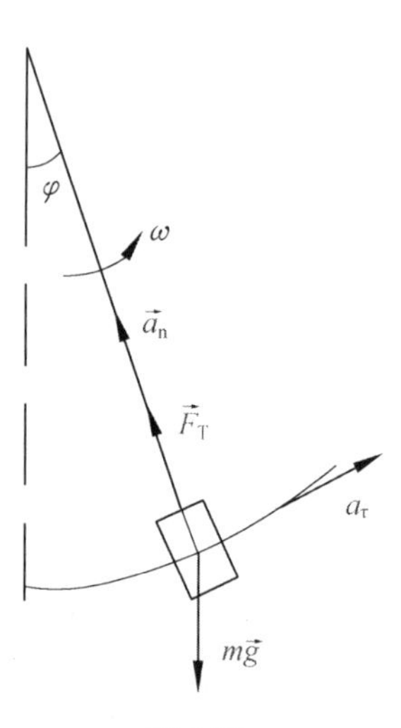

题 2 图

由(2)式得 $$F_{\mathrm{T}} = ma_{\mathrm{n}} + mg\cos\varphi$$

刹车瞬时 $\varphi = 0^\circ$, $a_{\mathrm{n}} = \dfrac{v_0^2}{l} = 0.2\ \mathrm{m/s^2}$

$$F_{\mathrm{T}} = ma_{\mathrm{n}} + mg = 10\,000 \times (0.2 + 9.8) = 100\,000\ \mathrm{N} = 100\ \mathrm{kN}$$

由(1)式得 $a_{\tau} + g\sin\varphi = 0$,其中 $a_{\tau} = \ddot{\varphi}l$

即 $\ddot{\varphi} + \dfrac{g}{l}\sin\varphi = 0$,其中 $\ddot{\varphi} = \dfrac{\mathrm{d}\dot{\varphi}}{\mathrm{d}\varphi}\dfrac{\mathrm{d}\varphi}{\mathrm{d}t} = \dot{\varphi}\dfrac{\mathrm{d}\dot{\varphi}}{\mathrm{d}\varphi}$

得 $\dot{\varphi}\mathrm{d}\dot{\varphi} =- \dfrac{g}{l}\sin\varphi\mathrm{d}\varphi$,初始条件 $\dot{\varphi} = \dfrac{v_0}{l}$, $\varphi = 0$

积分得 $$\frac{1}{2}\dot{\varphi}^2\bigg|_{\frac{v_0}{l}}^{\omega} = \frac{g}{l}\cos\varphi\bigg|_0^{\varphi}$$

即 $$\frac{1}{2}\omega^2 - \frac{1}{2}\frac{v_0^2}{l^2} = \frac{g}{l}(\cos\varphi - 1)$$

$$\omega^2 = \frac{v_0^2}{l^2} + \frac{2g}{l}(\cos\varphi - 1)$$

当 φ 最大时,将 $\omega = 0$ 代入上式得

$$\frac{v_0^2}{l^2} + \frac{2g}{l}(\cos\varphi - 1) = 0$$

解得 $$\cos\varphi = 0.989\,8$$

$$\varphi = 8.19^\circ$$

3. 解:设气球浮力为 $\vec{F}$

则气球上升时,有 $F - mg = ma$,则 $F = m(g + a)$

设增加重量 Δm 使气球以相同加速度下降

则有 $$F - (m + \Delta m)g =- (m + \Delta m)a$$

即 $$m(g + a) - (m + \Delta m)g =- (m + \Delta m)a$$

得 $$\Delta m = \frac{2ma}{g - a}$$

4. 解:研究物块 A,受力图如图(a)所示。

$$F - m_1g = m_1a \tag{1}$$

研究物块 B,受力图如图(b)所示。

$$F_{\mathrm{N}} - m_2g - F = 0 \tag{2}$$

由(1)、(2)式解得

$$F_{\mathrm{N}} = m_2g + m_1g + m_1a$$

由于 $a = \dfrac{\mathrm{d}^2y}{\mathrm{d}t^2} = -H\left(\dfrac{2\pi}{T}\right)^2\cos\dfrac{2\pi}{T}t$

可得 $F_{\mathrm{N}} = m_2g + m_1g - m_1H\left(\dfrac{2\pi}{T}\right)^2\cos\dfrac{2\pi}{T}t$

代入数据可得 $F_{\mathrm{N\,min}} = 461.7\ \mathrm{N}$, $F_{\mathrm{Nmax}} = 741.3\ \mathrm{N}$

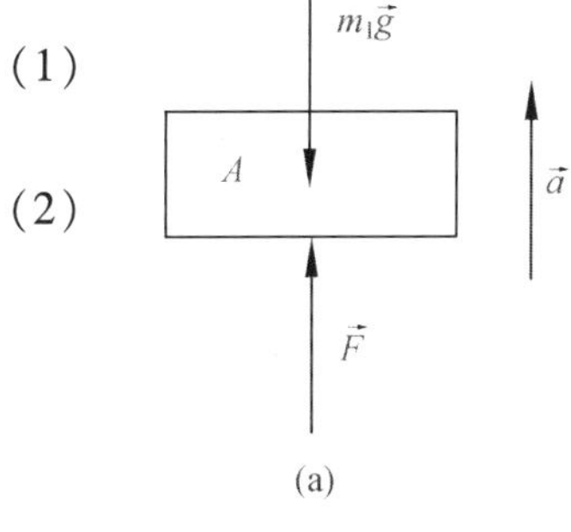

(a)

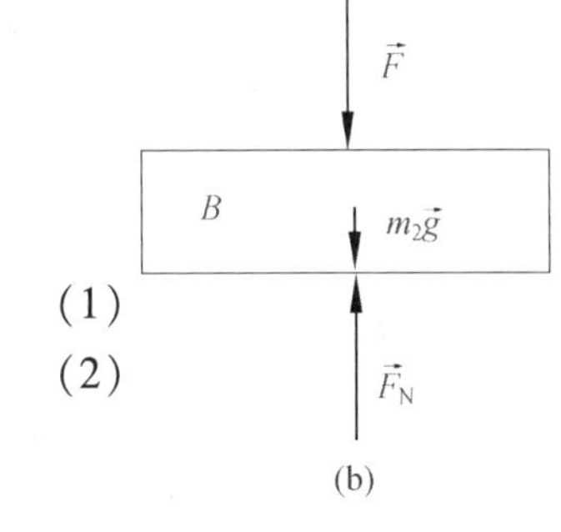

(b)

题 4 图

5. 解:受力与加速度分析如图所示,分别有

$$F_{\mathrm{T1}} - m_1g = -m_1a \tag{1}$$

$$F_{\mathrm{T2}} - m_2g = m_2a \tag{2}$$

其中 $F_{\mathrm{T1}} = F_{\mathrm{T2}}$

则 $a = \dfrac{m_1 - m_2}{m_1 + m_2}g$

由 $s = s_0 + v_0t + \dfrac{1}{2}at^2$, $\dfrac{h}{2} = \dfrac{1}{2}at^2$

解得 $t = \sqrt{\dfrac{h}{g}\dfrac{m_1 + m_2}{m_1 - m_2}}$

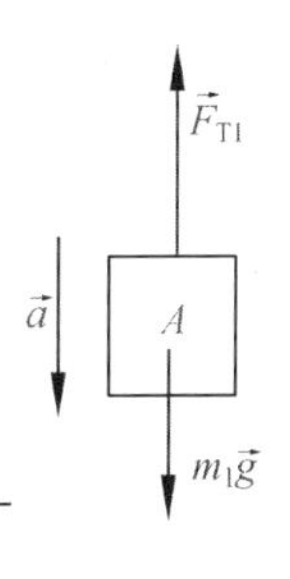

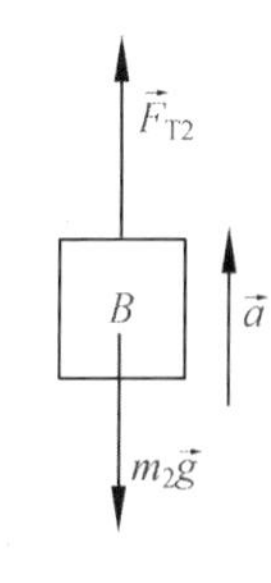

题 5 图

6. 解:设阻力为 F,则 $F=ma$

由 $s = \dfrac{m}{b}v_0(1 - e^{\frac{-b}{m}t})$ 可得 $v = \dot{s} = v_0e^{\frac{-b}{m}t}$ $a = \ddot{s} = -\dfrac{b}{m}v_0e^{\frac{-b}{m}t}$

$$\therefore \quad F = ma = -bv_0e^{\frac{-b}{m}t} = -bv$$

7. 解:摆锤受力如图所示,选取一般状态。

$$ma_\tau = -mg\sin\varphi \tag{1}$$

$$ma_n = F_{\mathrm{T}} - mg\cos\varphi \tag{2}$$

由(1)式得 $a_\tau = -g\sin\varphi$,其中 $a_\tau = \ddot{\varphi}l$

即 $\ddot{\varphi} = \dfrac{g}{l}\sin\varphi$,其中 $\ddot{\varphi} = \dfrac{\mathrm{d}\dot{\varphi}}{\mathrm{d}\varphi}\dfrac{\mathrm{d}\varphi}{\mathrm{d}t} = \dot{\varphi}\dfrac{\mathrm{d}\dot{\varphi}}{\mathrm{d}\varphi}$

得 $\dot{\varphi}\mathrm{d}\dot{\varphi} = -\dfrac{g}{l}\sin\varphi\mathrm{d}\varphi$,初始条件 $\dot{\varphi} = 0, \varphi = \varphi_0$

可得

$$\frac{1}{2}\dot{\varphi}^2\Big|_0^\omega = \frac{g}{l}\cos\varphi\Big|_{\varphi_0}^{\varphi}$$

$$\frac{1}{2}\omega^2 = \frac{g}{l}(\cos\varphi - \cos\varphi_0)$$

当摆锤在最低位置时，$\varphi=0$，$\omega^2=\dfrac{2g}{l}(1-\cos\varphi_0)$

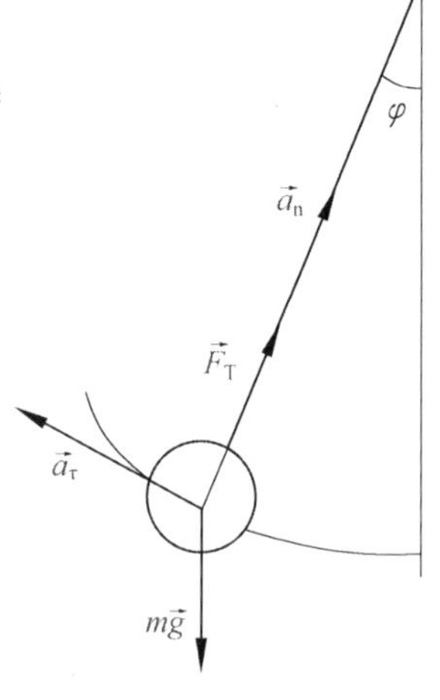

题7图

由(2)式可得 $F_T=mg\cos\varphi+ma_n=mg+ma_n$，$a_n=\omega^2 l=2g(1-\cos\varphi_0)$

因此 $F_T=mg(3-2\cos\varphi_0)$

8. 解:以车轮为研究对象,受力图如图所示。

$$ma=mg+F-F_N$$

其中 $a=\ddot{y}=\dfrac{2\pi^2v^2\delta}{l^2}\cos\dfrac{2\pi}{l}x$

得 $F_N=F+mg-\dfrac{2m\pi^2v^2\delta}{l^2}\cos\dfrac{2\pi}{l}x$

当 $x=0$ 或 $x=l$ 时

$$F_{N\min}=F+m\left(g-\frac{2\pi^2v^2\delta}{l^2}\right)$$

当 $x=\dfrac{1}{2}l$ 时

$$F_{N\min}=F+m\left(g+\frac{2\pi^2v^2\delta}{l^2}\right)$$

9. 解:物块受力如图,其运动方程为

$$x=h+R+e\sin\omega t$$

由
$$mx=F_N-mg$$

解得
$$F_N=-me\omega^2\sin\omega t+mg$$

最大压力和最小压力分别为

$$F_{N\max}=m(g+e\omega^2)$$

$$F_{N\min}=m(g-e\omega^2)$$

物块不离开导板的条件是 $F_{N\min}\geqslant 0$

解得
$$\omega^2 e\leqslant g$$

所以,使物块不离开导板的 ω 的最大值为 $\omega_{\max}=\sqrt{\dfrac{g}{e}}$

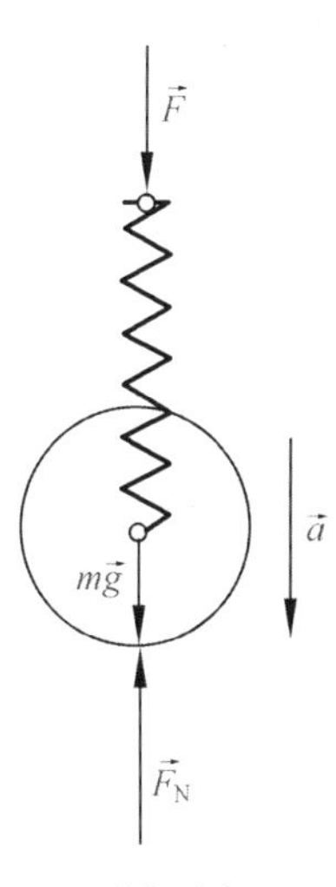

题8图

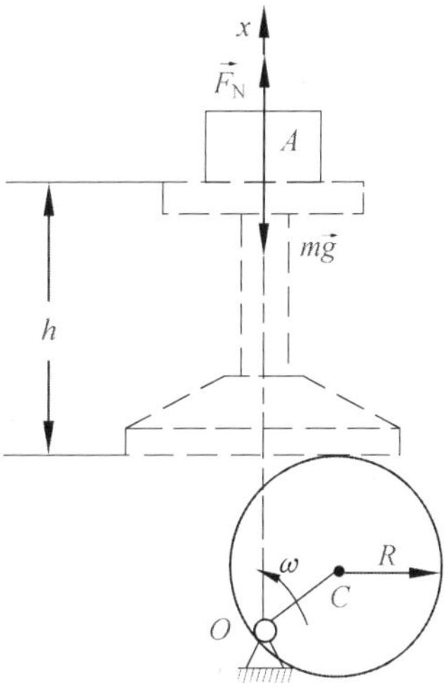

题9图

10. 解：$F=-ma, a=\ddot{x}=0.04e^{-2t}$

$v=\dot{x}=4.9-0.02e^{-2t}$

$\therefore F=-ma=-0.000\ 04e^{-2t}=0.002v-0.009\ 8\ \text{N}$

11. 解：当车道对车的摩擦力沿车道向下且等于最大静摩擦力时，车速最大，小车受力如图所示，有

$$F_N\sin\theta+F_s\cos\theta=ma_n$$

$$F_N\cos\theta-F_s\sin\theta-mg=0$$

其中 $a_n=\dfrac{v^2}{R}$

可得 $v=\sqrt{Rg\dfrac{\tan\theta+f_s}{1-f_s\tan\theta}}=13\ \text{m/s}$

12. 解：物块受力如图，可得

$F_s=ma\cos\theta$

$F_N-mg=ma\sin\theta$

$\therefore F_N=mg+ma\sin\theta$

$F_s\leqslant f_sF_N$

$\therefore ma\cos\theta\leqslant f_s(mg+ma\sin\theta)$

$f_s\geqslant\dfrac{a\cos\theta}{g+a\sin\theta}$

$\therefore f_{s\min}=\dfrac{a\cos\theta}{g+a\sin\theta}$

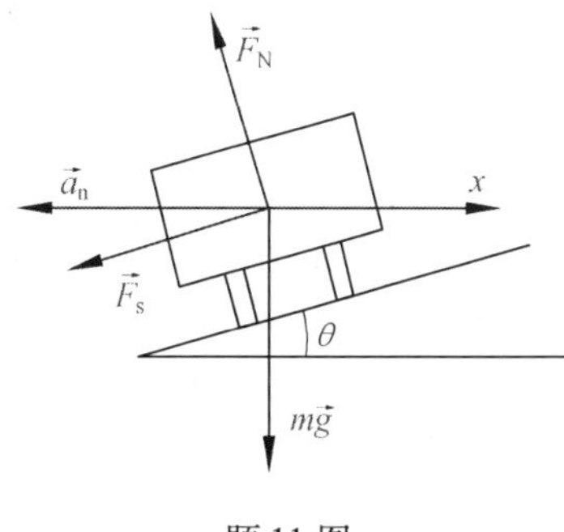

题11图

13. 解:套管 A 受力如图所示。

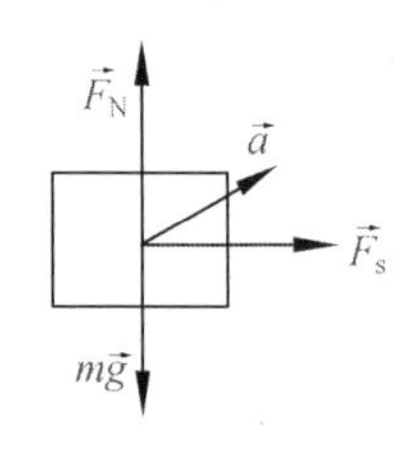

题 12 图

$$\overline{AB} = \sqrt{l^2 + x^2}$$

对时间求导,得

$$\frac{\mathrm{d}}{\mathrm{d}t}(\overline{AB}) = \frac{x\dot{x}}{\sqrt{l^2 + x^2}} = -v_0$$

解出
$$\dot{x} = -\frac{\sqrt{l^2 + x^2}}{x}v_0 ,$$

再对时间求导,并将上式代入,得

$$\ddot{x} = -\frac{l^2 v_0^2}{x^3}$$

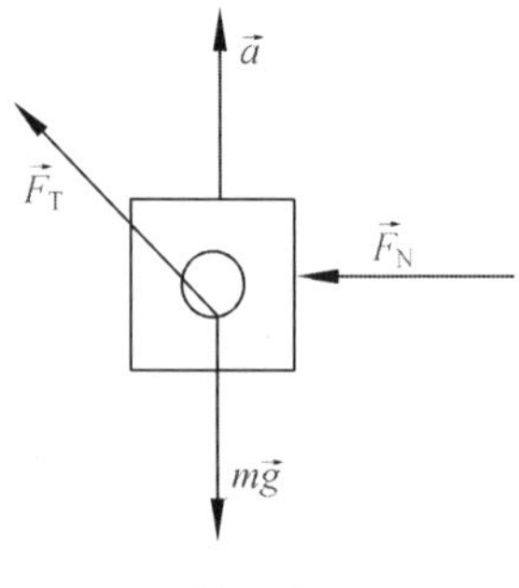

题 13 图

在铅垂方向列出动力学方程

$$ma = F_T \sin\theta - mg = F_T \frac{x}{\sqrt{l^2 + x^2}} - mg$$

其中 $a = -\ddot{x}$,$\therefore F_T = m\left(g + \frac{l^2 v_0^2}{x^3}\right)\frac{\sqrt{l^2 + x^2}}{x}$

14. 解:$F=ma$,即 $10a = 100(1-t)$

得 $a = 10(1-t)$

对上式积分:$v = v_0 + 10t - 5t^2$

再次积分:$s = v_0 t + 5t^2 - \frac{5}{2}t^3$

令 $v = 0$,将 $v_0 = 0.2$ 代入上式得:$5t^2 - 10t - 0.2 = 0$

解得:$t = 2.02s, s = 7.069m$

15. 解答:万有引力公式 $F = f\frac{m_1 \cdot m_2}{x^2}$

其中,f 为引力常量,m_1 为物体的质量,m_2 为地球的质量,x 为物体到地心的距离。

只考虑地球引力,则有 $m_1 a = -F$,其中 $a = \frac{\mathrm{d}^2 x}{\mathrm{d}t^2}$

$$m_1 \frac{\mathrm{d}^2 x}{\mathrm{d}t^2} = -f\frac{m_1 \cdot m_2}{x^2} \tag{1}$$

当质点在地面时,$x=R$,地球引力的大小等于质点的重力,即 $F=m_1 g$

则有 $-m_1 g = -f\frac{m_1 \cdot m_2}{R^2}$ 得 $f = \frac{R^2 g}{m_2}$,代入(1)式

得

$$\frac{\mathrm{d}^2 x}{\mathrm{d}t^2} = -\frac{gR^2}{x^2}, 即 \frac{\mathrm{d}v}{\mathrm{d}t} = -\frac{gR^2}{x^2} \tag{2}$$

$$\frac{\mathrm{d}v}{\mathrm{d}t} = \frac{\mathrm{d}v}{\mathrm{d}x} \cdot \frac{\mathrm{d}x}{\mathrm{d}t} = v\frac{\mathrm{d}v}{\mathrm{d}x} 代入(2)式,得 v\mathrm{d}v = -\frac{gR^2}{x^2}\mathrm{d}x$$

初始条件 $t = 0, x = R, v = v_0$,对上式积分得

$$\frac{1}{2}v^2\Big|_{v_0}^{v} = gR^2\frac{1}{x}\Big|_R^x$$

$$\frac{1}{2}v^2 - \frac{1}{2}v_0^2 = gR^2\left(\frac{1}{x} - \frac{1}{R}\right)$$

由此可得到任一位置的速度为

$$v = \sqrt{(v_0^2 - 2gR) + \frac{2gR^2}{x}}$$

欲使物体向上抛射一去不复返,则无论 x 多大,只要 $v_0^2 \geq 2gR$,v 就不会为零

即 最小初速度为 $v_0 = \sqrt{2gR} = 11.2\ \text{km/s}$

16. 解:令 O_1M 为 x,则 OM 为 $\sqrt{x^2 + r^2}$,吸力 $F = \frac{k}{\sqrt{x^2 + r^2}}$

则有 $F \cdot \frac{x}{\sqrt{x^2 + r^2}} = ma$,其中 $a = \ddot{x}$,则$\frac{x}{\sqrt{x^2 + r^2}}\frac{k}{\sqrt{x^2 + r^2}} = m\ddot{x}$

$\ddot{x} = \dot{v} = \frac{dv}{dx} \cdot \frac{dx}{dt} = v\frac{dv}{dx}$,代入上式

得 $\frac{kx}{x^2 + r^2}dx = mvdv$,可变为 $\frac{1}{2}k\frac{d(x^2 + r^2)}{x^2 + r^2} = mvdv$,初始条件:$v_0 = 0$,$s = x^2 + r^2 = R^2$

对上式积分得 $\frac{1}{2}k\ln(s)\big|_{r^2}^{R^2} = \frac{1}{2}m\,v^2\big|_0^v$

得 $v = \sqrt{\frac{k}{m}(\ln R^2 - \ln r^2)}$

17. 解:取质点 m 为研究对象,由 $F = ma$,并向 x 和 y 轴投影,可得

$$\begin{matrix} -kx = m\ddot{x} \\ -ky = m\ddot{y} \end{matrix},\text{初始条件}\begin{matrix} x|_{t=0} = x_0, \dot{x}|_{t=0} = 0 \\ y|_{t=0} = 0, \dot{y}|_{t=0} = v_0 \end{matrix}$$

得到微分方程的解为

$$x = x_0\cos\sqrt{\frac{k}{m}}t$$

$$y = v_0\sqrt{\frac{m}{k}}\sin\sqrt{\frac{k}{m}}t$$

消去时间 t 得到质点的轨迹方程为

$$\frac{x^2}{x_0^2} + \frac{ky^2}{mv_0^2} = 1$$

轨迹为一个椭圆,圆心在(0,0),长短半轴分别为 x_0 和 $v_0\sqrt{\frac{m}{k}}$

18. 解:列微分方程

$$m\ddot{x} = -F\cos\theta = -kmgv\cos\theta$$

$$m\ddot{y} = -mg - F\sin\theta = -mg - kmgv\sin\theta$$

其中 $v\cos\theta = \dot{x}$,$v\sin\theta = \dot{y}$

代入上面两个式子简化得

$$\begin{cases}\ddot{x}=-kg\dot{x}\\ \ddot{y}=-g-kg\dot{y}\end{cases}\Rightarrow\begin{cases}\dfrac{d\dot{x}}{\dot{x}}=-kg\mathrm{d}t\\ \dfrac{d\dot{y}}{1+k\dot{y}}=-g\mathrm{d}t\end{cases}$$

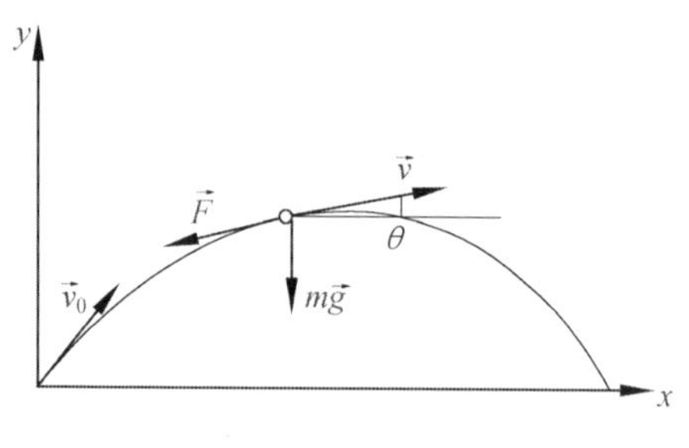

题18图

积分得 $\begin{cases}\dot{x}=Ce^{-kgt}\\ \dot{y}=\dfrac{1}{k}(De^{-kgt}-1)\end{cases}$

代入初始条件 $t=0,\dot{x}=v_0\cos\varphi,\dot{y}=v_0\sin\varphi$ 得

$$C=v_0\cos\varphi,D=kv_0\sin\varphi+1$$

即 $\begin{cases}\dot{x}=v_0\cos\varphi e^{-kgt}\\ \dot{y}=\dfrac{1}{k}[(kv_0\sin\varphi+1)e^{-kgt}-1]\end{cases}$

分离变量 $\begin{cases}dx=v_0\cos\varphi e^{-kgt}dt\\ dy=\dfrac{1}{k}[(kv_0\sin\varphi+1)e^{-kgt}-1]\mathrm{d}t\end{cases}$

积分得 $\begin{cases}x=-\dfrac{v_0\cos\varphi}{kg}e^{-kgt}+C_1\\ y=-\dfrac{1}{kg}\left(v_0\sin\varphi+\dfrac{1}{k}\right)e^{-kgt}-\dfrac{t}{k}+D_1\end{cases}$

代入初始条件 $t=0$ 时,$x=0,y=0$ 得

$$C_1=\frac{v_0\cos\varphi}{kg},D_1=\frac{1}{kg}\left(v_0\sin\varphi+\frac{1}{k}\right)$$

即 $\begin{cases}x=\dfrac{v_0\cos\varphi}{kg}(1-e^{-kgt})\\ y=\dfrac{1}{kg}\left(v_0\sin\varphi+\dfrac{1}{k}\right)(1-e^{-kgt})-\dfrac{t}{k}\end{cases}$

消去 t 得 $y=\dfrac{x}{v_0\cos\varphi}\left(v_0\sin\varphi+\dfrac{1}{k}\right)+\dfrac{1}{k^2g}\ln\left(\dfrac{v_0\cos\varphi-kgx}{v_0\cos\varphi}\right)$

19. 解:$F=29.4v^2$

$$mg-F=mg-29.4v^2=ma$$

当空气阻力增大到与重力相同时,加速度为0,达到极限速度

可以求得 $mg-29.4v^2=0,v=4.655\ \mathrm{m/s}$

$$mg-29.4v^2=ma=m\frac{\mathrm{d}v}{\mathrm{d}t},21.67-v^2=2.21\frac{\mathrm{d}v}{\mathrm{d}t}$$

对上式积分,初速度为0,95%极限速度为4.42 m/s.

$$\int_0^v\frac{2.21}{21.67-v^2}\mathrm{d}v=\int_0^t\mathrm{d}t$$

$$-\frac{2.21}{2\times4.655}\ln\left(\frac{4.655-v}{4.655+v}\right)=t$$

解得 $$t=0.867\ \mathrm{s}$$

20. 解：$ma = F + mg - kAv$

则 $a = \frac{dv}{dt} = \frac{F}{m} + g - \frac{kA}{m}v$

对上式积分 $\int_0^v \frac{dv}{\frac{F}{m} + g - \frac{kA}{m}v} = \int_0^t dt$

得
$$\ln\left(1 - \frac{kAv}{F + mg}\right) = -\frac{kA}{m}t$$

所以
$$v = \frac{F + mg}{kA}(1 - e^{-\frac{kA}{m}t})$$

$$\frac{dx}{dt} = v = \frac{F + mg}{kA}(1 - e^{-\frac{kA}{m}t})$$

$$\int_0^H dx = \int_0^t \frac{F + mg}{kA}(1 - e^{-\frac{kA}{m}t})\, dt$$

$$H = \frac{F + mg}{kA}\left[t + \frac{m}{kA}(e^{-\frac{kA}{m}t} - 1)\right]$$

第10章　习题答案

1. 动量定理习题答案

(1)解：冲量 $I = \int F dt$

$$F = \begin{cases} 20t & 0 \leqslant t \leqslant \frac{1}{2} \\ 20 - 20t & \frac{1}{2} \leqslant t \leqslant \frac{3}{2} \\ 20t - 40 & \frac{3}{2} \leqslant t \leqslant \frac{5}{2} \\ 60 - 20t & \frac{5}{2} \leqslant t \leqslant \frac{7}{2} \\ 20t - 80 & \frac{7}{2} \leqslant t \leqslant 4 \end{cases} \qquad I = \int F dt = \begin{cases} 10t^2 & 0 \leqslant t \leqslant \frac{1}{2} \\ 20t - 10t^2 & \frac{1}{2} \leqslant t \leqslant \frac{3}{2} \\ 10t^2 - 40t & \frac{3}{2} \leqslant t \leqslant \frac{5}{2} \\ 60t - 10t^2 & \frac{5}{2} \leqslant t \leqslant \frac{7}{2} \\ 10t^2 - 80t & \frac{7}{2} \leqslant t \leqslant 4 \end{cases}$$

$\therefore$ 前三秒 $I = \sum I_i = 2.5 + 0 + 0 + 2.5 = 5\ \text{N} \cdot \text{s}$，前四秒 $I = 0\ \text{N} \cdot \text{s}$

(2)解：首先求 1 s 后 B 点的速度，根据刚体平面运动分析，有

$$\vec{v}_A + \vec{v}_B = \vec{v}_{AB}$$

根据几何关系可得 $v_B = v_A \cot\varphi = 4.15 \times \frac{3}{4} = 3.112\ 5\ \text{m/s}$

分析 A 点的水平冲量，有

$$(F - F_{AB}\cos\varphi)dt = m_A dv_A$$

$$\therefore F_{AB}\cos\varphi dt = F dt - m_A dv_A$$

分析 B 点，其水平方向对墙面的冲量为

$$I_{Bx}=\int_0^1 F_{AB}\cos\varphi\,\mathrm{d}t=\int_0^1 F\mathrm{d}t-\int_0^{4.15} m_A\mathrm{d}v_A=200.2\ \mathrm{N\cdot s}$$

分析 B 点的垂直方向冲量,有

$$(F_{AB}\sin\varphi-m_Bg)\mathrm{d}t=m_B\mathrm{d}v_B$$

$$\therefore F_{AB}\sin\varphi\mathrm{d}t=m_Bg\mathrm{d}t+m_B\mathrm{d}v_B$$

A 点对地面的冲量为

$$\mathrm{d}I_{Ay}=(F_{AB}\sin\varphi+m_Ag)\mathrm{d}t=(m_A+m_B)g\mathrm{d}t+m\mathrm{d}v_B$$

$$\therefore I_{Ay}=\int_0^1(m_A+m_B)g\mathrm{d}t+\int_0^{3.1125} m_B\mathrm{d}v_B=246.7\ \mathrm{N\cdot m}$$

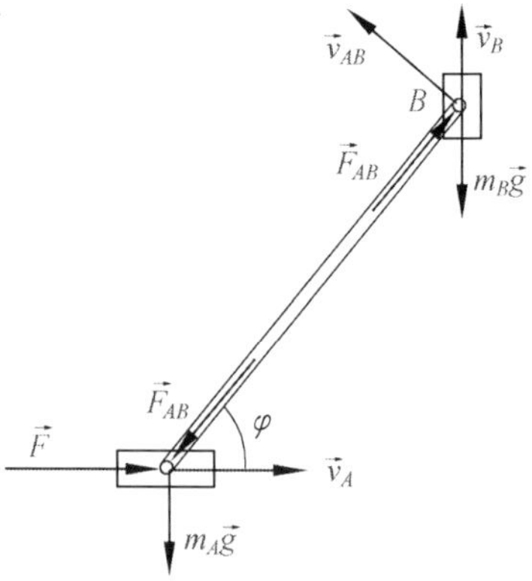

题(2)图

(3)解:开伞时的速度为

$$v_0=\sqrt{2gh}=44.27\ \mathrm{m/s}$$

动量定理铅垂轴投影 $mv_1-mv_0=I=(mg-F)t$

解得 $F=1\ 068\ \mathrm{N}$

(4)解:根据动量定理可得

$$mv=Ft$$

$$\therefore F=\frac{12.5\times10^{-3}\times600\times800}{60}=100\ \mathrm{N}$$

(5)解:设前 0.075 s, $F_1=k_1t_1$,后 0.075 s, $F_2=k_2(0.075-t_2)+mg$

当 $t_1=0.075$ s, $t_2=0$ s 时,约束力最大且相等

即 $0.075k_1=0.075k_2+mg$

$$k_2=k_1-\frac{mg}{0.075}$$

某人刚落地的速度为 $v=\sqrt{2gh}=3.43\ \mathrm{m/s}$

动量守恒,则 $mv=I=\int_0^{0.075}(k_1t_1-mg)\mathrm{d}t_1+\int_0^{0.075}[k_2(0.075-t_2)+mg-mg]\mathrm{d}t_2$

解得 $k_1=56\ 386.67$

$$\therefore F_{\max}=k_1\times0.075=4\ 229\ \mathrm{N}=4.23\ \mathrm{kN}$$

(6)解: $mv_{\mathrm{Dr1}}-mv_{\mathrm{Dr0}}=I=F_st=fmgt$,解得 t=0.102 s

(7)解:摩擦力 $F_s=f_sF_N=f_smg\cos30°=127.3\ \mathrm{N}$

克服摩擦力而开始向上运动,即 A 刚好脱离 B 的约束,且速度为 0 的时候,有

$$F-F_s-mg\sin30°=300t_1-372.3=0\ \text{解得}\ t=1.24\ \mathrm{s}$$

速度达到 2 m/s 的冲量为

$$mv=50\times2=\int_{1.24}^{t}(300t-372.3)\mathrm{d}t$$

解得 $t=2.06$ s

(8)解: $m_2v_r=(m_1+m_2)\Delta v$,得 $\Delta v=0.2\ \mathrm{m/s}$

(9)解:设驳船质量为 M,箱子为 m,因此有

$$mv=(M+m)v_1,\text{得}\ v_1=0.14\ \mathrm{m/s}$$

由质心运动定理,水平方向合力为 0,因此质心 x_C守恒

设质心坐标为0,则 $x_C=\dfrac{x_M\cdot(M+m)+x_m\cdot m}{M+m}=0$

解得船移动距离为 $x_M=-\dfrac{10\times 5}{100+5}=-0.48\ \text{m}$

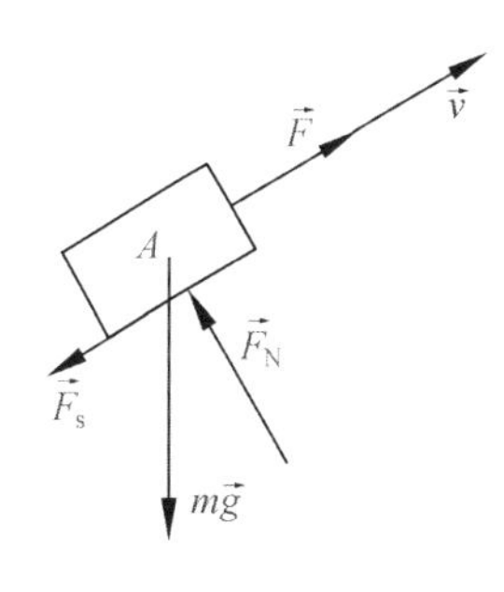

题(7)图

(10)解:$m_1v_0=(m_A+m_{BC}+m_1)v$,得 $v=1.868\ \text{m/s}$

子弹射入物块瞬时,物块的速度

$$m_1v_0=(m_A+m_1)v_1,$$

得 $v_1=3.31\ \text{m/s}$

物块与小车之间动摩擦力为 $F=fm_Ag=0.5\times4.5\times9.8=22.05\ \text{N}$

物块移动时间 $m_1v_0=Ft$,得 $t=0.68\ \text{s}$

物块的加速度 $F=(m_A+m_1)a_A$,$\therefore a_A=4.9\ \text{m/s}^2$

小车的加速度 $F=(m_{BC}+m_A+m_1)a_{BC}$,$\therefore a_{BC}=2.755\ \text{m/s}^2$

物块的位移 $s_A=v_1t-\dfrac{1}{2}a_At^2=1.118\ \text{m}$

小车的位移 $s_B=vt-\dfrac{1}{2}a_Bt^2=0.634\ \text{m}$

物块距离小车 B 点的距离为 $\Delta s=0.6-(s_A-s_B)=vt-\dfrac{1}{2}a_Bt^2=0.114\ \text{m}$

(11)解:在图示坐标系下,由质心坐标公式

$$x_C=\frac{\sum m_ix_i}{m},y_C=\frac{\sum m_iy_i}{m}$$

得机构质心的运动方程为

$$x_C=\frac{m_3l}{2(m_1+m_2+m_3)}+\frac{m_1+2m_2+2m_3}{2(m_1+m_2+m_3)}l\cos\omega t$$

$$y_C=\frac{m_1+2m_2}{2(m_1+m_2+m_3)}l\sin\omega t$$

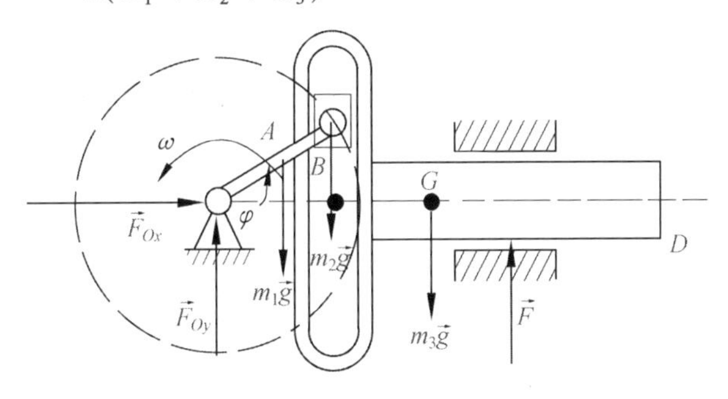

题(11)图

该机构整体受力如图所示,由 $ma_{Cx}=\sum F_x$,有

$$(m_1+m_2+m_3)\ddot{x}_C=F_{Ox}$$

解得 $$F_{Ox}=-\frac{1}{2}(m_1+m_2+m_3)l\omega^2\cos\omega t$$

$$F_{Ox\max} = \frac{1}{2}(m_1 + m_2 + m_3)l\omega^2$$

(12)解:水平方向不受力,质心守恒,位置不变,设截头锥位移为 s,设 m_1, m_2, m_3, m_4 的初始质心横坐标为 x_1, x_2, x_3, x_4,则

$$x_{C1} = \frac{m_1x_1 + m_2x_2 + m_3x_3 + m_4x_4}{m_1 + m_2 + m_3 + m_4}$$

$$x_{C2} = \frac{m_1(x_1 - s) + m_2(x_2 + 1 - s) + m_3(x_3 + 1 \cdot \cos 60° - s) + m_4(x_4 - s)}{m_1 + m_2 + m_3 + m_4}$$

由
$$x_{C1} = x_{C2}$$
解得 $s = 0.138$ m

(13)解:设 A 沿 x 轴正向移动了 Δx,因该系统初始静止,且 $\sum F_x = 0$,故 x 方向该系统质心位置守恒。由

$$x_{C1} = \frac{m_Ax_1 + m_Bx_2}{m_A + m_B}$$

$$x_{C2} = \frac{m_A(x_1 + \Delta x) + m_B(x_2 + \Delta x + a - b)}{m_A + m_B}$$

以及
$$x_{C1} = x_{C2}$$
解得
$$\Delta x = -\frac{1}{4}(a - b)$$

(14)解:如图建立直角坐标系 Ox_2y_2,动系 $O'x'_1y'_1$

x'_1方向:$m_1x'_1 = m_1x_2\cos\theta + m_1g\sin\theta$

y'_1方向:$0 = F_1 + m_1x_2\sin\theta - m_1g\cos\theta$

直角三棱柱运动微分方程为:

x_2方向:$m_2x_2 = F'_1\sin\theta_1$

y_2方向:$0 = F_2 - m_2g\cos\theta - F'_1\cos\theta$

且有 $F_1 = F'_1 x_1 = x'_1\cos\theta - x_2$,可以解得

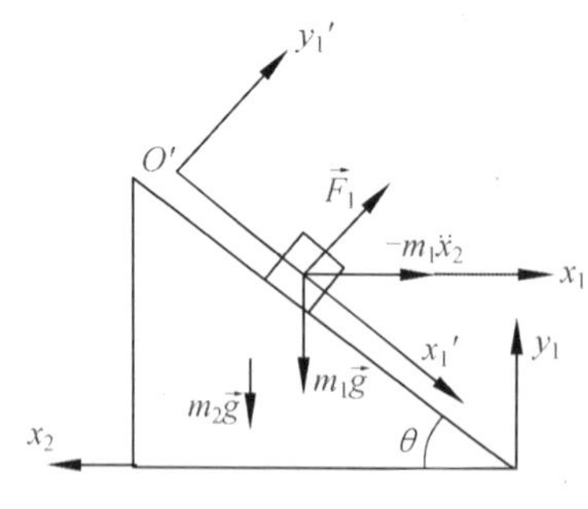

题(14)图

$$\ddot{x}_1 = \frac{m_2\sin\theta\cos\theta}{m_2 + m_1\sin^2\theta}g \quad \ddot{x}_2 = -\frac{m_1\sin\theta\cos\theta}{m_2 + m_1\sin^2\theta}g$$

$$F_1 = \frac{m_1m_2\cos\theta}{m_2 + m_1\sin^2\theta}g \quad F_2 = \frac{m_2(m_1 + m_2)}{m_2 + m_1\sin^2\theta}g$$

(15)解:研究整体并进行受力分析,计算任意瞬时质心坐标

$$x_C = \frac{\frac{P}{g}x_1 + \frac{P_1}{g}x_2}{\frac{P}{g} + \frac{P_1}{g}} = \frac{P \cdot 0 + P_1 \cdot e\cos \omega t}{P + P_1} = \frac{P_1}{P + P_1}e\cos \omega t$$

$$y_C = \frac{\frac{P}{g}y_1 + \frac{P_1}{g}y_2}{\frac{P}{g} + \frac{P_1}{g}} = \frac{P \cdot 0 + P_1 \cdot e\sin \omega t}{P + P_1} = \frac{P_1}{P + P_1}e\sin \omega t$$

$$a_{Cx} = \ddot{x}_C = -\frac{P_1}{P + P_1}e\omega^2\cos \omega t$$

$$a_{Cy} = \ddot{y}_C = -\frac{P_1}{P + P_1}e\omega^2\sin \omega t$$

代入质心运动定理

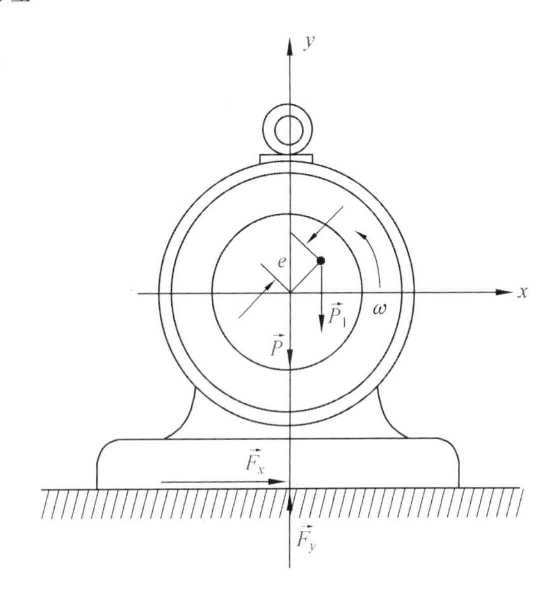

题(15)图

$$F_x = \frac{P + P_1}{g} \cdot a_{Cx} = -\frac{P_1}{g}e\omega^2\cos \omega t \quad F_{x\max} = \frac{P_1}{g}e\omega^2$$

$$F_y - (P + P_1) = \frac{P + P_1}{g} \cdot a_{Cy} = -\frac{P_1}{g}e\omega^2\sin \omega t$$

$$F_y = (P + P_1) - \left(-\frac{P_1}{g}e\omega^2\sin \omega t\right)$$

无螺栓时,$F_y=0$,并令 $\omega t = 90°$,解得 $\omega_{\min} = \sqrt{\frac{P + P_1}{P_1 e}g}$

(16)解:由质心运动定理 $ma_{Cx} = \sum F_x \quad ma_{Cy} = \sum F_y$ 得

$$F_{Ox}=\frac{P}{g}(a_C^{n}\cos\varphi+a_C^{\tau}\sin\varphi)=\frac{P}{g}l(\omega^2\cos\varphi+\alpha\sin\varphi)$$

$$F_{Oy}-P=\frac{P}{g}(a_C^{n}\sin\varphi-a_C^{\tau}\cos\varphi)$$

$$\therefore F_{Oy}=\frac{P}{g}l(\omega^2\sin\varphi-\alpha\cos\varphi)+P$$

(17)解:人船系统质心守恒,设脚离岸边距离为 a,则

$$x_C=\frac{m_1x_1+m_2x_2}{m_1+m_2}=\frac{m_1(x_1+a)+m_2(x_2-0.4+a)}{m_1+m_2}$$

$$m_1x_1+m_2x_2=m_1(x_1+a)+m_2(x_2-0.4+a)$$

$$\therefore a=\frac{0.4m_2}{m_1+m_2}=0.1m$$

2. 动量矩定理习题答案

(1)解:由质点动量矩的定义,有

$$L_O=r\times mv=(xi+yj)\times(m\dot{x}i+m\dot{y}j)=(xm\dot{y}-ym\dot{x})k$$

或用代数量表示为 $L_O=xmv_y-ymv_x$

将 $v_x=\dot{x}=-ap\sin pt$,$v_y=\dot{y}=2bp\cos 2pt$ 代入上式,得

$$L_O=2abpm\cos^3pt$$

(2)解:动量矩守恒,有 $Rmv_0=\frac{1}{2}Rmv_1$

即 $Rm\cdot R\frac{n_0\pi}{30}=\frac{1}{2}Rm\cdot\frac{1}{2}R\frac{n_1\pi}{30}$

$\therefore n_1=480$ r/min

(3)解:动量矩守恒,有

$$\frac{1}{2}lm\left(\frac{1}{2}l\omega_0\right)=m\omega_0\left(\frac{1}{2}l\right)^2=m\omega\left[l^2-\left(\frac{\sqrt{3}l-0.15}{2}\right)^2\right]$$

解得 $\omega=8.4$ rad/s

(4)解:质点在 A 点时,$L_1==J\omega_0=\frac{1}{4}m_1R^2\omega_0$

质点在离 AB 轴最远处时,$L_2=\frac{1}{4}m_1R^2\omega+m_2R^2\omega$

动量矩守恒,$L_1=L_2$,求得 $\omega=\frac{m_1\omega_0}{m_1+4m_2}$

(5)解:$L_z=ml^2\omega\quad M_z=-kml\omega$

$$\frac{\mathrm{d}L_z}{\mathrm{d}t}=M_z=-kml\omega$$

得

$$\frac{\mathrm{d}\omega}{\mathrm{d}t}=-\frac{k}{l}\omega$$

$$\int_{\omega_0}^{\omega}\frac{\mathrm{d}\omega}{\omega}=\int_0^t-\frac{k}{l}\mathrm{d}t$$

$$\ln\frac{\omega}{\omega_0}=-\frac{k}{l}t$$

$$t=\frac{l}{k}\ln\frac{\omega_0}{\omega}=\frac{l}{k}\ln 2$$

(6)解：$L_z=ml^2\omega=0.8\omega \quad M_z=M+Fl=3t+4$

$$\frac{\mathrm{d}L_z}{\mathrm{d}t}=0.8\frac{\mathrm{d}\omega}{\mathrm{d}t}=M_z=3t+4$$

$$0.8\int_0^{\omega}\frac{\mathrm{d}\omega}{\omega}=\int_0^4(3t+4)\mathrm{d}t$$

得

$$\omega=50\ \mathrm{rad/s}$$

$$v=\omega l=50\times 0.4=20\ \mathrm{m/s}$$

(7)解：沿 OA 建立 η 轴，在杆 OA 上取一微段 $\mathrm{d}\eta$

微段质量为 $\mathrm{d}m=\frac{m}{l}\mathrm{d}\eta$，微段的速度为 $v=\omega\eta\sin\theta$，与 x 轴平行

OA 上速度均平行于 x 轴，所以 $L_x=0$

$$L_y=J_y\omega_{OA}=-J_O\cos\theta\cdot\omega\sin\theta=-\frac{1}{3}ml^2\omega\sin\theta\cos\theta$$

同理 $L_z=J_z\omega_{OA}=J_O\sin\theta\cdot\omega\sin\theta=\frac{1}{3}ml^2\omega\sin^2\theta$

$$|L_O|=J_O\omega_{OA}=J_O\omega\sin\theta=\frac{1}{3}ml^2\omega\sin\theta$$

(8)解：系统所受外力为重力和轴承的约束力，所有外力对铅直轴 AD 的力矩皆为零，所以系统对 AD 轴的动量矩守恒，有

$$L_0=(J+ma^2)\omega_0$$

$$L_1=(J+mx^2)\omega$$

$$L_0=L_1$$

即 $(J+ma^2)\omega_0=(J+mx^2)\omega$

$$\therefore\ \omega=\frac{(J+ma^2)\omega_0}{(J+mx^2)}$$

(9)解：以人和圆盘为质点系，作用于系统的外力（重力和轴 O 的约束力）对轴 O 的矩均为零，所以人和圆盘组成的系统对轴 O 的动量矩守恒。设人在盘上绕轴 O 顺时针走圆周，则盘必逆时针转动，圆盘对轴 O 的动量矩为

$$L_0=J\omega=\frac{1}{2}m_1R^2\omega$$

人随圆盘转动的牵连速度和人对圆盘的相对速度都沿圆周切向。以逆时针为正向，牵连速度的投影为 $r\omega$，相对速度的投影为 $-\dot{s}=-at$

人对地面的绝对速度的投影为 $v_0=r\omega-\dot{s}=r\omega-at$

其方向与 r 垂直，所以人对轴 O 的动量矩为

$$L_2=m_2(r\omega-at)r$$

由质点系动量矩守恒定律，有

$$0=\frac{m_1R^2}{2}\omega+m_2(r\omega-at)r$$

$$\omega=\frac{2m_2art}{R^2m_1+2m_2r^2}$$

$$\alpha=\dot{\omega}=\frac{2m_2ar}{R^2m_1+2m_2r^2}$$

(10)解:取微段 $\mathrm{d}y$,则 $J_x=\int_0^a x^2\mathrm{d}m=\int_0^a x^2\ \frac{m}{a}\mathrm{d}x=\frac{1}{3}ma^2$

同理, $J_y=\int_0^b y^2\mathrm{d}m=\int_0^b x^2\ \frac{m}{b}\mathrm{d}x=\frac{1}{3}mb^2$

对质心 $J_{zC'}=\int_{-\frac{1}{2}b}^{\frac{1}{2}b}\int_{-\frac{1}{2}a}^{\frac{1}{2}a}(x^2+y^2)\ \frac{m}{ab}\mathrm{d}x\mathrm{d}y=\frac{1}{12}m(a^2+b^2)$

(11)解:由动量矩守恒,A,B 端质量相等,因此 B 端物体以 $\vec{v}_r$向上运动。

(12)解:由动量矩定理,有

$$J\alpha=\sum M_i$$

$$(m_1r_1^2+m_2r_2^2)\alpha=m_1gr_1-m_2gr_2$$

$\therefore\ \alpha=\dfrac{m_1r_1-m_2r_2}{m_1r_1^2+m_2r_2^2}g$

(13)解:由 $h=\frac{1}{2}a_1t_1^2=\frac{1}{2}R\alpha_1t_1^2$, $h=\frac{1}{2}a_2t_2^2=\frac{1}{2}R\alpha_2t_2^2$

可得 $\alpha_1=\frac{1}{32}\ \mathrm{rad/s^2}$,$\alpha_2=\frac{8}{625}\ \mathrm{rad/s^2}$

以整体为研究对象,由 $\frac{\mathrm{d}L_z}{\mathrm{d}t}=\sum M_z(\vec{F})$ 可得

$$(J+m_1R^2)\alpha_1=m_1gR-M_f$$

$$(J+m_2R^2)\alpha_2=m_2gR-M_f$$

解得 $J=1\ 060\ \mathrm{kg\cdot m^2}$,$M_f=6.024\ \mathrm{N\cdot m}$

(14)解:当 $t=0$ 时,$r=r_0$,由质点动量矩定理,有 $\frac{\mathrm{d}}{\mathrm{d}t}M_O(mv)=M_O(\vec{F})$

$$\therefore\ \frac{\mathrm{d}}{\mathrm{d}t}(2m\omega r^2)=M_O\cos\omega t$$

$$\int_{r_0^2}^{r^2}(2m\omega)\mathrm{d}r^2=\int_0^t M_O\cos\omega t\mathrm{d}t$$

$$2m\omega(r^2-r_0^2)=\frac{1}{\omega}M_O\sin\omega t$$

$$\therefore r=\sqrt{r_0^2+\frac{M_O\sin\omega t}{2m\omega^2}}$$

(15)解: $\alpha=\frac{a}{r}=\frac{0.6}{0.15}=4\ \mathrm{rad/s^2}$

$$J_O=\frac{1}{2}mr^2=0.225\ \mathrm{kg\cdot m^2}$$

$$\frac{d}{\mathrm{d}t}(J_O\omega+m_Bvr)=J_O\alpha+m_Bra=(F_\mathrm{T}-m_Bg)r$$

$$\therefore F_\mathrm{T}=\frac{J_O\alpha+m_Bra}{r}+m_Bg=89.2\ \mathrm{N}$$

(16)解：$J_1\omega_1=M_1\quad \frac{1}{3}ml^2\omega_1=\frac{1}{2}mgl\sin\theta_1\quad \frac{2l}{3g}\frac{\mathrm{d}\theta_1}{\mathrm{d}t_1}=\sin\theta_1$

$$J_2\omega_2=M_2\quad ml^2\omega_2=mgl\sin\theta_2\quad \frac{l}{g}\frac{\mathrm{d}\theta_2}{\mathrm{d}t_2}=\sin\theta_2$$

可得
$$\frac{2l}{3g}\int_\theta^{\frac{\pi}{2}}\frac{1}{\sin\theta_1}\mathrm{d}\theta_1=\int_0^{t_1}\mathrm{d}t_1=t_1$$

$$\frac{l}{g}\int_\theta^{\frac{\pi}{2}}\frac{1}{\sin\theta_2}\mathrm{d}\theta_2=\int_0^{t_2}\mathrm{d}t_2=t_2$$

因为 $t_1<t_2$，所以均质细杆先达到水平位置

(17)解：$J_O=J_{O杆}+J_{O盘}$

$$J_{O杆}=\frac{1}{3}m_1l^2$$

设 J_C 为圆盘对于中心 C 的转动惯量，则

$$J_{O盘}=J_C+m_2(l+R)^2=\frac{1}{2}m_2R^2+m_2(l+R)^2=m_2\left(\frac{3}{2}R^2+l^2+2lR\right)$$

$$J_O=\frac{1}{3}m_1l^2+m_2\left(\frac{3}{2}R^2+l^2+2lR\right)=10.09\ \mathrm{kg\cdot m^2}$$

(18)解：令 B 点位移 $x=-A\sin\omega t$

速度 $v=\dot{x}=-A\omega\cos\omega t$，加速度 $a=\ddot{x}=A\omega^2\sin\omega t$

角加速度 $\alpha=\frac{a}{}=\frac{1}{a}A\omega^2\sin\omega t$

$$\frac{\mathrm{d}}{\mathrm{d}t}M_O(mv)=M_O$$

图(a)：$ml^2\frac{1}{a}A\omega^2\sin\omega t=-k(-A\sin\omega t)a$

$$\therefore\quad \omega=\frac{a}{l}\sqrt{\frac{k}{m}},\ T=\frac{2\pi}{\omega}=\frac{2\pi l}{a}\sqrt{\frac{m}{k}}$$

图(b)：$\frac{1}{3}ml^2\frac{1}{a}A\omega^2\sin\omega t=-k(-A\sin\omega t)a$

$$\therefore\quad \omega=\frac{a}{l}\sqrt{\frac{3k}{m}},\ T=\frac{2\pi}{\omega}=\frac{2\pi l}{a}\sqrt{\frac{m}{3k}}$$

(19)解：$F-F_\mathrm{s}=ma_C$

$$F(h-R)+F_fR=m\rho^2\alpha$$

$$a_C=R\alpha$$

可得 $F_s = \left(1 - \dfrac{Rh}{\rho^2 + R^2}\right) F$,当 $h < \dfrac{\rho^2 + R^2}{R}$ 时,方向向左,反之向右。

(20)解:①拉力为 $\vec{F}_T$,由平面运动微分方程

A 轮:$\dfrac{1}{2}mr^2\alpha_A = rF_T$

B 轮:$ma = mg - F_T$, $\dfrac{1}{2}mr^2\alpha_B = rF_T$

其中　$a = r\alpha_A + r\alpha_B$

解得　$a = \dfrac{4}{5}g$

②由平面运动微分方程

A 轮:$\dfrac{1}{2}mr^2\alpha_A = -M + rF_T$

B 轮:$ma_B = mg - F_T$, $\dfrac{1}{2}mr^2\alpha_B = rF_T$

其中　$a_B = r\alpha_A + r\alpha_B(\alpha_A \neq \alpha_B)$

当 B 的质心加速度向上时,$a_B < 0$,所以 $M > 2mgr$

3. 动能定理习题答案

(1)解:$W_1 = \dfrac{1}{2}k(\Delta l_1^2 - \Delta l_2^2) = \dfrac{1}{2} \times 4.9 \times 10^3 \times [(\sqrt{2} - 1)^2 - 1] \times 0.1^2 = -20.3$ J

根据两过程的对称性,有:$W_2 = -W_1 = 20.3J$

(2)解:$W = \int F_x \mathrm{d}x + \int F_y \mathrm{d}y = \int_5^0 (-5x)\mathrm{d}x + \int_0^3 (-5y)\mathrm{d}y = 40$ J

(3)解:弹簧初伸长量

$$\delta_1 = \frac{600}{2 \times 1\,000} = 0.3 \text{ m}$$

小球落下后伸长量

$$\delta_2 = \sqrt{1.5^2 + 1^2} - 1.5 + \frac{600}{2 \times 1\,000} = 0.603 \text{ m}$$

弹簧所做的功

$$W_1 = \frac{1}{2}k(\delta_2^2 - \delta_1^2) = 273.34 \text{ J}$$

小球所做的功

$$W_1 = \frac{1}{2}mv^2 + mg \times 1 + mg(h+1) = \frac{1}{2}m(\sqrt{2gh})^2 + mg + mg(h+1) = 2mg(h+1)$$

$$W_1 = W_2$$

所以 $h = 0.395$ m

(4)解:力 $\vec{F}$ 做的功 $W_1 = F\Delta l = 400\left(2 - \dfrac{2\sqrt{3}}{3}\right) = 338.12$ J

滑块做的功

$$W_1 = \frac{1}{2}mv^2 + mgh = \frac{1}{2}mv^2 + mg\left(\sqrt{3} - \frac{\sqrt{3}}{3}\right)$$

$$W_1 = W_2$$

所以 $v = 6.71\ \text{m/s}$

(5)解:船的速度 $v = 0.5\ \text{m/s}$

$$\frac{1}{2}mv^2 = \int_0^x F\mathrm{d}x$$

第一种:$\frac{1}{2} \times 1\ 000 \times 1\ 000 \times 0.5^2 = \int_0^x x\mathrm{d}x = \frac{1}{2}x^2$

$\therefore x = 160\ \text{mm}$

第二种:$\frac{1}{2} \times 1\ 000 \times 1\ 000 \times 0.5^2 = \int_0^x 31.4x^{1.6} \times 1\ 000\mathrm{d}x = \frac{31.4 \times 1\ 000}{2.6}x^{2.6}$

$\therefore x = 207\ \text{mm}$

(6)解:$T = \frac{1}{2}mv_C^2 + \frac{1}{2}J_C\omega^2 = \frac{1}{2}m(R-r)^2\omega^2 + \frac{1}{2}\cdot\frac{1}{2}m(R-r)^2\omega^2 = \frac{3}{4}m(R-r)^2\dot{\varphi}^2$

(7)解:齿轮 I 不动,因此系统的动能为齿轮 II、齿轮 III 和连杆动能的和

齿轮 II 的角速度 $\omega_2 = \frac{\omega \cdot 2r}{r} = 2\omega$

齿轮 III 的角速度 $\omega_3 = \omega - \omega = 0$,为平移

$$T = \frac{1}{2}m_1(2r\omega)^2 + \frac{1}{2}\cdot\frac{1}{2}m_1r^2(2\omega)^2 + \frac{1}{2}m_1(4r\omega)^2 + \frac{1}{2}\cdot\frac{1}{3}m_2(4r)^2\omega^2$$

$$= \frac{1}{3}(33m_1 + 8m_2)r^2\omega^2$$

$$W_3 = T_{32} - T_{31} = 0$$

(8)解:该系统初动能 $T_1 = 0$,重物 A 下降 h 时动能为

$$T_2 = \frac{1}{2}m_Bv_B^{\ 2} + \frac{1}{2}J_{O1}\omega_1^2 + \frac{1}{2}m_2v_A^2 + \frac{1}{2}J_{O2}\omega_2^2 + \frac{1}{2}m_Av_A^2$$

$$= \frac{1}{2}m_Bv_B^{\ 2} + \frac{1}{2}\cdot\frac{1}{2}m_1r_1^2\omega_1^2 + \frac{1}{2}m_2v_A^2 + \frac{1}{2}\cdot\frac{1}{2}m_2r_2^2\omega_2^2 + \frac{1}{2}m_Av_A^2$$

其中 $r_1\omega_1 = v_B, r_2\omega_2 = v_A, v_A = \frac{1}{2}v_B$

重力做功 $W = T_2 - T_1 = (m_A + m_2)gh - m_Bg \cdot 2h$

解得 $v_A = \sqrt{\frac{4gh(m_A - 2m_B + m_2)}{8m_B + 2m_A + 4m_1 + 3m_2}} = 1.294\ \text{m/s}$

(9)解:水平方向动能仅 A、B,铅垂方向重力做功为 W

$$W = T_2 - T_1$$

$$2 \cdot \frac{1}{2}mv^2 = mg\left(1 - \frac{\sqrt{3}}{2}\right)$$

$$\therefore v = 1.146\ \text{m/s}$$

(10)解: $\omega_2 = \frac{\pi n_2}{30} = 4\pi$ rad/s , $\omega_1 = \frac{2}{3}\omega_2 = \frac{8}{3}\pi$ rad/s

设轮 I 转过 a 转,则 M 做功 $W = M\varphi = 50 \cdot 2\pi a$

$$T_1 = 0, T_2 = \frac{1}{2}J_1\omega_1^2 + \frac{1}{2}J_2\omega_2^2$$

$$W = T_2 - T_1 \quad \therefore a = 1.56 \text{ 转}$$

$$\text{轮 II 转过相同的角度,转数} = a\frac{\omega_2}{\omega_1} = 2.35 \text{ 转}$$

(11)解: $W = T_2 - T_1$

$$Fs = \frac{1}{2}J\omega_0^2 - \frac{1}{2}J\omega^2$$

$$520 \times 10 = \frac{1}{2} \cdot 39.2 \cdot \left(\frac{\pi \times 415}{30}\right)^2 - \frac{1}{2} \cdot 39.2 \cdot \left(\frac{\pi \times n}{30}\right)^2$$

$$n = 385 \text{ r/min}$$

(12)解:由动能定理

$$\frac{1}{2} \cdot \frac{1}{2}m_A r^2\dot{\theta}^2 + \frac{1}{2}m_B r^2\dot{\theta}^2 = -\frac{k}{2}(e\theta)^2$$

两边对 t 求导

$$\frac{1}{2}m_A r^2\dot{\theta}\theta + m_B r^2\dot{\theta}\theta = -ke^2\theta\dot{\theta}$$

$$\therefore \theta + \frac{2ke^2}{(m_A + 2m_B)r^2}\theta = 0$$

(13)解:设曲柄转过 φ 角时角速度为 ω,

则 A 轮的角速度 $\omega_A = \frac{R+r}{r}\omega$,速度 $v_A = r\omega_A$

由动能定理

$$\frac{1}{2} \cdot \frac{1}{3} \cdot m_2(R+r)^2\omega^2 + \frac{1}{2} \cdot \frac{1}{2}m_1 r^2\omega_A^2 + \frac{1}{2}m_1 v_A^2 = M\varphi$$

解得

$$\omega = \frac{2}{R+r}\sqrt{\frac{3M\varphi}{9m_1 + 2m_2}}$$

两边对 t 求导,$\omega = \mathrm{d}\varphi/\mathrm{d}t$,得

$$\alpha = \frac{6M}{(R+r)^2(9m_1 + 2m_2)}$$

(14)解:OB 杆作定轴转动,AB 杆作平面运动,P 为 AB 杆速度瞬心,可得 $PB = BO = l$, $\omega_{AB} = \omega_{OB}$;滚子 A 碰到铰支座 O 时,PBA 成一直线,$AP = 2l$,故 AB 杆质心 C 及 A 点的速度为

$$v_C = PC \cdot \omega_{AB} = \frac{3}{2}l\omega_{AB}$$

$$v_A = 2l\omega_{AB}$$

当滚子 A 碰到支座 O 时,两杆的动能为

$$T_{OB}=\frac{1}{2}J_O\omega_{OB}^2=\frac{1}{6}ml^2\omega_{OB}^2$$

$$T_{AB}=\frac{1}{2}mv_C^2+\frac{1}{2}J_C\omega_{AB}^2=\frac{7}{6}ml^2\omega_{AB}^2$$

由动能定理,有

$$T_{OB}+T_{AB}-0=M\theta-2mg\cdot\frac{l}{2}(1-\cos\theta)$$

解得 $v_A=\sqrt{\frac{3}{m}[M\theta-mgl(1-\cos\theta)]}$

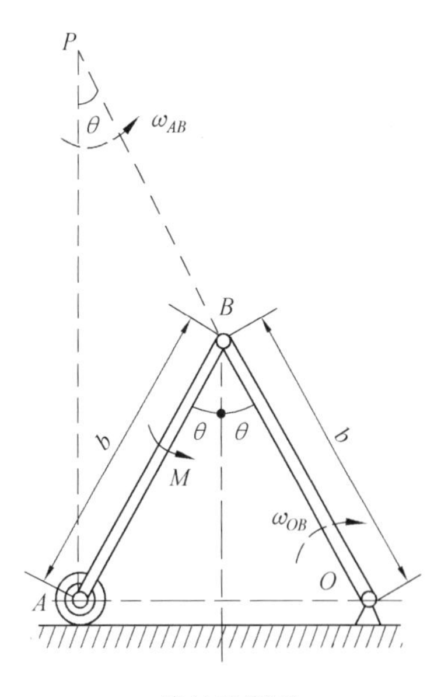

第(14)题图

(15)解:

$$P=\frac{Q\rho gh}{\eta}=\frac{0.06\times 9.8\times 20}{0.6}=19.6\ \text{kW}$$

$$Pt=M=\frac{Qt\rho gh}{\eta}=\frac{5\ 000\times 9.8\times 20}{0.6}$$

$$t=81\ 667\text{s}=22\ \text{h}41\ \text{min}7\ \text{s}$$

参考文献

[1] ВЕРЕИНАЛ И, КРАСНОВ М М. Техническая механика[M]. Москва: Издательский центр《Академия》, 2013.

[2] КРЕКНИН А И. Теоретическая механика. Ч. 1. Статика[M]. Тюмень: РИО ГОУ ВПО ТюмГАСУ, 2010.

[3] ЗАГОРУЙКО М Г, МАРАДУДИН А М, ПЕРЕТЯТЬКО А В, и др. Теоретическая механика《Динамика》[M]. Саратов:ФГОУ ВО《Саратовский ГАУ》, 2016.

[4] БЕРЕЗКИН Е Н, Решение задач по теоретической механике, часть 2[M]. Москва: Изд. МГУ, 1974.

[5] АЙЗЕНБЕРГ Т Б, ВОРОНКОВ И М, ОСЕЦКИЙ В М. Руководство к решению задач по теоретической механике[M]. 6-е издание. Москва: Высшая школа, 1968.

[6] ШАМОЛИН М В. Методы анализа динамических систем с переменной диссипацией в динамике твердого тела[M]. Москва: Экзамен, 2007.

[7] ЖУРАВЛЕВ В Ф. Основания механики: методические аспекты[M]. Москва: Институт проблем механики РАН, 1985.

[8] КОЗЛОВ В В. Методы качественного анализа в динамике твердого тела[M]. 2-е издание. Ижевск: НИЦ "Регулярная и хаотическая динамика", 2000.

[9] ГЕРЦ Г. Принципы механики, изложенные в новой связи[M]. Москва.: АН СССР, 1959.

[10] БУХГОЛЬЦ Н Н. Основной курс теоретической механики: Том 1: Кинематика, статика, динамика материальной точки[M]. 6-е издание. Москва: Наука, 1965.

[11] ВЕСЕЛОВСКИЙ И Н. Динамика[M]. Москва: ГИТТЛ, 1941.

[12] АППЕЛЬ П. Теоретическая механика. Динамика системы. Аналитическая механика[M]. Москва.: Физматлит, 1960.

[13] 哈尔滨工业大学理论力学教研室. 理论力学[M]. 第 8 版. 北京:高等教育出版社出版,2016.

[14] 郝桐生,殷祥超,赵玉成,等. 理论力学[M]. 第 4 版. 北京:高等教育出版社,2017.

[15] 周培源. 理论力学[M]. 北京:科学出版社,2012.

[16] 贾启芬, 刘习军, 王春敏。理论力学[M]. 天津:天津大学出版社,2003.

[17] 朱照宣,周起钊,殷金生. 理论力学(上、下册)[M]. 北京:北京大学出版社, 1982.

[18] 刘然慧,闵国林,李翠赟. 理论力学[M]. 成都: 西南交通大学出版社,2017.

[19] 王铎,程靳. 理论力学解题指导及习题集[M]. 第 3 版. 北京: 高等教育出版社, 2005.

[20] 浙江大学理论力学教研室. 理论力学[M]. 第 3 版. 北京:高等教育出版社, 1997.

[21] 郭应征,李兆霞. 应用力学基础[M]. 北京:高等教育出版社, 2000.

[22] 杜庆华. 工程力学手册[M]. 北京:高等教育出版社, 1994.

[23] 范钦珊. 工程力学教程(I) [M]. 北京:高等教育出版社, 1998.

[24] 高云峰,李俊峰. 理论力学辅导与习题集[M]. 北京:清华大学出版社, 2003.

[25] 李永强,张英杰,李红影,等. 理论力学[M]. 北京:高等教育出版社,2018.

[26] FERDINAND P B, JOHNSTON E R J. 工程师的矢量力学(静力学) (国际单位制第三版) [M]. 北京:清华大学出版社, 2003.

[27] FERDINAND P B, JOHNSTON E R J. 工程师的矢量力学(动力学) (国际单位制第三版) [M]. 北京:清华大学出版社, 2003.

[28] 冯振宇. 理论力学[M]. 西安:西北工业大学出版社, 1995.

[29] 尹冠生. 理论力学[M]. 西安:西北工业大学出版社, 2004.

[30] 王爱勤. 理论力学[M]. 西安:西北工业大学出版社, 2009.

[31] 王虎. 工程力学(静力学 · 运动学 · 动力学)[M]. 西安:西北工业大学出版社, 2000.

[32] 李代贞,王爱勤. 理论力学学习指导[M]. 西安:西北大学出版社, 1998.

[33] 李俊峰, 张雄. 理论力学[M]. 北京:清华大学出版社, 2001.

[34] GREINER W, MECHANICS C[M]. Berlin:Springer, 2009.

[35] 刘立厚,潘颖,曹丽杰. 理论力学[M]. 北京:清华大学出版社, 2016.

[36] 丁光涛. 理论力学[M]. 合肥:中国科学技术大学出版社,2013.

[37] 周培源. 理论力学[M]. 北京:高等教育出版社,1953.

[38] 王永岩. 理论力学[M]. 北京:科学出版社,2019.

[39] 辽宁石油化工大学力学教研室,张巨伟,王伟. 理论力学[M]. 北京:化学工业出版社,2016.

[40] 彭俊文,邱清水,唐学彬,等. 理论力学[M]. 北京:北京理工大学出版社,2006.

[41] 盛冬发,闫小青. 理论力学[M]. 北京:北京大学出版社,2015.

[42] 肖明葵. 理论力学[M]. 重庆:重庆大学出版社,2016.

[43] 张克义,王珍吾. 理论力学[M]. 南京:东南大学出版社,2017